电辅助成形原理与技术

张凯锋 王 博 李 超 刘泾源
肖 寒 王国峰 赖小明 易卓勋 著

国防工业出版社
·北京·

内 容 简 介

本书阐述电辅助成形的基本概念与原理、基本工艺，剖析电辅助成形中的微观现象，探讨原理性前沿问题。本书共分为10章：第1~3章从电辅助成形历史、电流加热方法和电辅助单向拉伸切入，阐述了电辅助成形的基本概念、基本问题；第4~7章是核心的工艺技术，包括电辅助超塑性成形、冲压、连接和热处理；第8~10章阐述非热效应，即电流带来的组织演变、损伤修复和极性效应等。

本书对于推动电辅助成形技术的理论与技术研究具有重要价值，也有助于促进电辅助成形更广泛的应用。对于材料科学与工程领域的从业人员具有参考价值。

图书在版编目(CIP)数据

电辅助成形原理与技术/张凯峰等著.—北京：国防工业出版社，2024.2
ISBN 978-7-118-13105-5

Ⅰ.①电… Ⅱ.①张… Ⅲ.①电磁成型
Ⅳ.①TG391

中国国家版本馆CIP数据核字(2024)第038335号

※

国防工業出版社出版发行
(北京市海淀区紫竹院南路23号 邮政编码100048)
北京虎彩文化传播有限公司印刷
新华书店经售

*

开本 710×1000 1/16 **印张** 18¼ **字数** 322千字
2024年2月第1版第1次印刷 **印数** 1—1200册 **定价** 128.00元

国防书店：(010)88540777 书店传真：(010)88540776
发行业务：(010)88540717 发行传真：(010)88540762

前　言

特种能场作用下的制造技术，包括电辅助制造、磁场辅助制造、超声辅助制造等，是先进制造技术重要发展方向，得到重视与发展，本书内容涉及的是电辅助制造领域。作者及所在团队，在电辅助制造领域耕耘多年，积累了研究经验与成果。本书是作者及其团队对在电辅助成形领域10余年研究成果的全面总结。

电辅助成形技术中最早得以应用的是电镦技术，该技术起源于20世纪20年代，在20世纪50年代得到实际应用。但是，研究电镦工艺和设备的人一般和研究电塑性的人少有交集。电塑性现象的观察始于20世纪50年代，在20世纪60年代才有“电塑性”一词提出。此后若干年间，研究主要集中在电塑性相关现象和机理方面。20世纪70年代报道了钢铁材料在轧制和拉拔时电塑性变形的试验。关于电辅助制造工艺的研究应用自20世纪末期开始大量出现，成为先进制造领域的研究热点之一。在电辅助塑性成形领域，施加电流的板材冲压、管材成形、半固态成形、轧制、线材拉拔、微成形、锻造、拉形、渐进（增量）成形、超塑性成形等方面都有一些研究成果。这种技术是可以减少能耗、提升加热效率且前期投资较少的绿色制造技术。在理论研究方面，由于电流的加入，形成了电-热-力多场耦合作用的局面，机理和微观研究对金属物理、材料科学以及先进制造等多学科都提出了新的课题，多学科的联合攻关十分必要。

本书共分为10章：第1章介绍电辅助成形发展历史，讨论电辅助成形相关概念；第2章介绍金属对电流的热响应，阐述不同合金电加热特点、规律及电源选用方法；第3章介绍电辅助拉伸试验，与电炉内单向拉伸进行比较；第4章介绍电辅助超塑性成形，在持续电加热中进行成形是其突出特点；第5章介绍电辅助冲压成形，特别是断电后的变形过程；第6章介绍脉冲电流辅助连接，重点是电辅助瞬时液相连接；第7章介绍脉冲电流辅助热处理，包括电流作用下时效与再结晶；第8章介绍电辅助变形中微观组织演变、材料位错运动和孪生行为的特点；第9章介绍电流对于材料损伤的修复作用，侧重电流作用的非热机制；第10章介绍电辅助成形的极性效应，从现象与机理两方面进行了深入探讨。全书力求脉络清晰，层次分明。

本书主要汇总了作者带领博士生从事电辅助成形研究的工作成果。哈尔滨工业大学张凯锋负责本书的策划、结构设计并撰写第1章，北京卫星制造厂有限公司王博和赖小明撰写第5和第6章，哈尔滨理工大学李超撰写第2、第4和第9章，西南技术工程研究所肖寒撰写第3、第7章，中国工程物理研究院刘泾源和哈尔滨工业大学王国峰撰写第8章，中国工程物理研究院刘泾源撰写第10章，全书由张凯锋统稿。哈尔滨工业大学超塑性成形研究团队成员蒋少松、卢振和在团队中工作过的陶南、温均有等对本书也做出了贡献，在此致以诚挚的谢意。书中引述了国内外电辅助成形领域研究者的有关文献，向他们表示衷心感谢。本书涉及的部分工作受到国家自然科学基金资助，非常感谢。

本书内容新颖，具有前瞻性，阐述了电辅助成形的基本概念与原理、基本工艺，剖析电辅助成形中的微观现象，探讨了原理性前沿问题。电辅助成形毕竟是一个较新的领域，限于作者的水平，本书不足之处在所难免，请广大同仁批评指正。

本书对于推动电辅助成形技术的理论与技术研究具有重要价值，也有助于促进电辅助成形更广泛的应用，对于材料科学与工程领域的从业人员具有参考价值。

张凯锋
2023年3月
于哈尔滨工业大学

目　　录

第1章 概　　述

强物理场作用下的制造技术,包括电辅助制造、电磁场辅助制造、超声辅助制造等,在先进制造技术中占有重要位置,本书的内容属于电辅助制造领域,主要是阐述电流通过金属时的热现象,电流作用下的拉伸、超塑性成形、冲压、连接、热处理,以及电流作用产生的一些非热现象,如组织演变、损伤修复、极性效应等。

1.1 电辅助成形研究简史

如果将电镦包括在电辅助制造技术中的话,电加热成形技术最早得以应用的应该是电镦技术,该技术起源于20世纪20年代,在20世纪50年代得到实际应用。有趣的是,研究电镦的人基本上和研究电塑性的人没有交集。电塑性现象的观察始于20世纪50年代,在20世纪60年代才有"电塑性"一词提出。此后若干年间,研究主要集中在电塑性相关现象和机理方面。表1-1是电塑性发展的编年表。

表1-1 电塑性重要发展的编年表

年份/年	代表人物	主 要 贡 献
1959	E. Machlin	第一个记录电对材料变形的影响。进行了对NaCl材料施加电压三点弯曲和压缩试验,确定施加电能降低材料的屈服应力,提高材料的弯曲韧性
1963	O. A. Troitskii	变形过程中应用了电流降低了锌单晶流动应力,增加了其延伸率。电流脉冲对塑性流动的这种影响称为电塑性(elrctro plasticity, EP)效应
1967	V. Y. Kravchenko	对电流与可动位错间的相互作用进行了深入的理论分析,提出了"电子风力"的概念,认为正是由于电子风力的存在使位错加速运动,促进了金属塑性的提高。他认为,如果电子漂移的速度超过位错速度,则电子风力对位错形成推动力
1977	O. A. Troitskii	提出电塑性现象是由漂移效应引起的高脉冲电流降低流动应力的现象
1978	H. Conrad	对铝、铜、铁、钨、钛等多种丝材做了拉伸试验,结果表明了电塑性效应对金属变形抗力的影响程度

续表

年份/年	代表人物	主 要 贡 献
1979	L. A. A. Klypin	材料的蠕变速率受外加电流和电场的影响。结果表明，0.15A/mm^2的电流密度就可以提高许多金属的蠕变速率
1979	Yu. I. Boiko	通过金属球的电压缩试验,发现了电流的极性效应:在两块平行的金属板上分别连接电源的正负极,对金属板施加压力实现金属球上、下接触区域的变形。发现正负极面积差异明显
1981	Yu. I. Boiko	陆续试验了金、铜、钨三种单晶球,发现不同金属所表现出的极性现象不同,试验结果显示,金和铜正极的接触面积要大于负极,而钨的负极接触面积更大
1981	V. L. A. Silveira	研究多晶铜在无电流、低密度直流和交流电流下的应力松弛行为,发现直流电比交流电加快金属应力松弛速度的作用更加明显
1984	H. Conrad	在冷加工铜的退火过程中,观察到的电流脉冲效应包括:①降低再结晶开始的温度;②退火孪晶的体积分数降低;③晶粒生长速度加快。还就电流对于微观组织尤其是再结晶的作用发表了若干篇文章
1989	H. Conrad	外加电场降低了7475铝合金超塑性变形过程中空洞的体积分数和密度。空化的降低是由于在小应变下空穴的形核率降低,随后的空化增长率随着电场的增加而提高。在没有电场的情况下,空穴的主要形核位置是晶界的三联点,而在电场作用下,第二相粒子的形核也变得重要起来。电场中空穴形核速率的降低归因于电场增强的晶界滑移调节作用。在电场作用下,7475铝合金的低空化导致变形后强度和塑性提高

1.2 电辅助成形的概念

电辅助成形概念通常为三类。

第一类,电塑性(elrctroplasticity)。电塑性是指电流通过金属,改善或者诱发金属的塑性。得到改善的原因有两方面:一方面是焦耳热效应使金属的温度升高,进而塑性提高,抗力降低;另一方面,是可能的各种非热效应,导致组织性能的改善,这个性能也包括塑性。因为一些研究者在论述这个问题时特别强调非热效应,所以,又出现了“纯电塑性”这样的提法。

第二类,电阻加热成形(forming using resistance heating),也称自阻加热成形。电阻加热成形以日本学者森谦一郎使用最多,就是强调电流通过金属时的焦耳热效应。如果仅从工业实用性角度看,确实焦耳热效应在提高塑性、降低流动应力方面是最有效果的。

第三类,电辅助成形(electricity-assisted forming),是从过程或者方法出发,强调电与制造或者成形技术的结合。也有研究者对“辅助”二字提出看法:一种看法是认为载荷与电流有主次关系,觉得所谓辅助就应该是有一个主体,比如载荷施加是主体,电流是辅助;另一种看法是认为载荷与电流施加在时间上有不同:某些情况下,电流施加与成形是耦合的、同步的,某些情况下,又是先通电流加热坯料之后,断电再进行成形。

对本书内容而言,第三类概念还是更确切一些。因此,将本书定名为“电辅助成形原理与技术”。

1.3 电辅助成形机理

迄今为止,关于电塑性现象的机制研究和深入探讨仍在继续。本节介绍主要的机理可分为两类:一类是温度升高促进塑性流动的机理,主要是焦耳热效应;另一类是电、磁作用机理。

1.3.1 焦耳热效应

电流的焦耳热效应是重要的电致塑性效应之一。焦耳热源于导体内部离子实对漂移电子的散射作用,当金属材料被施加电场时,大量漂移电子与离子发生非弹性碰撞,加速了金属内部离子实的振动,将漂移电子的动能转换为金属的内能,宏观现象表现为金属材料温度的升高。绝热条件下,假设材料电阻率在同一温度下是均匀的,则由焦耳定律可知,材料在时间 Δt 内的温升为

$$\Delta T = \frac{j^2\rho_t}{c_m\rho}\Delta t \tag{1-1}$$

式中 j——电流密度;

ΔT——材料的温度升高;

ρ——材料的密度;

c_m——材料比热容;

ρ_t——材料总电阻率。

由式(1-1)可以看出,在不考虑热量损失的情况下,材料在焦耳热的作用下,其温度在一定时间内的增加值与电流密度的平方成正比。这里有两点需要注意:一是在实际情况中,温度不可能一直无限度升高,焦耳热和热量损失会达到动态平衡,即加热材料的温度达到一个稳定值,其中热量损失包括与夹持电极的热传导、与周围空气的对流换热以及加热材料向周围的热辐射;二是由于金属材料并不是完美晶体,在金属材料内部存在大量杂质原子、空位、位错以及晶界等微观缺陷,由于晶格畸变和与漂移电子更大的碰撞概率,这些缺陷对漂移电子的散射作用比完美晶格结构更加显著,导致材料在这些缺陷周围的电阻率更高。根据马西森定律

(Matthiessen's rule)可知,金属的总电阻率为

$$\rho_t = \rho_0 + \rho_i + \rho_d \tag{1-2}$$

式中 ρ_0—— 理想晶体的电阻率;

ρ_i—— 杂质原子或空位贡献的电阻率;

ρ_d—— 位错贡献的电阻率。

因此在电流作用下,虽然宏观温度的分布大致均匀,但是在金属内部的微观尺度上并不均匀,在这些缺陷周围会因为更高的电阻率而温度更高,形成微观尺度上的焦耳热效应,即"热点"效应(hot spot effect)。"热点"的存在,能在极短时间内为缺陷和缺陷周围的原子团提供极高的能量,大多数由热激活控制的微观现象,如原子和空位的扩散、位错的滑移和攀移等,将得到靶向性增强,而受到这些微观机制影响的金属材料内部微观组织演变如扩散性相变、再结晶等过程也将被相应地增强。总的来说电流的焦耳热效应与普通炉内加热有两点区别:一是加热速率明显高于炉内加热,原因是金属在炉子里面升温是靠热传导、对流换热以及热辐射,传热效率较低;二是电流加热情况下,电流焦耳热会导致微观温度场的不均匀分布,而炉内加热情况下,金属在炉子里面的微观温度场也是均匀的。

试样的几何形状可能导致横截面积减小的区域电流密度增加,从而增强这些地方的焦耳加热。在颈缩发生后,由于脉冲电流的作用,断裂伸长率降低,原因是颈缩区内电流密度的增加。这已经被电辅助拉伸试验证明。

1.3.2 电子风力假说

这种观点认为当脉冲电流通过金属材料时,会产生大量定向漂移的自由电子(电子风),漂移电子群频繁地定向撞击位错,会对位错段产生一个类似外加应力的电子风力,促进位错在其滑移面上的移动。同时,施加脉冲电流时电能、热能和应力被瞬时输入材料中,原子的随机热运动在脉冲电流瞬时冲击力作用下获得足够的动能离开平衡位置,原子的扩散能力加强,位错更容易滑移、攀移,从而极大地提高了材料的塑性。

O. A. Troitskii 提出:在电辅助变形过程中,当金属中的漂移电子撞击位错时,会对位错施加一个牵引力,该力可以加速位错运动,帮助位错克服阻碍,从而提高材料的塑性和韧性、降低材料流动应力。

X. Y. Kravchenko、K. M. Klimov 和 A. M. Roschupkin 对金属通电状态下漂流电子对单位长度位错的作用进行分析,得到电子风力的计算公式分别为

Kravchenko: $$\frac{f}{l} = \left[\frac{b}{4}\left(\frac{3n}{2E_F}\right)\frac{\Delta^2}{v_F}\right](v_e - v_d) = \left(\frac{3b}{8}\frac{\Delta_2}{eE_F v_F}\right)J \tag{1-3}$$

式中 $\frac{f}{l}$——施加于单位长度位错上的力;

n——电子密度(单位体积的数量);

E_F——费米能量;

v_F——费米速度;

e——电子电量,$e=1.602\times10^{-19}$C;

v_e——电子漂移速度;

v_d——位错速度;

Δ——变形势能常数;

J——电流密度。

Klimov:
$$\frac{f}{l}=\frac{1}{3}nm^{*}bv_F(v_e-v_d)=\frac{m^{*}bv_F}{3e}J \tag{1-4}$$

式中 m^{*}——电子有效质量;

b——伯氏矢量的数值。

Roschupkin:
$$\frac{f}{l}=\frac{2h}{\pi}n(v_e-v_d)=\frac{2h}{\pi e}J \tag{1-5}$$

式中 h——普朗克常数,$h=6.62\times10^{-34}$J·s。

普遍认为 Klimov 的结果更接近实际情况。电子风力的计算公式可简化为

$$\frac{f}{l}=K_{ew}J=B_{ew}J/en \tag{1-6}$$

式中 K_{ew}——电子风力系数;

B_{ew}——电子风力推动系数

Klimov 给出了 B_{ew} 的值为 $10^{-7}\sim10^{-5}$N·s/m,这个数值已被大量的试验验证是正确的。

材料的塑性变形主要是通过位错的运动实现的,由于位错在运动过程中的交互作用,会引起位错缠结及位错在晶界或第二相粒子边界处的堆积,形成加工硬化,使变形难以继续。通过对变形材料位错运动进行观察分析发现,高密度脉冲电流的引入可以推动并加速位错的运动,使得位错缠结打开,并帮助其克服其滑移面上的阻碍,使材料的变形能力得以提升。但是,Sprecher 等研究认为在目前所使用的电流密度下,电子风力模型计算给出的作用力很小,不足以使材料的塑性有如此大幅度的提高。

H. Conrad 对电塑性效应在微观层面进行了进一步的分析,认为电流会通过提高原子的运动能量来改变位错运动激活能,使位错易于开动、滑移和克服阻碍。并给出如下表述公式(ed 为有电流作用的参量),即

$$\ln(\dot{\varepsilon}_{ed}-\dot{\varepsilon})=\ln(\dot{\varepsilon}_{0ed}-\dot{\varepsilon}_0)-\frac{\Delta H_{ed}^{*}-\Delta H^{*}}{kT}+\frac{(\nu_{ed}^{*}-v^{*})\sigma^{*}}{kT}+\frac{v_{ed}^{*}\sigma_{ew}}{kT} \tag{1-7}$$

式中 $\dot{\varepsilon}$ ——无电流通过情况下材料的应变速率(s^{-1})；

$\dot{\varepsilon}_0$——指数前因子；

k——波耳兹曼常数；

T——热力学温度；

ΔH^*——位错活化焓；

v^*——激活体积；

σ^*——有效应力；

σ_{ew}——位错受到的漂移电子作用应力。

电流的引入会影响材料的位错激活能、激活体积以及指数前因子,该公式无法给准确的理论值,仅是电致塑性作用的一种定性解释。

目前的试验值与定量计算的结果仍有差距,随着电子显微技术和装备的发展,直接观察也成为可能。事实上,电迁移现象可以在某种程度上佐证电子风假说。电迁移是指在电流作用下,导体材料中原子或空位等在漂移电子的作用下发生迁移或运动的现象。“电子风”理论是后来提出的用来解释电迁移现象的一项唯象理论,描述了在电流作用下,金属内部缺陷(原子和位错等)受到漂移电子的碰撞,电子的动能一部分传递给缺陷的现象。事实上电迁移力来源于两部分:一是漂移电子与原子之间的动能传递;二是缺陷附近由于电流的存在而产生的局域电场的作用,而电子风力只解释了前半部分。电迁移现象是已经被试验证实的真实存在的物理现象,如图 1-1 所示,在超大规模集成电路中,由于电迁移的作用,存在原子扩散的累积导致线路中连接界面的失效现象。而电子风理论也被大多数学者接受,后来用于解释在电流作用下金属变形抗力降低的现象,目前也广泛用于解释金属电流辅助处理过程或电致塑性效应中非热效应对材料组织演变和变形行为的影响。

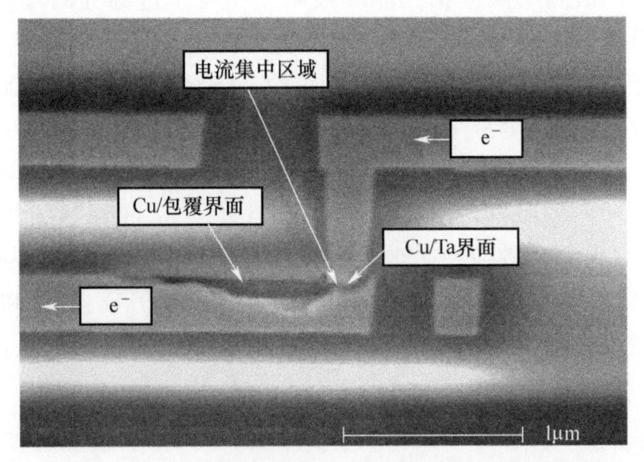

图 1-1 由于电迁移导致的连接界面的破坏现象

对电迁移现象的研究可以追溯至19世纪中叶，M. Geradin在熔融的铅-锡和汞-钠合金中观测到了电流诱导的原子运动现象。在20世纪50年代早期，Seith和Wever发现一些按照Hume-Rothery定律生成合金相的金属材料被施加电场时，其物质运输方向不完全由静电场方向决定，而更大程度上取决于载流子（如电子或空位）的运动方向，这为解释电迁移现象本质提供了最初证据，同时也使Seith考虑引入Skaupy在1914年提出的电子风来考察电流作用下导体内部物质的迁移现象，这为电迁移的理解和研究奠定了基础。基于量子力学、赝势理论、密度泛函以及与第一性原理相结合的方法是对电迁移现象更进一步的理论研究，利用透射原位观察等手段是对电迁移现象的更为直接和直观的试验研究。

现在的问题在于，除了作用力大小的考量之外，电子风力假说很难解释材料不同时极性现象的不同。

1.3.3 位错脱钉机制

该机制基于电流诱导的位错和障碍物脱钉之间的键能降低，导致位错产生更大的运动。键能描述为

$$\Delta E_{\text{bond}} = \Delta U_{\text{j}}^{*} - \Delta U^{*} = -\frac{bl^{*}F_{\text{ew},0}}{2\sqrt{n_{\text{d}}V^{*}}}$$

式中 U_{j}^{*}、ΔU^{*}——有电流和无电流时位错运动的活化能；

b——伯氏矢量的数值；

n_{d}——位错密度；

l^{*}、V^{*}——有效长度和体积；

$F_{\text{ew},0}$——单位长度不动位错的电子风力。

这个机制补充了“电子风”理论，使人们能够解释与电塑性变形有关的更广泛的方面。然而，这个假设并没有解决电子风理论的整体应力或应变相关参数的计算不清楚问题。

1.3.4 电磁效应假说

很多人认为电流对电塑性的贡献很有限，材料塑性变形性能的改变还涉及其他作用，和电磁有关的解释有两种。

1. 磁塑性效应

Molotskii从磁场的角度对电塑性进行了分析，认为电流产生的感应磁场会影响位错的运动。他们假设导体中的电流感应磁场增加了位错从顺磁障碍物中脱离的概率。根据这个假设，金属丝中的电塑性应力降$\Delta\sigma_{\text{EP}}$与电流密度的平方I^2成正比，即

$$\Delta\sigma_{EP} = \frac{\sigma_m I^2 r^2}{4H_0^2}$$

式中 r——金属丝的半径；

σ_m——不受电流影响的机械应力；

H_0——位错从顺磁性障碍物中有效脱钉的特征磁场。

当位错运动受到阻碍时，若钉扎中心为顺磁性，钉扎中心和位错的结合能会在感应磁场的作用下有所下降，从而使可动位错长度发生改变，该长度的增加会相应引起应变速率的提高。下式给出电磁场影响下的材料的应变速率：

$$\dot{\varepsilon} = \dot{\varepsilon}_0 \exp\left\{-\frac{U_0}{kT}\left[1-\left(\frac{kTm_\varepsilon}{U_0}\right)\ln\left(\frac{\sigma^*}{\sigma_c}\right)\right]\right\} \tag{1-8}$$

式中 U_0——材料发生塑性变形的激活能；

σ_c——位错脱离阻碍继续滑移的临界应力；

m_ε——应变速率敏感性指数。

通过电磁场理论计算得到的作用力与电子风力相比大 10^4 量级，但目前尚无可靠试验验证，因此该模型仍需要进一步研究。

2. 磁致伸缩效应

在磁致伸缩材料(铁、钴、镍等)中，电流引起的磁场产生偏应变和体积应变。然而，韧性金属的极压变形几乎不受磁致伸缩效应的影响。例如，室温下纯镍的磁饱和应变为(-)0.005%，仅为纯镍失效应变(48%)的万分之一左右。磁致伸缩材料在强磁场(巴瑞德效应)下的体积变化也可以忽略不计；镍的体积变化不超过 10^{-7}。

一种假说认为脉冲电流在金属周围产生的磁场会导致材料受到径向压力，在拉伸过程中有助于试件的轴向伸长。由电磁场产生的应力大小可由下式给出：

$$\Delta\sigma_{pinch} = \frac{\nu\mu_m J^2 r^2}{2} \tag{1-9}$$

式中 ν——泊松比；

r——材料半径。

计算发现，由磁压缩效应引起的材料应力值的下降比实测电辅助变形过程电塑性效应引起的应力值下降要小很多，因此磁压缩效应在电致塑性中的作用也可以忽略不计。

1.3.5 集肤效应假说

电脉冲在导体内产生一个随时间变化的磁场，进而引起表面(涡流)电流。电子传输主要在金属表面进行。集肤效应会引起材料截面温度分布不均，导致热应力增加、拉伸应力下降。感应涡流叠加在初始脉冲上，从而导致表面附近层的电流密度增强。这种现象被称为“集肤效应”。“表皮深度”是指电流密度减少至 2.718 倍的深度。人们普遍认为，对于小于表皮深度的试样，集肤效应没有显著贡献，可以假定电流在试样的横截面内均匀分布。为了支持这个假设，Bilyk 等模拟了不同时间步的电流分布，结果表明，在电流脉冲施加 4.5μs 后，铜线试样内的电流变得均匀。集肤深度的计算公式为

$$\delta = \left(\frac{\pi\mu_m f}{\rho_R}\right)^{-\frac{1}{2}} \tag{1-10}$$

式中 μ_m——磁导率；

f——脉冲电流频率；

ρ_R——电阻率。

Roshchupkin 等认为集肤效应引起热应力和拉伸应力的改变很小，对铝、铜、铁、钨、钛等金属施加 10Hz、5500A/mm^2 的脉冲电流发现，铜的集肤深度最小，为 0.71 mm，钛的最大，为 3.74 mm，因此对于薄板或较细的丝材，集肤效应对其变形抗力的影响可以忽略。

1.3.6 金属键溶解假说

这个假说认为，晶格中存在过多电子而导致金属键的溶解，以此增强了塑性流动。当电流被施加到金属上时，就会产生成比例的电子流。由于电子共享减少，这些额外的电子导致离子核之间的键合减弱。这个假说可以推广到极高电流量的情况，在这种情况下，离子核几乎没有电子共享，能够在金属晶格中移动，从而导致完全键溶解，并大大降低成形力、流动应力和回弹。

迄今为止，虽然电辅助成形机制尚无定论，但是，大量的试验现象表明，在电流通过金属的时候，上述机制中一般不是单一机制起作用，多数情况下存在耦合作用。Bunget 等曾提出电塑性和焦耳加热在能量模型中可以分开，也是承认作用机制不止一种。

1.4 电辅助成形技术的发展

将电流特别是脉冲电流应用到材料塑性加工中，主要是利用其焦耳热效应或电致塑性效应。对于前者，国内外的研究主要集中在金属的自阻加热温、热成形技术方面，如电辅助冲压成形、自阻加热轧制、自阻加热模锻等；对于后者，研究主要集中在电致轧制、电致拉拔等领域。

电辅助成形是绿色制造技术，在技术效益和经济效益两方面都具有一些优越性。N. T. Huu-Duc 等总结了电辅助制造在各种成形技术上的优越性，如表 1-2所

示。可以看到,优越性基本上集中在提高成形能力、降低载荷两个方面。

表 1-2 电辅助制造的技术优越性

工艺	优 越 性
轧制	在再结晶温度以下,提高成形能力,增加延展性
冲裁	降低冲裁力
胀形	高径比增大,成形性提高
拉拔	拉拔应力降低 20%~50%,塑性显著改善,无需退火处理,可提高表面质量
压印	改善成形性,降低残余应力,增加压印深度,避免工件过热
拉形	制造高精度的零件,获得光洁的表面,降低流动应力
增量成形	在低温下成形,成形力降低
拉深	降低温度和载荷
锻造	提高可锻性,降低锻造力
连接	减小连接力,增加连接面积,适用于大规模工业制造
切割	减少摩擦力和切割时间

Mori 等分析比较了目前常用的几种加热方法,包括加热炉加热、红外加热、感应加热、自阻加热和接触加热,其中,不太常见的接触加热是将待加热板材放入两个已经加热到温的热平台之间,由热平台通过接触向板料传热。由表 1-3 可知,主要是比较了经济效益。自阻加热在加热的时间(升温最快)、能效(能耗最低)和初投资(初投资最低)方面具有优越性,在温度均匀性(电极夹持部位不能加热)和适应的坯料形状(目前只限矩形)方面处于劣势。后两个不利因素需要研究和逐步改进。

表 1-3 高强钢板热冲压加热方法经济比较

加热方法	加热炉加热	红外加热	感应加热	自阻加热	接触加热
时间	2~5min	50~70s	20~30s	5~10s	15~30s
温度	均匀	均匀	受线圈限制	末端不能加热	均匀
坯料形状	无限制	无限制	接近矩形	限矩形	无限制
尺寸	100~220m²	100~220m²	5~10m²	5~10m²	5-10 m²
能效	低	低	中	高	低
初投资/百万美元	1~3	0.5~1.5	0.5~1.5	0.1~0.3	0.2~0.5

1.4.1 电辅助体积成形

1. 电镦

电辅助体积成形最早应该是电镦技术,有趣的是,研究电镦的人基本上和研究电塑性的人没有交集。该技术源于20世纪20年代,在20世纪50年代得到实际应用。电镦工艺的最初发展要追溯到1928年,西德哈森克列维尔公司第一次提出申请电镦机的专利权,但直到1955年其才在电热镦粗的成形设备电镦机上获得了初步成果。1955—1960年,英国、美国、德国、苏联等国家相继将电镦工艺应用于气门的加工生产。1963年,上海第一汽车附件厂首次将电镦工艺应用于气门加工行业。从20世纪70年代开始,电镦工艺以其高效率、低能耗、前期投资小、工作环境良好等优点,引起了人们的重视,我国的一部分气门生产厂家也开始应用电镦工艺制造发动机气门(图1-2),电镦工艺得到了广泛的推广应用。发动机气门的生产主要采用电镦制坯与锻造成形。气门成形后的大径和小径变化很大,直接镦粗会引起偏斜和折叠等问题,电镦工艺可以很好地消除这些缺陷。电镦与其他工艺的不同:在电加热期间,坯料通过受力产生变形,属于电-热-力三个物理场耦合的复杂成形过程。

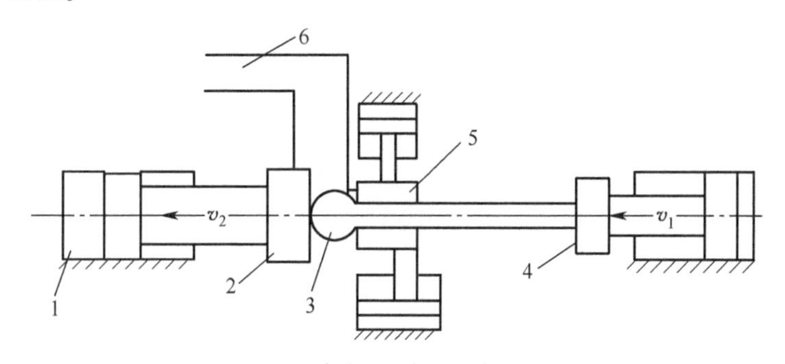

图1-2　气门电镦机工作原理图

1—砧子缸;2—砧子电极;3—气门工件;4—镦粗缸;5—夹钳电极;6—变压器次级。

2. 电辅助热模锻

Ross等研究了通过持续的电流增强Ti-6Al-4V的锻造性能。Perkins通过对Al6061试件的研究,分析和预测电辅助锻造过程中的电塑性行为。这个电辅助锻造工艺示意图如图1-3所示。Jones等还报告说,其锻造性能显然随持续电流的增加而增加。一个在室温下无法实现成形的几何形状,在电辅助锻造过程中是有可能成形的。整体而言在较高的电流密度下,所需的力更小。

根据加热电极与锻件位置的不同,电阻加热模具可分为三类: A型,加热电极不与锻件直接接触;B型,加热电极直接与锻件接触,电流不通过模具,只流过锻件;C型,电极与模具、锻件部分接触。通过部分工艺试验(A型),证实了模具结构的可行性,结果表明该工艺可在短时间内将锻件加热到成形温度,并可在成形过程中有效防止锻件的冷却。

3. 电辅助轧制技术

图1-4为J. Yanagimoto等设计的连续自阻加热轧制工艺:在轧辊前放置两个

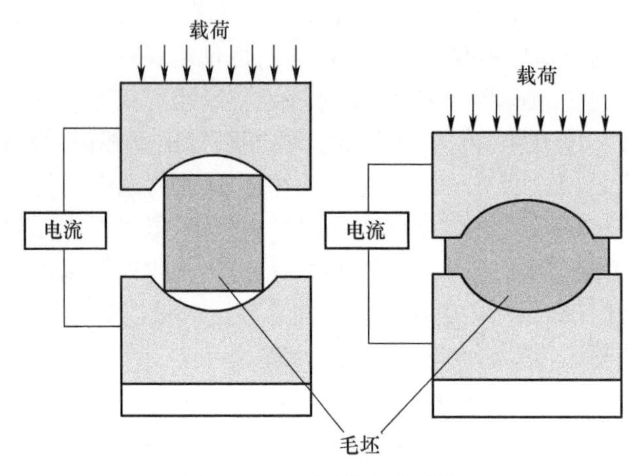

图 1-3　电阻连续加热模锻

移动电极,实现可控电阻加热。他们采用该方法成形了 Ti-6Al-4V 型材,结果表明,该工艺适用性较好,所成形的型材表面及断面质量良好。该工艺不仅避免了能源浪费,而且由于提高了加热速度,克服了传统工艺中加热速度与成形速度不协调的缺点,从而极大地提升了工艺的整体效率。

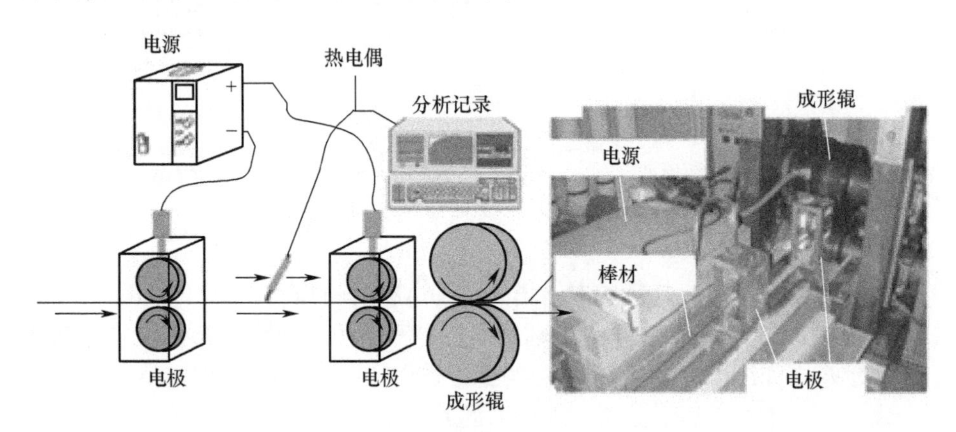

图 1-4　电阻加热轧制成形工艺

4. 电辅助拉拔技术

电辅助拉拔是在金属拉拔成形过程中施加脉冲电流,并利用脉冲电流对位错运动的促进作用,降低拉拔力、提升拉拔变形能力、改善材料性能的成形方法,其原理如图 1-5 所示。通过接触电极在拉拔模的两端将高密度脉冲电流引入到材料的塑性变形区,实现电塑性拉拔。

唐国翌等的研究结果表明,与普通金属拉拔工艺相比,电塑性拉拔工艺具有提升材料成形能力、减少拉拔道次、提高拉拔速度、降低变形抗力、提高丝材表明质量等优点。图 1-6 为 1Cr18Ni9 丝材由 ϕ1.6 mm 拉至 ϕ1.2mm 后表面的 SEM 照片，由图中可以看出，普通方法拔制的丝材表面有十分明显的龟裂现象，而经电塑性拉拔的丝材表面质量相对良好。

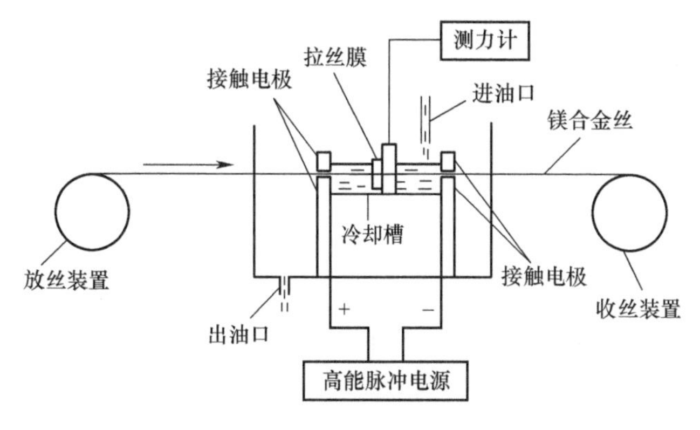

图 1-5　电塑性拉拔

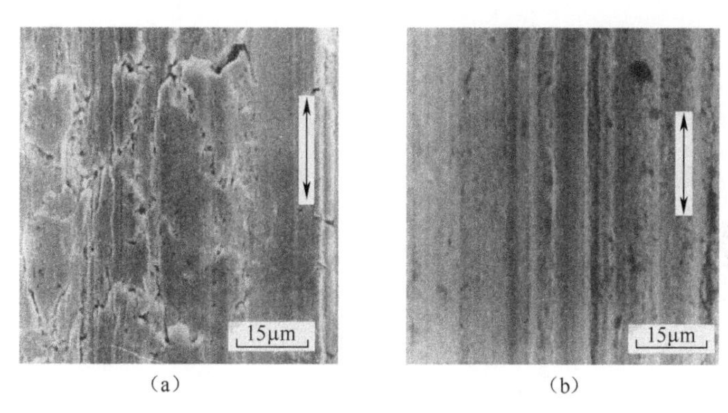

(a)　　(b)

图 1-6　两种拉拔工艺表面质量的比较

(a)普通方法；(b) 电塑性拉拔。

1.4.2　电辅助板材成形

1. 电辅助冲压成形技术

图 1-7 为 K. Mori 等提出的电辅助冲压方法。他们采用该方法对超高强度钢 SPFC980Y 板材进行了热冲压工艺试验，将尺寸为 120mm×80mm×1.2mm 的板材加热至 800℃ 只用了 2s，极大地提高了加热效率，节省了能源，并减少了加热过程中的氧化。

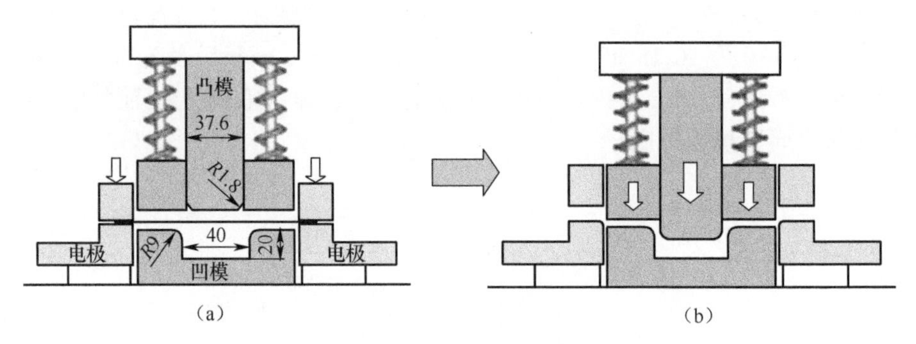

图 1-7 高强钢板材电阻加热电辅助冲压方法
(a)电阻加热;(b)冲压成形。

2. 电辅助板材渐进成形

渐进成形工艺是通过球形工具头的连续运动包络出零件的形状并积累局部材料塑性变形来实现整体成形的,而电辅助渐进成形工艺具有结构简单、成形范围广等优点,尤其适合局部结构的精确成形,并且能够显著提高渐进成形性能。图 1-8 为电致塑性渐进成形装置。

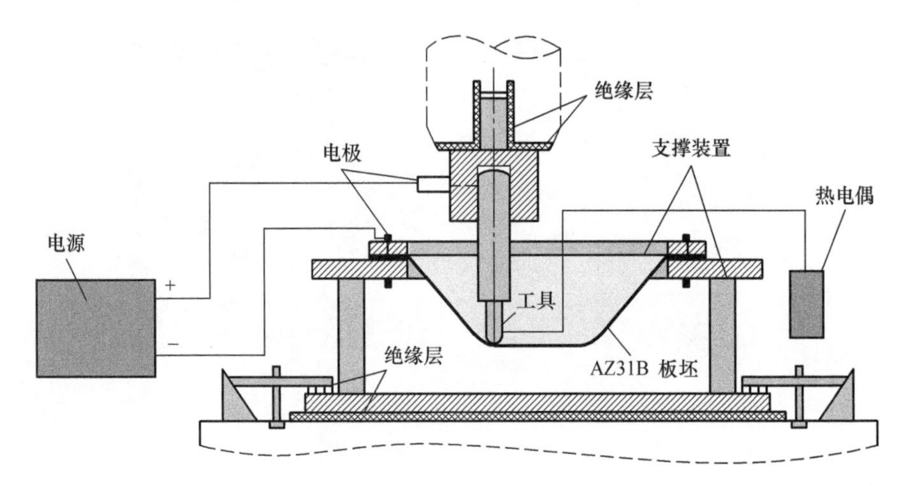

图 1-8 电致塑性渐进成形装置示意图

3. 电辅助板锻造

介于电辅助体积成形和板材成形之间的是一种新的方法,就是电辅助和板锻造结合。电辅助成形技术适用于中小型超高强度钢制件的板锻造,无须后续热处理(图 1-9)。通过加热板材,成形载荷相当小。而且,模具内原位淬火可省去板锻造件后续热处理。在传统的板料锻造工艺中,成形和冲裁阶段被分为几个阶段

(如图 1-9 所示一次热冲压包括电阻加热、成型、剪切和模具内淬火),可防止板材的温降。由于加热、成形、冲裁和模具淬火的顺序要求足够快,因此 Mori 等人开发了快速电阻加热。

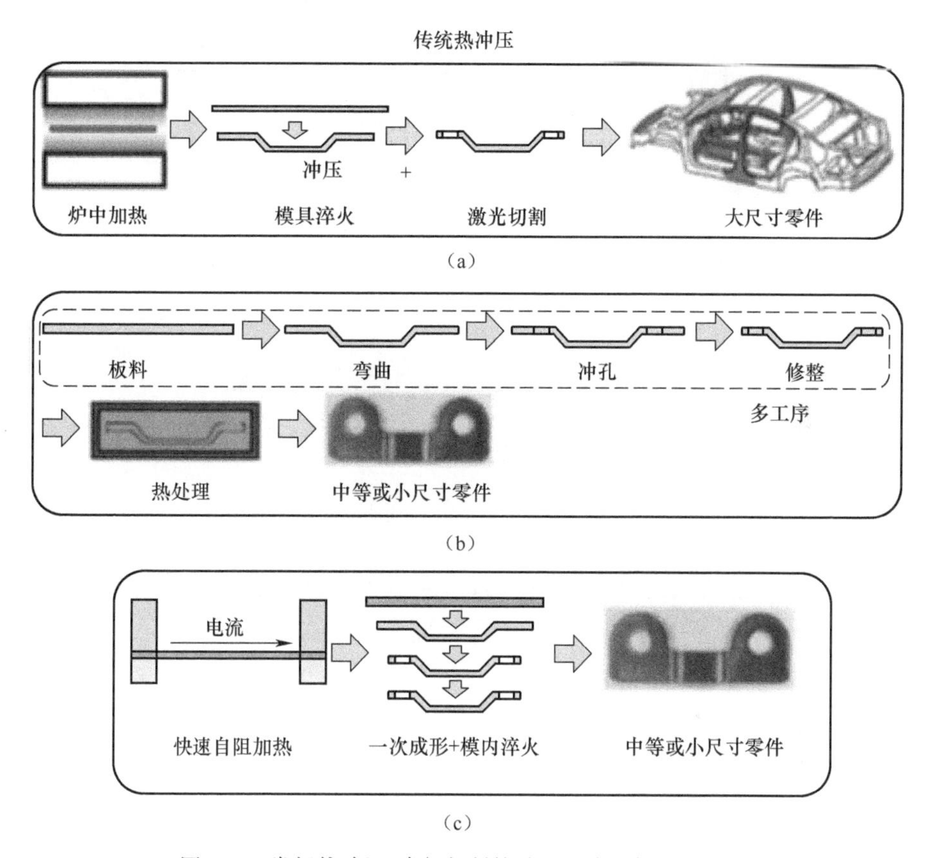

图 1-9　常规热冲压、常规板材锻造和一次电辅助板锻造

(a)传统热冲压;(b)传统板锻造;(c)单工序热冲压。

1.4.3　电辅助管材成形

在管材成形方面,自阻加热也得到了一些应用。Tomoyoshi Maeno 将自阻加热使用到铝合金管材的气胀成形过程中,图 1-10 和图 1-11 给出成形装置和胀形过程。该工艺是通过自阻加热密封管使其温度升高,以此来提高管内空气温度,使密封管内压力增加,最终管材在压力作用下与模具接触成形,成形过程并不对内压进行控制,成形过程非常迅速,在几秒内就会完成。试验中通过使用低导热性的陶瓷模具,管材与模具接触后温度降低较小,使圆角的充填更加容易。

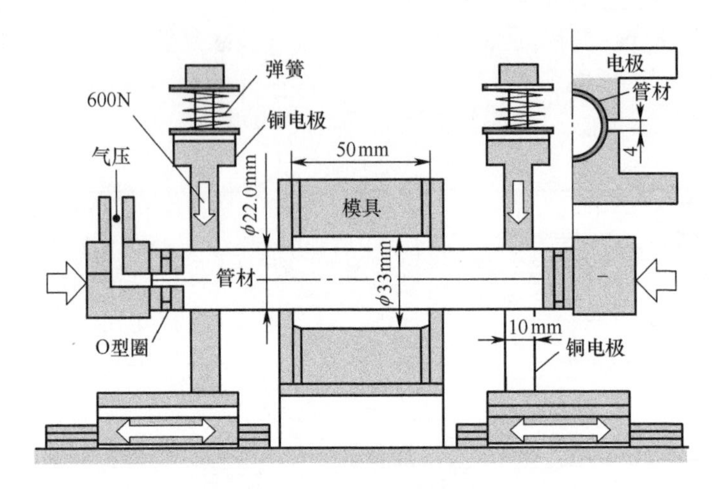

图 1-10　铝合金管材自阻加热气胀成形装置

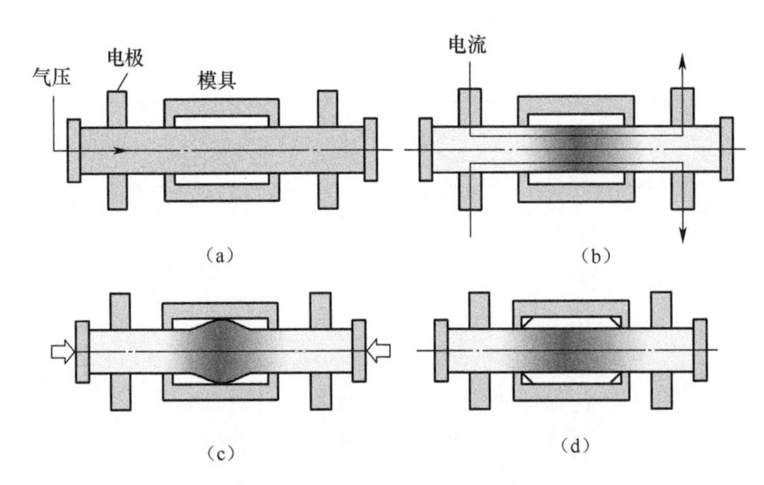

图 1-11　铝合金自阻加热气胀成形过程

(a)填充气压;(b)加热;(c)轴向进给;(d)胀形完成。

Maeno 等通过空气填充密封管和电辅助成形得到高强钛合金中空零件。该工艺利用快速自阻加热来提高可淬火钢管的成形性能,通过在底部施加一个淬火模具提供压力支撑死区,使最终成形的零件具有很高的强度,硬度达到 450 HV10(相当于 1500MPa 的拉伸强度)。此外,零件的尺寸精度通过加热和增加压缩密封管内压力而得到提高。

1.4.4 电辅助半固态成形

日本 Maki 等利用自阻加热对 A357 铝合金进行了半固态成形,其加热及成形装置如图 1-12 所示。通过选择和优化 A357 铝合金自阻加热的电热参数,成功进行了 A357 铝合金半固态成形且零件质量良好。

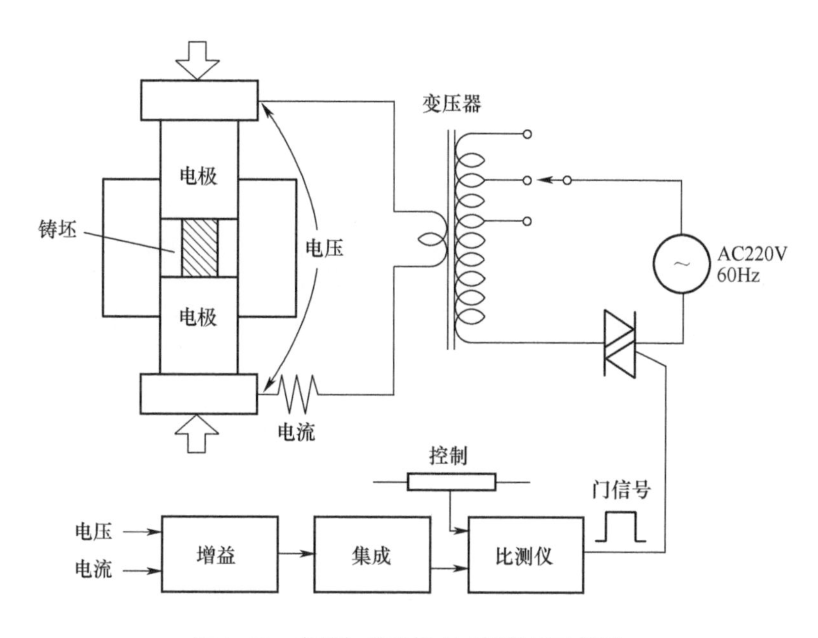

图 1-12 自阻加热半固态成形装置示意图

1.4.5 电辅助微成形

麦建明进行了 316L 不锈钢板微通道的电辅助模压成形,电流的通入有两种方式:图 1-13(a)中将电源两极分别连接到模具与待成形坯料,电流流过材料与模具的接触面,因此在成形过程中高密度电流集中在接触面上导致流动应力大幅度下降,但是在材料软化的同时也会导致模具的软化,降低模具的使用寿命,在模具与坯料接触过程中还容易产生火花放电。图 1-13(b)中电流全部流经成形坯料,可以完全避免放电及模具软化问题,但失去接触面处的电流集中,大部分电流都没有应用到材料的变形部分。用第二种方法成形的微通道零件(图 1-13(c)),电流的引入可以一定程度上提高材料塑性变形能力,降低残余应力,使得成形零件高通道的极限深度明显增加、模具压力有所降低。

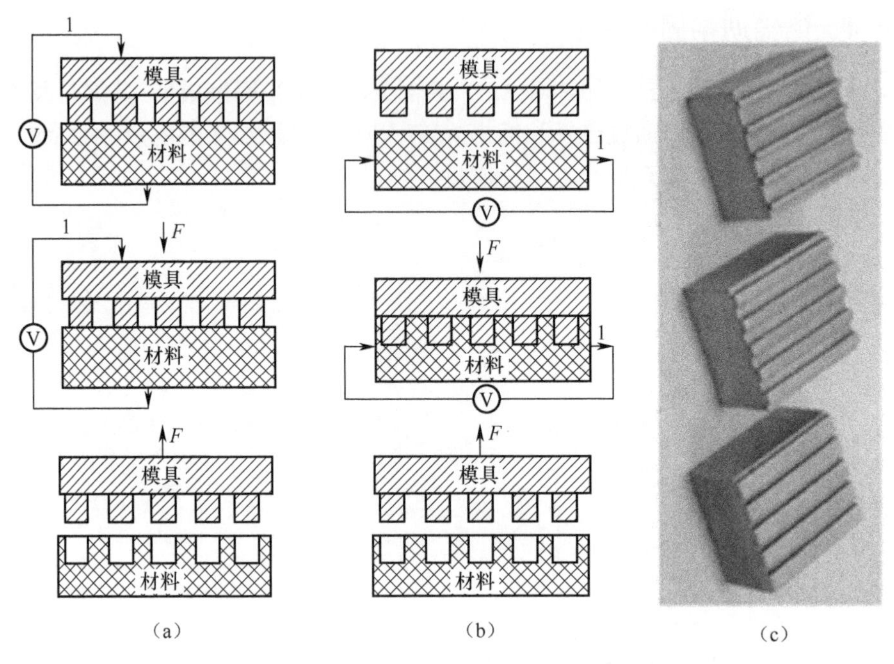

图 1-13　316L 不锈钢板微通道自阻加热模压成形

(a)电流全部流经成形坯料;(b)电流流过材料与模具的接触面;(c)微通道零件。

1.5　电辅助成形技术前景

电辅助成形在原理阐释和技术发展两方面都处于不断进步过程中,目前看来,有以下几个方面值得注意。

1.5.1　电辅助成形机理的理论与试验

除了焦耳热效应之外,电子风力、磁压缩、集肤作用和金属键溶解等均属假说,尚无科学实证。这个情况:一是源于尚未在金属电子论、量子理论等基本理论中找到依据,直接解释电子作用于金属时发生的若干现象;二是源于电塑性的宏观试验现象的观察系统性、数量和精确度;三是源于微观的原位观察,主要是在透射电镜(TEM)下的可以施加电流的样品台上进行观察。赵炯用电解双喷方法制得纯铝薄膜样品后,再用聚焦离子束刻蚀得到板条状样品。在透射电镜下样品台上纯铝板条状样品通入电流之后,电流对位错产生了激发作用。观察到,有两根位错发生运动之后从两个比较靠近的地方合并成一根(图 1-14),也有两根本来钉扎在一个点的位错因为电流的激发互相脱离。

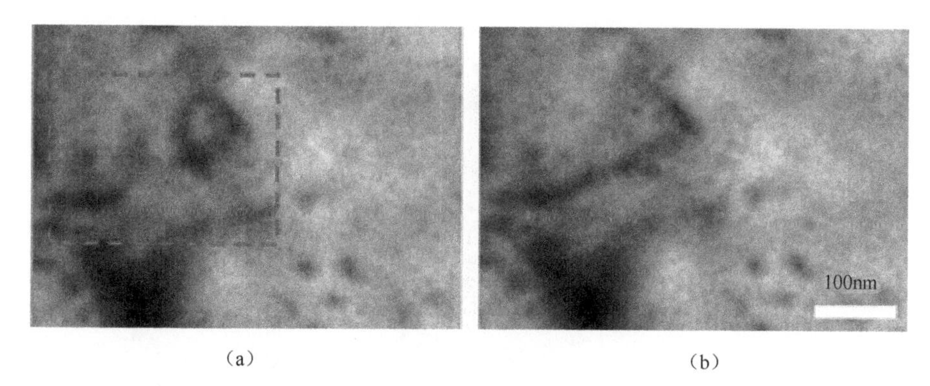

(a)　　　　(b)

图 1-14　TEM 原位观察到的 1.2s 内虚线框内所示的两个位错

(a)在电流的驱动下(电流密度为 105A/cm^2)合并成一根位错的过程;(b)合并后的位错。

Wonmo Kang 等开发了一个基于微器件的机电测试系统(MEMTS),以在透射电镜中表征纳米金属样品(图 1-15)。MEMTS 消除了焦耳热对材料变形的影响,这是与宏观试验相比的一个关键优势,因为它具有独特的尺度。例如,预计在~3500A/mm^2 时温度变化可忽略(<0.02℃)。研究了在单轴加载和电流密度高达 5000A/mm^2 的铜单晶(SCC)中的潜在电子-位错相互作用。原位 TEM 研究表明,对于 SCC,电塑性并不起关键作用,因为没有观察到位错活动的差异,如脱钉和移动。

1.5.2　电流与其他物理场耦合作用

在电流与其他物理场耦合作用的研究领域,已经有一些成果,但是深度和广度还不够。这里说的主要是电流和电磁场的耦合、电流和超声波的耦合。

一个研究事例是电流和超声波耦合的材料改性。Zhao 等采用脉冲辅助超声纳米晶表面改性(EP-UNSM)对 300M 钢进行表面改性。结果表明,用 EP-UNSM 处理的钢比用 UNSM 处理的具有更高的耐磨性。Ma 等研究了电脉冲辅助非晶合金,结果表明,与单独使用 EP 或 UNSM 相比,EP-UNSM 可以在非晶基体中诱导更多的自由体积和纳米晶的形成,从而更显著地改善金属玻璃的塑性。Ye 等还报道了 EP-UNSM 处理 Ti-6Al-4V 的表面粗糙度和硬度,与传统的 UNSM 处理相比,其塑性变形更多。唐国翌等进行了脉冲辅助超声表面轧制提高奥氏体不锈钢表面性能的研究。图 1-16 为电流和超声波耦合的材料改性示意图。

另一个事例是电流-电磁组合场的研究。Mingjun Li 等研究了电磁和电流复合作用下的凝固组织。采用电磁振动(EMV)技术,在振动频率为 900Hz 的条件下,对 AZ91D 镁合金在不同的磁场密度和电流水平下进行凝固,以寻求最佳的工艺参数。研究了不同磁场下合金的显微组织和织构,发现随着磁场密度的增大,合

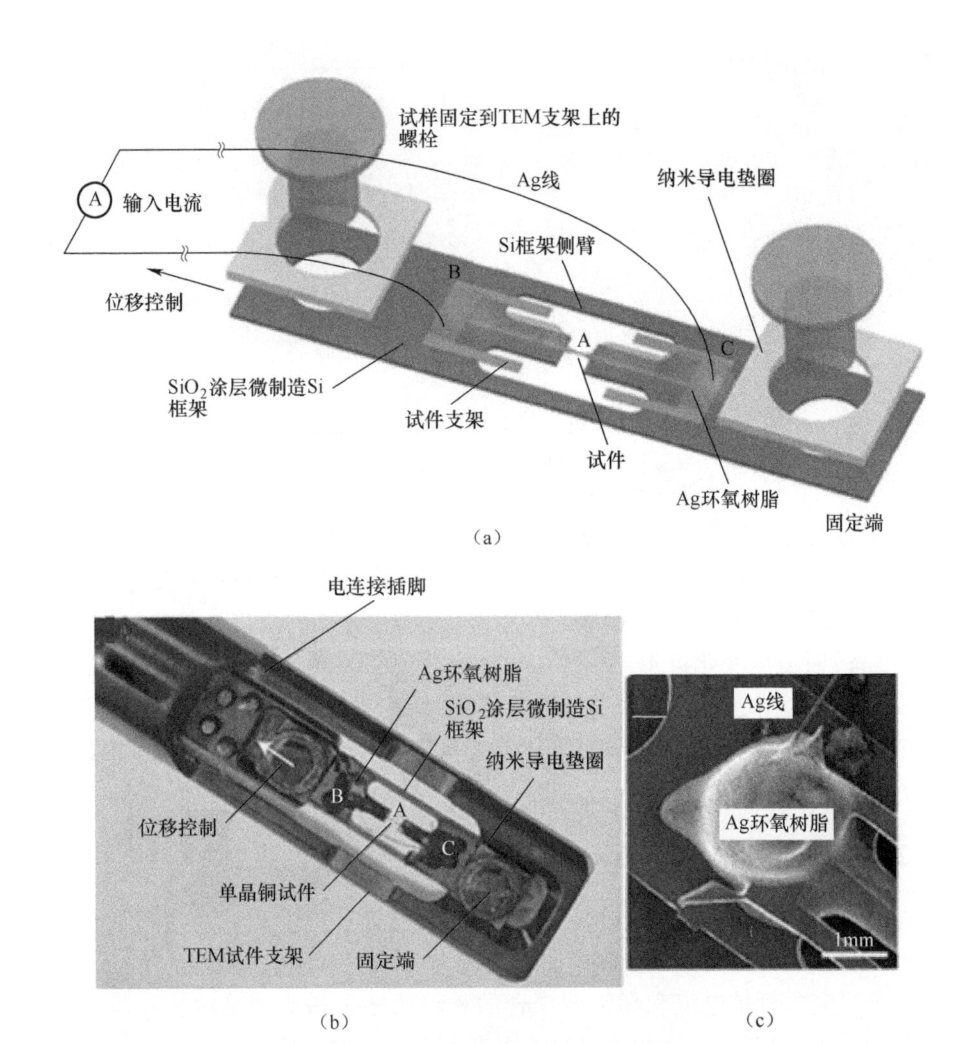

（a）

（b）　　（c）

图 1-15　基于微器件的机电测试系统

(a) MEMTS 的三维示意图;(b) MEMTS 的光学图像;
(c) 图(a)和(b)中的 B 区 SEM 图像,显示了银导线与试样的黏合。

金的显微组织越来越细,在 10T 的磁场强度下,组织逐渐细化,最终由平均直径约 57μm 的等轴晶组成。从电流对组织的影响来看,当有效电流从 10A 增加到 60 A 时,平均晶粒尺寸先减小,从 80A 增加到 120A 时,平均晶粒尺寸增大(图 1-17),这是因为过大的电流产生大量焦耳热,延长了冷却过程,组织在半固态阶段明显粗化。图 1-17 中虚线表示晶粒尺寸随电流变化趋势的预期延伸。从凝固过程的整体 EMV 过程出发,阐明了晶粒细化机理。同时还考虑了交变磁场作用下洛伦兹力与静磁场力的竞争,这对阐明微观结构和微观织构的形成具有重要意义。

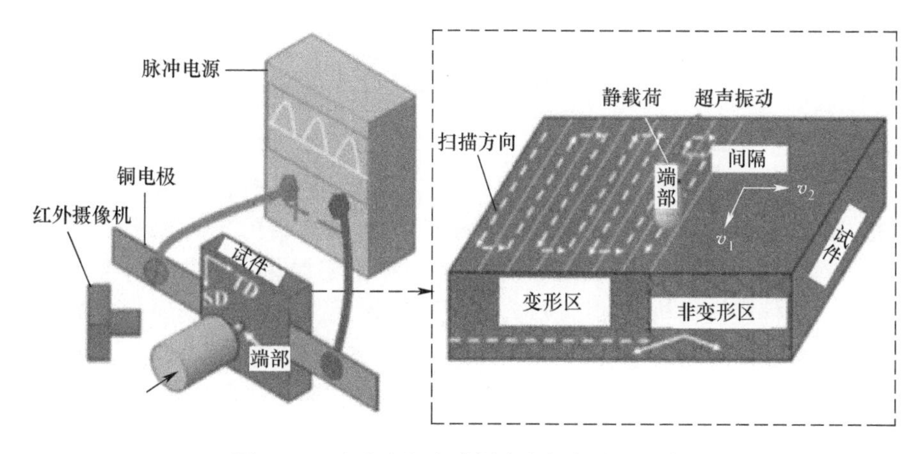

图 1-16　电流和超声波耦合的材料改性示意图

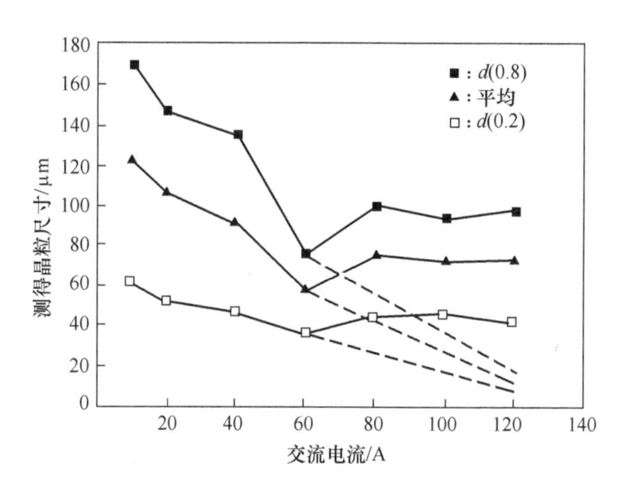

图 1-17　电流对被测晶粒尺寸的影响
（虚线表示晶粒尺寸随电流变化趋势的预期延伸）

可以设想在金属固态成形中如果采用电流-电磁组合场的话，也许会有叠加的效果。

1.5.3　电辅助成形的数字化与自动化

目前，关于电辅助成形的基础数据还处于匮乏阶段。以板材电辅助成形为例，首先是电流通过板材时，由于焦耳热效应，各种板材的温升规律数据，即不同的电流密度对应的时间-温度曲线。这个基础数据需要大量的测试工作。而且，现在发现，板材加热时的周围环境，对于时间-温度曲线的走势，尤其是达到成形温度并实现平衡的电流密度与时间影响极大。在一个基本密闭的环境下,与在一个基本开放的环境下,这个数据是不同的,原因是板材表面和环境空气的热交换是巨大的、迅速的。

图 1-18 为日本 Mori 等开发的一种高强钢板自阻加热智能化热冲压装置。该装置实际上是一个全自动的智能化成形系统。首先,通电加热系统是和成形系统分离的。由机械手夹持板料,送到电极夹持结构中,夹持结构加压后通入电流使板材加热,传感器测定板材达到设定温度之后,机械手将加热完毕的板料夹出,送到模具之中。在伺服压力机上加压成形,同时进行切边。然后,模具通入冷却水,使成形后的零件冷却定型。最后,压力机回程,机械手取出工件。

机器视觉部分主要是利用红外成像设备(热像仪)检测被加热金属板材表面的温度场信息。

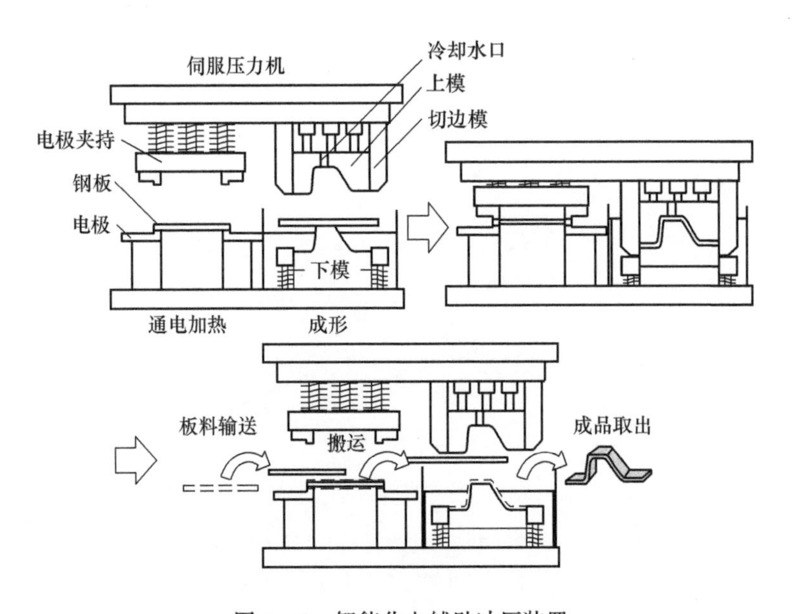

图 1-18　智能化电辅助冲压装置

1.5.4　极性效应

电辅助成形基本上均采用直流电,电流的方向性改变为温度、力和变形带来了变化,这称为极性效应。在电辅助成形或者说电塑性中,有几个待解决的问题,也可以说是难题。2021 年 6 月, J. G. Tyler 与 M. Laine 在题为“线材电辅助拉拔的极性效应”的结论中也说:“观察到的导线极性效应无法用数学方法解释,需要进一步研究以推断电塑性是否是极性效应异常差异的原因。”

1. 在金属球的电压缩试验中不同金属表现出的极性现象不同

如前所述,1979 年 Boiko 等在金属球的电压缩试验中发现正负极两端变形区大小不同之后,Conrad 等认为这是由于电子定向漂移对位错滑移过程产生了影响。但是,1981 年又陆续试验了 Au、Cu、W 三种单晶球,发现不同金属所表现出的极性现象不同,试验结果显示,Au 和 Cu 正极的接触面积要大于负极,而 W 的负极接触面积更大。这用电子定向漂移对位错滑移过程又难以解释。Conrad 等推测:接触面积差异的现象似乎取决于晶体结构,根本地说,可能取决于费米表面和布里渊区的差异。

2. 在电辅助超塑性自由胀形中不同材料表现出的极性现象变形特点不同

试验发现,不同微观组织的 AZ31 镁合金板材,电辅助超塑性自由胀形变形区顶点位置不同。商用粗晶合金板材近半球胀形件为非对称形状,试件的顶点明显偏向正极一侧;经过处理的细晶板材胀形件顶点居于正中。

试验还发现,TA15 钛合金板材电辅助超塑性自由胀形件顶点居于正中,没有偏移现象发生。值得注意的是,TA15 钛合金板材为细晶组织。

众所周知,细晶材料和粗晶材料的高温主要变形机制是不同的,分别是晶界转动和位错滑移。不论电流对于这两种机制的推动或者促进作用是否相同,从试验结果可以推断这个现象并不是温度分布导致的。

3. 板材电阻加热正负极夹持端温度差

电流加热使 SiC_p/2024Al 复合材料板材坯料温度升高到成形温度 400℃,这时发现铝基复合材料板材坯料夹持端负极一侧的温度高于正极一侧 5℃左右。在高温合金、钛合金板材的加热试验中也出现类似现象。但是,数据采集有限,哪一侧升高、哪一侧降低、温度差的幅度大小以及何者为决定因素等规律性的结论还需进一步研究。

参 考 文 献

[1] MACHLIN E.Applied voltage and the plastic properties of “brittle” rock salt[J]. J. Appl. Phys., 1959,30(7):1109-1110.

[2] TROITSKII O A,LIKHTMAN V I. The anisotropy of the action of electron and radiation on the deformation of zine single crystal in the brittle state[J].Akad.Nauk.SSSR,1963,(148):332-334.

[3] KRAVCHENKO V Y. Effect of directed electron beam on moving dislocations [J].Sov. Phys. Jetp,1967,24(6):1136-1142.

[4] TROITSKII O A.Effect of the electron state of a metal on its mechanical properties and the phenomenon of electroplasticity[J]. Problemy Prochnosti,1977,(9):38-46.

[5] OKAZAKI K,KAGAWA M,CONRAD H A. Study of the electroplastic effect in metals[J]. Scripta

Metallurgica ,1978,12:1063-1068.

[6] KLYPIN L A A ,SOLOV'ev E S. Relationship between electronic emission and creep of metallic materials[J]. Strength of Materials,1976:375-380.

[7] BOLKO Y I ,GEGUZIN Y E ,KLINCHUK Y I. Drag of dislocations by an electron wind in metals [J]. Sov. Phys.1981,54(6):315-320 .

[8] SILVEIRA V L A,PORTO M F S,MANNHEIMER W A. Electroplastic effect in copper subjected to low density electric current[J]. Scripta Metallurgica,1981,15: 945-950.

[9] CONRAD H,KARAM N,MANNAN S.Effect of prior cold work on the influence of electric current pulses on the recrystallization of copper[J]. Scripta Metallurgica,1984,19:275-280.

[10] BRANDT J. Ruszkiewicz B J,Tyler G J,et al. A review of electrically-assisted manufacturing with emphasis on modeling and understanding of the electroplastic effect[J]. Journal of Manufacturing Science and Engineering,Transactions of the ASME,2017,139(11):110801.

[11] HUU-DUC N T,HYUN-SEOK O,SUNG-TAE H,et al. A review of electrically-assisted manufacturing [J]. International Journal of Precision Engineering and Manufacturing-green Technology, 2015,2(4):365-376.

[12] HANS C. Electroplasticity in metals and ceramics [J]. Materials Science and Engineering A, 2000,287:276-287.

[13] GUAN L,TANG G,CHU P K. Recent advances and challenges in electroplastic manufacturing processing of metals [J]. Journal of Materials Research,2010,25(7):1215-1224.

[14] WONMO K,IYOEL B,SIDDIQ M. Qidwai. In situ electron microscopy studies of electromechanical behavior in metals at the nanoscale using a novel microdevice-based system [J]. Review of Scientific Instruments,2016,87:095001.

[15] MORI K,MAKI S,TANAKA Y. Warm and hot stamping of ultra high tensile strength steel sheets using resistance heating [J]. Ann. CIRP,2005,54 (1):209-212.

[16] MORI K,MAENO T,FUKUI Y. Spline forming of ultra-high strength gear drum using resistance heating of side wall of cup [J]. CIRP Annals-Manufacturing Technology,2011,60:299-302.

[17] MORI K,MAENO T, YAMADA H, et al. 1-shot hot stamping of ultra-high strength steel parts consisting of resistance heating,forming,shearing and die quenching [J]. International Journal of Machine Tools & Manufacture,2015,89:124-131.

[18] WOONG K,KYEONG-HO Y,NGUYEN T T,et al. ,Electrically assisted blanking using the electroplasticity of ultra-high strength metal alloys [J]. CIRP Annals-Manufacturing Technology, 2014,63:273-276.

[19] TOMOYOSHI M,KEN-ICHIRO M,CHIHIRO U. Improvement of die filling by prevention of temperature drop in gas forming of aluminium alloy tube using air filled into sealed tube and resistance heating [J]. Procedia Engineering,2014,81:2237-2242.

[20] MAENO T, MORI K, ADACHI K. Gas forming of ultra-high strength steel hollow part usingairfilled into sealed tube and resistance heating [J]. Journal of Materials Processing Technology,2014,214:97-105.

[21] MAKI S, HARADE Y, MORI K. Application of resistance heating technique to mushy state forming of aluminium alloy [J]. Journal of Materials Processing Technology, 2002, 125-126: 477-482.
[22] ZHU R, TANG G, SHI S, et al. Effect of electroplastic rolling on deformability and oxidation of NiTiNb shape memory alloy [J]. Journal of Materials Processing Technology, 2013, 213: 30-35.
[23] TANG G, ZHANG J, ZHENG M, et al. Experimental study of electroplastic effect on stainless steel wire 304L [J]. Materials Science and Engineering A, 2000, 281: 263-267.
[24] ZIMNIAK Z, RADKIEWICZ G. The electroplastic effect in the cold-drawing of copper wires for the automotive industry [J]. Archives of Civil and Mechanical Engineering, 2008, 8: 173-179.
[25] JORDAN A, KINSEY B L. Investigation of thermal and mechanical effects during electrically-assisted micro bending [J]. Journal of Materials Processing Technology. 2015, 221: 1-12.
[26] MAI J, PENGA L, LAI X, et al. Electrical-assisted embossing process for fabrication of micro-channels on 316L stainless steel plate [J]. Journal of Materials Processing Technology, 2013, 213: 314-321.
[27] ZHANG N, ZHANG Y, BI J, et al. Constitutive equation of electro-superplastic for 1420 Al-Li alloy [J]. Forging & Stamping Technology, 2015, 40(5): 63-68.
[28] STEPHEN D A, Hans C. The effects of electric currents and fields on deformation in metals, ceramics, and ionic materials: An interpretive survey [J]. Materials and Manufacturing Processes, 2004, 19(4): 587-610.
[29] TROIITSKII O A, SPITSYN V I, SOKOLOV N V. Application of high-density current in plastic working of metals[J]. Phys. Stat. Sol, 1979, 52: 85-93.
[30] 毛良桢. 电镦机在现代模锻生产上的应用[J]. 金属热处理, 1958, 02: 20-25.
[31] MORI K, MAENO T, MONGKOLKAJI K. Tailored die quenching of steel parts having strength distribution using bypass resistance heating in hot stamping [J]. Journal of Materials Processing Technology, 2013, 213: 508-514.
[32] MORI K. Smart hot stamping of ultra-high strength steel parts [J]. Trans. Nonferrous Met. Soc. China. 2012, 22: 496-503.
[33] 花福安, 李建平, 赵志国, 等. 冷轧薄板试样电阻加热过程分析[J]. 东北大学学报(自然科学版), 2007, 28(9): 1278-1281.
[34] 梁卫抗. 超高强钢板导电加热工艺及装备的研究[D]. 武汉: 华中科技大学, 2016.
[35] RIOJA R J, LIU J. The evolution of Al-Li base products for aerospace and space applications[J]. Metallurgical and Materials Transactions A, 2012, 43(9): 3323-23337.
[36] LI X, LI X, ZHU J, et al. Microstructure and texture evolution of cold-rolled Mg-3Al-1Zn alloy by electropulse treatment stimulating recrystallization [J]. Scripta Materialia, 2016, 112: 23-27.
[37] TANG G Y, YAN D G, YANG C, et al. Joule heating and its effects on electrokinetic transport of solutes in rectangular microchannels[J]. Sensors and Actuators A, 2007, 139: 221-232.
[38] LI D L, YU E L. Computation method of metal's flow stress for electroplastic effect [J]. Materials Science and Engineering A, 2009, 505: 62-64.

[39] 刘渤然,张彩培,赖祖涵. 在脉冲电流作用下 Al-Li-Cu-Mg-Zr 合金的超塑形变[J]. 材料研究学报,1999,13(4):385-389.

[40] YOSHIHARA S,YAMAMOTOB H,MANABEB K,et al. Formability enhancement in magnesium alloy stamping using a local heating and cooling technique:Circular cup deep drawing process [J]. Journal of Materials Processing Technology,2003,143-144:612-615.

[41] TYLER J G,LAINE M. Electrically assisted wire drawing polarity effects[J]. Proceedings of the ASME 2021 16th International Manufacturing Science and Engineering Conference, 2021: V002T06A017-1-13.

[42] TROITSKII O A,LIKHTMAN V I. The anisotropy of the action of electron and radiation on the deformation of zine single crystal in the brittle state[J].Akad. Nauk. SSSR,1963,(148):332-334.

[43] TROITSKII O A. Effect of the electron state of a metal on its mechanical properties and the phenomenon of electroplasticity[J]. Problemy Prochnosti,1977(9):38-46.

[44] KRAVCHENKO V Y. Effect of directed electron beam on moving dislocations [J]. Sov. Phys. Jetp,1967,24(6):1136-1142.

第 2 章　金属板材对于电流的热响应

当电流流经金属板材时，由于电阻的存在，必然会产生焦耳热，该热量会使材料温度升高，这个过程即为板材的自阻加热。电流特别是脉冲电流直接加热法在材料热加工的许多领域获得了成功的应用，如粉末冶金领域中的脉冲电流辅助烧结技术，焊接领域中的脉冲大电流加热扩散焊技术，热冲压中的电辅助冲压成形技术以及脉冲电流辅助超塑性成形技术等。

本章将依据电热学理论及有限元方法，并结合脉冲电流加热试验，在宏观层面对金属板材脉冲电流加热性能及效果进行系统的分析与阐述。

2.1　金属板材电流自阻加热试验

2.1.1　试验装置

金属板材电流自阻加热试验的装置如图 2-1 所示。脉冲电源、夹持电极以及板材形成通电回路，且板材处的电阻值远远大于其他部分。因此，脉冲电流会在该处产生大量的焦耳热，将板材迅速升温。装置可采用红外测温仪、热像仪等非接触式测温装置进行温度测量。

脉冲电流加热就是利用脉冲电流流经金属导体时产生的焦耳热，对金属材料自身快速加热。由于是直接加热，不存在发热体与被加热工件间的热量传递，因此该加热方法具有加热速度快、能耗低的优点。在金属热成形工艺中，从加热的宏观效果上看，加热时所关注的主要有加热温度、升温速率、温度场的均匀性、温度的稳定性等，而决定这些加热效果的工艺因素主要有加热时的有效电流密度、被加热材料的电热物理性能、加热时电极的接触情况以及加热环境等。在加热工艺中，为获得理想的加热效果，必须合理地选择这些工艺参数。以往的电加热的工艺中，加热参数的确定更多的是依据生产经验，缺乏系统的理论研究。因此，需要借助相关的理论对这个加热过程进行系统的理论分析与试验研究，以揭示金属材料脉冲电流的加热机制，掌握其加热性能。

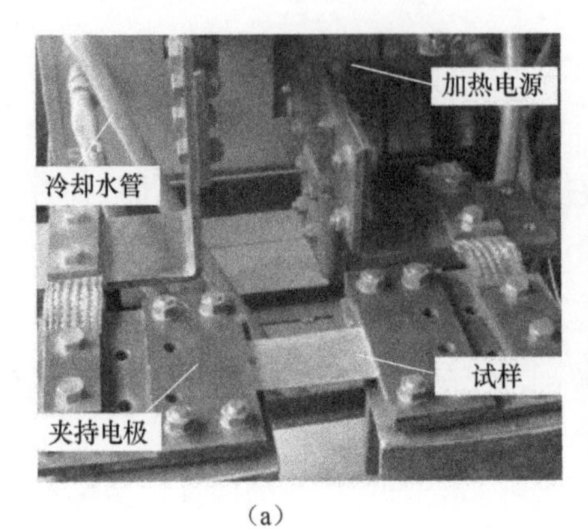

(a)

(b)

图 2-1 两种不同夹持方式的自阻加热装置

(a)固定夹持方式;(b)可变夹持方式。

2.1.2 加热电源的选择

在金属板材电流自阻加热装置中,加热电源是核心部分。其输出功率、控制精度、稳定性及响应时间等性能参数直接影响材料的加热效果。一般来说,为获得良好的加热效果,自阻加热工艺需要较高的平均电流密度。因此,加热电源常采用低电压、高电流的交流或直流电源。由于在加热过程中,有效电流对加热温度起到决定性作用,因此一般要求加热电源具有输出电流可控、电压随负载变化的输出方式。对于不同的金属材质及板坯尺寸,加热电源的平均输出电流可以是几千安培,甚至是几万安培,但输出电压一般在 20V 以下,因此整个加热电路可不必进行触电防护。

当在自阻加热的同时需要利用“电致塑性效应”提高材料的塑性时,可采用脉冲电源,此时电源的占空比、频率、输出电流等参数均可调整。因此,能够在输出一定大小的平均电流时,调整输出的峰值电流密度,从而实现“电致塑性”或“电致超塑性”。需要注意的是,当加热电源采用直流电源时,在自阻加热以及之后的塑性或超塑性变形中,在电源的正极及负极位置会发生加热及变形的不一致、不均匀现象,即所谓的“极性效应”。

2.1.3 试验方法与过程

自阻加热的操作过程比较简单,按要求连接好加热电路后,只需通电即可实现快速加热。电流的加载方式可以采用直接加载和分步加载两种方式。加热试验结果表明两种电流加载方式对板坯具有不同的加热效果,特别是对板坯加热后的温度均匀性影响较大。为探究不同电流加载方式对板坯温度场均匀性的影响,在板坯的两端(A 点、C 点)及中间位置(B 点)进行温度采样,如图 2-2 所示。

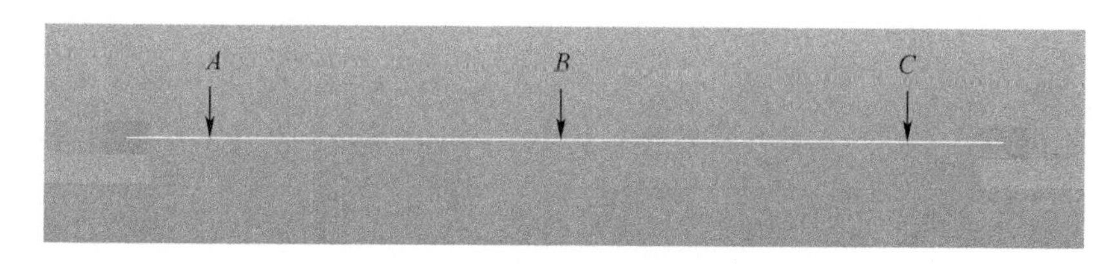

图 2-2 测量位置示意图

图 2-3 为 GH99 板材自阻加热时采用的不同电流加载路径,分别采用直接加载和分步加载的方式进行加热。

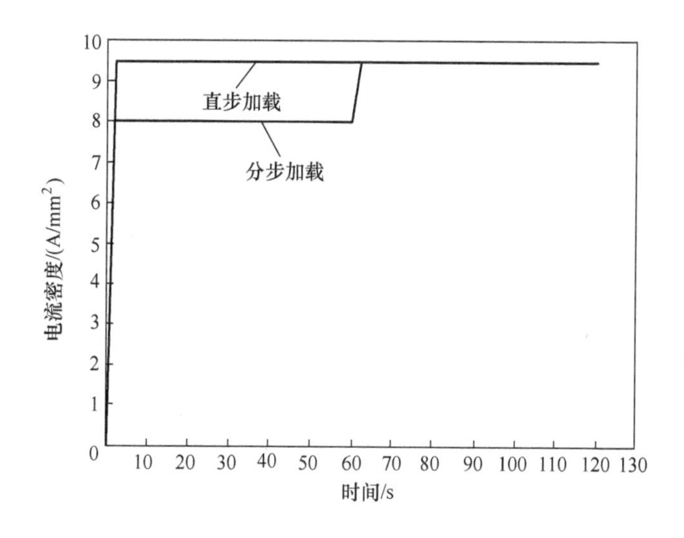

图 2-3 GH99 板材电流加载路径

表 2-1 为三个采样点在不同电流加载方式下不同时间点的温度。从表中可以看出板材与电极之间的热传导作用,会使得板材两端的温度明显低于中间温度。而且在温度升高到平衡温度之前,这个温差是不断地增大的,只有当温度达到平衡状态后,两端与中间的温度差随着时间逐渐缩小。比较两种电流加载方式,采用直接加载方式,在 2s 时间内将电流密度加载到 9.5A/mm^2,温度迅速上升,在 50s 左右达到平衡温度。但是,此时的最大温差达到 55℃左右,到 120s 左右时温差才减小到 20℃左右。而采用分步加载方式的,板材在 90s 左右的最大温度差就减小到 20℃左右,而且在加热过程中的温度差都较直接加载方式要小。所以分步加载的

方式更有利于板材的温度分布均匀。

表 2-1 GH99 高温合金在不同电流加载方式下三点位置温度

时间/s	直接加载电流/℃				分步加载电流/℃			
	A	*B*	*C*	最大温差	*A*	*B*	*C*	最大温差
10	370	397	383	27	268	292	275	24
20	625	660	648	35	374	401	387	27
30	810	850	837	40	436	472	458	36
40	893	940	929	47	502	542	532	40
50	945	1000	974	55	732	767	753	35
60	978	1006	998	28	748	783	762	35
70	983	1015	995	32	967	1005	978	38
90	980	1008	1000	28	980	998	995	18
120	990	1013	1005	23	982	1002	996	20

2.1.4 电极夹持方式及其金属板材间的接触

电极对加热板坯的夹持方式可以采用机械式、液压式、气压式等,无论采用哪种方式,都需要提供足够的夹持力,以保证板材与电极间的充分接触。一般要求夹持压力(压强)不小于 5MPa。

电极夹持方式以及电极采用的材料都会对金属板材电流自阻加热试验产生影响。下面以紫铜电极为例,分析电极夹持方式对金属板材电流自阻加热输入能的影响。假设忽略由于板材温度的升高而引起的能量散失,则单位时间产生的焦耳热可表示为

$$\dot{Q} = I^2R \tag{2-1}$$

式中 $\dot{Q}$——单位时间产生的焦耳热;

I——脉冲电流强度;

R——坯料的电阻。

同时,焦耳热密度可定义为

$$\dot{Q}_i = \frac{\dot{Q}}{AL_i}(i = 1,2) \tag{2-2}$$

式中　$\dot{Q}_i$——单位时间产生的焦耳热密度；

A——坯料横截面积；

L_i——坯料的长度。

如图 2-4(a)所示，当 $i=1$ 时，脉冲电流加热板料长度为 L_1，根据式(2-2)可知，L_1 将导致脉冲电流单位时间产生的焦耳热密度被高估。当 $i=2$ 时，脉冲电流加热板料长度为 L_2，由于部分坯料被紫铜电极夹持，则 L_2 导致脉冲电流单位时间产生的焦耳热密度被低估。通过对坯料被实际加热的有效长度进行计算，即可修正电极夹持方式对脉冲电流加热的影响。

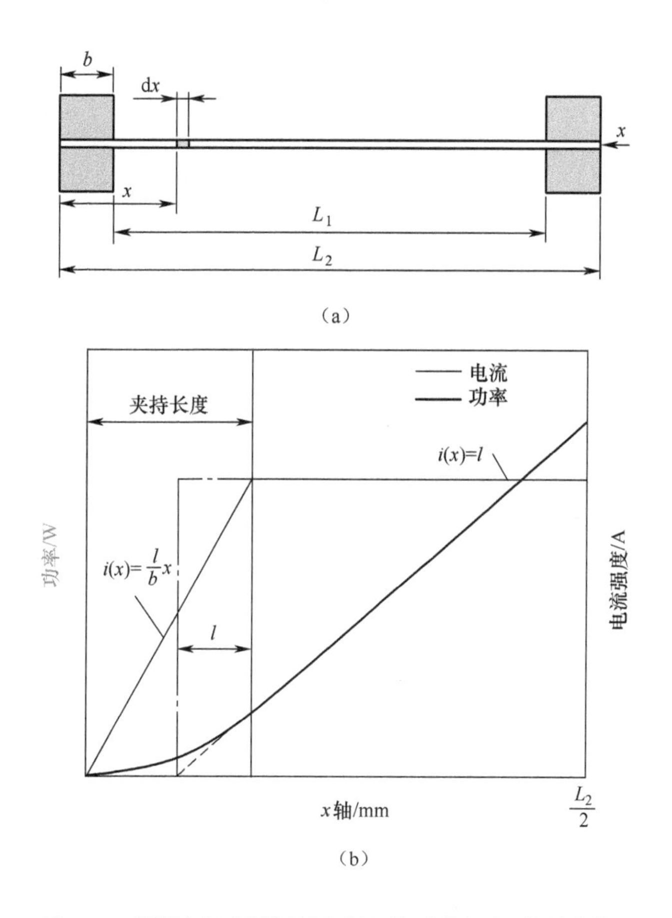

图 2-4　紫铜电极金属板材自阻加热时的电流-能量分布

(a) 通电板材和紫铜电极的尺寸；(b) x 轴方向的能量输入。

如图 2-4(b)所示，假设脉冲电流强度在紫铜电极夹持部分在 x 轴的电流呈线性函数分布($i(x)=Ix/b$)，而在正负电极之间部分为常数($i(x)=I$)，其在电极夹持部分的边界条件可定义为 $i(x=0)=0, i(x=b)=I$。则脉冲电流在紫铜电极夹持部分的坯料单位时间所产生的焦耳热密度为

$$\dot{Q}_{(0\to b)} = \int_0^b \frac{\rho I^2}{Ab^2}x^2 \mathrm{d}x = \frac{\rho I^2 b}{3A} \tag{2-3}$$

式中 $\dot{Q}_{(0\to b)}$ ——夹持部分坯料产生的焦耳热密度；

ρ——坯料的电阻率；

b——板材被电极夹持的长度。

同时，假设脉冲电流在紫铜电极夹持部分的坯料能够产生焦耳热的有效长度为 l，则脉冲电流产生的焦耳热密度为

$$\dot{Q}_{(0\to b)} = I^2 \frac{\rho l}{A} \tag{2-4}$$

因此，合并式(2-3)和式(2-4)，可得到紫铜电极夹持部分板材的实际有效长度 $l=b/3$。根据能量守恒定律可得到脉冲电流通过坯料时单位时间所产生总的焦耳热密度为

$$\dot{Q}_3 = \frac{\dot{Q}}{A(L_2 - 2b + 2l)} = \frac{\dot{Q}}{A\left(L_2 - \frac{4b}{3}\right)} \tag{2-5}$$

在自阻加热过程中，电极的温度相对较低，这必将导致坯料中间区域温度较高，两边与电极相邻区域温度较低。如果将温度差在一定范围内的中间区域定义为坯料的均温区，那么温度差越小、均温区越宽，越有利于板料的成形。为提高均温区宽度，在自阻加热过程中可采取布置阻热片的措施来提高均温区宽度，即在夹持电极与板料间放置一个传热系数低、电阻率高的阻热金属片来减少热量由板料向电极的散失，如图 2-5 所示。

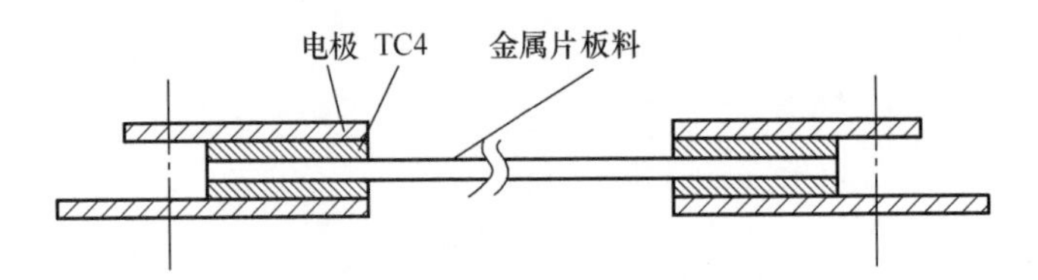

图 2-5 加热板料夹持示意图

阻热片的材料选用的是钛合金 TC4。图 2-6 为放置 TC4 金属片前后板料沿长度方向的温度分布。图中，放置 TC4 金属片有效地阻止了热量向电极的散失，显著地提高均温区的宽度。采用阻热片后，坯料的最高温度与最低温度的差值由200℃降低为 45℃，可满足一般材料热成形的工艺要求。若适当设计其尺寸，甚至可使整个加热板料达到完全均温。此外，由于减少了热量的损失，相应地降低了加

热电源的输出功率,进而减少了能量的消耗。

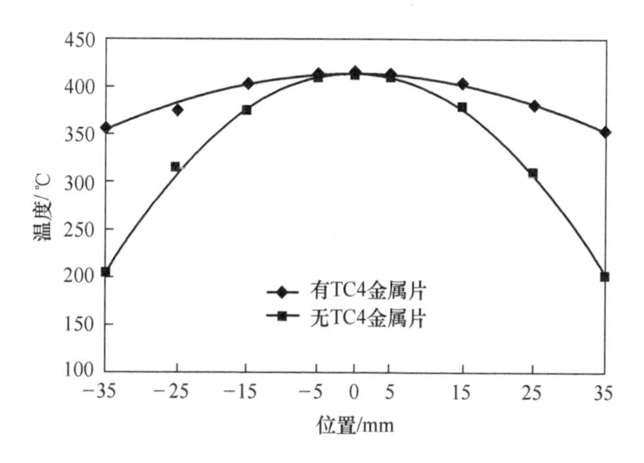

图 2-6　脉冲电流加热板坯温度分布

此外,通过采用钨铜电极来控制温度场,再通入相同大小的电流,板材的升温明显优于电极,在电极与板料之间就会产生温差。因为板料两端与电极紧密接触,热量会从板料以热传导的方式通过接触面传递到铜电极中,这会导致板材两端温度下降,在整个板料中形成中间高、两端低的温度分布特点。与紫铜电极相比,钨铜电极的热导率更小,因此不容易传导热量,可一定程度上减小板材两端的热量损失,减小中间温度和两端的温度差,而且钨铜电极不易电接触放电。

2.2　金属板材自阻加热的电热学分析

2.2.1　电热转换及热量传输

在脉冲电流加热过程中,从宏观加热效果层面上来看,被加热的金属板材可以假设成材质均匀且连续的导电体,所以,脉冲电流焦耳热效应所产生的热量 Φ_J 会被板料吸收,使其内能 $\Delta\Phi_S$ 增加,温度升高。与此同时,由于板料温度升高,其还会向周围环境散失热量 Φ_{Diss} ,途径主要包括板料与电极间的热传导 Φ_{Cond} 、板料对外部环境的热对流 Φ_{Conv} 以及热辐射 Φ_{Rad} 。根据能量守恒定律,单位时间内脉冲电流所产生的热量等于板料内能的增量与散失的热量之和,其关系如下式所示:

$$\Phi_J = \Delta\Phi_S + \Phi_{Cond} + \Phi_{Conv} + \Phi_{Rad} \tag{2-6}$$

在加热开始阶段,板材向外界散失的热量很少,若忽略这部分热量,则脉冲电流产生的热量与材料内能的增量大致相等,即 $\Phi_J \approx \Delta\Phi_S$,对于试验中采用的方波形直流脉冲加热,此时材料的升温速率可表示为

$$\frac{\mathrm{d}T}{\mathrm{d}t}=\frac{R}{c\rho}\left(\frac{I_P D}{S}\right)^2 \tag{2-7}$$

式中 T——坯料温度；

t——通电时间；

R——材料的电阻率；

c——比热容；

ρ——密度；

I_P——脉冲峰值电流；

D——脉冲电流占空比；

S——材料横截面。

由式(2-7)可知，材料通电加热时的升温速度与流经该材料的有效电流（在数值上等于脉冲峰值电流与占空比的乘积）密度的平方成正比，因此当有效电流密度较高时，会得到较快的加热速度，并且可以通过控制脉冲电源的输出电流来控制材料的加热速度。当加热电流一定时，材料的升温速率与材料的电阻率成正比，而与材料的比热容及密度成反比。

随着加热的进行，板材温度逐渐升高，其与加热电极及周围环境间的温差也逐渐增大，因此热量的散失 Φ_{Diss} 也逐渐增加，在某个瞬时，单位时间内热量的散失可由下式表示：

$$\begin{aligned}\Phi_{\mathrm{Diss}} &= \Phi_{\mathrm{Cond}} + \Phi_{\mathrm{Conv}} + \Phi_{\mathrm{Rad}} \\ &= \left|\lambda A\frac{\mathrm{d}T}{\mathrm{d}x}\right| + hA'(T-T_0) + A''\varepsilon\sigma_0 T^4\end{aligned} \tag{2-8}$$

式中 T_0——环境温度；

A、A'、A''——换热面积；

λ——传热系数；

h——对流换热系数；

ε——表面辐射率；

σ_0——黑体辐射常数。

由式(2-8)可知，在加热过程中，金属板材散失的热量与其温度成正比，被加热金属板材的温度 T 越高，其热量的散失也越大，因此随着加热的进行，在某一时刻，金属板材散失的热量与其吸收的热量相等，即 $\Phi_{\mathrm{J}}=\Phi_{\mathrm{Diss}}$。此时，$\Delta\Phi_{\mathrm{S}}=0$，金属板坯温度趋于稳定，材料处于动态的热稳定状态。

由于 σ_0 数值很小（$\sigma_0=5.67\times10^{-8}\mathrm{W\cdot m^{-2}\cdot K^{-4}}$），因此在加热过程中 Φ_{Rad} 可视为常数或忽略不计。对于某个给定材料，当其处于热稳定状态时，由式(2-6)、式(2-8)可知，材料被加热到的稳定温度 T_{S} 与电流密度的平方成正比：

$$T_{\mathrm{S}}=KI^2 \tag{2-9}$$

式中　K ——与材料有关的常数。

由式(2-7)、式(2-9)可知,在制定加热工艺参数时,提高加热电流密度,既可获得较快的加热速度,又可获得更高的稳定加热温度。因此,在加热装置中,加热电源一般选用可输出大电流的恒流源。

由于材料的 λ、h 等参数也是随温度而变化的,因此 Φ_{Diss} 与 T 的关系相当复杂,理论上精确地求解十分困难,工程中常常采用数值计算的方法求解。

2.2.2 温度分布

在自阻加热过程中,坯料的温度分布作为整个成形过程中的决定性因素之一,极大地影响着工件的成形质量和效率。电源通过电极向坯料输入低压高强电流,产生焦耳效应使坯料温度迅速升高。但是,由于脉冲电流加热是个快速升温的过程,其温度场受到多种因素的影响,如电极与板材的温度传导、被加热板材与周围空气环境的热辐射和热对流、电极夹持板材产生的接触电阻,以及由于板材坯料内部缺陷产生不均匀的焦耳热等,从而造成了板材坯料产生不均匀的温度分布。

图 2-7(a)所示电流密度为 12.5A/mm^2,电压为 4.1V,采用保温片时不锈钢板的稳态温度场,板材整体达到动态热平衡。由图可以看到,此时最高温为 910℃左右,而低温处则为 720℃。图 2-7(a)中,电流密度为 12.5A/mm^2,电压为 4.1V,不采用不锈钢保温片,所得温度场,此时最高温仍为 910℃,而低温处则为 685℃。图(a)、(b)具有共同的特点是:沿垂直电流方向产生较小的温度梯度,其主要原因为板材边缘比板材中间区域散失的热量多,板材的边缘是有外端的。作为开放式外端,热对流和热辐射面积都大,且散热多,故而产生垂直电流方向的温度梯度,但是从其数值差异与板材热成型的温度区间来考察,沿垂直电流方向的温度差异较小,不影响板材热成形,可作为有效成形面积。然而,沿电流方向的长度方向,则呈现出较大的温度梯度,使板材整体温度呈现出倒 U 形分布。其主要原因是电极温度低且电极材料体积较大,铜电极的导热性能良好,电极附近的板材由于热传导作用,向电极进行剧烈热传导,导致沿电流方向板材靠近电极附近温度较低,中间区域温度较高的 U 形温度场。

为了获得均匀稳定的温度场,自阻加热时采用铜/钢复合电极,即在紫铜电极和坯料板材之间安装高电阻、低热传导率的 SUS304 不锈钢保温片。由于其自身具有较高的电阻能够产生一定量的焦耳热,弥补紫铜电极热量的散失,而且能够极大地降低紫铜电极和坯料板材之间温度梯度,减少热传导,从而提高坯料温度场的均匀性,实现了对脉冲电流加热产生的温度分布控制。坯料的温度分布明显更加均匀,能够为拉深成形的质量和效率提供有效保证。

为了更清楚地考察板材长度方向的温度分布,量化矩形板材电流加热有效的成形区域,如图 2-8 所示,在板材的 240mm 长度方向上,选取不含电极加持区域的

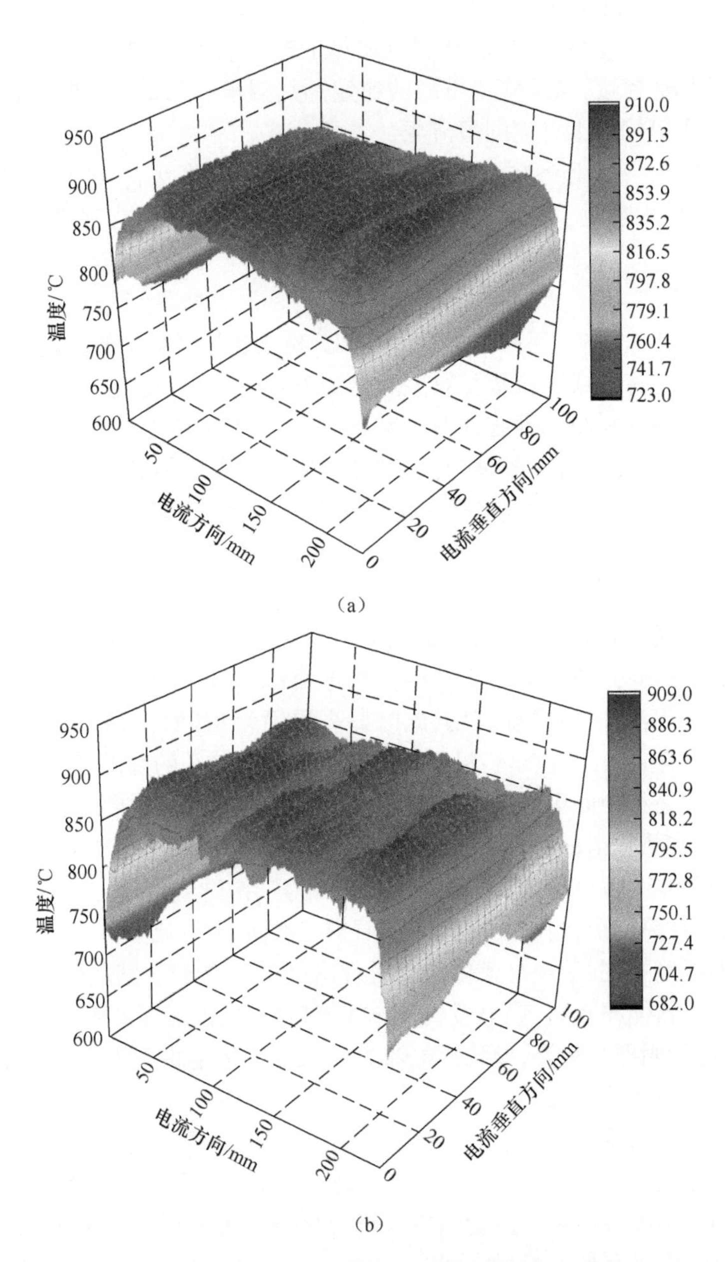

图 2-7　矩形不锈钢板 12.5A/mm^2 稳态温度场

(a)加不锈钢保温片的;(b)不加不锈钢保温片。

宽度方向中线上的线温度分布,即板的长度方向 10~230mm 段,对比不加保温片、加入不锈钢保温片以及前期矩形板模拟所得。由图可以看到,相对不加保温片而言,加入不锈钢保温片,得到的板材长度方向中间区域温度均匀的长度更长,即板材的温度场均匀区域更大;比较两端的温度,可以看到加了保温片,其温度稍高30℃。对比模拟结果,试验所得到的两端区域温度更低,原因是实际试验中电极附近铜板体积较大,能进行较大的传导,故而温度低。在实际板材电加热成形工艺中,对不同材料与不同板材尺寸不锈钢保温片的作用程度会有一定区别,应根据实际板材成形区域范围选择使用保温片。

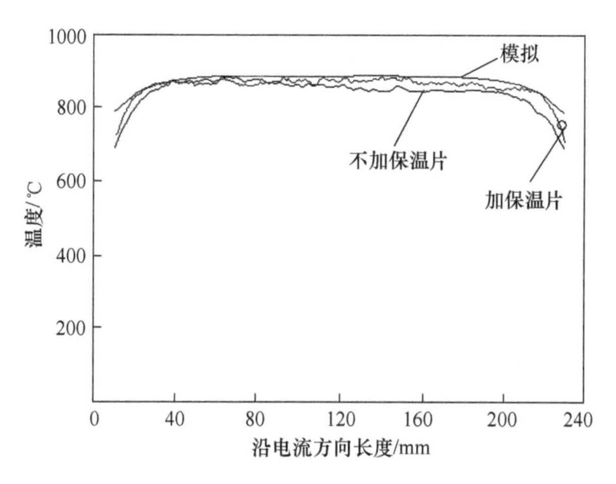

图 2-8　矩形不锈钢板材长度方向的温度分布

2.2.3　自阻加热的效率

在电流加热工艺中,根据不同材料的电热物理性能,可利用试验或有限元方法设计合理的加热参数。例如,在某 AZ31 镁合金板材超塑成形工艺中,要求在 20s 内将坯料加热至 400℃,并在此温度下长时间保温,为此通过试验及有限元分析,并考虑到实际的工况条件设定加热过程:选择初始加热有效电流密度为 27.5A/mm^2,首先加热 20s,使材料温度快速升至 400℃;然后降低有效电流密度至 22.5 A/mm^{2}继续加热,使材料温度保持在 400℃。图 2-9 为采用该加热参数的脉冲电流加热试验结果与有限元模拟结果的对比,两条曲线吻合较好,加热参数设定合理。在该脉冲电流加热过程中,电源的平均输出功率仅为 800W。而以某炉膛容积为 2.25×10^{-3} m^3,最高加热温度为 500℃的小型电阻炉为例,用其将同样尺寸的 AZ31 镁合金板材加热至 400℃ 至少需要 200s,加热时电阻炉的平均输出功率约为 1000W。所以,采用脉冲电流加热方法加热 AZ31 镁合金板材,可提高加热效率 10 倍以上,并极大地降低了能耗,实现了金属板材加热的高效率与低能耗。

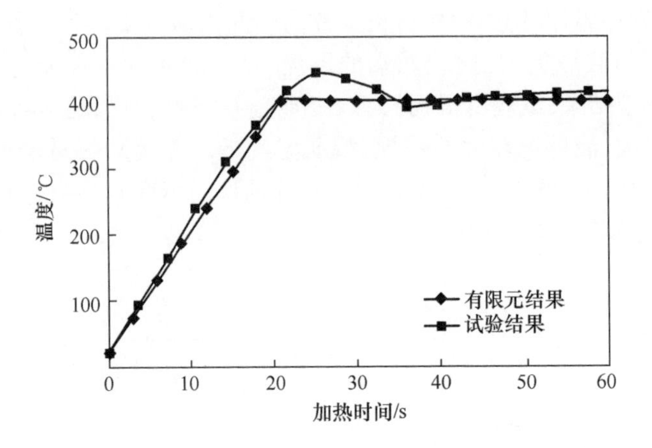

图 2-9　AZ31 镁合金脉冲电流加热的试验及有限元模拟结果

2.3　金属板材自阻加热的有限元模拟

2.3.1　自阻加热的控制方程及求解过程

1. 控制方程

在金属薄板脉冲电流加热过程中，板材内部的温度场是随着加热时间而发生变化的，而材料本身的电热物理性能也是温度的函数，因此该过程是一个瞬态非线性的热电耦合过程。其控制方程如下：

$$\boldsymbol{C}(\boldsymbol{T})\boldsymbol{T} + \boldsymbol{K}(\boldsymbol{T})\dot{\boldsymbol{T}} = \boldsymbol{Q}(\boldsymbol{T},t) \tag{2-10}$$

式中　$\boldsymbol{K}(\boldsymbol{T})$ ——热矩阵，包含材料的传热系数、对流系数、热辐射率及单元形状系数；

$\boldsymbol{Q}(\boldsymbol{T},t)$ ——节点热流率矢量，包含体积焦耳热生成；

$\boldsymbol{T}$ ——节点温度矢量；

$\boldsymbol{Q}(\boldsymbol{T},t)$ ——热存储项，表示系统内能的增量。

2. 求解过程

由于瞬态非线性问题中的载荷（这里为温度载荷）是随时间变化的，因此时间 t 在这里有了确定的物理含义。为了表达随时间变化的载荷，必须将载荷-时间曲线分为载荷步、载荷子步，每个载荷步和子步都与特定的时间相联系。在求解过程中，使用时间积分在离散的时间点上计算系统方程，而离散的时间点之间的时间变化（时间步长）越小，计算结果精度越高。在开始求解时，一般都需要假设当前节点温度向量已知，可以是初始温度场或上一载荷步的温度场计算结果。然后再通过迭代公式求解各个时间点处的系统方程,从而获得加热过程中各个瞬时的温度分布。

假设下一个时间点的温度矢量为

$$\boldsymbol{T}_{n+1} = \boldsymbol{T}_n + (1 - \theta)\Delta t\dot{\boldsymbol{T}}_n + \theta\Delta t\dot{\boldsymbol{T}}_{n+1} \tag{2-11}$$

式中:θ 为欧拉参数,下一个时间点的系统控制方程为

$$\boldsymbol{C}(\boldsymbol{T})\dot{\boldsymbol{T}}_{n+1} + \boldsymbol{K}(\boldsymbol{T})\boldsymbol{T}_{n+1} = \boldsymbol{Q}(\boldsymbol{T},t) \tag{2-12}$$

由式(2-11)、式(2-12)可得

$$\overline{\boldsymbol{K}}(T)\boldsymbol{T}_{n+1} = \boldsymbol{Q}(\boldsymbol{T},t) + \boldsymbol{C}(\boldsymbol{T})\overline{\boldsymbol{Q}}(\boldsymbol{T},t) \tag{2-13}$$

其中

$$\overline{\boldsymbol{K}}(\boldsymbol{T}) = \frac{1}{\theta\Delta t}\boldsymbol{C}(\boldsymbol{T}) + \boldsymbol{K}(\boldsymbol{T}) \tag{2-14}$$

$$\boldsymbol{Q}(\boldsymbol{T},t) = \frac{1}{\theta\Delta t}\boldsymbol{T}_n + (1 - \theta)\dot{\boldsymbol{T}}_n \tag{2-15}$$

在计算求解时,欧拉参数 θ 的数值一般在 0.5~1 之间,在时间点处的积分一般采用克兰克-尼科尔森(Crank-Nicolson)法或后向欧拉(Backward Euler)法。其中,前者适用于绝大多数的热瞬态问题,而后者一般用于为了得到较精确的结果而设置了较小的时间步长时的情况。

2.3.2 自阻加热的边界条件

为简化计算模型,假定加热电极温度恒定,待加热板材上下两面为自然对流和辐射散热。其中对于热对流换热边界条件,试验中忽略外界因素对加热板坯表面换热薄层的影响,因此该对流换热可视为大空间自然对流换热问题,其平均换热系数 h 可由下式确定:

$$h = \frac{\lambda_{\mathrm{m}} C}{L}(Gr \cdot Pr)_{\mathrm{m}}^{n} \tag{2-16}$$

式中 C , n ——由试验确定的系数;

m ——下角标,表示平均;

L ——板材被加热长度;

Gr ——格拉晓夫数;

Pr ——普朗特数。

以水平放置的 AZ31 镁合金板材脉冲电流加热为例,其被加热部分尺寸为 60mm×70mm,环境温度为 20℃,计算得到该板材上下表面的平均换热系数随温度变化的曲线如图 2-10 所示。

图 2-10 中,上表面的换热系数大于下表面,且随着温度的升高,换热系数的

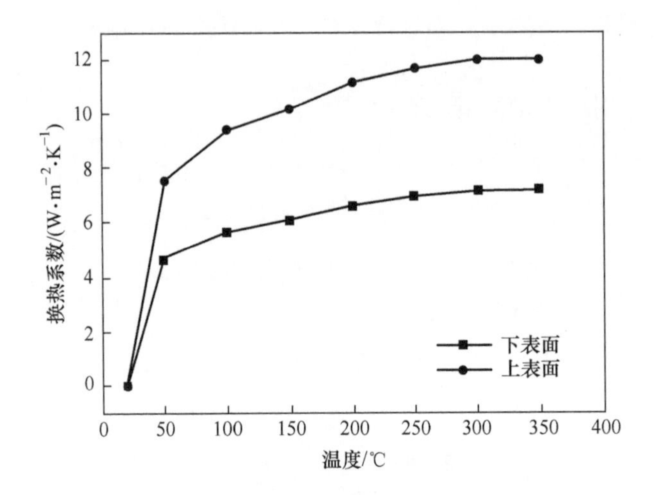

图 2-10 对流换热系数随温度变化曲线

变化逐渐变小,在板材温度大于 250℃时,上、下表面的换热系数的变化基本可以忽略不计。

对于热辐射边界条件,主要是确定待加热板材的热辐射系数。由于热辐射系数不仅与材料的成分、结构等因素有关,而且还与材料的表面状态相关,因此,金属板材的表面热辐射系数只能通过试验测量的方法来确定。

当被测试样放在黑体腔内时,如图 2-11 所示。

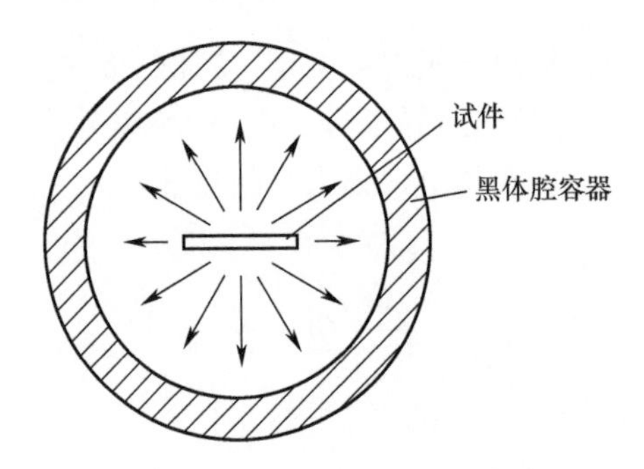

图 2-11 试验测量材料热辐射系数

黑体腔保持高度真空,加热试样,待其稳定后测量试样释放出来的热量 Q,试样表面温度 T_1 和黑体腔内表面温度 T_2,根据辐射换热公式可求得相对热辐射系数:

$$Q = \varepsilon_n C_0 A_1 \left[\left(\frac{T_1}{100} \right)^4 - \left(\frac{T_2}{100} \right)^4 \right] \tag{2-17}$$

$$\varepsilon_n = \frac{1}{\frac{1}{\varepsilon_1} + \frac{A_1}{A_2}\left(\frac{1}{\varepsilon_2} - 1\right)} \tag{2-18}$$

式中 C_0——波耳兹曼常数；

T_1、T_2——试样及黑体腔的温度；

A_1、A_2——试样及黑体腔的表面积；

ε_1、ε_2——试样及黑体的表面辐射率；

ε_n——相对辐射率。

当黑体腔表面积远远大于试样表面（A_1/A_2 很小），同时确保黑体腔内表面的热辐射率 ε_2接近于 1 时，则式(2-18)中的 $(A_1/A_2)(1/\varepsilon_2 - 1)$ 项约等于 0，此时 $\varepsilon_n \approx \varepsilon_1$，于是式(2-17)可转化为

$$Q = \varepsilon_1 C_0 A_1 \left[\left(\frac{T_1}{100}\right)^4 - \left(\frac{T_2}{100}\right)^4\right] \tag{2-19}$$

利用式(2-19)可方便地求出 ε_1。

为简化计算过程，在不考虑温度对材料热辐射系数的影响情况下，分析计算时其值取为常数。常用的结构材料如镁合金、铝合金、钛合金、不锈钢等的热辐射系数如表 2-2 所列。

表 2-2　某些常用材料的热辐射系数

材料	镁合金	铝合金	钛合金	不锈钢
温度/℃	100~450	100~550	300~950	130~230
热辐射系数	0.1~0.3	0.1~0.3	0.3~0.4	0.5~0.7

2.3.3 自阻加热有限元分析实例

为获得电流自阻加热时金属板材的加热规律，探索加热工艺参数，对加热过程进行了有限元模拟。

1. AZ31 镁合金自阻加热

有限元模型如图 2-12 所示，计算时设定的加热有效电流密度为 22.5A/mm^2，电极材料为紫铜（其电阻率远远低于 Ti 合金、镁合金等轻合金材料），温度为 50℃，环境温度为 20℃。

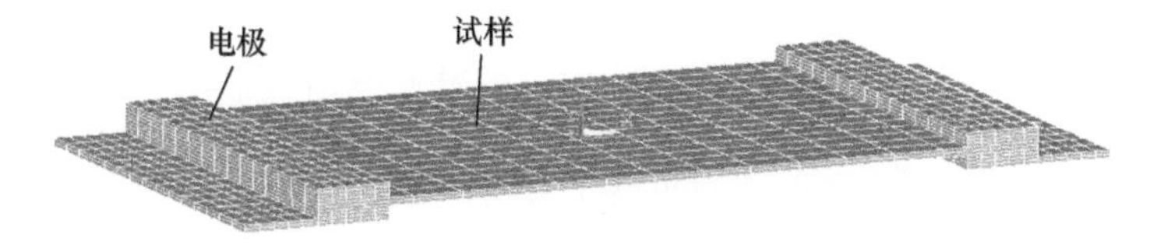

图 2-12　平板形试件的电流加热有限元模型

图 2-13 为 AZ31 镁合金平板试件脉冲电流加热时温度分布的有限元模拟结果。

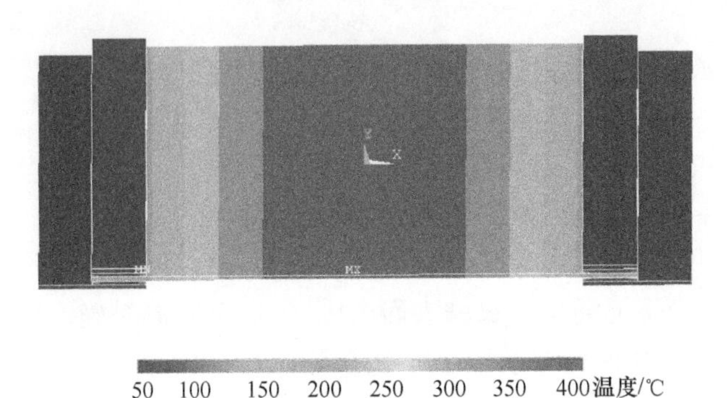

图 2-13 平板形试件的电流加热模拟结果

图 2-13 中,加热最高温度稳定在 400℃。在自阻加热过程中,板料的截面尺寸远小于设计使用的紫铜电极的截面尺寸,铜电极的电阻率远小于镁合金的电阻率。因此,成形板材的电阻比铜电极的电阻大得多,通入相同大小的电流,板材的升温明显优于电极,在电极与板料之间就会产生温差。因为板料两端与电极紧密接触,热量会从板料以热传导的方式通过接触面传递到铜电极中,这会导致板材两端温度下降,在整个板料中形成中间高、两端低的温度分布特点。

图 2-14 为 AZ31 镁合板材金脉冲电流辅助超塑成形时(自由胀形),电流对镁合金半球形试件的加热效果有限元模拟结果,其边界条件及载荷的设定与平板形试样加热模拟时一致。图 2-14 中,温度的分布也是不均匀的,在成形区域的中间部分温度最高,而越靠近电极附近温度越低,整个试样的温差在 100℃左右,但是在自由胀形的变形区域,温差在 20℃以内,可满足成形温度要求。

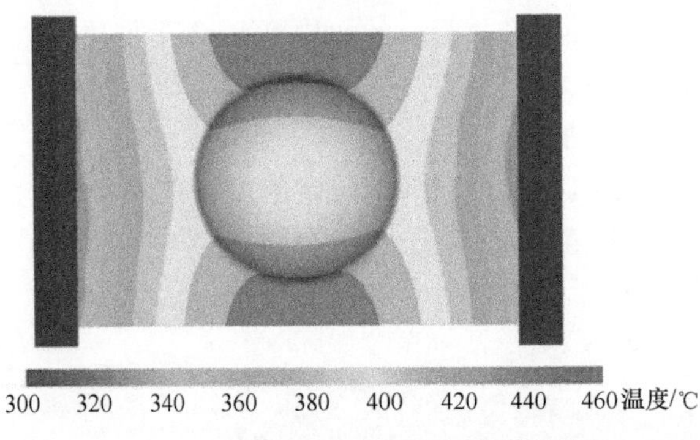

图 2-14 半球形试件的电流加热模拟结果

在自由胀形过程中,坯料的厚度会发生变化,这导致半球形试件球顶部位的厚度最薄,而在模具圆角附近厚度最厚,厚度的不均匀导致了电流密度分布得不均匀,从而导致加热效果的不均匀。但是,从 FEM 模拟结果及试验现象可知,变形区域内温度的不均匀性并不十分明显,是可以接受的。其原因主要有以下几点。

(1) AZ31 镁合金的热导率很高,导致热量从高温区向低温区的传递速度很快,有利于温度趋于均匀。

(2) 由于超塑性变形的体积不变原则,材料变薄的区域其宽度也相应地增大,导致有效加热电流密度的变化不是很显著,因此温度分布得不均匀性不是很大。

(3) 半球形试件顶部变薄区域其电阻值增大,使得流经该处的电流值减小,从而导致电流密度变化不显著,温度差异较小。

2. TA15 钛合金自阻加热

图 2-15 为 TA15 钛合金板材电热耦合模拟结果,环境温度设为 20℃,可以看出电极在加热过程中升温幅度很小,当板料达到加热温度后电极仅升温几十摄氏度;板料大部分区域温度为 900~950℃,靠近电极两端温度急剧下降,电极接触区域附近的板料温度仅 500℃左右。

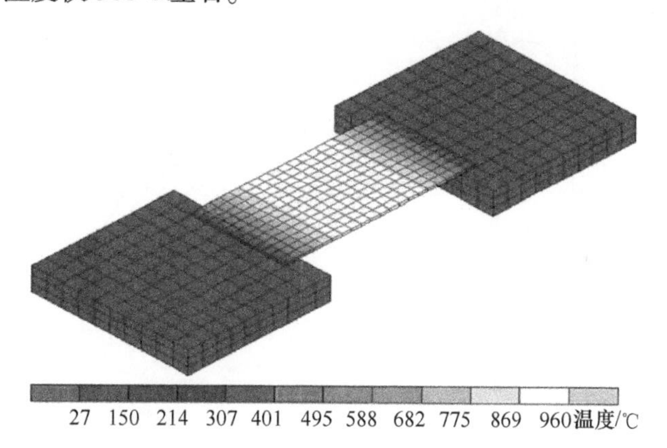

图 2-15 有限元模拟得到 TA15 钛合金板材自阻加热温度分布(U=3V)

板料在加热过程中温度升高发生膨胀会引起板材的变形,图 2-16 给出电极两端加载 3V 电压,TA15 钛合金板料中心温度加热到 950℃时材料的变形情况。由于板材两端被电极固定且板料中间温度高、两端温度低,在板材中间靠近边缘区域板材会因热膨胀发生变形,但变形量较小,最大变形量仅为 0. 32mm。

板料温度分布不均会影响材料的成形,图 2-17 给出电极两端输入电压为 3V 时板材沿长度方向温度分布的模拟与实测结果。由图可以看出,虽然整个板材有将近 300℃的温差,但自由胀形试验中成形试件为对称结构,尺寸为 ϕ38mm,板材下料尺寸为 120mm×60mm,包括胀形区、电极夹持区和压边密封区,故与整个板料

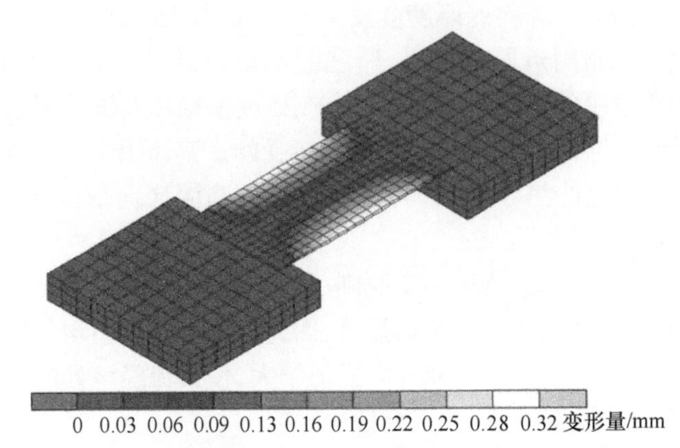

图 2-16 有限元模拟得到 TA15 钛合金板材自阻加热膨胀的总位移
（U=3V，板料中心温度为 950℃）

相比，成形区的面积是较小的。该区域跨度内的温差在 30℃左右，已知钛合金的成形温度在 900℃以上，该温度差在成形可接受的温度波动范围内。

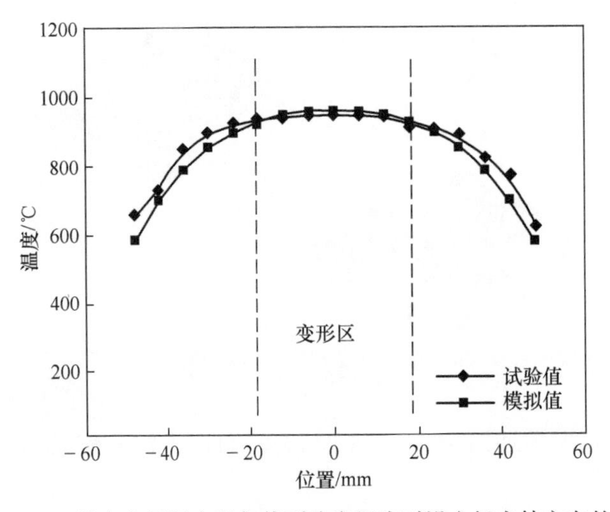

图 2-17 TA15 钛合金板材自阻加热到稳定温度时沿电极夹持方向的温度分布
（U=3V，I=7A/mm^2）

2.4 几种金属板材自阻加热的特性

2.4.1 钛合金自阻加热特性

图 2-18 给出了钛合金 TA15 在不同电流密度下的加热升温曲线，在加热过程

的前几十秒时间内,板料温度稳步上升,由于传导、对流和辐射散失的热量很少,材料的内能增加很快,产生的焦耳热量几乎全部用于提升板料的温度,加热时间与温度之间基本为线性关系并具有较大的斜率。随着加热的继续,板料温度持续升高,与电极和周围环境之间的温差不断增大,热量散失越发严重。此外,材料的电热性能(如电阻率、热导率)也会因温度升高而发生改变,由此导致板料的升温速率下降,曲线斜率随温度升高开始减小,加热时间与板料温度之间的关系不再是线性的。随着板材热量的散失,尤其是热辐射散失的能量以与温度成四次方的关系迅速增大,加热曲线趋于平缓,直至板材由于焦耳热生成的内能与热交换损失的能量相同时,板料处于动态热平衡状态,温度稳定,平衡温度的大小与加热电流密度有关,电流密度越大,板料的稳定温度越高。

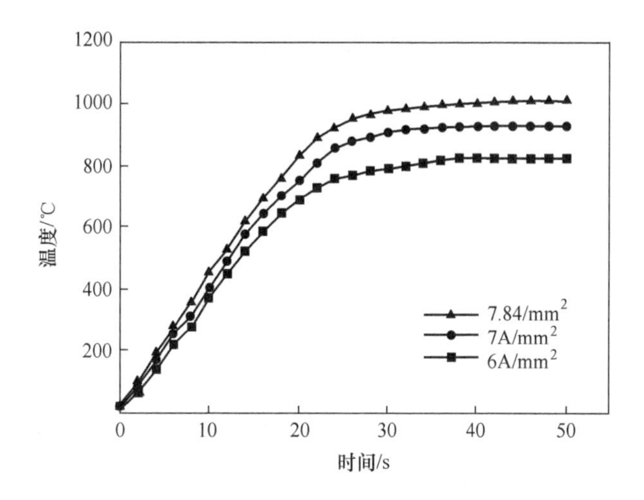

图 2-18 TA15 钛合金在不同电流密度下的加热升温曲线

2.4.2 镁合金自阻加热特性

图 2-19 为不同有效电流密度下 AZ31 镁合金板材加热开始阶段的升温曲线。

在加热的最初阶段(0~20s),温度随加热时间线性增加,并且电流密度越大,曲线斜率越大,加热速率越快。图 2-20 为不同有效电流密度下 AZ31 镁合金升温速率的曲线。随着电流密度的增加,升温速率快速增大,且材料的升温速率与流经该材料的有效电流密度的平方成正比,曲线呈二次抛物线形状。

在实际的脉冲电流加热过程中,可根据材料的具体尺寸及热电物理性能,并综合考虑加热效率、电源成本、可操控性等因素来选择加热电流的大小,以控制成形时的加热速率,实现快速加热。

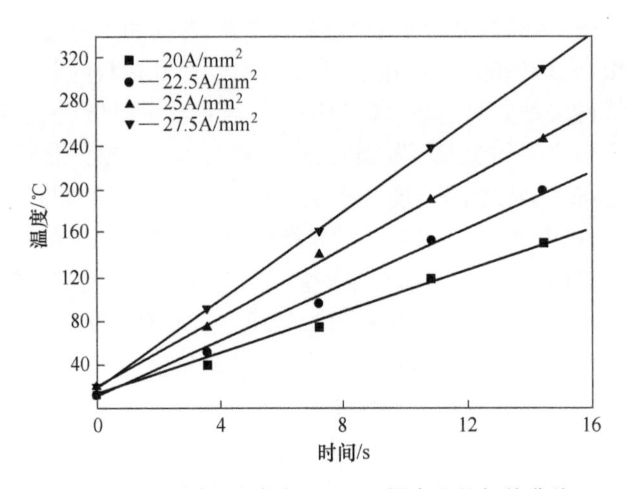

图 2-19　不同电流密度下 AZ31 镁合金的加热曲线

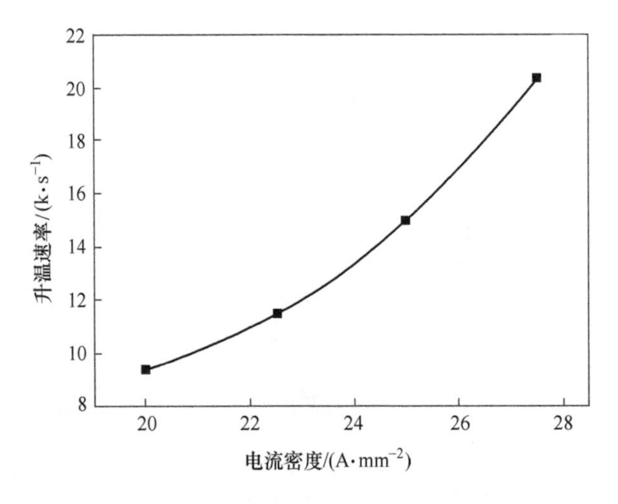

图 2-20　不同电流密度下 AZ31 镁合金的升温速率

2.4.3　铝合金自阻加热特性

图 2-21 所示为在不同电流密度下 SiC_p/2024Al 复合材料板材的温度随时间的变化曲线。由图可知,电流密度越大,其对应的升温曲线斜率越大,曲线越陡,加热速率越快,其所能达到的温度也越高。当电流密度为 24.0A/mm^{2}时,大约 50s,SiC_p/2024Al 复合材料板材坯料温度达到了 700K,远远大于电流密度为 22.9A/mm^{2}时对应的 650K 和 20.8A/mm^{2}时对应的 600K。同时,在通入脉冲电流加热

$SiC_p/2024Al$ 复合材料板材坯料的初始阶段(小于 20s),由于被加热坯料的温度较低,与环境间空气的温差小,则热量损失较少,且脉冲电流加热的效率较高,被加热坯料的升温速度快,曲线近似的呈线性关系。

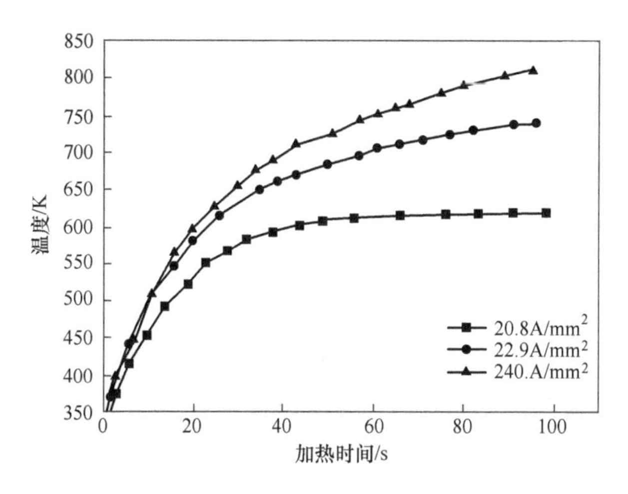

图 2-21 不同电流密度下 $SiC_p/2024Al$ 复合材料板材的升温曲线

但是,随着脉冲电流加热时间的增加(大于 20s),$SiC_p/2024Al$ 复合材料坯料的温度升高,其产生的热辐射、热对流及热传导的速度也越快,热量的损失也随之增大。虽然,$SiC_p/2024Al$ 复合材料的热物性参数随温度升高而变化,其坯料的电阻率随温度的升高而增大,也增加了脉冲电流加热的热能向内能转化的效率。但是,并不足以弥补坯料由于热辐射、热对流及热传导所产生的热量损失,对应的脉冲电流加热板材的升温曲线斜率逐渐减小,最终当能量输入与热量损失达到接近平衡时,$SiC_p/2024Al$ 复合材料板材坯料的温度变化趋于稳定并处于动态热平衡状态。

对 SiC_p/Al 复合材料的电热性能进行测试,已知铝基体的电阻率为 $3.93\times10^{-8}\Omega\cdot m$,SiC 半导体的电阻率为 $1\sim10\Omega\cdot m$。当纯铝中加入 SiC 颗粒,其电阻率随着 SiC 体积分数的增加而增大(图 2-22),上述试验所使用的 SiC_p/Al 复合板材中 SiC 含量为 3%,其电阻率为 $5.6\times10^{-8}\Omega\cdot m$。

金属材料在脉冲电流加热时,随着材料温度的升高,其对外界散失热量的速度也加快。此外,由于材料的热导率、电阻率等热电物性参数也随温度的升高而发生变化,因此材料温度与加热时间的关系总体上来说是非线性的。图 2-23 为几种不同轻合金材料在有效电流密度为 $22.5A/mm^2$ 时的加热曲线。

由图 2-23 可知,在加热开始阶段,材料损失的热量较少,温升较快,曲线呈线性,且斜率较大。随着加热的进行,曲线斜率逐渐减小。最终,当输入的能量与材

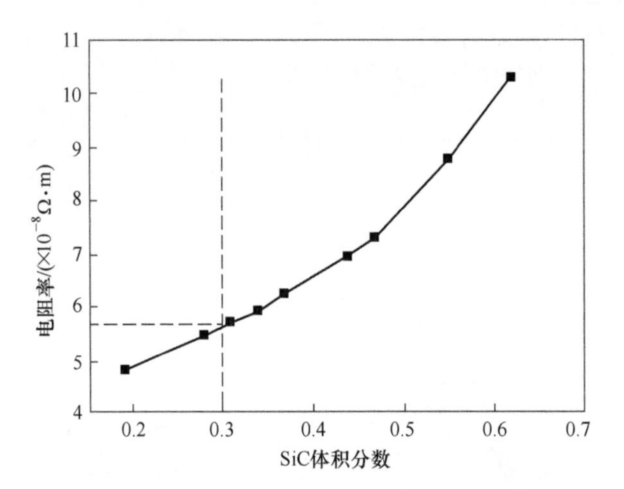

图 2-22　SiC_p/Al 复合材料电阻率随 SiC 含量的变化

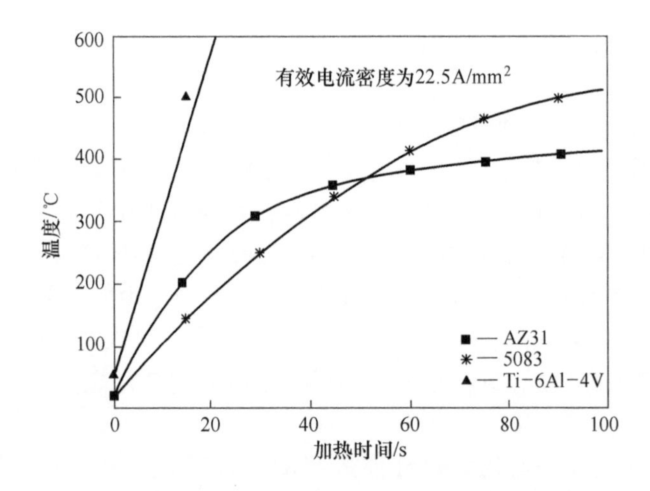

图 2-23　不同轻合金材料的脉冲电流加热温升曲线

料散失的热量相等时,材料温度趋于稳定,此时材料处于动态的热平衡状态。由于TC4 钛合金的电阻率远远大于镁合金、铝合金,而其传热系数又很小,因此其加热速率远远大于其他两种材料。

材料最终达到热平衡状态时,温度保持不变,该稳定温度与加热电流密度有关,电流密度越高,相应的输入电流功率也越大,材料可以被加热到的温度也越高,图 2-24 为材料最终温度与有效电流密度的关系曲线。由图可知,随着电流密度的增加,材料的最终加热温度迅速升高。

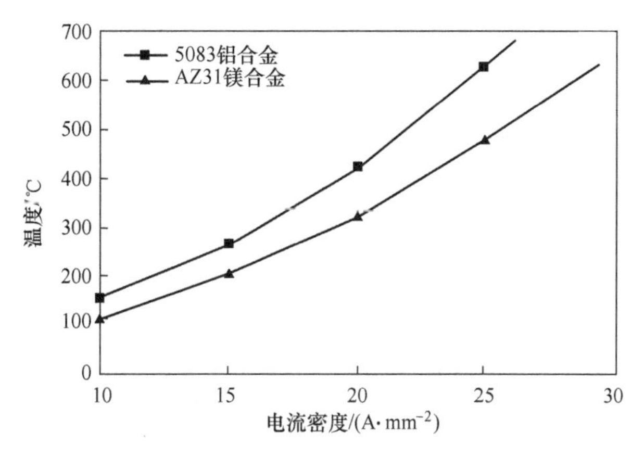

图 2-24　材料的最终加热温度与电流密度的关系

2.4.4　高温合金自阻加热特性

图 2-25 所示为 GH99 高温合金在不同电流密度下的温度随时间的变化曲线。电流密度越大,其所达到稳定温度所需的时间越短,即曲线在升温过程中的斜率越大,而且达到稳定的温度也越高。当电流大小为 1000A 时,板材所达到的稳定温度为 1050℃左右,远远大于电流大小为 800A 时对应的 800℃和 900A 时对应的 920℃。加热过程的初始阶段,板料温度稳步上升,由于传导、对流和辐射散失的热量很少,材料的内能增加很快,产生的焦耳热量几乎全部用于提升板料的温度,加热时间与温度之间基本为线性关系并具有较大的斜率。

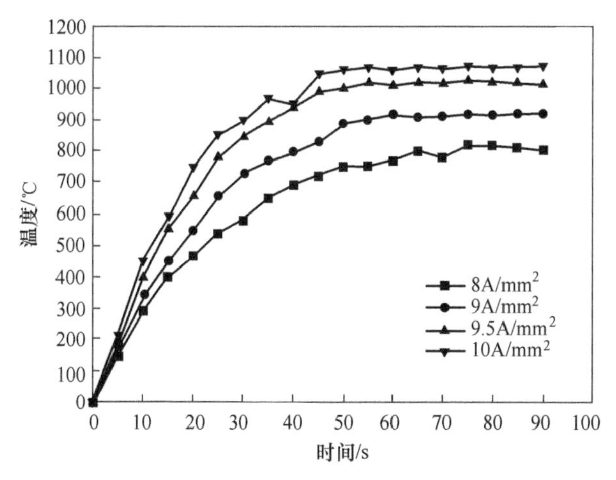

图 2-25　GH99 高温合金在不同电流密度下的加热升温曲线

但是，随着加热的继续，板料温度持续升高，与电极和周围环境之间的温差不断增大，这时板材与周围空气之间的热辐射、热对流及与电极之间的热传导的速率也会不断增大，热量散失越发严重。此外，材料的电热性能（如电阻率、热导率）也会因温度升高而发生改变，虽然随着温度的升高，GH99 高温合金的电阻率不断变大，使产生的焦耳热增多，但还是不足以用来弥补板材与周围空气之间的热辐射、热对流及与电极之间的热传导损失的热量。由此导致板料的升温速率下降，曲线斜率随温度升高开始减小，加热时间与板料温度之间的关系不再是线性的；随着板材热量的散失，加热曲线趋于平缓，直至板材由于焦耳热生成的内能与热交换损失的能量相同时，板料处于动态热平衡状态，温度稳定，平衡温度的大小与加热电流密度有关，电流密度越大，板料的稳定温度越高。

参考文献

[1] 花福安，李建平，赵志国，等．冷轧薄板试样电阻加热过程分析[J]．东北大学学报（自然科学版），2007，28(9)：1278-1281.

[2] 吉泽升，朱荣凯，李丹．传输原理[M]．哈尔滨：哈尔滨工业大学出版社，2005.

[3] 罗海岩，陆继东，黄来，等．铝电解槽三维电热场的 ANSYS 分析[J]．华中科技大学学报（自然科学版），2002，30(7)：4-6.

[4] 任德鹏，贾阳，刘强．月面巡视探测器太阳帆板热电耦合仿真计算[J]．航天器环境工程，2008，25(5)：423-428.

[5] 赵镇庶．传热学[M]．2 版．北京：高等教育出版社，2002.

[6] 梁卫抗．超高强钢板导电加热工艺及装备的研究[D]．武汉：华中科技大学，2016.

[7] 李超，张凯锋，蒋少松．轻合金板材超塑成形中的脉冲电流加热方法及其宏微观分析[J]．机械工程学报，2011，47(18)：43-49.

第3章　电辅助拉伸试验

轻合金与金属基复合材料室温成形性能较差,其形状复杂零件的加工成形通常在高温下进行,与传统热成形方式不同,电流辅助成形利用电流的焦耳热效应,作为轻合金与金属基复合材料成形过程中的升温和保温热源,具有高效、节能、绿色、减少坯料氧化等优点。由于加热方式的不同,在变形过程中材料的力学行为如屈服、流动应力、延伸率、断裂等和微观组织演变如晶粒长大、动态回复、动态再结晶等都将区别于传统炉热变形,因此研究轻合金材料以及金属基复合材料在施加高能脉冲电流时的高温热变形行为十分必要。其中,最常见的试验手段为金属材料的电辅助拉伸试验。

研究人员对不同材料进行了通电拉伸试验,拉伸装置图如图3-1所示,其中应力加载卡具为试样提供拉伸力,电流运输电极为试样通入电流,机械应变传感卡具来测量试样的延伸率,电压测量电极给出试件标距间的电压值。为避免短路,机械卡具与拉伸设备之间进行了绝缘设计。

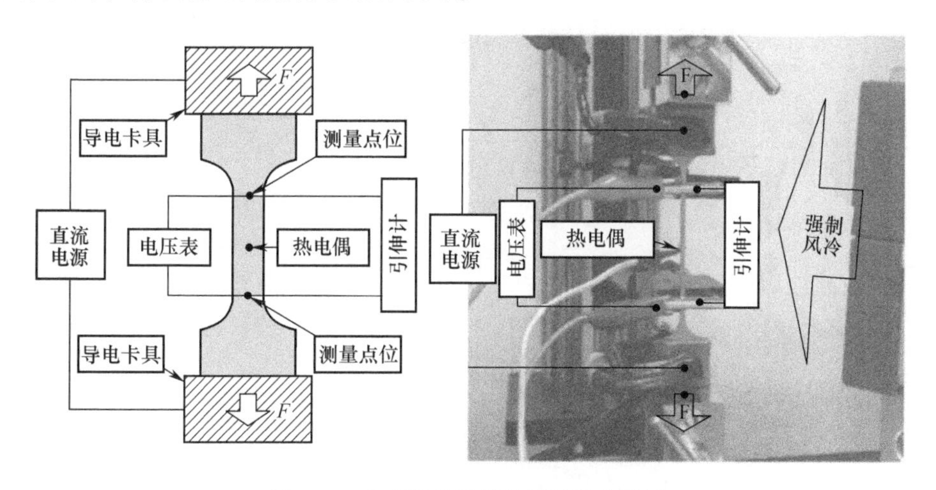

图3-1　电辅助拉伸结构图及拉伸装置

图3-2为Brad Kinsey等对304SS及Ti-6Al-4V进行电拉伸得到的真实应力-应变曲线,结果表明电流的引入会引起两种合金材料的流动应力下降,但因为电流的引入会引起试件温度的改变,而材料的流动应力受温度影响较大。试验过

程中电流密度不能被精确控制，所以试件通电后温度也并不十分精准。Brad Kinsey 认为该试验并不具有可靠性，无法证明电致塑性作用的存在。

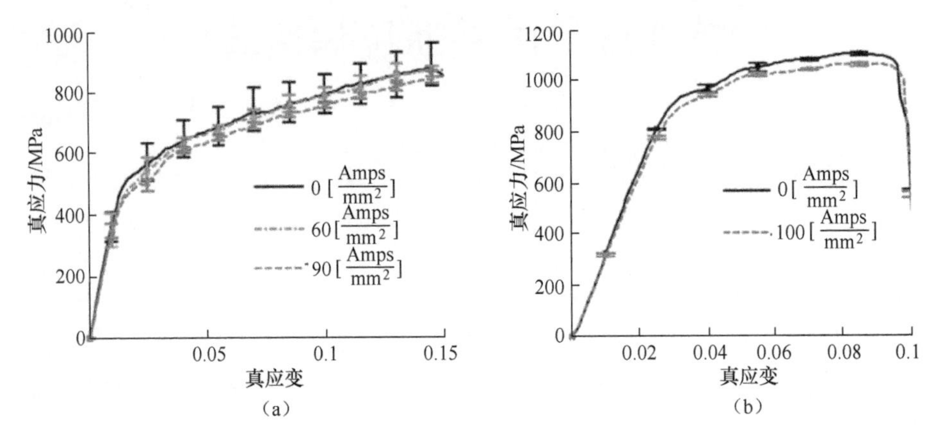

图 3-2　电拉伸得到的真实应力-应变曲线

(a) 约 50℃，304SS；(b) 约 235℃，Ti-6Al-4V。

为了消除试件通电引起温度变化而影响拉伸结果，Conrad 等采用了在试样外加电场的拉伸方法，如图 3-3(a)所示。试验以铜板作为研究材料，选择了 23℃和 150℃作为拉伸温度，得到图 3-3(b)给出的应力-应变曲线，可以看出，拉伸试件的延伸率增加而屈服强度降低。多组试验给出的结果都表明，当试件中电子在电

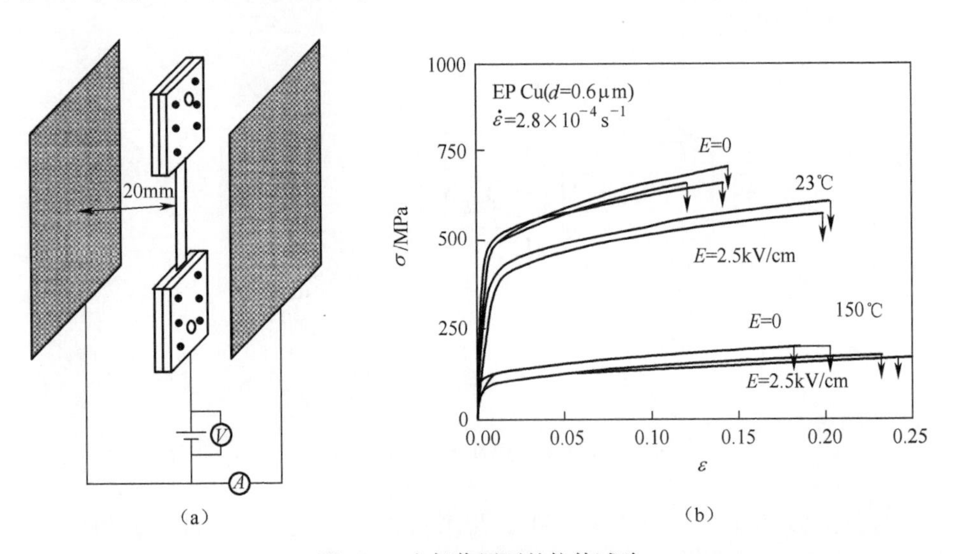

图 3-3　电场作用下的拉伸试验

(a)原理图；(b) 23℃和 150℃应力-应变曲线。

场中作漂移运动时会降低材料的流动应力，提高材料的塑性。

本章主要以先进轻合金 5A90 铝锂合金、TA15 钛合金以及 SiC_p/2024Al 复合材料为研究对象，通过电辅助拉伸试验来探索研究轻合金以及金属基复合材料的电流辅助变形行为，着重考察不同轻合金在电流作用条件下的高温变形特点以及组织演变特征。

3.1 电辅助拉伸试验方法

如图 3-4 所示，电辅助拉伸平台由自主设计并搭建，全过程采用热电偶校正后的红外热像仪对温度进行监测，当通电加热到相应温度后进行电辅助拉伸测试，得到不同材料的电辅助拉伸应力—应变曲线。电辅助拉伸夹具采用 314L 不锈钢加工而成，通过螺栓固定并夹紧拉伸试样保证通电良好，同时采用陶瓷镶块与载荷平台绝缘，将金属拉伸试样正确装卡于电辅助拉伸装置后，即可进行电辅助拉伸试验。

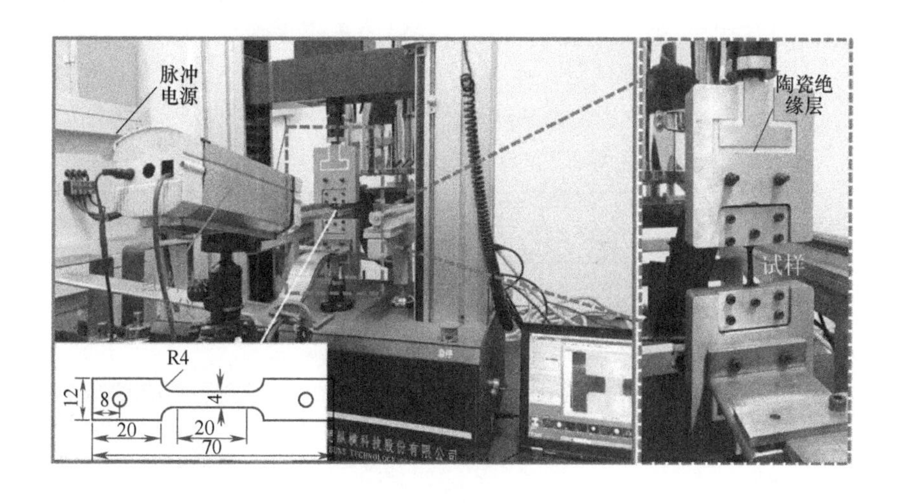

图 3-4 电辅助拉伸平台

以 5A90 铝锂合金为例，图 3-5 给出了电辅助拉伸过程中试样的升温过程，可以看出，试样在极短的时间内可以由室温加热至设定温度 460°C，且温度在标距范围内分布相对均匀。当温度达到设定试验温度后，保温一段时间待温度进一步稳定，然后按照设定的初始应变速率进行电辅助拉伸试验，最后通过数据采集系统获取不同材料的电辅助拉伸应力应变数据。

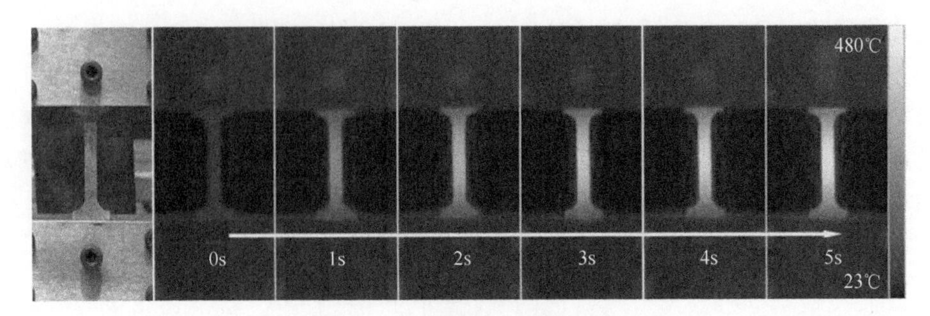

图 3-5 电辅助拉伸加热过程

3.2 钛合金电辅助拉伸热变形行为

3.2.1 电辅助拉伸试验

TA15(Ti-6Al-2Zr-1Mo-1V)合金是一种近 α 型钛合金,Al 含量较高,其化学成分如表 3-1 所示。合金中通过加入 β 稳定元素 Mo 和 V 来改善其工艺性能,Si 元素可引起基体中 Ti_5Si_3相的析出并提高材料的抗蠕变性能,为使析出的硅化物细小且分布均匀,合金中还添加了中性元素 Zr。TA15 钛合金具有较高的比强度、抗蠕变性和耐腐蚀性以及良好的焊接性能。

表 3-1 TA15 钛合金的化学成分 单位:%(质量分数)

Al	Zr	Mo	V	Fe	Si	C	N	H	O	Ti
5.0~7.0	1.5~2.5	0.5~2.0	0.8~2.5	0.25	0.15	0.10	0.05	0.015	0.15	其余

图 3-6 给出了材料电流密度为 6A/mm^{2}时 TA15 钛合金电辅助拉伸变形的过程,图 3-7 给出试样拉伸前后的照片。

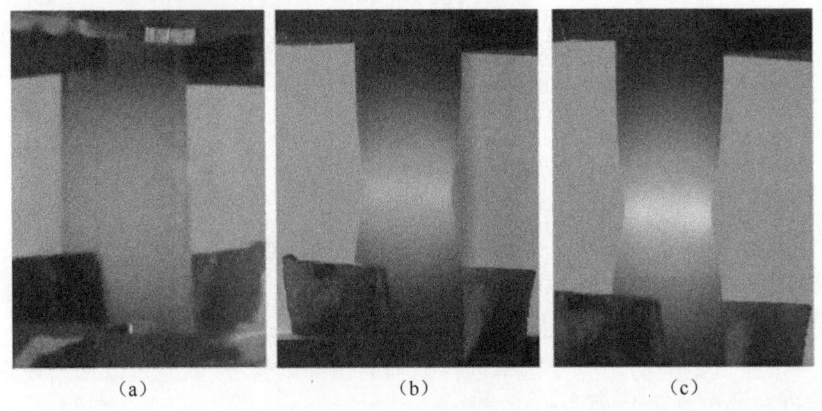
(a) (b) (c)

图 3-6 TA15 钛合金电辅助拉伸过程
(a) 加热;(b)(c) 拉伸状态。

由图 3-6 (a)可以看出由于 TA15 钛合金电阻率高,且试样截面积远小于电极,试样的升温速度比铜电极快。由于板料与电极之间存在热传导,因此坯料中间区域温度较高,两边与电极相邻区域温度较低。试样的拉伸速度为 2.4mm/min,相应的初始应变速率为 $2\times10^{-3}s^{-1}$。

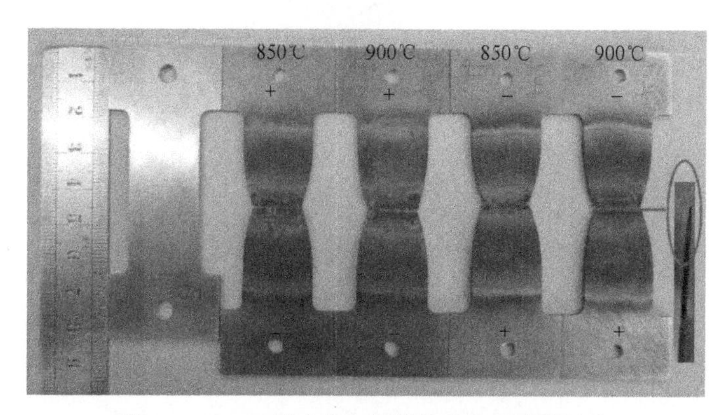

图 3-7　TA15 钛合金电辅助拉伸前后试样照片

在拉伸过程中,由于高温区流动应力较小,因此试样中心区易发生变形,试样经过短暂的均匀变形后,在中间高温区首先出现颈缩,由电阻公式 $R=\rho L/S$ 可知,颈缩区横截面积的减小会导致该处电阻增加。由焦耳热 $P=RI^2$ 可知,电阻的增加会引起颈缩区温度迅速上升,且热量集中会随着变形的进行而加剧,拉伸试样最终在颈缩处熔断。由此可知,电流辅助加热方式会引起变形板材的温度分布不均,从而可能导致试样变形的不均匀,变形不均反过来也会对温度分布产生影响,因此一旦变形集中,局部过大的电流会使成形试件过早发生破坏。另外,由图 3-7 可知,由于在拉伸时中间区域温度高,变形量大,该处氧化严重、颈缩明显。从试样侧面观察可以发现其厚度减薄非常严重,断口锋利。

3.2.2　电辅助拉伸力学特点与组织演变

图 3-8 为初始应变速率为 $2\times10^{-3}s^{-1}$时材料在不同温度下的拉伸曲线,可以看出,当试样主要变形区温度为 850℃时,材料的屈服强度为 100MPa,与常规加热拉伸的 107MPa 有了一定程度的下降,说明电流的引入会降低材料的流动应力;当试样主要变形区温度为 950℃时,材料的屈服强度为 44MPa,与常规热拉伸规律相同,温度的升高会导致材料流动应力的下降。如图 3-9 所示,在相同温度下,材料的拉伸速率降低,其屈服强度也随之下降。

图 3-10 为原始 TA15 钛合金板材与 900℃拉伸后试样组织的比较,原始轧制板材具有条状的织构,且织构沿轧制方向延伸,长度尺寸为 10μm,宽度尺寸为1~2μm。板料在高温拉伸变形后发生了动态再结晶,条状组织变为等轴状组织,其平

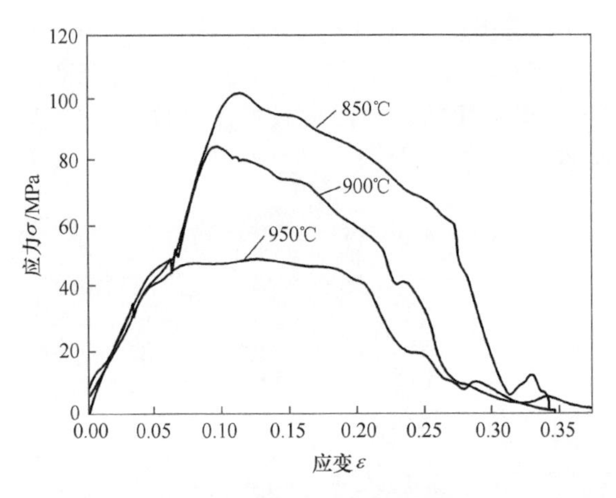

图 3-8　TA15 钛合金不同温度下电辅助拉伸的应力-应变曲线

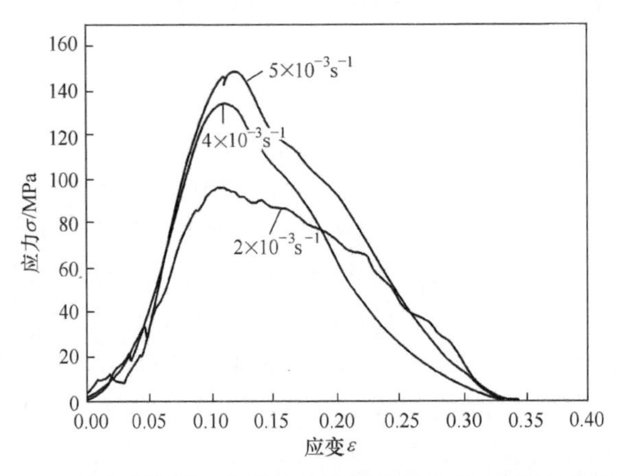

图 3-9　TA15 钛合金不同应变速率电辅助拉伸的应力-应变曲线(950℃)

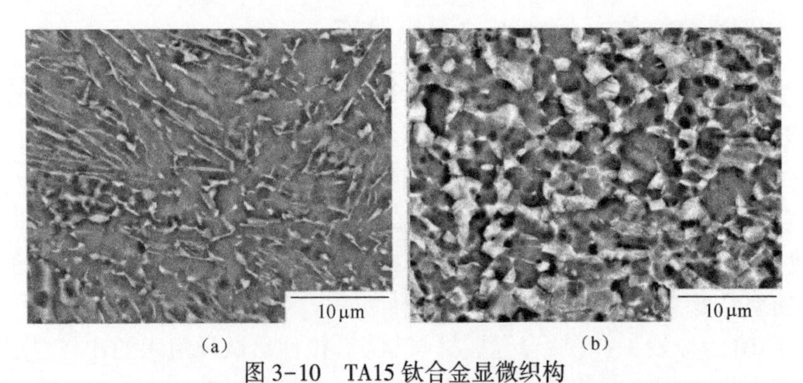

图 3-10　TA15 钛合金显微组构

(a) 原始轧制板材;(b) 900℃电辅助拉伸变形后。

均尺寸约为 3μm。

3.3 铝基复合材料高温拉伸力学行为

金属基复合材料正以其良好的物理性能和高稳定性在航空航天领域占据一席之地。SiC_p/Al 复合材料与传统铝合金相比,其比强度和比刚度都有所提高,且具有优良的力学性能。由于增强相的加入,材料耐疲劳性和耐磨性优异,有希望成为部分传统合金的替代者,并在航空、航天等重要领域得到广泛应用。通过增强相陶瓷颗粒的加入,材料的结构和性能也发生了变化,SiC 颗粒会制约基体的变形,对基体中位错的运动起到阻碍作用,造成位错的塞积和缠结,产生残余应力从而强化基体,引起材料弹性模量、屈服强度、抗拉强度的提高。本小节通过常规炉热拉伸与脉冲电流辅助加热+炉氛热保温两种热变形方式来探究 SiC_p/2024Al 复合材料的热变形行为。

3.3.1 炉热拉伸力学行为

室温下对 SiC_p/Al 复合材料进行拉伸,初始应变速率为 $2\times10^{-3}s^{-1}$,从图 3-11 的应力应变曲线可以看出,其室温屈服强度可以达到 140MPa,而延伸率仅有 9.1%。由图可见,SiC_p/Al 复合材料的室温变形性能较差,因此冷变形对于其来讲是比较困难的。高温成形是解决 SiC_p/Al 复合材料冷变形性能差这个问题的重要方法,要得到材料的高温变形性能,应对 SiC_p/Al 复合板材进行高温单向拉伸试验,以求得板材的最佳变形温度、变形速率等参数。首先,在目标应变速率不变($2\times10^{-3}s^{-1}$)的情况下,对板材进行不同温度的拉伸,根据铝材料的高温成形温度,拉伸温度选择为 300~500℃,其应力-应变曲线由图 3-12 给出。由图可以看出,高温下材料的流动应力明显下降,300℃时其屈服强度约为 46MPa。当温度升到 350℃时已降到 28MPa,随着温度升高,其流动应力继续下降,但下降程度较小,500℃时其屈服强度下降到 18MPa。高温下材料的塑性明显改善,300℃时材料延伸率达到 20%。随着温度升高,材料的延伸率开始增加,400℃时延伸率达到最大值 24%。当温度继续升高,其延伸率略有下降,由于其塑性在 400℃时最好且变形流动应力较小,所以选择 400℃为材料最佳成形温度。

在 400℃下对材料进行不同应变速率的拉伸,由图 3-13 材料真应力-真应变曲线可以看出,随着应变速率的下降,材料的延伸率逐渐增大,而流动应力不断减小,因此降低材料的变形速率可以提高材料的变形能力。

材料的本构方程由下式给出:

$$\sigma = K\varepsilon^{n}\dot{\varepsilon}^{m} \tag{3-1}$$

式中　σ——真应力；

K——常数；

ε——真应变；

$\dot{\varepsilon}$——应变速率；

n——硬化指数；

m——应变速率敏感性指数。

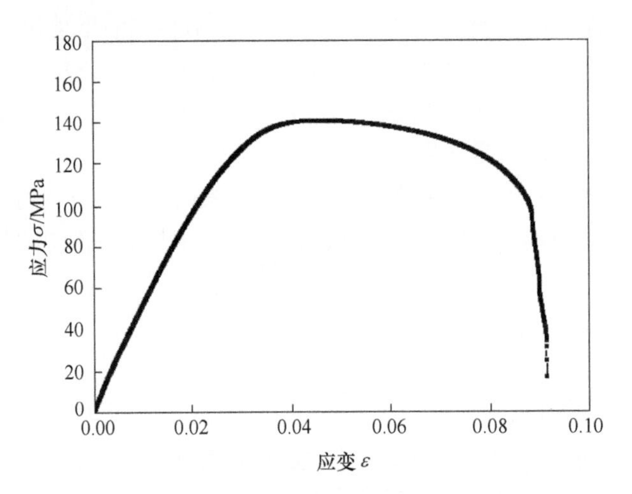

图 3-11　SiC_p/Al 复合材料拉室温拉伸应力-应变曲线

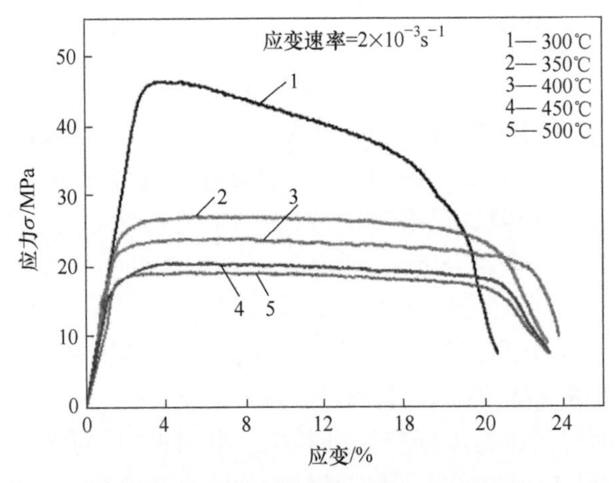

图 3-12　不同温度下 SiC_p/Al 复合材料的拉伸应力-应变曲线

为了给出材料的基本变形性能参数，对 K、n 和 m 值进行求解。n 为材料的加工硬化指数，n 值的大小实际上反映了板材的应变均化能力。首先成形件的应变

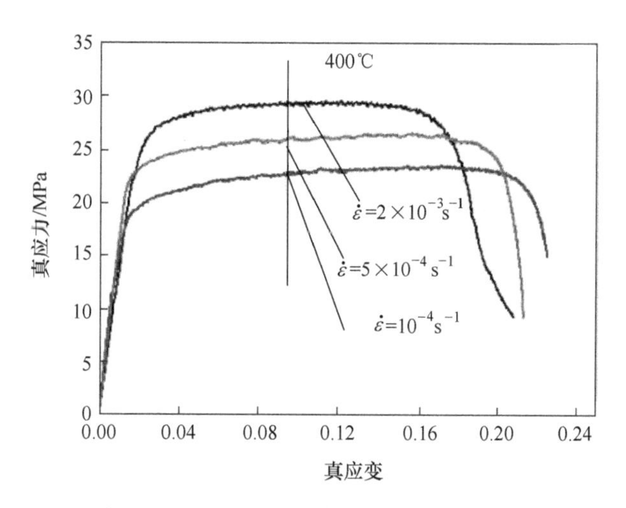

图 3-13　不同应变速率下 SiC_p/Al 复合材料拉伸真应力-真应变曲线

峰值不同：n 值小的材料产生的应变峰值高，n 值大的材料产生的应变峰值低；其次成形件上的应变分布不同：n 值小的材料应变分布不均匀，n 值大的材料应变分布均匀，要求得 n 值大小，先去除变形速率的影响，即 $\dot{\varepsilon}$ 不变，得到材料最佳成形温度下的真应力-应变曲线（图 3-14）。取双对数坐标系 $\ln\sigma_{真}-\ln\varepsilon_{真}$，得到真应力-真应变关系式 $\ln\sigma_{真}=\ln K+n\ln\varepsilon_{真}$，选取均匀变形部分。对得到的曲线进行线性拟合（图 3-15），拟合直线的斜率即硬化指数 n，求得 $n=0.06$。

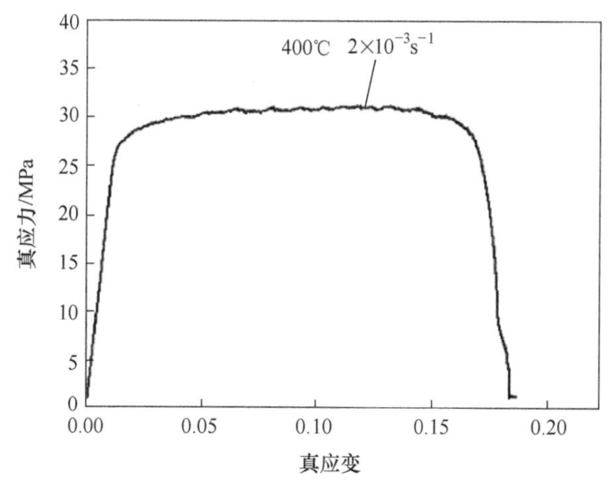

图 3-14　SiC_p/Al 复合材料 400℃拉伸真应力-真应变曲线

应变速率敏感性指数 m 是衡量材料超塑变形性能的重要指标，它表示应变速率发生变化时流动应力所做出的相应的变化程度，代表了材料应变速率的硬化作

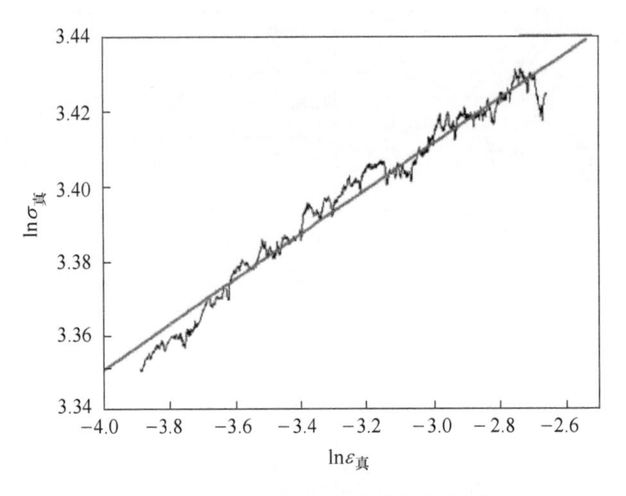

图 3-15　$\ln\varepsilon_{真}$-$\ln\sigma_{真}$曲线斜率拟合

用。不考虑应变硬化的作用，材料本构方程变为

$$\sigma_{真} = K\dot{\varepsilon}^{m} \tag{3-2}$$

本试验中采用多试样恒速拉伸法（斜率法）来测量和计算 SiC_p/Al 复合材料的 m 值。在其最佳成形温度 400℃下选择不同的拉伸速度对一系列的试样进行恒速拉伸直至稳定变形，做出其真应力-应变曲线，如图 3-13 所示。根据等应变原则，选择应力平稳区域做一条直线，得到相同应变时不同变形速率下材料的真应力值，求得到各点应力值及与之相对应的应变速率值的自然对数，做出 $\ln\dot{\varepsilon}$ -$\ln\sigma_{真}$曲线（图 3-16），拟合成直线。该直线的斜率即为 m 值的大小，由此得到 SiC_p/Al 复合

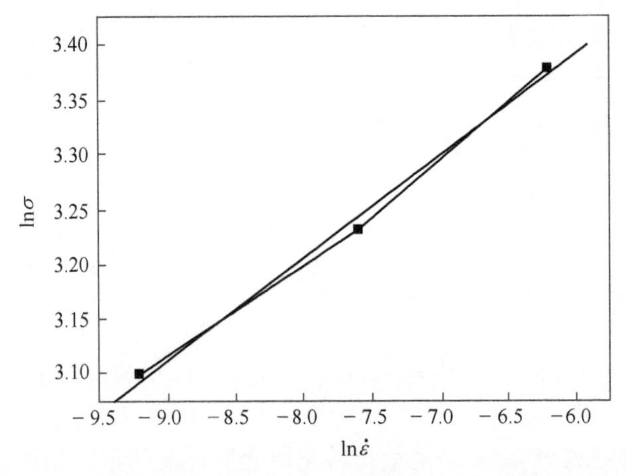

图 3-16　SiC_p/Al 复合材料在 400℃不同应变速率下拉伸得到的 $\ln\dot{\varepsilon}$ -$\ln\sigma_{真}$曲线

材料在400℃下的 m 值为0.11。该值很小，说明材料应变速率的硬化作用较弱。上述拉伸结果同样证明其塑性变形能力很低，400℃时材料延伸率仅24%。将 n 值和 m 值代入到本构方程中，得到 K 值（$K=40.6\text{MPa}\cdot\text{s}^{-m}$）。

3.3.2 脉冲电流辅助加热/炉氛热保温复合拉伸力学行为

采用脉冲电流辅助加热+炉氛热保温的加热方式进行 SiC_p/2024Al 复合材料板材试样的高温单向拉伸试验，获得 SiC_p/2024Al 复合材料板材相应的高温力学性能参数。单向拉伸试验采用的试样沿 SiC_p/2024Al 复合材料板材轧制方向剪裁，其形状和尺寸如图3-17所示。单向拉伸试验在空气中以恒定初始应变速率进行，应变速率范围为0.001~0.1s^{-1}，温度范围为275~350℃。

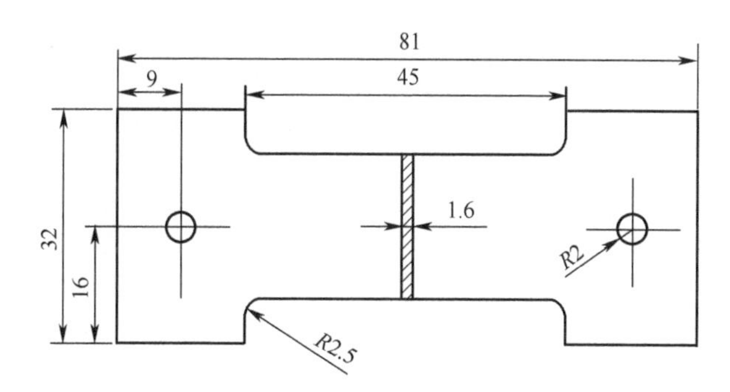

图3-17　SiC_p/2024Al 复合材料板材的单向拉伸试样

为了研究脉冲电流辅助加热+炉氛热保温的加热方式进行 SiC_p/2024Al 复合材料板材试样的拉伸性能，以对脉冲电流辅助加热成形工艺的可行性做出评估。图3-18为应变速率为0.01s^{-1}时，在不同温度下时脉冲电流辅助加热+炉氛热保温方式的 SiC_p/2024Al 复合材料板材试样拉伸断裂后的照片。原始试件也同时列出，以示对比。如图3-18所示，当脉冲电流辅助加热 SiC_p/2024Al 复合材料板材到300℃时，其延伸率达到了47%，然而随着温度的增加其延伸率反而降低。当温度为350℃时，SiC_p/2024Al 复合材料板材的延伸率甚至下降到了28.2%。

图3-19是试验得到的应变速率为0.01s^{-1}，在不同变形温度下脉冲电流辅助加热+炉氛热保温方式的 SiC_p/2024Al 复合材料板材的流动应力-应变曲线。

从拉伸试验结果可以看出：①颗粒增强铝基复合材料的强化机制主要是通过界面剪切由集体向增强相传递载荷而使增强相承载，但当温度升高时铝合金基体强度较低，无法进行有效的载荷传递，从而导致复合材料薄板流动应力随着温度的升高明显下降；②材料的流动应力随变形程度的变化也呈现不同的变化情况，在单向拉伸形变初期，流动应力随变形程度的增加，呈现出明显的加工硬化趋势；③随

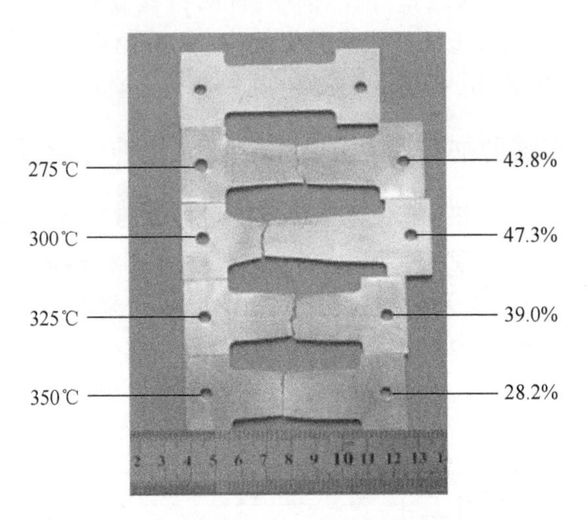

图 3-18　不同温度下单向拉伸前后试样对比照片

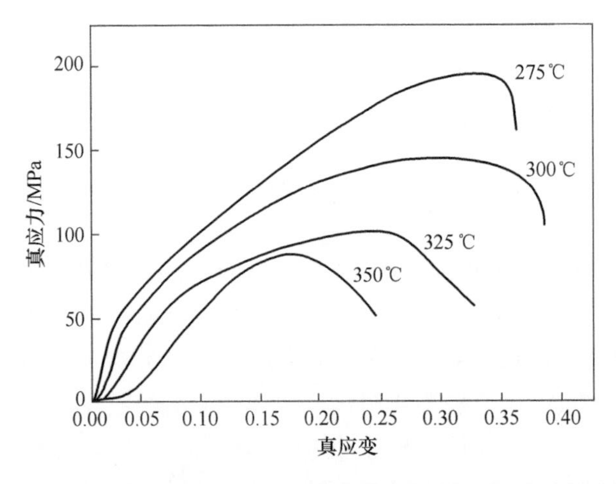

图 3-19　SiC_p/2024Al 复合材料板材拉伸的真应力-直应变曲线

着应变量的不断增加,由于材料内部位错的交滑移、攀移及位错脱钉等引起的软化过程大于位错密度增加引起的加工硬化过程,因此流动应力出现缓慢下降,直至材料发生断裂。

图 3-20 为赵明久等提出的碳化硅颗粒增强铝基复合材料热变形时的应力-应变行为的一种位错-颗粒交互作用模型示意图。当复合材料变形时,铝合金基体中的位错在外应力的作用下做滑移运动,而碳化硅颗粒则成为位错运动的障碍,如图 3-20 中 A 所示。当位错运动到颗粒处时,由于颗粒的存在:位错一方面会在

颗粒处堆积,进而产生应力集中;另一方面会通过位错攀移的方式离开颗粒,使颗粒处的应力得到松弛,如图 3-20 中 B 所示。位错是否会在颗粒处堆积,以及堆积的程度如何取决于位错到达颗粒的速率 R_1 和位错攀移速率 R_2,假设位错在碳化硅颗粒处的堆积程度为 n_D ,则

$$n_D = f(R_1, R_2) \tag{3-3}$$

其中,R_1 与变形时的应变速率有关,R_2 与变形温度、颗粒尺寸及变形机制有关。

当 $R_2>R_1$,即位错攀移速率大于位错到达颗粒的速率时,位错不会在颗粒处堆积(图 3-20 中 C),材料在宏观上就会表现出较低的加工硬化率和流动应力;当 $R_2<R_1$,即位错攀移速率小于位错到达颗粒的速率时,位错会在碳化硅颗粒处堆积。如图 3-20 中 D,随着位错堆积程度增加,会在颗粒处形成复杂的位错结构;如图 3-20 中 E,材料在宏观上就会表现出较高的加工硬化率和流动应力。

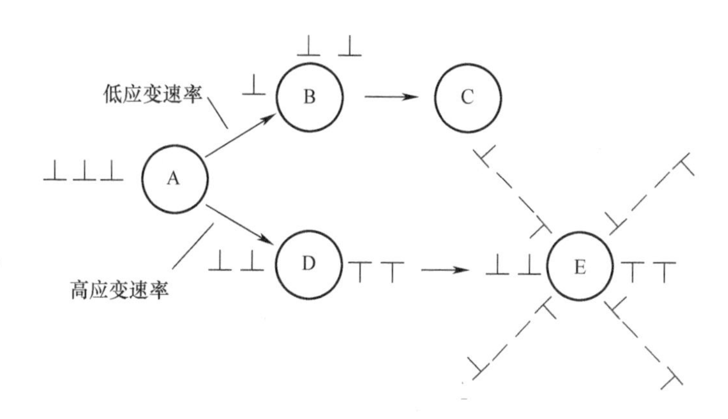

图 3-20　热变形时位错-颗粒交互作用模型

图 3-21 所示是温度为 300℃时不同应变速率下单向拉伸前后试样对比照片,原始试件也同时列出,以示对比。从结果可知,应变速率为 0.01s^{-1}时,其延伸率最大,达到了 47.3%,远远高于应变速率为 0.001s^{-1}时的 20.8%和应变速率为 0.1s^{-1}的 27.9%。图 3-22 所示是其拉伸的真应力-真应变曲线。采用传统的炉温加热进行单向拉伸时,由于试样处于恒温的炉体中,通常随着应变速率的增大,其流动应力都有明显的增加。然而,对于脉冲电流辅助加热+炉氛热保温方式进行单向拉伸试验中,由于脉冲电流辅助加热试样到拉伸温度后,进行断电拉伸。虽然有炉氛热保温,但是随着单向拉伸的进行,其温度必然有一定的下降,从而造成应变速率越慢时,其流动应力越高且延伸率越低。因此,通过对脉冲电流辅助加热+炉氛热保温方式进行单向拉伸试验结果的分析,为脉冲电流辅助加热成形工艺参数的选择优化提供变形依据。

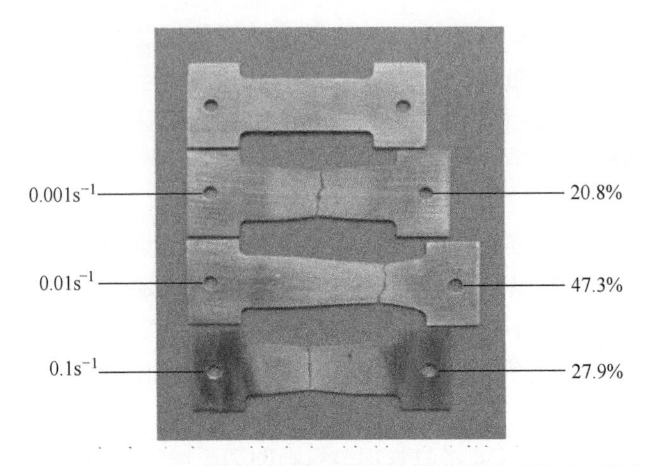

图 3-21　在 300℃时不同应变速率下单向拉伸前后试样对比照片

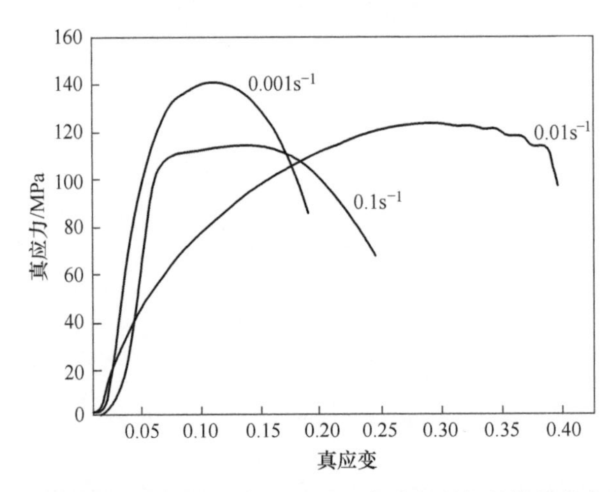

图 3-22　在 300℃时不同应变速率下 SiC_p/2024Al 复合材料板材拉伸的真应力-真应变曲线

3.4　铝锂合金高温拉伸力学行为与组织演变

5A90 铝锂合金为典型的 Al-Mg-Li 系铝合金，是国家在“十五”期间，与俄罗斯合作，在苏联开发的 1420 铝锂合金基础上发展起来的国产化密度最低的新型商用铝合金。5A90 铝锂合金具有低密度、高弹性模量、高比强度和比刚度，以及能与 5xxx 铝合金媲美的优良耐腐蚀性能等优点，在飞行器壁板、垂尾、承力桁条等关键零件获得了广泛应用，满足了我国航空航天飞行器的轻量化需求。与普通非热处理强化 5xxx 铝合金不同，5A90 铝锂合金由于锂元素的添加，可以通过固溶时效工艺实现材料的强化。在时效过程中，基体里析出大量与基体共格的 δ′(Al_3Li)相，其强烈的有序强化效应能显著提高合金强度。同时，由于 δ′相在变形过程中产生的共面滑移，与材料扁平状的晶粒结构同时作用，使材料的塑性降低。5A90 铝锂合金室温成形性能较差，形状复杂零件的加工成形通常在高温下进行，由于加热方式的不同，在变形过程中材料的力学行为如屈服、流动应力、延伸率、断裂等和微观组织演变如晶粒长大、动态回复、动态再结晶等都将区别于传统炉热变形，因此研究 5A90 铝锂合金在施加高能脉冲电流时的高温热变形行为十分必要。本小节主要通过常规炉热拉伸和电辅助拉伸的对比试验来探索研究 5A90 铝锂合金的电流辅助变形行为。首先通过对两种方式的高温拉伸应力应变曲线进行对比分析，揭示 5A90 铝锂合金在电流作用时的高温力学性能特点；然后通过金相、SEM 和 TEM 等手段对不同变形条件下试样的微观组织进行表征，揭示电流辅助变形过程中 5A90 铝锂合金的微观组织演变规律。本小节涉及四种初始组织的 5A90 铝锂合金，如图 3-23 所示，分别为固溶淬火态组织和不同冷轧变形量 5A90 铝锂合金经脉冲电流辅助再结晶退火处理后的组织（为了方便表述，以下称冷轧退火态）。

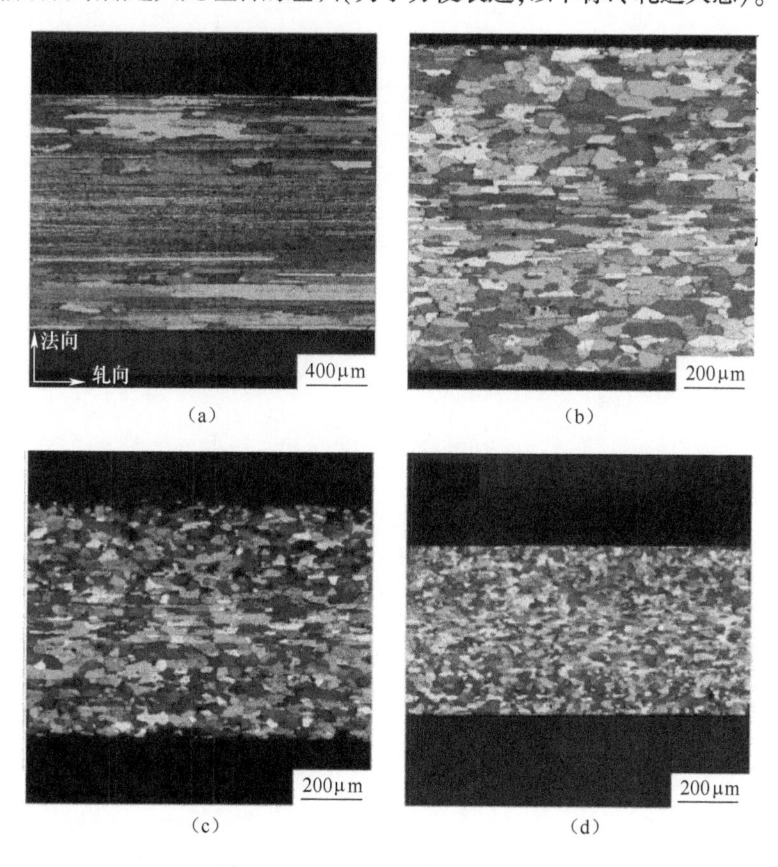

图 3-23　5A90 铝锂合金金相组织

(a) 固溶态；(b) 33.3%冷轧退火态；(c) 50%冷轧退火态；(d) 66.7%冷轧退火态。

3.4.1 炉热拉伸试验与拉伸曲线

首先进行常规炉热高温拉伸试验，高温拉伸的温度选择 420° C、460℃ 和 500℃，同时选择 0. 001、0. 01 和 0. 1 三个应变速率。另外，还进行了冷轧退火态 5A90 铝锂合金在 460°C 时不同应变速率条件下的高温拉伸试验，用于研究初始晶粒组织对高温变形行为的影响。图 3-24 给出了固溶淬火态 5A90 铝锂合金在 420°C、460°C 和 500°C 时，分别以 0. 001、0. 01 和 0. 1 的应变速率进行高温拉伸后获得的真应力-应变曲线。高温拉伸过程中，随着变形的进行，流动应力快速升高，达到屈服强度后再较缓慢地升高至峰值强度。这个过程中，材料内部大量位错产生导致的加工硬化使流动应力增加，同时高温下位错的动态回复以及动态再结晶的发生又使材料软化，达到峰值时，硬化和软化机制达到相对平衡，这个过程中材料发生均匀塑性变形。流动应力过峰值后，随着变形的进行，材料逐渐进入颈缩扩展阶段和颈缩失稳阶段。由图 3-24 可以看出，应变速率越大，均匀变形阶段越

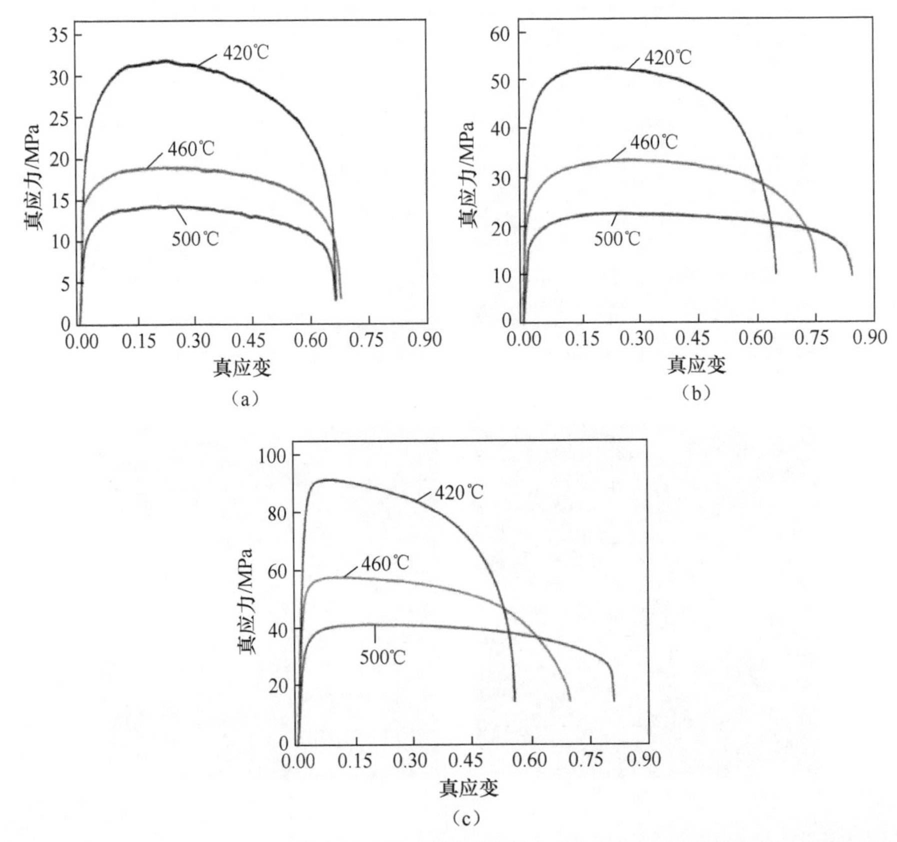

图 3-24 固溶淬火态 5A90 铝锂合金不同温度和应变速率下的炉热拉伸真应力-真应变曲线
(a)0. 001;(b)0. 01;(c)0. 1。

少,材料越快进入颈缩扩展阶段和颈缩失稳阶段,但在较高温度时,延伸率反而增加,这是由于材料在较高温度时对应变速率敏感,导致在颈缩扩展阶段局部变形受到抑制,变形转移的结果。

图 3-25 显示了 33.3%、50%和 66.7%冷轧退火态 5A90 铝锂合金在 460°C 不同应变速率下的高温拉伸真应力-真应变曲线。

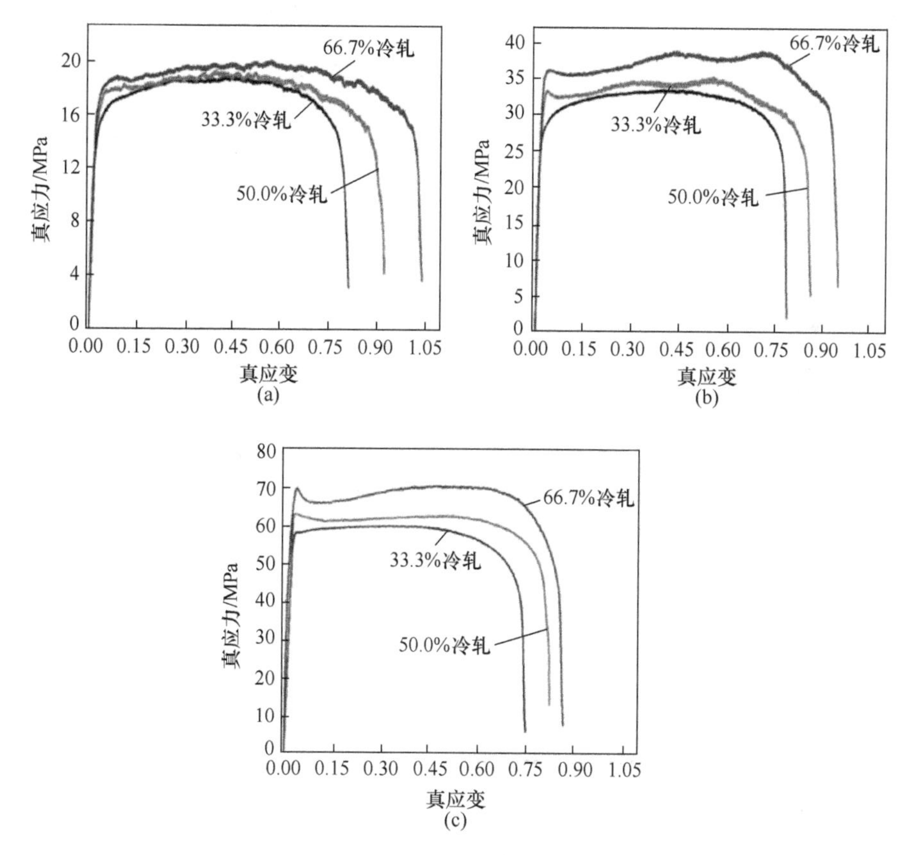

图 3-25　冷轧退火态 5A90 铝锂合金在 460°C 不同应变速率下的炉热拉伸真应力-真应变曲线
(a)0.001;(b)0.01;(c)0.1。

由图可以看出,冷轧退火态试样由于晶粒细化,在高温时的变形行为也与固溶淬火态试样有一定区别。首先均匀变形阶段明显延长,且晶粒越细小,均匀变形阶段越长。此外,颈缩失稳阶段相对减少,晶粒越细小,颈缩失稳阶段越少,这两点说明晶粒细化后材料的高温变形能力得到提高,且晶粒组织越小,应变速率越小,延伸率越高。此外,随着应变速率的增加,细晶试样的峰值流动应力增加相对更明显一些,这说明晶粒细化后 5A90 铝锂合金对应变速率更加敏感,具有更高的应变速率硬化能力。值得注意的一点是,晶粒细化的试样在应变速率较高的情况下出现屈服后流动应力明显下降的抖动现象，且应变速率越高，抖动越明显，这是典型的动态再结晶出现的证据。

3.4.2 炉热拉伸力学性能特点

根据固溶淬火态 5A90 铝锂合金在不同温度不同应变速率下的高温拉伸试验以及冷轧退火态 5A90 铝锂合金在 460°C 不同应变速率下的高温拉伸试验，可以总结出各自的常规炉热拉伸力学性能特征，如图 3-26 和图 3-27 所示。现在分别从峰值流动应力、极限延伸率、应变硬化指数 n 和应变速率硬化指数 m 来讨论。对于固溶淬火态试样，可以看出其强度在高温下比室温低很多，在相同应变速率下，峰值流动应力随温度升高而降低，在相同温度下，峰值流动应力随应变速率升高而升高。当材料在低应变速率 0.001 变形时，延伸率与变形温度关系不大，当增大应变速率时，变形温度越高，延伸率越高。具体来看，在固溶温度 460°C 变形时，

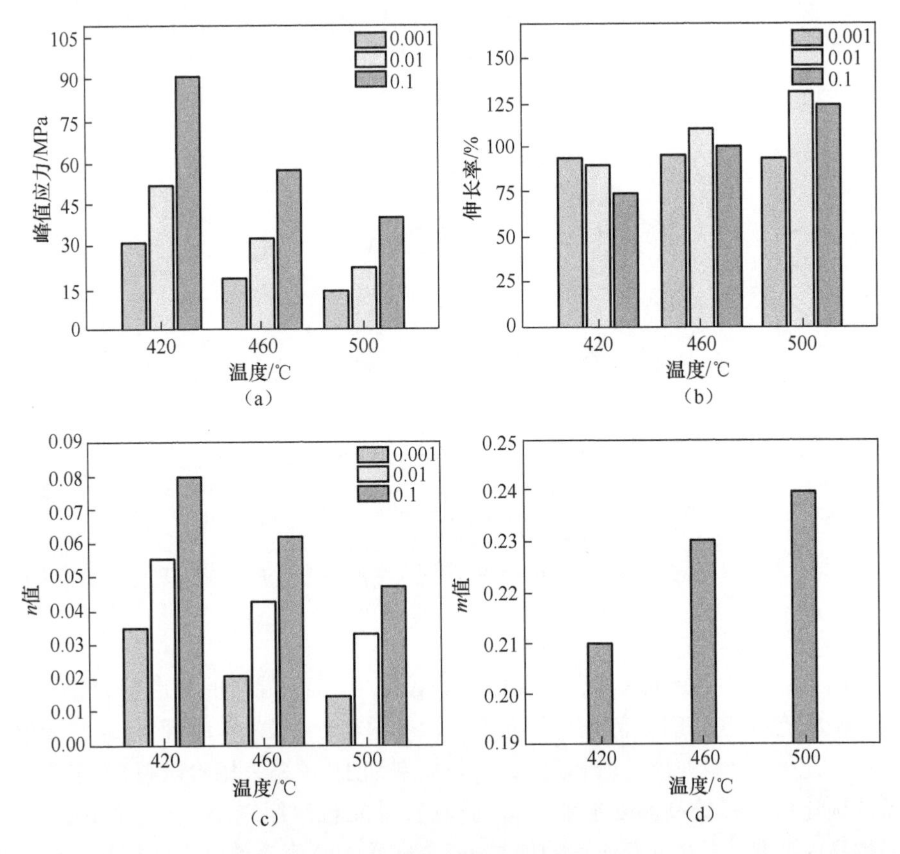

图 3-26 固溶淬火态 5A90 铝锂合金在不同温度和应变速率下的炉热高温拉伸的力学性能指标
(a)峰值应力；(b)延伸率；(c)n 值；(d)m 值。

应变速率为 0.001，峰值流动应力为 18.9MPa，随着应变速率增加到 0.01 时，虽然峰值应力有所增加。但是，极限延伸率提高到最高值 112%左右，当应变速率增加至 0.1 时，峰值应力增加到接近 60MPa，延伸率也有所降低。材料的应变硬化指数 n 反映了材料通过加工硬化来抵抗变形的能力，n 值越大，变形越容易分散进行，应变分布越均匀。可以看出，固溶淬火态 5A90 铝锂合金在高温下 n 值随温度升高和应变速率降低而下降，整体取值在 0.016~0.08 范围内。材料的应变速率硬化指数 m 反映了材料应变速率变化时，材料应力的反应敏感程度，m 值的大小对金属材料的高温变形行为有较大影响，m 值越大，材料抗局部颈缩的能力越强，材料抗颈缩失稳的能力越强，获得的延伸率也更大。固溶淬火态 5A90 铝锂合金在高温时 m 值为 0.21~0.24，具有较为良好的应变速率硬化能力。

对于 33.3%、50%和 66.7%冷轧退火态 5A90 铝锂合金，晶粒得到不同程度的细化，其高温拉伸力学性能指标也出现了一些区别。由图 3-27 可知，相比固溶淬火态试样，晶粒细化后峰值流动应力略有上升，而延伸率有了显著增加。与固溶淬火态试样相比，虽然应变硬化指数 n 的取值大致在同样范围，但晶粒越细小，应变

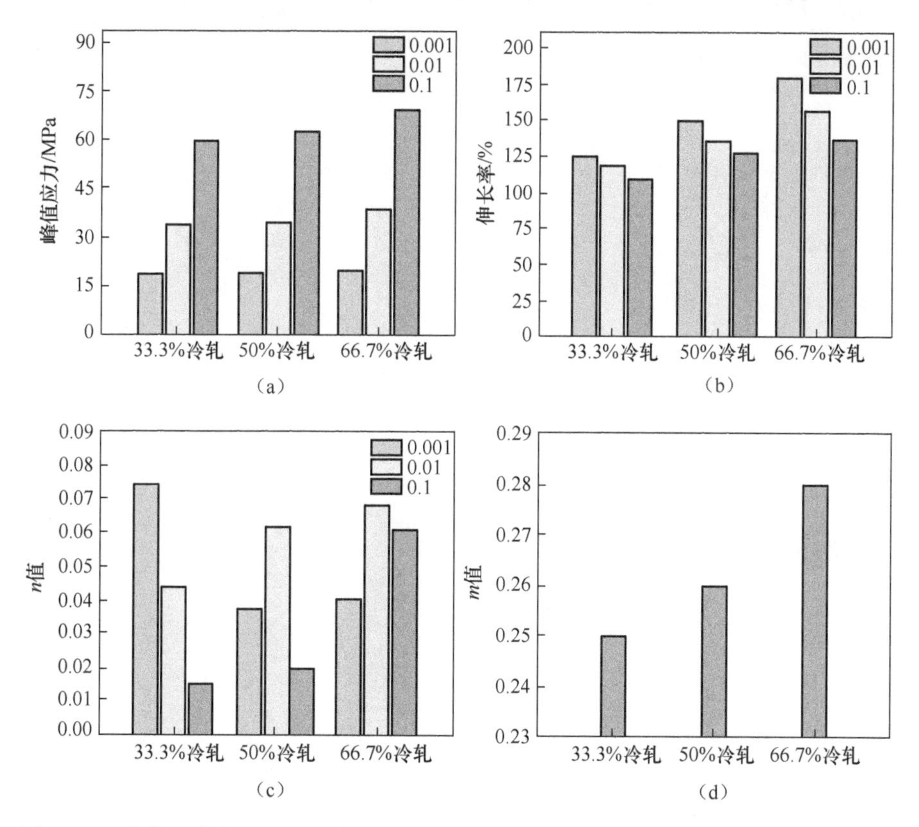

图 3-27 冷轧退火态 5A90 铝锂合金在 460°C 不同应变速率下的高温拉伸力学性能指标
(a)峰值应力；(b)延伸率；(c)n 值；(d)m 值。

速率越大，n 值越大。与此同时，由于晶粒的细化，材料的应变速率硬化指数 m 有了相对明显的增加，取值范围为 0.25~0.28，且晶粒越细小，m 值越大，因此细晶 5A90 铝锂合金具有更加优异的高温成形性能。延伸率超过 200%，m 值大于 0.3 的材料就具有超塑性，而 66.7%冷轧退火态 5A90 铝锂合金延伸率达到了 180%，m 值为 0.28，说明晶粒细化后的 5A90 铝锂合金甚至具有超塑成形的潜能。

3.4.3 炉热拉伸微观组织演变

1. 固溶淬火态 5A90 铝锂合金

图 3-28 给出了固溶淬火态 5A90 铝锂合金在不同温度和不同应变速率下高

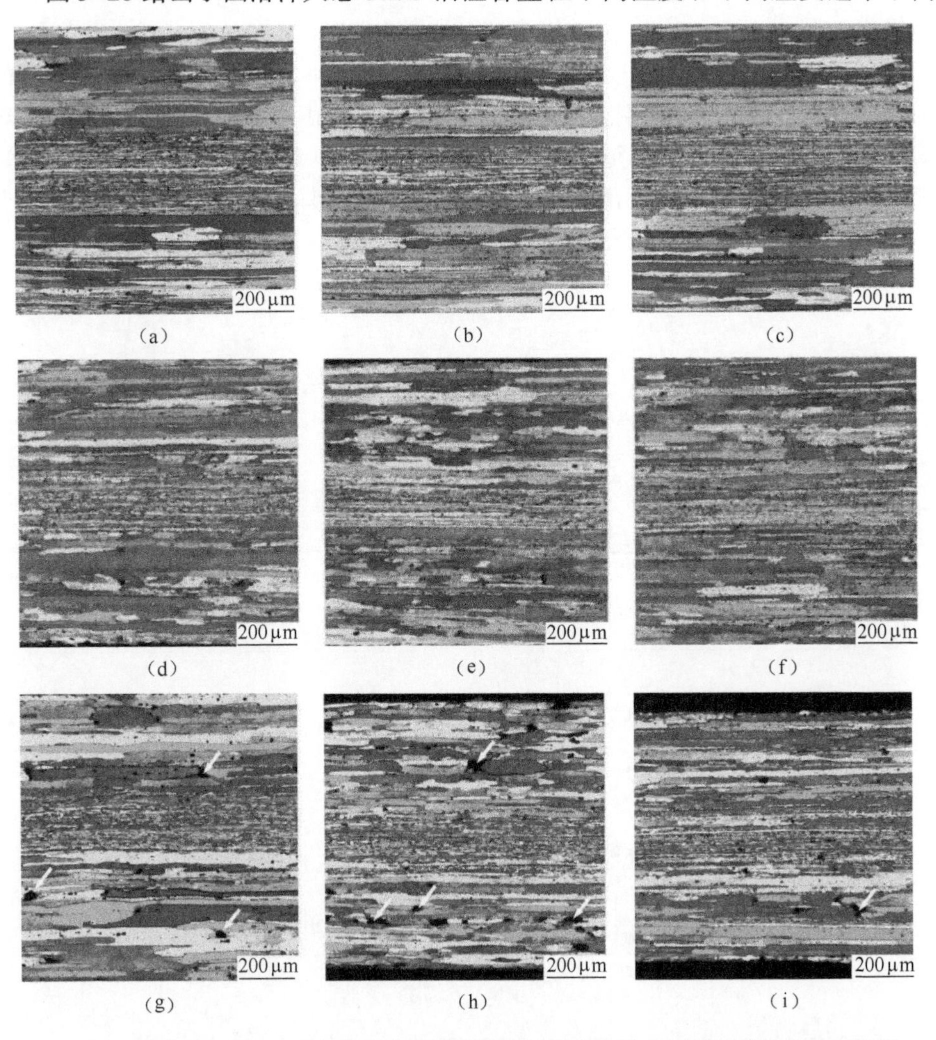

图 3-28 固溶淬火态 5A90 铝锂合金在不同温度不同应变速率下的炉热拉伸金相组织
(a)~(c)420℃，0.001~0.1；(d)~(f)460°C，0.001~0.1；(g)~(i)500°C，0.001~0.1。

温拉伸后的金相组织。由图 3-28(a)~(c)可知,在 420°C 以不同应变速率高温拉伸时两侧的粗大晶粒沿着拉伸方向进一步延长,而中间的纤维状薄晶层仍保持原状,该温度下的软化机制以动态回复为主。温度升高至 460°C 时,虽然中间纤维状薄晶层仍保持原貌,但较高应变速率下,两侧的粗晶层有少部分变形组织发生了再结晶。因此,该温度下的软化机制在较低应变速率下为动态回复,在较高应变速率下为少量动态再结晶和动态回复,动态再结晶首先发生在晶界处,有较为明显的形核长大过程,动态再结晶的方式为不连续动态再结晶。当材料在 500°C 高温变形时,两侧粗晶层的再结晶成分更大,但仍以动态回复为主,而区别较大的是中间纤维状薄晶层也发生了再结晶,有部分细小再结晶晶粒生成,此外,在晶界处观察到了少量空洞的生成。

2. 冷轧退火态 5A90 铝锂合金

图 3-29 显示了 33. 3%、50%和 66. 7%冷轧退火态 5A90 铝锂合金在 460°C 以 0. 01 应变速率进行高温拉伸的金相组织。由图可以看出,与图 3-21 相比,不同细晶后的试样在高温变形后晶粒都有一定程度的长大,初始晶粒越大,长大也越明显,且沿拉伸方向呈拉长形貌。对于 66. 6%冷轧退火态试样,晶粒长大程度较小,且仍几乎保持原始形貌,另外在变形过程中发生了动态再结晶,有少量再结晶晶粒生成。与固溶淬火态 5A90 铝锂合金在相同温度进行的高温拉伸后的试样相比,细晶试样在高温变形过程中,更容易在晶界处产生空洞,且晶粒越细小,产生空洞的倾向越明显。空洞的产生有可能与晶粒细化后变形方式的改变有关,晶粒细化后除了晶内位错的滑移会贡献一部分变形量以外,晶界的滑移也会产生一部分变形,晶界滑移过程中就有产生晶界空洞的可能。

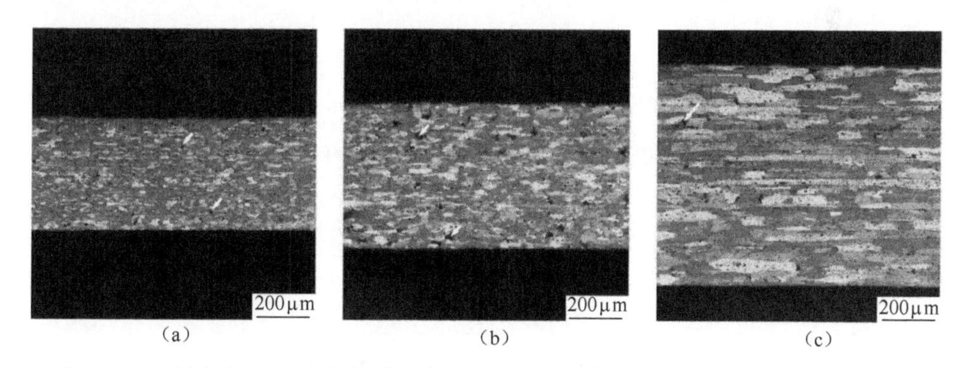

图 3-29　冷轧退火态 5A90 铝锂合金在 460°C 应变速率为 0. 01 下的炉热拉伸金相组织
(a)66. 6%冷轧变形;(b)50%冷轧变形;(c)33. 3%冷轧变形。

图 3-30 显示了 66. 7%冷轧退火态试样在 460°C 以不同应变速率进行高温拉伸后的金相组织。可以看出细晶态 5A90 铝锂合金在高温变形时应变速率的改变

对晶粒尺寸和形貌的影响较小，只是在应变速率较高时，发生了少量再结晶，在晶界处生成了少量新的再结晶细小晶粒。较为重要的是，在较小的应变速率下变形时，在晶界处产生了更多的空洞，如图 3-30 (a)所示，而应变速率较大时，产生的空洞比较少，如图 3-30 (c)所示。一般来说，空洞是金属材料在超塑变形过程中变形量较大时产生的缺陷形式，细晶态 5A90 铝锂合金在较低的应变速率下晶界滑动的比例较大，呈现出部分超塑变形的特征。在变形过程中如果没有相应的物质流动机制(如扩散蠕变)协调晶界滑动造成的空隙，那么空洞将在晶界交叉处形核。而应变速率较大时，晶界滑动的比例相对较小，因此空洞的产生也相对较少，如图 3-30 (c)所示。

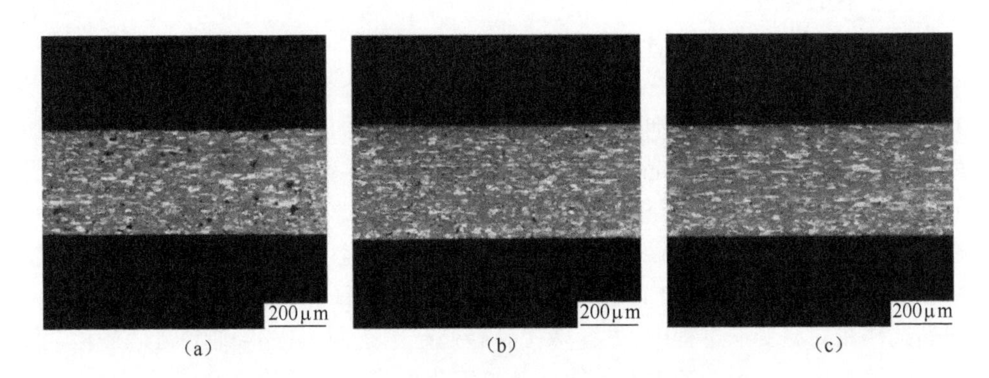

图 3-30　66.7%冷轧退火态 5A90 铝锂合金在 460°C
不同应变速率下的炉热拉伸金相组织
(a)0.001;(b)0.01;(c)0.1。

3.4.4　电辅助拉伸电热参数

在 420°C、460°C 和 500°C 三种温度下，以 0.001、0.01 和 0.1 三种应变速率进行固溶淬火态 5A90 铝锂合金的电辅助拉伸试验，另外，还进行 33.3%、50% 和 66.7%冷轧退火态 5A90 铝锂合金在 460°C 时不同应变速率下的电辅助拉伸试验，用以研究在电流辅助变形情况下，不同初始晶粒组织 5A90 铝锂合金的高温变形行为。表 3-2 给出了固溶淬火态和冷轧退火态 5A90 铝锂合金在不同拉伸温度时对应的电热参数。这里需要说明的是，由于电辅助拉伸试样尺寸主要是厚度的不同。因此，在加热过程中越薄的试样表面积与体积的比更大，其散热速率更高，导致在相同温度下对应的平均加热电流密度更大。例如，经 66.7%冷轧完全再结晶退火后的试样，在电流辅助加热升温至 460°C 时所需的电流密度为 31.3A/mm^2，而固溶淬火态试样在相同温度下的加热电流密度为 22.5A/mm^2。

表 3-2　固溶淬火态和冷轧退火态 5A90 铝锂合金在
不同温度下电辅助拉伸时对应的电热参数

组织状态	温度/℃	频率/Hz	占空比/%	平均电流密度/(A/mm²)
固溶淬火	420	100	50	21.5
	460	100	50	22.5
	500	100	50	23.3
33.3%冷轧+再结晶退火	460	100	50	25.7
50.0%冷轧+再结晶退火	460	100	50	27.0
66.7%冷轧+再结晶退火	460	100	50	31.1

3.4.5　电辅助拉伸试验与拉伸曲线

图 3-31 给出了固溶淬火态 5A90 铝锂合金在 420℃、460℃和 500℃时，分别以 0.001、0.01 和 0.1 的应变速率进行电辅助拉伸后获得的真实应力应变曲线。电辅助拉伸时，随着变形的进行，流动应力快速升高，达到屈服应力值后再较缓慢地升高至峰值流动应力，这个过程为均匀变形阶段。在此阶段，材料内部大量位错产生导致的加工硬化与高温下位错的动态回复以及动态再结晶的发生导致的材料软化交互作用。达到峰值时，硬化和软化机制达到相对平衡。随着变形的进行，流动应力逐渐降低，表现为应变软化现象，这时材料进入颈缩扩展阶段，材料发生的局部应变硬化和应变速率硬化效应导致颈缩不断扩散和转移。变形继续进行，颈缩严重的区域发生失稳，裂纹产生并扩展，这时材料进入颈缩失稳阶段，直至材料断裂。

在温度较低时，均匀变形阶段相对较少，材料屈服后迅速达到峰值流动应力，然后进入颈缩扩展阶段；而温度较高时，材料均匀变形阶段相对增加，颈缩扩展阶段减少。但在电辅助拉伸时颈缩失稳阶段非常短，表现为失稳后迅速断裂，整体延伸率较低的现象。与 TA15 钛合金电辅助拉伸时现象一致，这是由于在发生宏观失稳后，试样失稳处出现明显颈缩，该处电流密度增加，从而导致局部功率过高出现的颈缩部位高温区，加速了断裂过程。有时甚至出现材料的局部融化现象，这也是金属材料在电辅助拉伸时延伸率比炉热拉伸显著降低的主要原因。温度越高，所需电流密度越大，则颈缩时产生颈缩局部高温的速度也越快，则材料延伸率越低；而应变速率越快，在颈缩阶段停留的时间越短，产生的颈缩部位的局部高温相对较低，因此高应变速率电辅助拉伸时延伸率比低应变速率拉伸时更高。

图 3-32 给出了 33.3%、50%和 66.7%冷轧退火态 5A90 铝锂合金在 460℃不同应变速率下的电辅助拉伸真应力-应变曲线。由图可知，冷轧退火态合金的电

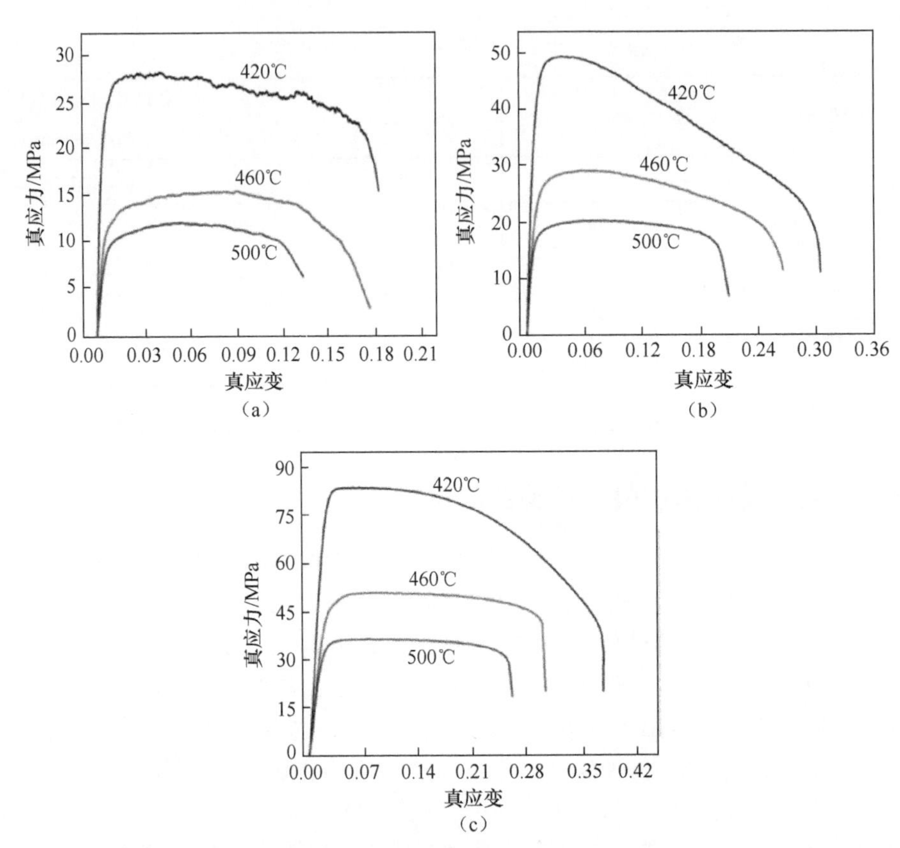

图 3-31　固溶淬火态 5A90 铝锂合金在不同温度和应变速率下的电辅助拉伸真应力-真应变曲线
(a)0.001;(b)0.01;(c)0.1。

辅助拉伸变形规律与常规炉热拉伸变形规律基本一致。除了由于电流的作用特征导致延伸率显著降低外,晶粒细化试样在屈服后流动应力的抖动现象也更加明显,说明在电辅助拉伸过程中发生了明显的动态再结晶。

3.4.6　电辅助拉伸力学性能特点

图 3-33 给出了固溶淬火态 5A90 铝锂合金在不同温度和不同应变速率下的电辅助拉伸力学性能指标。与常规炉热拉伸对比来看,其各项指标具有一定差异。

对于材料的强度来说,虽然峰值流动应力都呈现相似的变化规律,即随温度升高而下降,随应变速率增加而增加。但是,在相同变形温度和应变速率下,材料在电辅助拉伸变形时峰值流动应力比常规炉热拉伸时的峰值流动应力稍有降低。这说明在相同温度下,高能脉冲电流能降低材料的变形抗力。此外,由于材料颈缩时电流密度上升导致的颈缩局部高温,材料延伸率急剧下降,且温度越高,电流密度

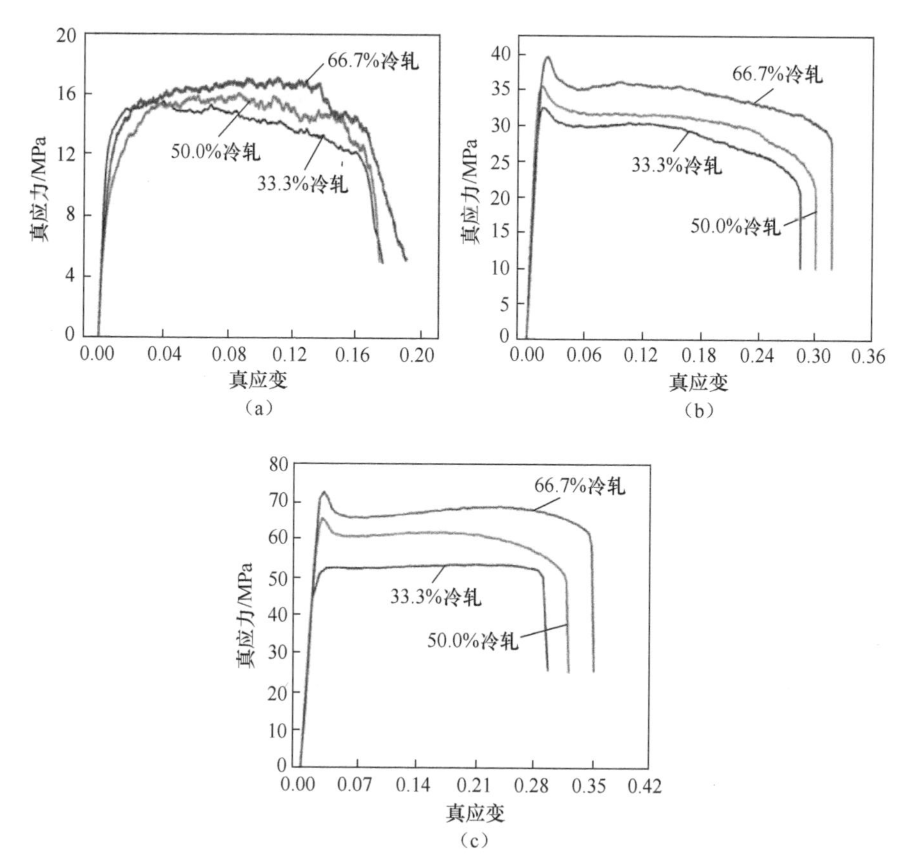

图 3-32　冷轧退火态 5A90 铝锂合金在 460℃不同应变速率下的电辅助拉伸真应力-真应变曲线
(a)0.001;(b)0.01;(c)0.1。

越大,延伸率越低。当应变速率为 0.001 时,延伸率只有不到 20%;当应变速率为 0.1 时,温度为 420℃时延伸率也只有不到 50%。电辅助拉伸时的 n 值相比常规炉热拉伸时取值更大,在 0.027~0.102 之间。与常规炉热拉伸相反的是,电辅助拉伸时,n 值随温度的升高而增大,而常规炉热则随温度升高而减小。因此,对于固溶淬火态 5A90 铝锂合金在电流辅助高温变形时,在适当的温度范围内提高变形温度,将有利于提高材料的应变硬化能力。但是,由拉伸曲线可以得知应变硬化阶段较短,材料屈服后迅速达到峰值流动应力然后进入颈缩扩展阶段。这可能是更高电流密度作用下,材料位错密度上升后迅速发生回复和再结晶导致的。对于应变速率硬化指数,电辅助拉伸时的 m 取值也较常规炉热稍高,在 0.24~0.26 范围内,说明固溶淬火态 5A90 铝锂合金在电辅助拉伸变形中具有较强的应变速率硬化能力。

对于冷轧退火态 5A90 铝锂合金,其电辅助拉伸力学性能指标如图 3-34 所

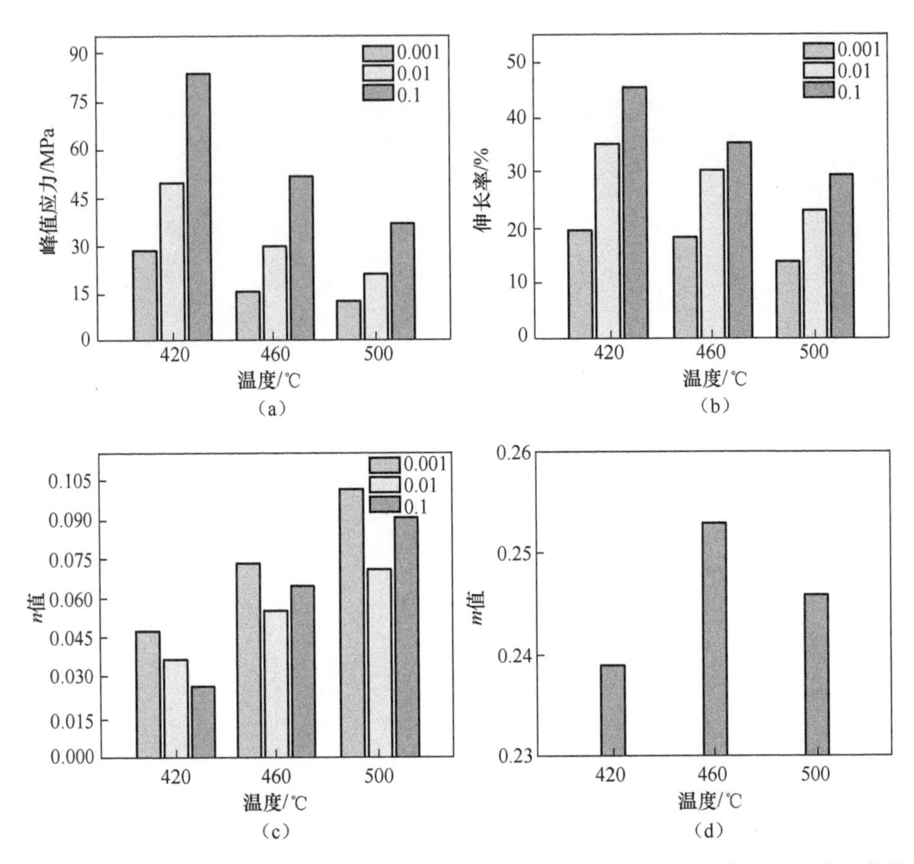

图 3-33 固溶淬火态 5A90 铝锂合金在不同温度和应变速率下的电辅助拉伸的力学性能指标
(a)峰值应力;(b)延伸率;(c)n 值;(d)m 值。

示。由图可以看出,与 33.3%、50%和 66.7%冷轧退火态 5A90 铝锂合金常规炉热拉伸相比,材料的峰值流动应力的变化规律基本相似,与固溶淬火态 5A90 铝锂的电辅助拉伸相似,延伸率也由于颈缩后电流密度的升高导致的颈缩部位的局部高温而急剧降低。值得一提的是,应变硬化指数 n 在晶粒细化后有明显降低,说明细晶组织的试样在电流辅助变形时应变硬化能力相对较弱。然而,当晶粒细化后的试样在进行电辅助拉伸变形时,应变速率硬化指数 m 有了明显提升,50%和 66.7%冷轧退火态试样在电辅助拉伸时的 m 值接近 0.3。

3.4.7 电辅助拉伸微观组织演变

1. 固溶淬火态 5A90 铝锂合金

图 3-35 给出了固溶淬火态 5A90 铝锂合金在不同温度和不同应变速率下电辅助拉伸后的金相组织。由图可以看出,在较低温度 420℃进行变形时,其组织与

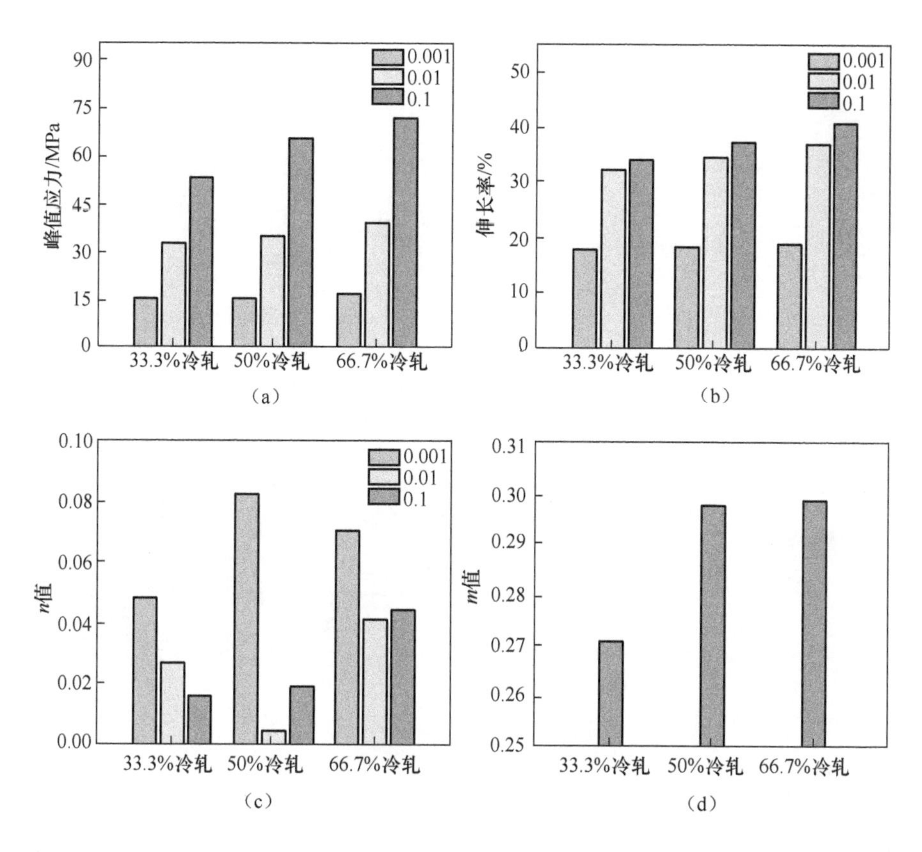

图 3-34　冷轧退火态 5A90 铝锂合金在 460℃不同应变速率下的电辅助拉伸力学性能指标
(a)峰值应力;(b)延伸率;(c)n 值;(d)m 值。

常规炉热拉伸组织大致相似,即两侧粗晶层晶粒沿拉伸方向延长,中间纤维状薄晶层仍保持原状但随应变速率增加稍有减少的趋势,该温度下材料的软化机制以动态回复为主。

当变形温度上升至 460℃时,两侧粗晶层在变形过程中发生了大量动态再结晶,生成了尺寸较小的再结晶新晶粒,虽然再结晶晶粒形貌仍然沿变形方向呈拉长状,但相比初始晶粒明显更加等轴化。另外,中间纤维状薄晶层组织在变形过程中逐渐减少,取而代之的是新生的较大的拉长状再结晶晶粒组织。当温度进一步提高到 500℃时,两侧再结晶程度更高,晶粒更加细小和等轴化,中间纤维状薄晶层进一步减少甚至消失,原始组织绝大部分被新生的再结晶组织取代。当应变速率为 0.01 时,再结晶程度最高。根据对金相组织的观测,可以初步推断固溶淬火态 5A90 铝锂合金电辅助拉伸过程的动态再结晶机制。由图 3-35 可知,在两侧粗晶层再结晶过程中没有观测到明显的形核长大和晶界迁移过程,再结晶通过变形组

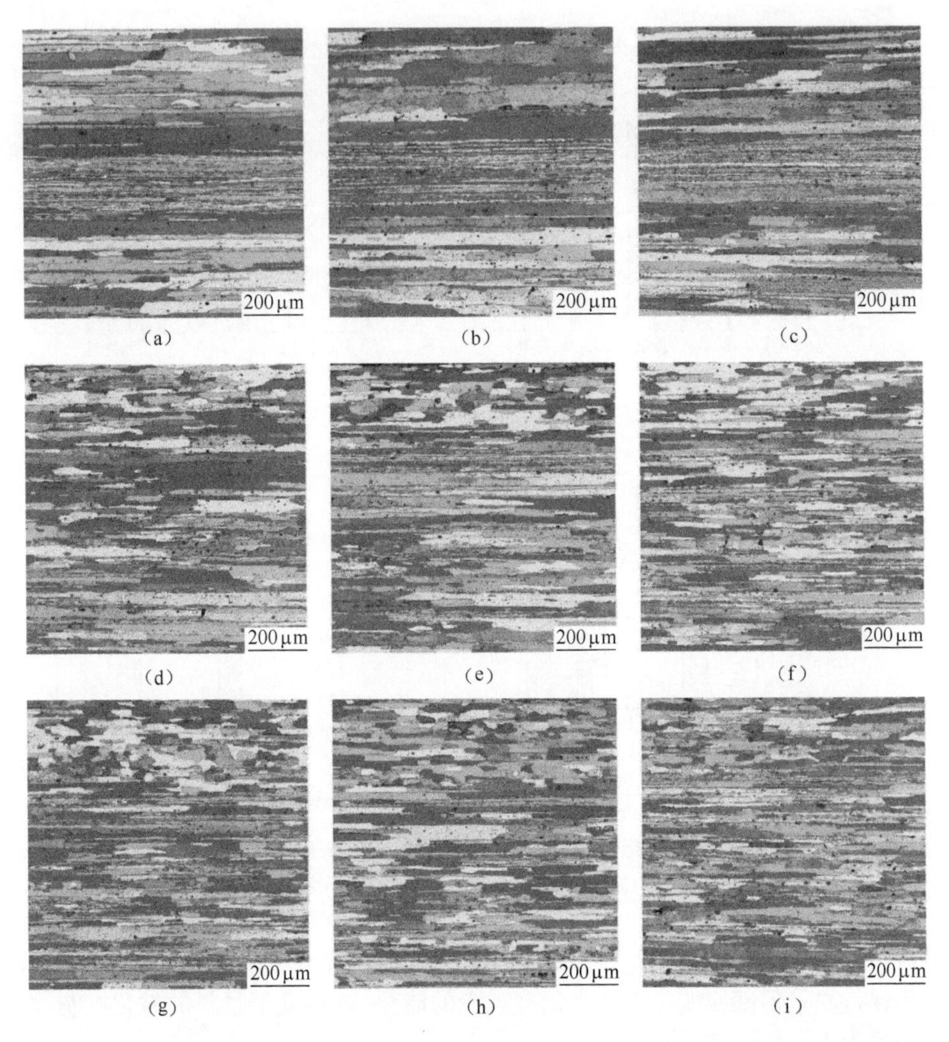

图 3-35　固溶淬火态 5A90 铝锂合金在不同温度不同应变速率下的电辅助拉伸晶粒组织
(a)~(c)420℃,0.001~0.1;(d)~(f)460℃,0.001~0.1;(g)~(i)500℃,0.001~0.1。

织的动态强回复形成亚晶界,并进一步通过吸收位错增加取向差角,形成大角晶界,因此粗晶层的再结晶机制属于连续动态再结晶。而靠近中间层的初始大晶粒仍呈变形状,在变形过程中通过动态回复降低晶内位错密度,并通过初始晶界弓出形核和晶界迁移吞噬中间层中位错密度较高的纤维状晶粒,表现为明显的晶界迁移特征,属于动态回复和不连续动态再结晶复合软化机制。另外,在固溶淬火态 5A90 铝锂合金的电辅助拉伸过程中没有观察到晶界空洞的生成,说明电流具有一定抑制空洞生成的作用。

2. 冷轧退火态 5A90 铝锂合金

图 3-36 为 33.3%、50%和 66.7%冷轧退火态 5A90 铝锂合金在 460℃应变速率为 0.01 下的电辅助拉伸金相组织。与细晶试样在同样温度和应变速率下的炉热拉伸组织相比,电辅助拉伸后的试样晶粒长大并不明显,几乎保持初始晶粒尺寸,且仍为近等轴状形貌,只有 33.3%冷轧退火态试样在电辅助拉伸过程中有一部分晶粒长大。此外,细晶 5A90 铝锂合金在电辅助拉伸过程中,晶界空洞的生成也被抑制,只有 66.7%冷轧退火态试样在变形后有少量空洞在晶界处生成。

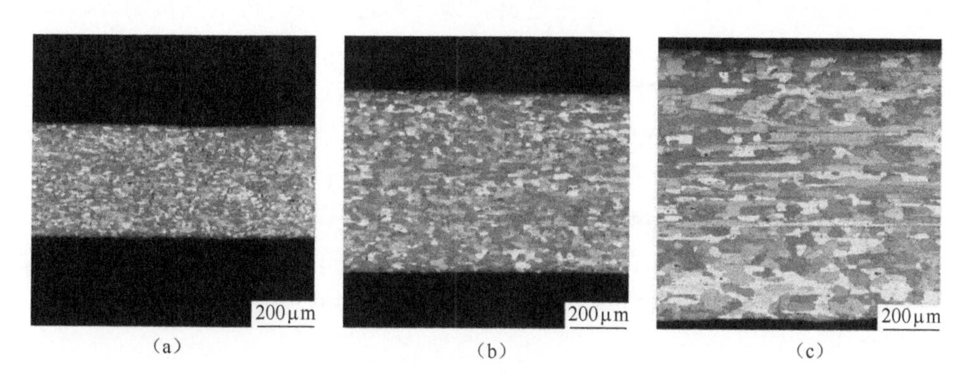

图 3-36 冷轧退火态 5A90 铝锂合金在 460℃应变速率为 0.01 下的电辅助拉伸金相组织
(a)66.6%冷轧变形;(b)50%冷轧变形;(c)33.3%冷轧变形。

图 3-37 为 66.7%冷轧退火态 5A90 铝锂合金在 460℃不同应变速率下的电辅助拉伸金相组织。由图可以看出,试样在电辅助拉伸过程中并没有发生明显的晶粒粗化,具有比炉热拉伸更小的晶粒长大倾向,只有在应变速率 0.001 时,由于在高温下停留时间较长,有少量晶粒长大。此外,晶界处空洞也比炉热拉伸的试样更少。

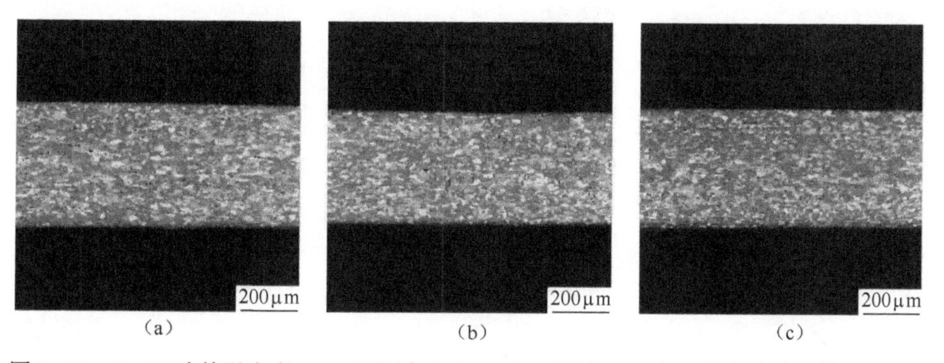

图 3-37 66.7%冷轧退火态 5A90 铝锂合金在 460℃不同应变速率下的电辅助拉伸金相组织
(a)0.001;(b)0.01;(c)0.1。

3.5 电辅助拉伸变形过程中的组织演变机制

3.5.1 动态再结晶机制

动态再结晶是金属材料在高温变形时的重要软化机制,对金属材料的高温变形行为和组织演变具有重要影响。本小节以5A90铝锂合金为例,通过微观表征手段进一步剖析5A90铝锂合金在电流辅助变形过程中的再结晶机制。结果显示,无论是固溶淬火态还是冷轧退火态5A90铝锂合金,在460℃和500℃下进行炉热拉伸和电辅助拉伸变形时,都会发生不同程度的动态再结晶,是合金高温变形时的主要软化机制。然而,5A90铝锂合金在炉热和电流辅助两种拉伸条件下以及变形过程中材料的不同部位,其动态再结晶的机制有一定区别。

图3-38给出了炉热和电流辅助两种变形方式下的微观组织,由图3-38(a)和(b)可知,在炉热拉伸过程中试样的中间纤维状薄晶层区域和部分两侧粗晶区域,有较为明显的晶界弓出形核现象,这是典型不连续动态再结晶的证据。

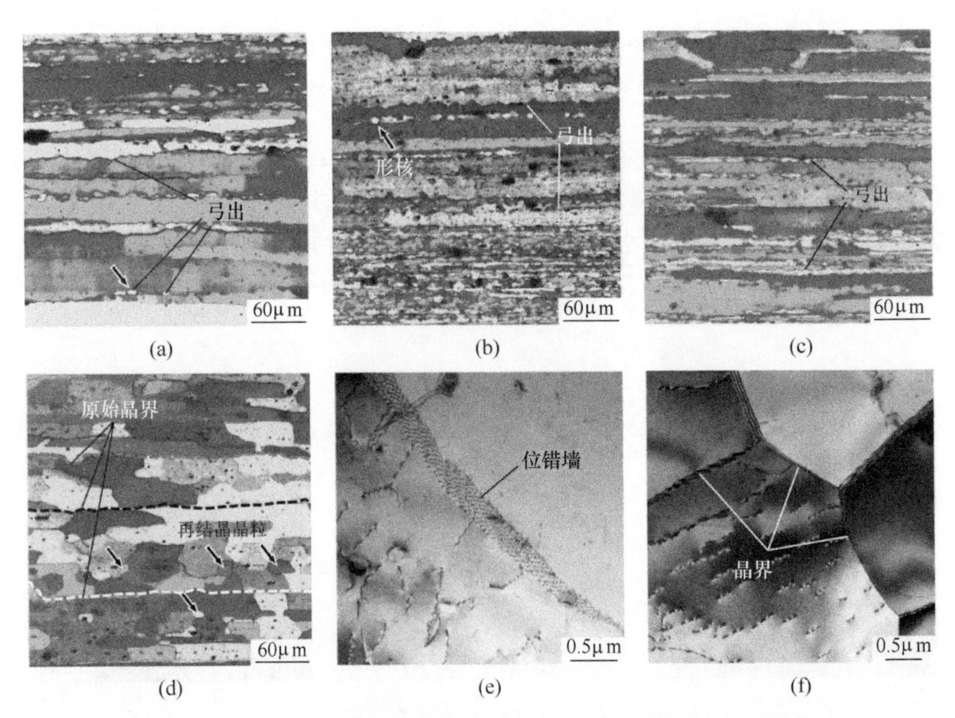

图3-38 固溶淬火态5A90铝锂合金炉热拉伸和电辅助拉伸后的微观组织

(a)和(b)炉热拉伸;(c)~(f)电辅助拉伸。

5A90 铝锂合金在较高温度下的炉热拉伸过程中,一部分粒晶之间由于在变形过程中变形量不同,导致晶界由位错密度较小的一侧向位错密度较高的一侧弓出,形成再结晶形核,然后通过晶界迁移进一步长大,在图 3-38 (b)中可以观察到很多细小再结晶晶粒在晶界处形成。图 3-38 (c)为固溶淬火态 5A90 铝锂合金在 500℃电辅助拉伸过程中试样的中间纤维状薄晶层区域的金相组织,可以看出在该区域也出现了晶界弓出的不连续动态再结晶形核特征。但是,两侧的粗晶区域出现了另一种动态再结晶演变机制,如图 3-38 (d)所示,三条虚线为原始晶界。由图可以看出,在原始粗大的拉长形晶粒内部形成了再结晶晶粒,没有观察到晶界的弓出形核特征,为典型的连续动态再结晶机制。在变形过程中,晶粒内部位错不断增殖。另外,在高温环境和高能脉冲电流的作用下位错快速发生滑移和攀移运动,或发生位错的对消,或发生位错的重排在初始晶粒内部形成位错墙(图 3-38 (e))。将初始晶粒分割成具有一定微小取向差的小区域,在高温下位错墙进一步演化成亚晶界从而形成亚晶结构,即所谓的多边形化,整个过程属于强烈的动态回复过程。变形继续进行,亚晶界不断吸收位错,使晶界两侧的取向差角不断在增大,最终形成大角晶界,原始的粗大晶粒也被新生成的再结晶晶粒取代如图 3-38 (d)和(f)所示。

可以看出在电流作用下,位错通过攀移运动进入亚晶界,使亚晶界的取向差角度逐渐增大。这里假设通过位错墙形成的亚晶界为简单对称型倾转晶界,其晶界角度为 θ,晶界高度为 H,如果位错攀移进入亚晶界时间距恒定,那么由位错在 $\mathrm{d}t$ 时间内进入亚晶界导致取向差改变 $\mathrm{d}\theta$ 所做的功为

$$\mathrm{d}W = \frac{2H^3\mathrm{d}\theta}{3b\theta v_\mathrm{e}} \cdot \frac{\mathrm{d}\theta}{\mathrm{d}t} \tag{3-4}$$

式中 b——伯氏矢量的数值;

v_e——脉冲电流作用下位错的攀移速度。

而由于取向差改变了 $\mathrm{d}\theta$ 所引起的能量改变为

$$\mathrm{d}E = 2H\gamma_\mathrm{m}\ln\left(\frac{\theta_\mathrm{m}}{\theta}\right)\mathrm{d}\theta \tag{3-5}$$

式中 γ_m——与晶界界面能相关的常数;

θ_m——与晶界取向差角相关的常数。

由 $\mathrm{d}W=\mathrm{d}E$,可以得到

$$\frac{\mathrm{d}\theta}{\mathrm{d}t} = \frac{3b\gamma_\mathrm{m}v_\mathrm{e}\theta}{H^2} \cdot \ln\left(\frac{\theta_\mathrm{m}}{\theta}\right) \tag{3-6}$$

解微分方程式(3-6)可得

$$\ln\left(\frac{\theta}{\theta_\mathrm{m}}\right) = \frac{3b\gamma_\mathrm{m}v_\mathrm{e}}{H^2} \cdot t + C \tag{3-7}$$

式中　C——积分常数项。

由式(3-7)可知,倾斜晶界的取向差角增大的速率与位错攀移速度密切相关,电流作用下除了有高温环境下基本的空位扩散对位错攀移的贡献量外,还有电迁移诱导的空位迁移对位错攀移的贡献量。因此,在电辅助拉伸过程中,位错攀移的速度比相同温度下炉热拉伸过程更高,亚晶界取向差增大的速率更大,即脉冲电流加速了小角晶界向大角晶界的转变过程。因此,在固溶淬火态 5A90 铝锂合金的电辅助拉伸过程中出现了连续动态再结晶,而在常规炉热拉伸中并未观察到此现象。

3.5.2　断裂机制

对金属材料高温变形过程中断裂机制的研究有助于进一步解析材料高温状态下的变形失效行为,本小节以 5A90 铝锂合金为对象,阐释 5A90 铝锂合金在电辅助拉伸变形过程中的断裂行为。

由于常规炉热拉伸和电辅助拉伸两种高温变形方式的加热形式不同,除了高温力学行为和微观组织演变有所区别,其断裂行为也会出现较大差异。图 3-39 显示了常规炉热拉伸和电辅助拉伸在 460℃和 0.01 应变速率下的断口观察,由此可以进一步揭示 5A90 铝锂合金在两种拉伸变形情况下的断裂机制。

图 3-39 (a)为常规炉热拉伸断口的低倍 SEM 表征图像,在断口上分布着很多大小不一的空洞;图 3-39 (b)为局部高倍 SEM 表征图像,可以看出小的空洞互相连接合并,演化成大尺寸空洞;图 3-39 (c)为常规炉热拉伸断口的横向截面金相表征,可以看出在断口附近也分布着很多空洞。可以推断,5A90 铝锂合金在炉热拉伸时,随着拉伸变形进行到较大程度,在材料的某些部位由于变形的不协调产生微小的空洞。随着变形的进行,空洞不断发展逐渐长大,直到和周围的空洞连接合并,形成更大尺寸的空洞,最终空洞连成一片导致材料断裂,在断口上留下空洞特征。图 3-39(d)~(f)给出了 5A90 铝锂合金电辅助拉伸的断口,可以看出与炉热拉伸断口形貌具有明显差别。从图 3-39 (d)和(e)所示的低倍和高倍 SEM 表征图像可以看出,断口上并无空洞特征,取而代之的是高低起伏剧烈的由裸露晶粒构成的沿晶断裂断面,图 3-39 (f)显示了电辅助拉伸的横向断口金相表征,其明显的沿晶裂纹进一步佐证了 5A90 铝锂合金电辅助拉伸过程中的沿晶断裂行为,因此可以推断,随着电辅助拉伸的进行。当 5A90 铝锂合金发生颈缩时,局部电流密度升高,导致局部温度也进一步升高,高温下晶界弱化导致晶界强度下降,裂纹在晶界处形成。随着颈缩的进一步加剧,温度也进一步升高,裂纹进一步扩展,导致材料的迅速断裂。

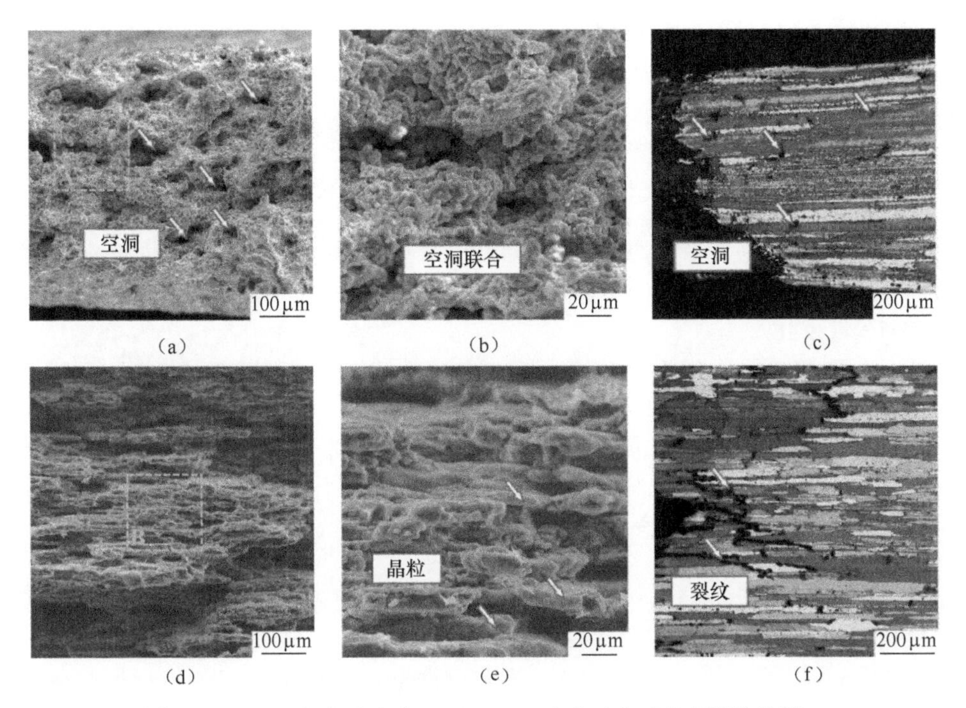

图 3-39 5A90 铝锂合金在 460℃,0.01 应变速率时的高温拉伸断口

(a)~(c)炉热拉伸;(d)~(f)电辅助拉伸。

参 考 文 献

[1] FAN R,MAGARGEEAE J,HU P,et al. Influence of grain size and grain boundarieson the thermal and mechanical behavior of 70/30 brass under electrically-assisted deformation[J]. Materials Science & Engineering A,2013,574:218-225.

[2] ROH J H,SEO J J,HONG S T,et al. The mechanicalbehavior of 5052-H32 aluminum alloys under a pulsed electric current[J]. International Journal of Plasticity,2014,58:84-99.

[3] XU Z T,PENG L F,LAI X M. Electrically assisted solid-state pressure weldingprocess of SS 316 sheet metals[J]. Journal of Materials Processing Technology,2014,214:2212-2219.

[4] LI X F,ZHOU Q,ZHAO S J,et al. Effect of pulse current on bending behavior of Ti-6Al-4V alloy [J]. Procedia Engineering,2014,81:1799-1804.

[5] SONG H, WANG Z J. Effect of electropulsing on dislocation mobility of titanium sheet[J]. Trans. Nonferrous Met. Soc. China,2012,22:1599-1605.

[6] MAI J M,PENG L F,Lin Z Q,Lai X M. Experimental study of electricalresistivity and flow stress of stainless steel 316L in electroplastic deformation[J]. Materials Science and Engineering A, 2011,528:3539-3544.

[7] KINSEY B, CULLEN G, JORDAN A, et al. Investigation of electroplastic effect athigh deformation rates for 304SS and Ti-6Al-4V[J]. CIRP Annals-Manufacturing Technology, 2013, 62:279-282.

[8] CONRAD H, YANG D. Effect of an electric field on the plastic deformation kinetics of electrodeposited Cu at low and intermediate temperatures[J]. Acta Materialia, 2002, 50:2851-2866.

[9] 许平,王昇,苏智星. TA15 钛合金超塑成形/扩散连接的可行性研究[J]. 钛工业进展, 2014, 31(40):16-19.

[10] 李保永. TA15 钛合金多层结构 LBW/SPF/DB 工艺[D]. 哈尔滨:哈尔滨工业大学, 2010.

[11] 吴清军,蔡晓兰,乐刚. 高能球磨法制备 SiC/Al 复合材料[J]. 材料热处理技术, 2012, 41(02):119-123.

[12] 孙有平,严红革,陈刚,等. 喷射沉积 SiC_p/7090Al 复合材料板材高温拉伸变形行为[J]. 特种铸造及有色合金, 2010, 30(8):691-695.

[13] 赵明久,刘越,毕敬. 碳化硅颗粒增强铝基复合材料(SiC_p/2024Al)的热变形行为[J]. 金属学报, 2003, 39(2):221-224.

[14] 李红萍,叶凌英,邓运来,等. 航空铝锂合金研究进展[J]. 中国材料进展, 2016, 35(11):856-862.

[15] 吴秀亮,刘铭,臧金鑫,等. 铝锂合金研究进展和航空航天应用[J]. 材料导报, 2016, 30(2):571-578.

[16] RIOJA R J, LIU J. The evolution of Al-Li base products for aerospace and space applications[J]. Metallurgical and Materials Transactions A, 2012, 43(9):3323-23337.

[17] NEMBACH E. δ′-Strengthening of underaged aluminium-lithium-alloys. Discussions of recently published experimental data[J]. Scripta Materialia, 1997, 36(12):1409-1413.

[18] JIANG Y, TANG G, SHEK C, et al. Microstructure and texture evolution of the cold-rolled AZ91 magnesium alloy strip under electropulsing treatment[J]. Journal of Alloys and Compounds, 2011, 509(11):4308-4313.

[19] JIANG Y, GUAN L, TANG G. Recrystallization and texture evolution of cold-rolled AZ31 Mg alloy treated by rapid thermal annealing[J]. Journal of Alloys and Compounds, 2016, 656:272-277.

[20] LI X, LI X, ZHU J, et al. Microstructure and texture evolution of cold-rolled Mg-3Al-1Zn alloy by electropulse treatment stimulating recrystallization[J]. Scripta Materialia, 2016, 112:23-27.

[21] HUMPHREYS F J, HATHERLY M. Recrystallization and related annealing phenomena[M]. Oxford: Pergamon Press, 2004.

[22] XIAO H, JIANG S S, ZHANG K F, et al. Optimizing the microstructure and mechanical properties of a cold-rolled Al-Mg-Li alloy via electropulsing assisted recrystallization annealing and ageing. Journal of Alloys and Compounds, 2020, 814:152257.

第4章 电辅助超塑性成形

电辅助超塑性成形技术主要利用电流的电致超塑性效应以及焦耳热效应，辅助进行金属板材的超塑性成形。所谓“电致超塑性”效应是在电致塑性效应的基础上提出并被证实的。对于金属的超塑性变形，电流能够增强它们的微观变形机制，从而提高材料的超塑性变形能力。虽然超塑性变形的机理（晶界滑移、扩散蠕变）与塑性变形有所不同，但可以认为电流对它们的促进效果的本质是一致的，即物质的扩散速度被提高了。国际上较早开展ESP相关研究的Conrad等发现，脉冲电流不但可以促进金属材料在变形过程中的动态回复及动态再结晶，而且提高了原子的扩散速率，加强了超塑性变形中的扩散蠕变，使得超塑变形过程中的晶界滑动得以迅速协调，整个微观变形机制得以加速，从而提高了材料在高应变速率区的成形能力，这就使得具有常规超塑性组织的材料实现高应变速率的超塑成形成为可能。国内关于电致超塑性效应的研究始于20世纪80年代，东北大学刘志义、西北工业大学的李淼泉等较早开展了相关的研究。研究结果同样表明脉冲电流加速了位错回复，提高了再结晶形核率，降低了再结晶核心的长大速度，使晶粒在超塑变形过程中更加趋于等轴状，并协调了晶粒间的滑动。此外，外加电流还有效地抑制了超塑性变形过程中空洞的形成，提高了材料的超塑成形能力，使材料的最大延伸率和最大 m 值移向高应变速率区。他们认为这是脉冲电流对位错运动和原子扩散的促进作用的结果。

电致超塑性效应可提高成形零件的力学性能，降低变形条件（降低变形温度，提高变形速度），从而使超塑性技术更易于推广应用，这就是电致超塑性效应逐渐引起国内外学者关注的原因。在利用电塑性成形金属材料时，为防止材料在直接通电时承受过大的电流，产生过多的焦耳热导致坯料温升超过超塑性成形温度，也可以将材料放置于强电场中成形。西北工业大学的李淼泉等研究了LY12CZ铝合金在强电场中的超塑成形工艺，其装置如图4-1所示。超塑性成形时将变形工件作为电场的正极，与其相对放置一块不锈钢板作为负极，这样正负极间形成强电场，其强度可由外接电源进行控制。试验结果同样表明，外加电场细化了材料的晶粒组织，使得第二相析出更加均匀。此外，电场还降低了材料的流动应力、应变硬化指数和材料断裂时的空洞体积数，提高了胀形时的极限胀形高度。

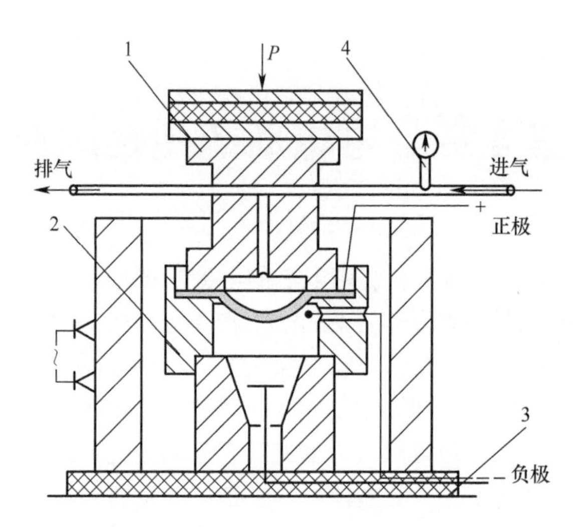

图 4-1　电场作用下超塑性胀形装置
1—上模;2—下模;3—热电偶;4—压力表。

4.1　电辅助金属板材超塑性成形工艺

4.1.1　成形工艺装置

1. 成形装置

电流辅助金属板材超塑性成形装置由加热电源、夹持电极、陶瓷模具、上压板、进气板、模具架等组成,如图 4-2 所示。其中电源采用的是大功率的直流脉冲电源,输出方波直流脉冲,如图 4-3 所示。其峰值电流可达 3000A,脉冲导通时间 t_i 与关断时间 t_0 可在 0.1~99.9ms 之间任意调节,在电辅助超塑性成形中,峰值电流有助于提高材料的超塑成形性能。因此,可以选择较低的占空比 t_i/t_p,这样在相同的有效电流值条件下,可以获得较高的峰值电流,即能够实现高峰值、低有效电流的加热效果,提升材料的变形能力。

夹持电极及导线采用低电阻率、高密度的黄铜材料,并使其截面积远远大于待加热胀形件的截面积,从而保证绝大部分的焦耳电阻热施加在胀形件上;待成形坯料夹持在夹持电极上,并施加足够的夹持力以保证电极与坯料间的良好接触,以防止火花放电,保证有效加热;加热电源、夹持电极和待成形坯料形成通电回路,这样电源输出的电流流经坯料时会产生大量的焦耳热,使其在短时间内被加热至胀形成形温度。

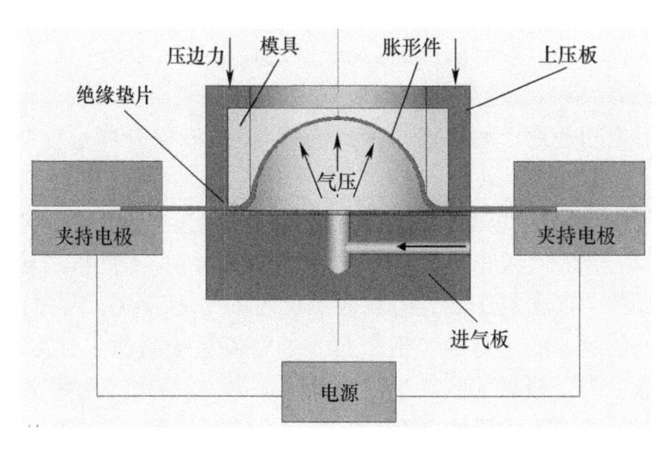

（a）

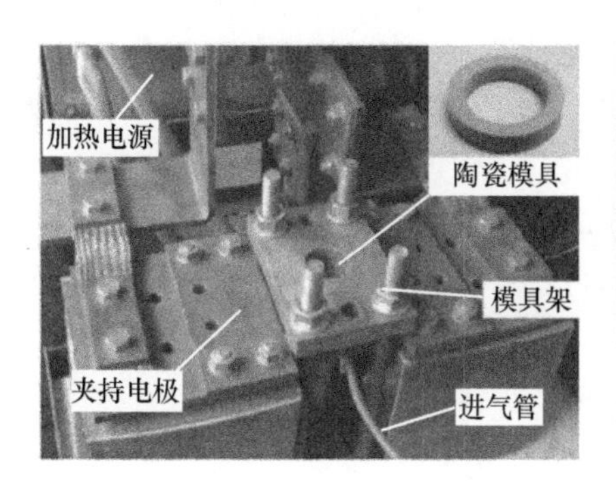

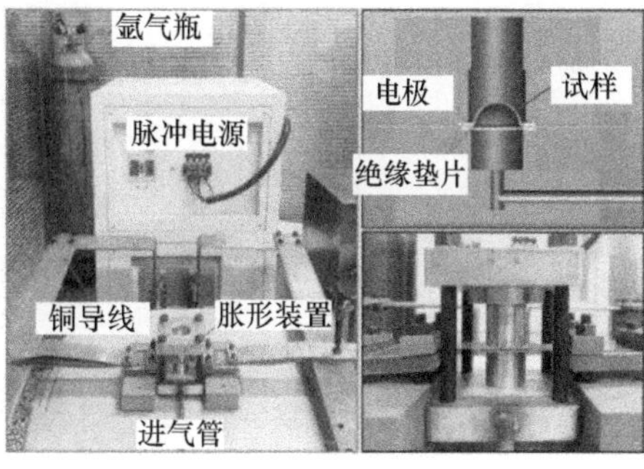

（b）

图 4-2　脉冲电流辅助超塑气胀成形装置

(a)示意图;(b)装置照片。

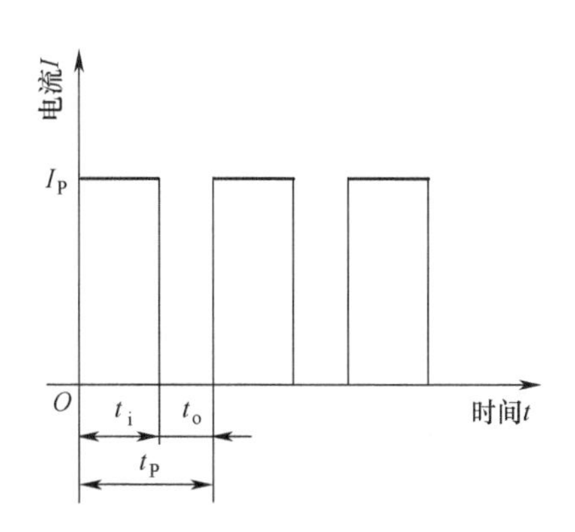

图 4-3　脉冲电流波形

在电辅助超塑性成形的自阻加热阶段，若电流被其他金属部件分流将会影响坯料的加热效果，因此必须确保在加热及成形过程中金属坯料与工装、模具间的绝缘，为此在电流辅助金属板超塑性成形装置中采用了陶瓷模具进行气胀成形。在上压板与进气板之间使用了耐高温的密封绝缘材料，以保证胀形件与工装间的绝缘与密封。

对于一些气胀成形温度较高的轻合金材料，如钛合金，其超塑成形温度一般在800℃以上。在此高温下，很难找到理想的密封绝缘材料，因此解决密封问题的方法通常是将模具法兰部位加工成具有良好平面度的平面，并在其表面加工密封槽，通过模具压板施加足够的压力来实现密封。如将陶瓷模具按上述要求进行加工，不但极大地增加了陶瓷模具的制造难度与加工成本，而且由于加压密封时，压力容易偏载以及成形时热应力的影响，陶瓷模具极易破碎。为此，可采用对焊的方法对高温(大于600℃)自组加热气胀成形的轻合金坯料进行密封，即将两片坯料对焊形成一个密封空间，并在其边缘焊上电极夹持片及进气管，以此来实现通电加热与密封气胀，如图4-4所示。这样不但简化了模具结构，降低了制造成本，而且避免了模具承受过大的压力，防止了破碎，提高了模具的使用寿命。

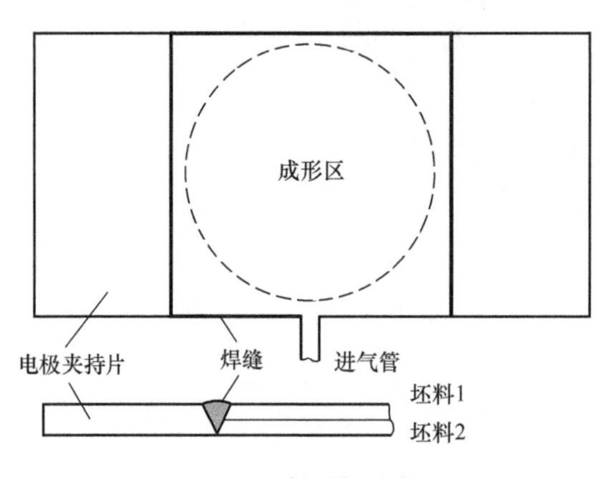

图4-4　坯料对焊示意图

采用坯料对焊方法的电流辅助金属板超塑性成形的装置如图4-5所示。由于没有绝缘密封材料，因此所设计的陶瓷模具的凸缘部分要稍大一些，将坯料焊缝部分压住。但是，由于两块坯料是对焊到一起的，因此陶瓷模具本身并不需要承受太大的压边力作用，只需保证在胀形过程中凸缘焊缝部分材料不参与变形，不被胀开即可。

2. 陶瓷模具的制备

前面所述的陶瓷模具可选用 ZrO_2，ZrO_2 陶瓷烧制工艺相对简单，且其制品具有高韧性、高抗弯强度和高耐磨性等优点，此外 ZrO_2 陶瓷还具有优异的绝缘与隔

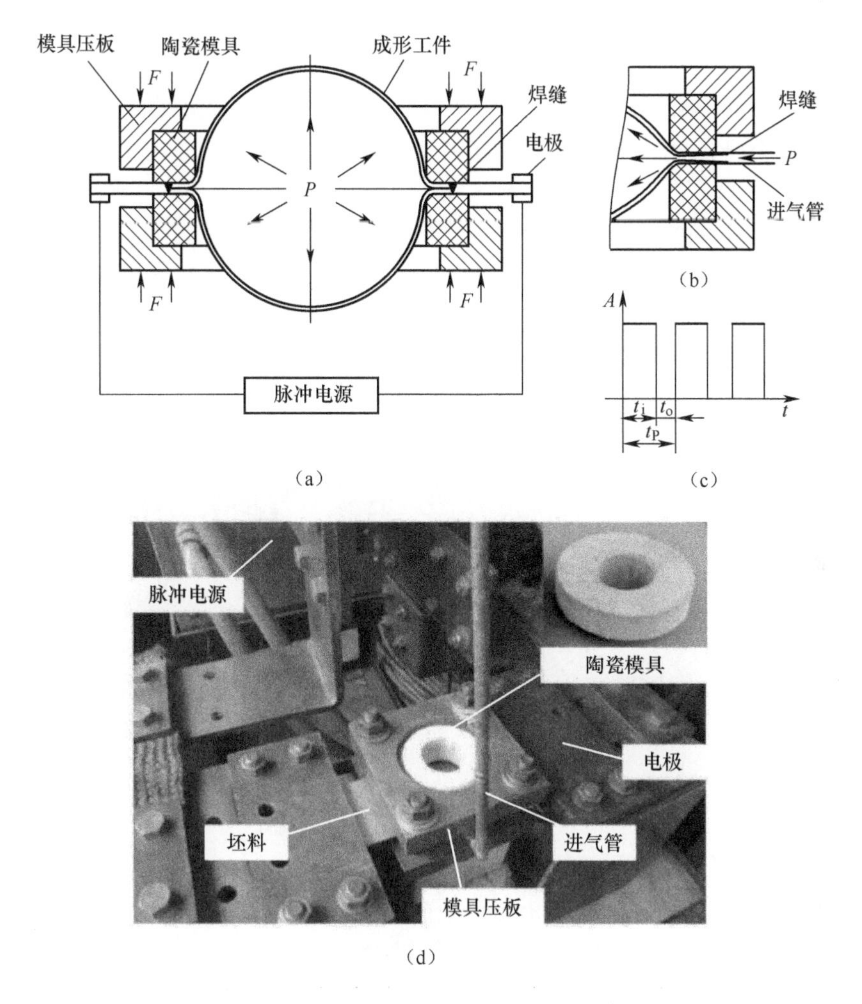

图 4-5　TC4 合金脉冲电流辅助超塑成形装置

(a)装置示意图;(b)进气口局部;(c)脉冲电源输出;(d)装置实物图。

热性能,且其热膨胀系数接近于钢。因此,选用 ZrO_2 陶瓷模具不但可以确保坯料的有效加热,而且其烧制成本较低,陶瓷模具的装配使用也较为方便。

ZrO_2 陶瓷的烧结方法主要有无压烧结、热压烧结、热等静压烧结、微波烧结、放电等离子烧结等。其中,无压烧结成本最低、工艺也最简单,但其烧结的陶瓷制品致密度较低,强度、韧性等力学性能也稍差。但是,由于在气胀成形过程中,材料的流动应力较低,对气胀成形模具的强度要求也不高,无压烧结的 ZrO_2 模具足以满足使用要求。

ZrO_2 陶瓷模具的制备方法如下。

1）混粉

首先将 ZrO_2 和 Al_2O_3（添加少量的 Al_2O_3 可抑制 ZrO_2 粉末晶粒生长，使其晶粒细化，提高陶瓷模具的综合力学性能）粉末按照 9∶1 的比例混合，再添加 25% 的质量分数为 10% 的聚乙烯醇（PVA）结合剂，将其放入搅拌机中充分搅拌混合，搅拌温度设定在 120℃，搅拌时间 30min。

2）喷涂防黏硅油

陶瓷粉坯的制备采用模压成形法，压制陶瓷粉坯的金属模具如图 4-6 所示。为了防止陶瓷模具压制过程中以及压制结束后开模时粉料与模具内表面发生黏连，需要在粉坯压制模具内表面均匀喷涂防黏剂（硅油），从而保证粉坯表面光滑无破损。

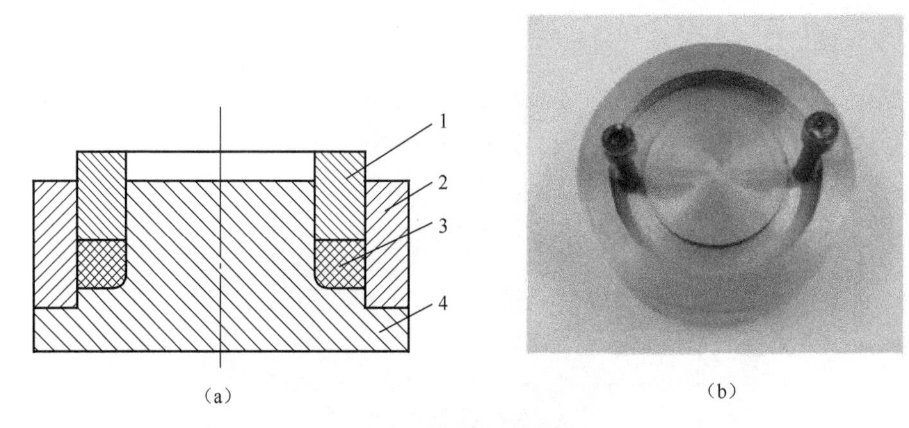

图 4-6　陶瓷粉坯压制模具

(a)示意图；(b)实物照片。

1—压环；2—外套；3—陶瓷粉坯；4—内模型芯。

3）粉坯压制

将混合均匀的粉料放入粉坯压制模具中加压成形。成形压力为 100MPa，压制过程中要始终保持粉坯的温度在 100℃ 以上，以保证坯料具有良好的流动性能以便填充型腔。

4）粉坯脱模

粉坯压制成形后，冷却至室温，在压力及结合剂的作用下，陶瓷粉末结块并硬化，此时打开压制模具，取出粉坯。

5）粉坯脱脂及预烧结

粉坯脱脂温度设定为 380℃，升温速度为 0.9℃/min，在 380℃ 保温 5h，之后以 0.8℃/min 的升温速度加热至 1000℃，并在 1000℃ 保温 2h 进行预烧结，预烧结结束后试样随炉冷却。

6）陶瓷模具烧结

ZrO_2陶瓷模具的烧结设备选用 ZRY55 型多功能真空烧结炉，如图 4-7 所示。该设备采用机械泵与扩散泵联合抽真空，工作室真空度最高可达到 10^{-3} Pa，烧结温度用热电偶及其控制部分自动测量与控制，最高温度可达 2000℃，控温精度为 ±5℃。陶瓷模具烧结温度为 1450℃，烧结工艺曲线如图 4-8 所示，烧结的圆环形模具如图 4-9 所示。

图 4-7　ZRY55 型多功能真空烧结炉

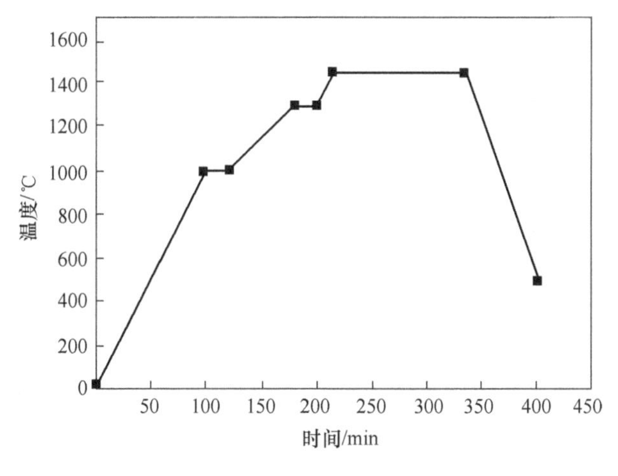

图 4-8　烧结工艺曲线

3. 耐火浇注料成形模具制作

除采用陶瓷材料制作模具外，还可用其他非导电材料制作模具，如耐火浇注

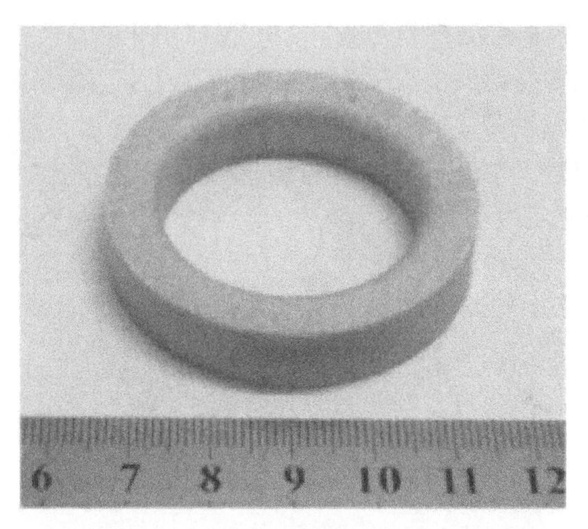

图 4-9　ZrO_2陶瓷超塑成形模具

料。耐火浇注料要采用优质耐火粉料、具有高强度和耐高温性能的化学结合剂及添加剂按适当比例混合配制而成,其主要成分为 Al_2O_3、SiO_2等。耐火浇注料具有以下优点:①理想的可塑性;②干燥和烘烤收缩很小;③耐火度高;④结合强度高;⑤良好的抗化学侵蚀性能;⑥化学性质稳定。

试验采用西安中电公司生产的耐火浇注料 ZDL301,其强度高、抗开裂、耐磨损。模具的制备方法如下:①首先根据零件形状及要求制作母模,本书选用塑料可以制作形状复杂的模具,且表面光滑,易于脱模;②将浇注粉料和水按 5∶1 的比例混合,搅拌成糊状使其均匀;③将混合好的浇注料倒入母模中,放置 12h 左右使其充分干燥硬化;④将成形的浇注料模具从母模中取出。

图 4-10 为制作的浇注料模具,该模具绝缘性能良好,表面光滑且无需后续烧结等工艺,因此制作周期短,制作简单,可以制造出各种复杂的形状。浇注料模具的最高使用温度在 1600℃左右,完全满足轻合金超塑成形的要求。

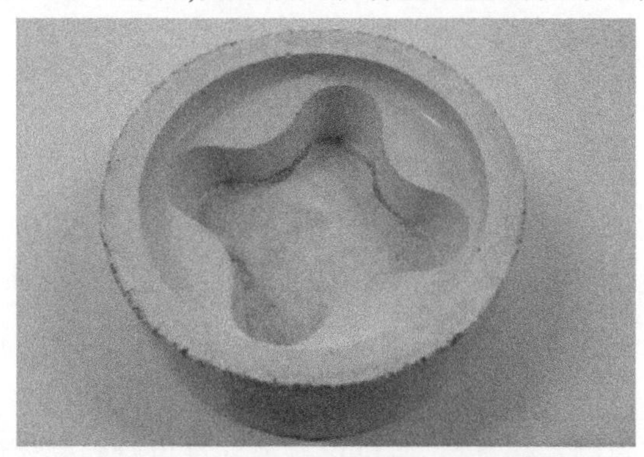

图 4-10　耐火浇注料制作的成形模具

对模具的室温及高温强度进行测试，将浇注料制作成 $\Phi 20\times 20\text{mm}$ 的圆柱体，在室温及 950℃下进行压缩试验，图 4-11 可以看出室温下浇注料模具的强度在 30MPa 左右，当温度上升到 950℃时其塑性提高，强度略微下降，约为 26MPa。由于成形过程是通过对上压板施加足够的压力来实现密封，成形过程中仅有变形板料与模具接触，模具仅受到胀形气压的作用，因此模具承受的作用力很小，该浇注料模具可以满足高温强度的要求。此外，浇注料模具的线性膨胀系数也进行了测试，结果如图 4-12 所示。浇注料模具的线膨胀系数随着温度的升高略有下降，但变化幅度很小，从室温到 1000℃都其值在 0.6×10^{-6}/℃左右，说明模具高温下因膨胀而引起的尺寸变化很小，可保证高温成形零件具有较高的尺寸精度。

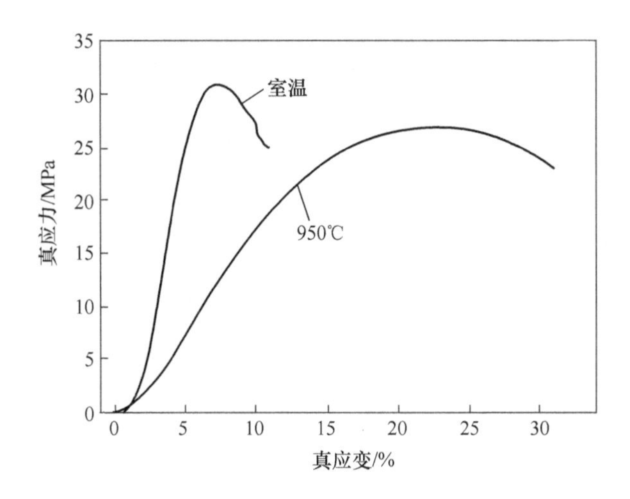

图 4-11　耐火浇注料模具的压缩强度

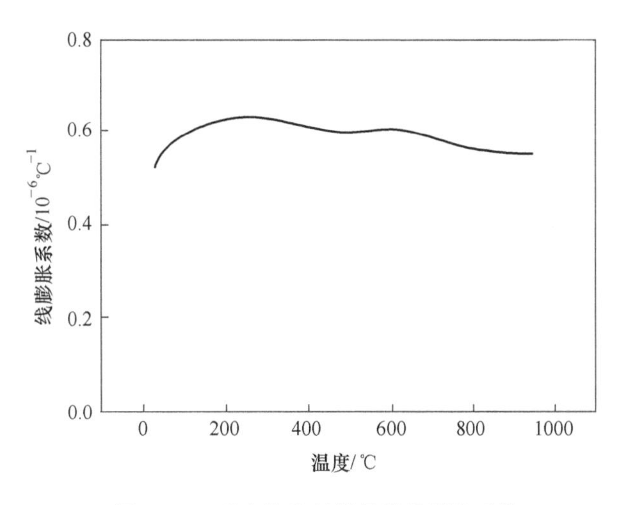

图 4-12　耐火浇注料模具的线膨胀系数

4.1.2 电辅助超塑性成形工艺方法及流程

1. 工艺参数的确定

由于自阻加热方法的引入，使得超塑性成形工艺参数增加，工艺参数选择是否合理将决定电辅助超塑性成形技术能否实现以及成形件质量的好坏。电辅助超塑性成形的主要工艺参数包括加热电流密度、胀形气压（以挤压态 AZ31 镁合金板材为例）。

1）加热电流密度

电流密度（对于脉冲电流来说为有效电流密度）主要决定了加热过程中的加热速率及成形温度，只有先确定材料的最佳成形温度后，才能依据该温度并考虑实际的工况条件（材料的电热物理性能、散热条件、电极接触等）确定脉冲电流的有效电流密度。

确定成形温度的常用方法是试验法，即在一定的应变速率下，以不同温度进行单向拉伸试验，根据试验结果来确定最佳的成形温度。对于挤压态 AZ31 镁合金板材，在 250～450℃的温度区间，应变速率 $\dot{\varepsilon}$ 为 $1.4\times10^{-3}s^{-1}$ 的条件下进行了拉伸试验后，其流动应力-应变曲线如图 4-13 所示。图中，随着变形温度的提高，材料的峰值应力明显降低，其原因主要是非基滑移系由于加热被激活，从而使材料发生了显著的软化。在相对较低的温度区间 250～300℃内，应力-应变曲线峰值前的应变硬化率较高而硬化阶段相对较短，且其应变软化主要发生在应力峰值之后，这种非稳态的塑性流动显然不利于材料的持续、大应变量的变形。随着变形温度的升高（>350℃），应力峰值前的应变硬化率明显降低，而硬化阶段也随之显著延长，

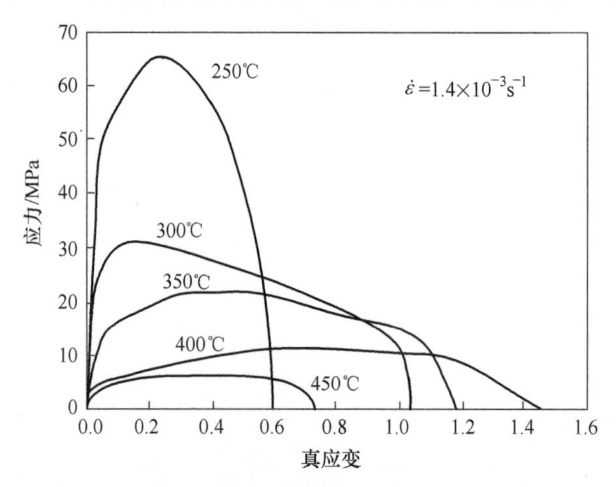

图 4-13 不同温度下挤压态 AZ31 镁合金应力—应变曲线

但应力峰值后的应变软化明显减弱，并且在400℃时实现了稳态流动，以及在该温度下材料获得了最大的应变量。所以，该温度为材料在应变速率为$1.4\times10^{-3}s^{-1}$时的最佳变形温度。

2）成形气压

材料气胀成形时一般要求较低的应变速率，而在板材变形过程中应变速率主要通过成形气压控制。因此，制定加载气压工艺参数时，必须首先确定目标应变速率，确保材料在变形过程中的最大应变速率始终小于所设定的目标应变速率，并以此为依据设计气压曲线。一般采用的方法：首先通过试验确定材料的最佳应变速率，之后借助相关方法（如有限元方法）计算出气压加载曲线。

为确定成形时的最佳应变速率，在成形温度为400℃时，以挤压态AZ31镁合金板材为试验材料，进行了不同应变速率下的单向拉伸试验，其流动应力-应变曲线如图4-14所示。在较高的应变速率范围内（$2.8\times10^{-2}\sim1.4\times10^{-1}s^{-1}$），应力峰值之前的应变硬化效应和应力峰值之后的应变软化效应均比较明显。在这种情况下，既没有出现较长的硬化阶段也没有达到稳定的塑性流动状态，因而材料没有获得超塑性。随着应变速率的降低，材料峰值应力显著下降，并逐渐达到一个稳定的塑性流动状态，在应变速率为$1.4\times10^{-3}s^{-1}$的条件下，材料获得了362.5%的延伸率。

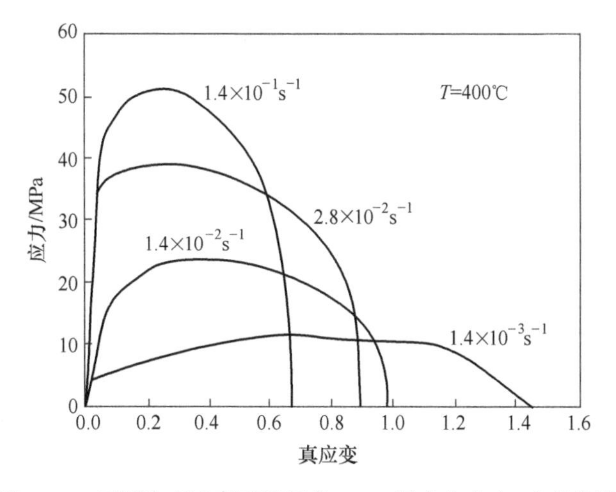

图4-14　不同应变速率下挤压态AZ31镁合金应力-应变曲线

图4-15是温度为400℃、真应变ε为0.2时材料的流动应力与应变速率之间的双对数曲线。选择较小的应变量是因为在塑性变形开始阶段，材料内部晶粒尺寸变化不大，长大可以忽略。随着应变速率的增大，流动应力明显增大，在应变速率为$1.4\times10^{-3}\sim1.4\times10^{-2}s^{-1}$的区域内，应变速率敏感性指数$m$值达到了0.38，说明在该条件下材料发生了超塑变形。

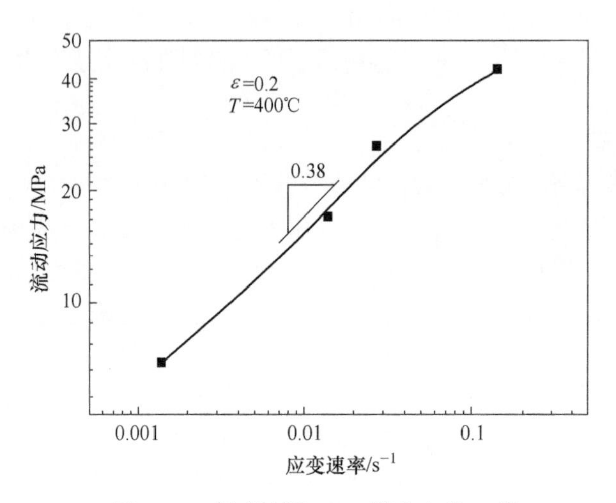

图 4-15　斜率法测 AZ31 镁合金的 m 值

在确定了最佳成形应变速率后，可借助有限元程序计算出成形时的时间-压力曲线。本例中采用有限元软件的超塑成形模块进行等应变速率加载，有限元模型如图 4-16 所示。

目标应变速率设定为 $1.4\times10^{-3}s^{-1}$，有限元程序会在每个增量步中自动计算所需成形气压，以确保成形过程中的最大应变速率始终小于目标应变速率，从而获得工艺所需的成形气压加载曲线，如图 4-17 所示。

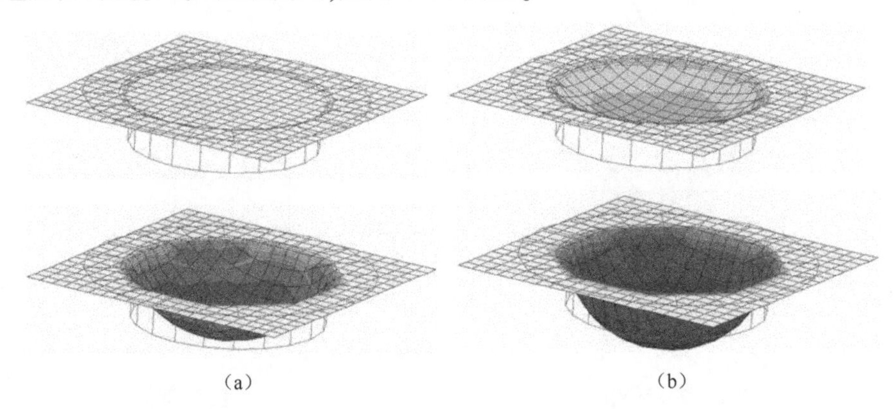

图 4-16　MARC 有限元模拟的 TA15 钛合金超塑自由胀形过程

通过以上的试验和计算，图 4-18 为电辅助超塑性成形工艺成形挤压态 AZ31 镁合金试件时所采用的工艺参数。其中，气压加载曲线在理论计算结果的基础上进行了修正，其目的是在保证变形过程中材料应变速率满足工艺要求的前提下，使得实际操作更加简便、可行。

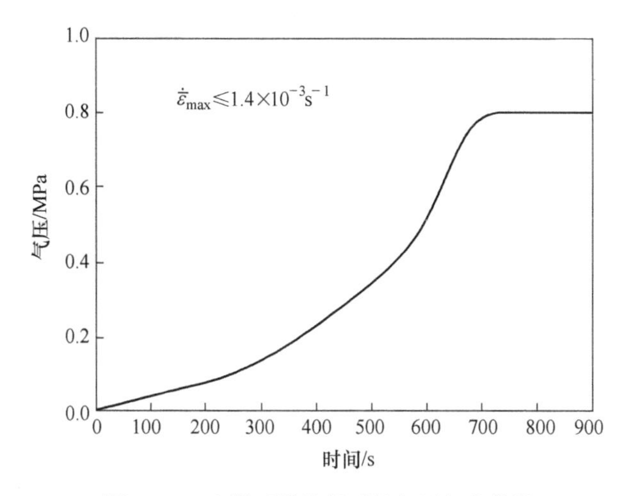

图 4-17　有限元计算得到的气压加载曲线

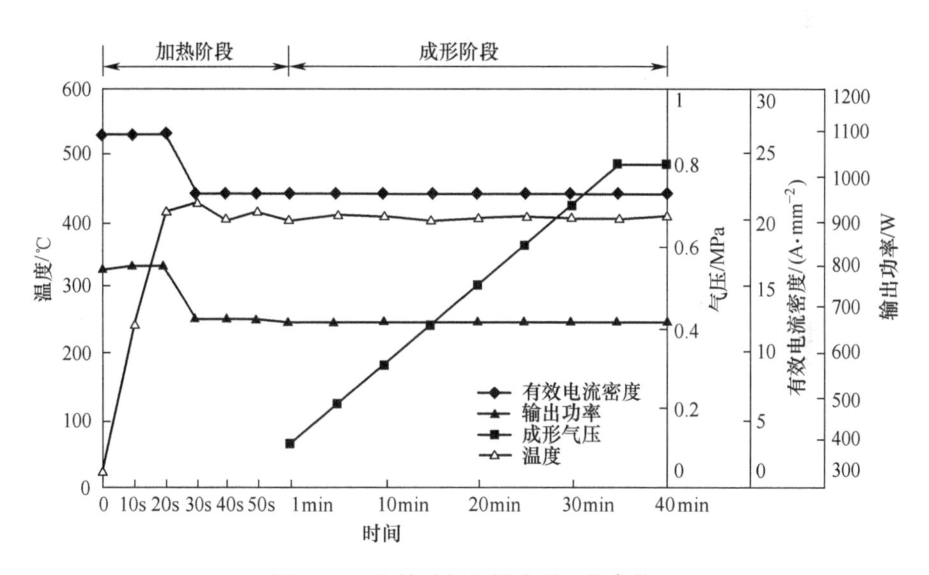

图 4-18　电辅助超塑性成形工艺参数

2. 工艺流程

电辅助超塑性成形时，首先将板坯裁剪成适当大小的长方形小块坯料，并打磨、清洗以去除其表面油污；之后用氮化硼均匀涂覆成形坯料的表面，以减少成形过程中的氧化；将处理后的坯料放置于成形装置中（图 4-2），在坯料与上、下压板间填充绝缘密封材料，以确保成形过程中的密封与绝缘；将装夹好的坯料沿长度方向夹持在两个夹持电极上，通过螺栓施加一定的夹紧力，以确保电极与坯料间的有效接触，防止火花放电；根据成形温度选择合理的加热电流密度进行通电加热，待坯料温度达到工艺要求时，降低电流密度，使温度不再上升；待温度稳定后，通过进气管充入一定压力的惰性气体，对坯料施加成形气压，为保证成形过程中的变形速度满足材料的气胀成形要求，应选择合适的加压速率，直至最终成形贴模。电辅助超塑性成形工艺流程如图 4-19 所示。

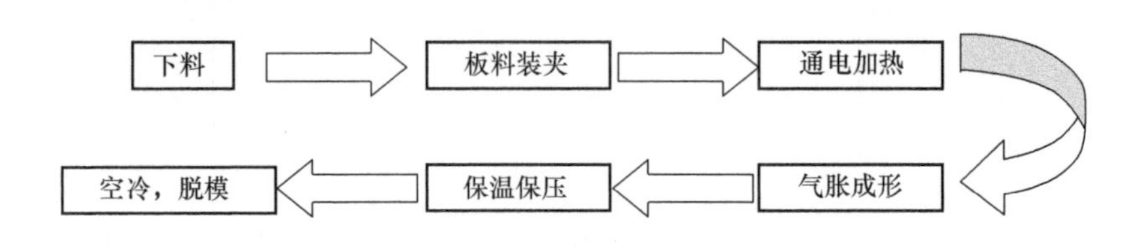

图 4-19　电辅助超塑性成形工艺流程

待气胀成形结束后，立即切断加热电源停止加热，由于环境温度较低，工件被迅速冷却至室温，从而有效地减少了材料继续氧化及晶粒的过度长大的倾向。

由于自阻加热方法的引入，整个工艺过程的加热和冷却时间明显缩短，与常规超塑成形相比，可以节约一个甚至几个小时，使超塑成形效率有了极大的提高，相应的也节省了能源消耗。同时由于取消了加热炉体，因此成形装置结构简单，在自由胀形过程中可方便地测量坯料各部位处的温度，并能实时观察到坯料自由胀形的全过程，一定程度上消除了超塑气胀成形在高温密闭环境下难于监测和控制的缺点。图 4-20 为采用电辅助超塑性成形工艺加工的钛合金、镁合金、铝合金以及铝基复合材料试件。由图 4-20 可以看出，在电辅助超塑性成形工艺条件下，自由胀形件的高径比皆超过 0.5，不同轻合金均表现出明显的超塑性，成形得到的轻合金试件变形程度较大，充分发挥了板材的超塑成形性能，表明脉冲电流加热方法可以很好地满足超塑成形工艺的加热要求，在高效节能方面具有很强的优势。

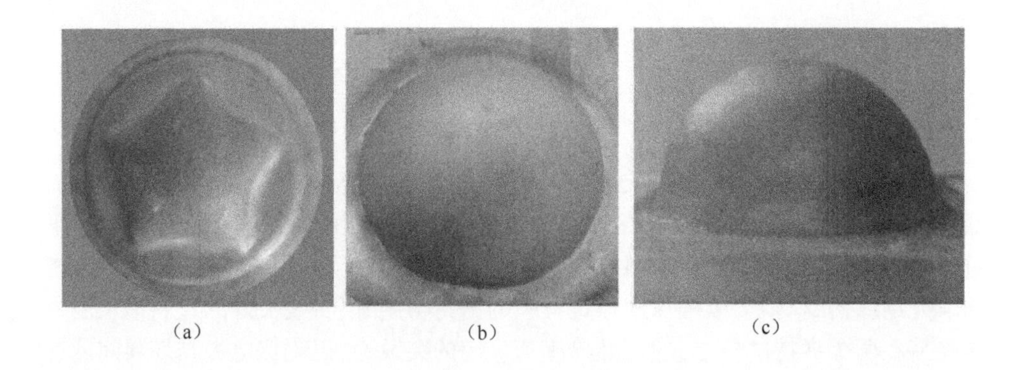

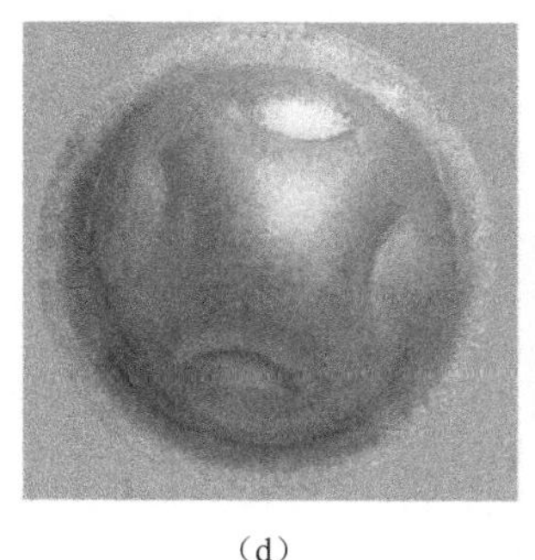

(d)

(e)

(f)

图 4-20 电辅助超塑性成形的轻合金试件

(a)AZ31 镁合金;(b)5083 铝合金;(c)~(e)TA15 钛合金;(f)SiC_p/Al 复合材料。

4.2 电辅助超塑性变形的特点

众所周知,金属材料的宏观力学性能、变形特点、成形能力等与其微观组织存在着某种必然的联系,特别是在胀形成形条件下,金属的微观组织变化明显,工艺因素对微观结构的影响显著,因此分析变形过程中的微观组织演变对更好地揭示金属材料的变形机制,提升材料的变形能力有着十分重要的意义。在电辅助超塑性成形工艺中,由于脉冲电流的作用,其变形表现出与常规的胀形变形不同的特点,具体表现为变形能力的提高、变形具有方向性等。脉冲电流对材料所施加的附加能量(电能、热能、电子运动的动能等)都是在瞬间被高密度地输入到材料内部的,其必然会对原子的随机热运动产生影响。例如,增强原子的扩散能力,促进空位及位错的运动(滑移、攀移),而这些都与金属的变形机制有着密切的联系,因此,脉冲电流的引入,必然会对材料的变形产生一定程度的影响。

4.2.1 胀形高度与成形极限

脉冲电流对金属变形的影响主要体现在大量定向运动的电子对材料内部原子及缺陷(位错、空位等)运动的促进作用,因此可以推断,在脉冲电流参数中,对变形影响最显著的就是峰值电流密度。为便于进行比较,必须保证变形是在同一温度下进行的。只有相同的有效电流密度才能获得相同的加热效果,因此可以在相同的有效电流密度的前提下,改变脉冲电流的占空比,从而改变峰值电流密度,获得不同的成形效果。

图 4-21 为细晶 AZ31 镁合金板材在电辅助超塑性成形工艺条件下(占空比 100%,有效电流密度 22.5A/mm^2)自由胀形得到的试件,水平方向为板材轧制方

向。该试件接近半球形(高径比达到0.48),材料展现出良好的超塑成形性能,且该半球形试件左右对称,这个外形特点与采用常规超塑工艺成形的半球形试件相同。

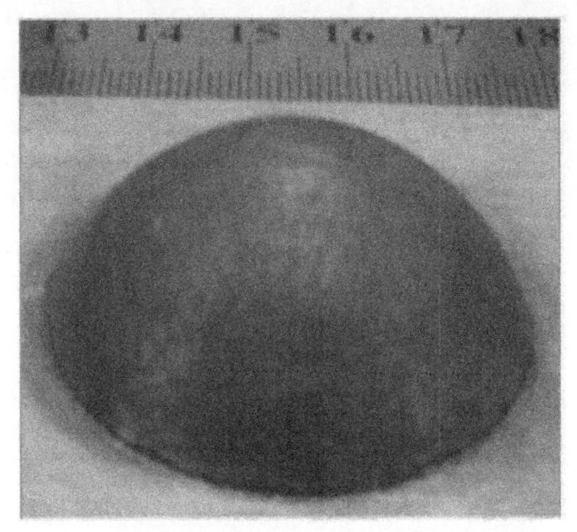

图4-21 细晶AZ31镁合金的PCASPF半球形试件

图4-22给出了常规自由胀形及电辅助超塑性成形的5083铝合金试件,常规

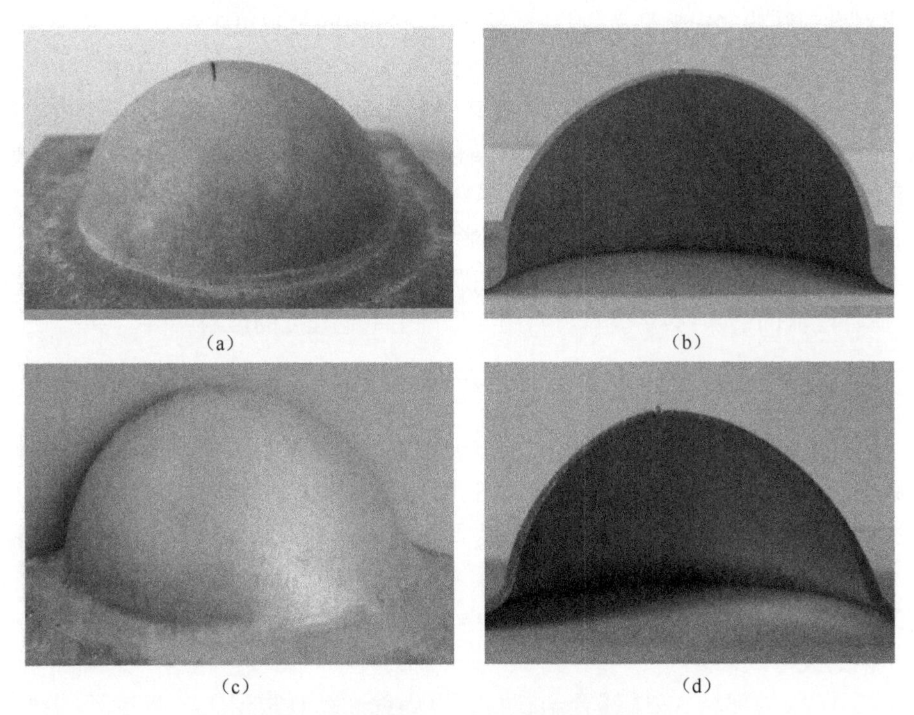

图4-22 5083铝合金自由胀形试件

(a)(b)常规超塑胀形;(c)(d)电辅助超塑性成形。

高温胀形板料需 1~2h 的加热才能达到其成形温度,而自阻加热仅需 30s。由于加热时间的缩短,从图 4-22 可以明显看出,电加热成形的半球试样表面氧化明显被抑制,试件具有较低的表面粗糙度。对比两者的胀形参数(表 4-1),由于电流降低了材料的流动应力,电辅助超塑性成形所需的成形气压较小。且由于电流可以提高材料的塑性,成形零件高径比也略有提高,两种工艺得到的胀形试件高径比都在 0.5 以上,皆表现出了良好的超塑成形性能。

表 4-1 5083 铝合金常规胀形与电辅助超塑性自由胀形参数比较

成形方法	成形温度/℃	成形气压/MPa	壁厚差/mm	高径比
常规胀形	550±10	0.70	1.0	0.52
电辅助超塑性胀形	538-557	0.65	1.1	0.53

4.2.2 胀形件壁厚分布

另一个需要关注的特征即是在自由胀形结束后坯料的减薄率,这反映了材料均匀变形的能力。图 4-23 为采用常规超塑气胀成形方法及不同占空比(DR)的电辅助超塑性成形的镁合金(非细晶 AZ31)试件。非细晶 AZ31 镁合金在不同峰值电流密度的情况下获得了较大的变形量,但随着峰值电流密度的增加,其最大减

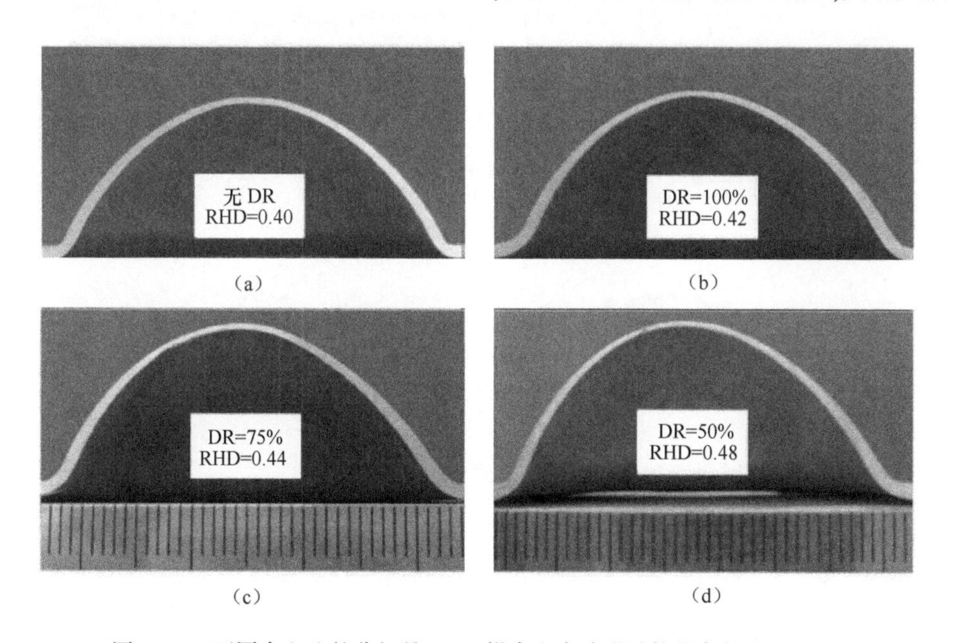

图 4-23 不同占空比的非细晶 AZ31 镁合金半球形试件的高径比(RHD)
(a)普通方法;(b)100%占空比;(c)75%占空比;(d)50%占空比。

薄率也逐渐增大。表 4-1 中的数据显示,在普通胀形时,非细晶 AZ31 镁合金的最大减薄率仅为 54.10%。随着峰值电流密度的进一步增加,其成形极限也相应有所增大,当峰值电流密度最高时,其最大减薄率达到了 66.58%,也达到了非细晶 AZ31 镁合金的成形极限。脉冲电流的引入可以提高非细晶 AZ31 镁合金的成形极限,但由于晶粒相对较大,这导致材料在自由胀形时壁厚分布不均匀。

对 TA15 钛合金板材进行常规超塑胀形及电辅助超塑性胀形,直到板材破裂,得到自由胀形试件如图 4-24 所示,两个试件高度皆达到了半球以上,在两种工艺中 TA15 钛合金都表现出了良好的超塑成形性能。

(a)

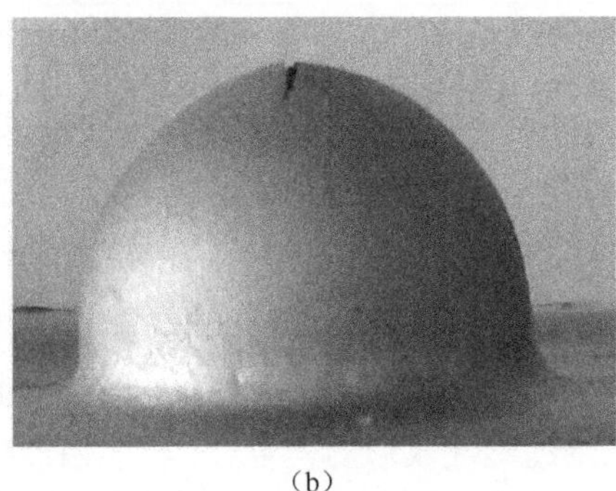

(b)

图 4-24　TA15 钛合金自由胀形试样

(a)常规超塑胀形;(b)电辅助超塑性胀形。

对两胀形试件的壁厚分布进行测量,从图 4-25 可以看出,半球试件沿底边圆角到球顶壁厚逐渐减小,说明胀形过程中中间板料的变形量要大于周围板料,电辅

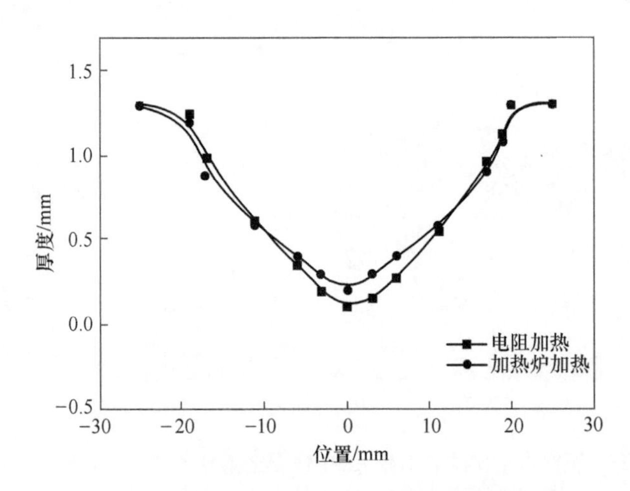

图 4-25　TA15 钛合金电辅助超塑性胀形与常规加热自由胀形试件壁厚分布

助超塑性成形试件的壁厚差要大于常规胀形试件。这是由于板料在变形过程中由周围向中心变形量逐渐增加,随着球顶处试件壁厚的减薄,电流通过的横截面积逐渐减小。因此,减薄越严重的区域电阻越大,电阻的变化会引起材料减薄严重的区域温度偏高,减薄较弱的区域温度偏低。由于高温会降低材料的流动应力,使得减薄程度较大的区域其更容易变形。因此,引起板料变形集中,所以和常规胀形相比,电加热胀形试样的顶端发生了更大的变形。由此可知,电流虽然可以提高材料的塑性,但会引起更为严重的壁厚分布不均问题。

参考文献

[1] 余永宁,毛卫民. 材料的结构[M]. 北京:冶金工业出版社,2001.

[2] LIU JINGYUAN,ZHANG KAIFENG. Resistance heating superplastic forming and influence of current on deformation mechanism of TA15 titanium alloy[J]. International Journal of Advanced Manufacturing Technology,2015,76:1673-1680.

[3] LI C,ZHANG K F,JIANG S S. Pulse current auxiliary bulging and deformation mechanism of AZ31 magnesium alloy[J]. Materials and Design,2012,34:170-178.

[4] 李超,张凯锋,蒋少松. Ti-6Al-4V 合金双半球结构脉冲电流辅助超塑成形[J]. 稀有金属材料与工程,2012,41(8):1400-1404.

第 5 章　电辅助冲压成形

电辅助拉深成形技术利用了低压高强度电流作用于金属时产生焦耳效应和电致塑性效应，使坯料塑性显著提高、屈服强度迅速下降、破裂倾向减小。相比传统的炉温加热，具有电阻加热能耗低、加热快等优点，减少了板料在加热成形过程中的热损失和氧化作用。本章主要介绍了钛合金、高温合金、铝基复合材料等难变形材料电辅助成形技术，进行相关的模具工装设计，探索其成形工艺参数，主要包括凸凹模温度、脉冲电流密度、成形温度、温度场分布控制、压边力等。通过研究和应用脉冲电流热拉深成形技术，输入高密度脉冲电流使不同合金板材坯料产生焦耳热进行自身加热，快速达到成形温度，然后成形出零件。其加热速度快，效率高，成形过程中产生的氧化小，能够解决材料塑性较差，弯角处易出现裂纹、形状畸变等难题，极大的提高了生产效率和成形质量，为难变形材料板材的实际工程应用提供了新的途径。

5.1　自阻加热电源及电极加持系统

5.1.1　自阻加热电源及测温系统

试验温度通过 UT302C 红外线感应测温仪测量，温度测量精度为±2℃，测量响应时间仅为 250ms，能够确保对脉冲电流加热成形板材的温度进行实时反馈。同时，采用 SWDP-8V/15000A 高频开关电源，输出低电压高密度脉冲电流对板材进行加热，其最大功率为 120kW，最大电压为 8V，最大电流达到 15000A。图 5-1 所示为 SWDP-8V/15000A 大功率高频开关脉冲直流两用电源及控制柜。

5.1.2　自阻加热装置夹持系统

利用自阻加热装备对板材进行加热时，首先需要对板材进行夹持，使板材与电源、铜板形成一个闭合环路。由于当凸模下行时，又要实现板材的释放等一系列动作，因此设计了如图 5-2 的板材夹持装置。

整个系统主要由上下底座、钨铜电极、膨胀轴等结构组成。该系统的主要功能可以实现在加热前对板材的夹紧，在加热过程中始终保持对板材的夹紧状态，在断电后迅速松开，使板材可以从电极中退出来等动作。上、下底座通过 L 形块铰连

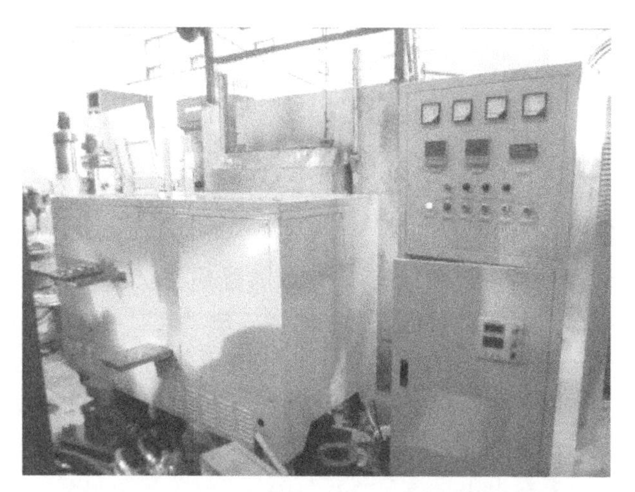

图 5-1　SWDP-8V/15000A 高频脉冲电源及控制柜

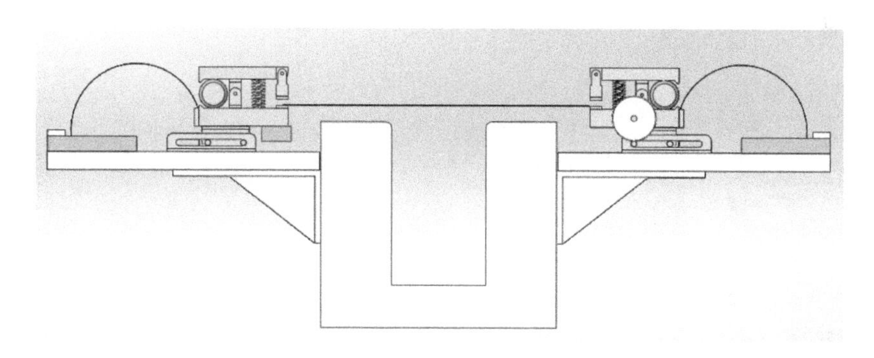

图 5-2　夹持系统三维图

接在一起,上底座可以围绕铰连接处旋转,当膨胀轴未通入气体时,由于复位弹簧的作用使上、下电极松开,具有较大的间隙,在这个状态下可以将板材放在电极上。当往膨胀轴内通入气体时,膨胀轴上的键向外凸出,给予上夹持板后端一个向上的力。整个上夹持板与铰连接处形成一个杠杆,使得上夹持板后端往上运动的时候带动前端向下运动,同时带动上电极向下运动直至接触板材与下电极一起夹紧板材。此时,板材与电源就形成一个闭合环路,通电时就可以对板材进行加热。当加热完成时,只要卸去膨胀轴内的气压,膨胀轴上本来凸起的键就会迅速归位,回到膨胀轴内。这时候,上夹持板后端受到的力就会消失,而复位弹簧还处于压缩状态,上夹持板前端受到弹簧力的作用,迅速复位,带动电极向上运动,松开对板材的夹持。从卸去膨胀轴气压到电极松开板材只需很少的时间,这样就避免了因为电极松开不及时而导致板材温度降低的问题。夹持系统的电极采用钨铜电极,与紫铜材料相比，钨铜具有较低的热导率，可以减少板材两端与电极之间的热传导。此外，钨铜电极还可以有效防止与板材之间打火问题，防止打火时温度过高而导致板材或电极被烧坏。

5.1.3 板材退出机构设计

板材夹持系统可以实现板材在加热过程中始终保持对板材的夹紧状态以及在断电后迅速松开，但是当电极松开板材后，板材还是放在电极上，当凸模下压带动板材往下走时，板材两端则会与电极发生碰撞。由于此时板材的温度很高，屈服强度很低，若板材随凸模往凹模内运动，两端受到电极对它的力作用，极易导致板材发生变形，影响最后的成形精度且不利于成形。因此，需要在加热完成后，在凸模与板材接触之前，让板材与电极之间的接触断开，所以需要一个板料退出机构。

图 5-3 所示为板料退出机构三维图，退出机构主要有导轮、导杆、挡料机构、铜箔等部分组成。图 5-3(a)为板材加热时的状态，图 5-3(b)为凸模下行，板料退出时的状态。

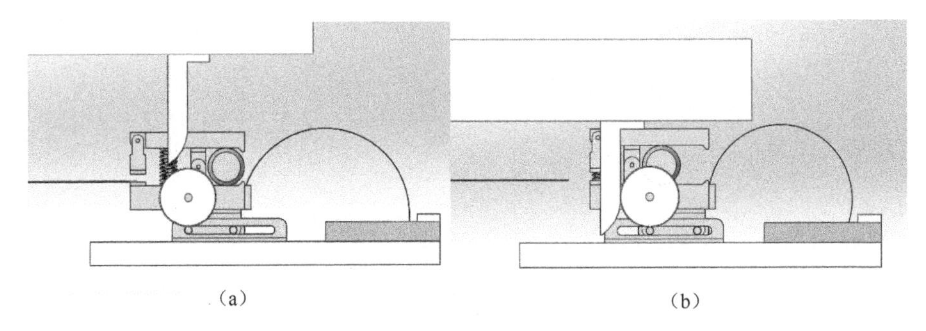

(a) (b)

图 5-3 板料退出机构三维图

(a)板料未退出前；(b)板料退出后。

如图 5-3 所示，导杆通过螺栓固定在上滑块上，当滑块上下运动时，导杆也随着上、下运动，且导杆只能在垂直方向上运动。导轮则通过销钉固定在下底座上，只能随着底座前后运动，导轮可以绕着销钉旋转。当压力机上滑块下行时，导杆随着滑块一起向下运动，导杆的斜面与导轮发生接触，这时导杆的斜面对导轮施加一个向后的力，导轮旋转的同时向后运动。由于导轮通过销钉固定在下底座上，而底座又通过滑轮与导轨固定在胶木底座上，导轮向后运动时，带动底座向后一起运动。导杆继续往下运动的过程，当导杆斜面部分与导轮脱离时，夹持机构的往后退出动作也停止。同时，由于挡料机构的存在，当夹持装置往后运动的时候，板材受挡料机构的阻碍，不能随着电极一块运动，电极往后退出一段距离，板料就会与电极分离，掉落到凹模上。同时，由于挡料机构的限位作用，板料在下落的过程中不易发生水平方向的位移。此时,导杆的垂直面与导轮接触,退出机构始终位于最大的退出距离上,电极夹持装置不会阻碍上模的向下运动。当上下模合模保压一段时间后,上模随上滑块一起上行,这时夹持装置在弯曲铜箔的弹力作用下向前运动,当导杆与导轮脱离接触时,夹持装置也运动到原先的位置。这样就实现了拉深成形时夹持装置往后退,退出板料,脱模取件时,夹持装置又回到原来位置时的周期性运动,有效的解决了板料在成形时不能快速从电极上脱离带来的板料两端变形问题,提高了成形的效率和质量。

5.1.4 板材拉直系统设计

由于板材在加热过程中会发生热膨胀,同时两端被电极夹持无法向两端膨胀,导致板材在加热过程中中间部位会发生下垂,影响最后 U 形件成形的精度。如图 5-4 所示为板材拉直装置,主要由两根膨胀轴、电磁阀、气管等组成。当在加热过程中发现板材下垂时,以点动的方式开闭电磁阀,往膨胀轴内缓慢通入气体,使膨胀管的键位慢慢向外凸起,把夹持机构往后推一小段距离,板材两端由于被电极夹持随着一起向后运动一小段距离,这样就可以使板材慢慢被拉直。在这个过程中,往膨胀管内通入气体一定要少量多次,且动作要迅速,待板材恢复平直状态时立刻停止往膨胀管内通入气体,闭合电磁阀。

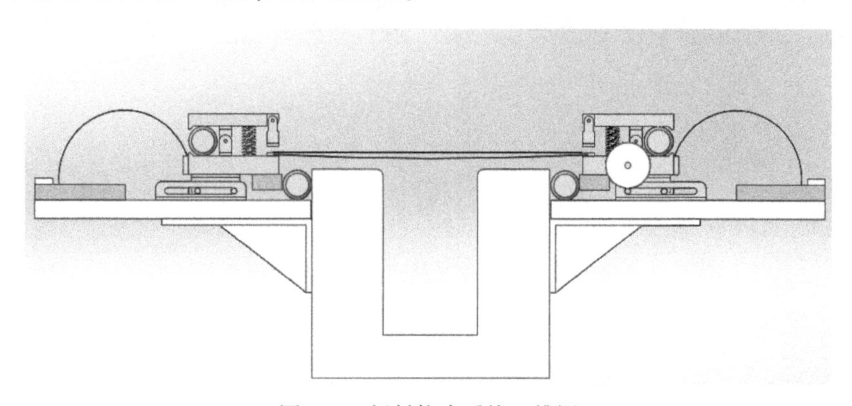

图 5-4 板料拉直系统三维图

5.1.5 电辅助成形装备组装调试

图 5-5 所示为设计加工完成后的电辅助成形装备实物图。电极夹持装置固定在模具侧面的支架上,支架高度可以上下调节,调节支架的高度使夹持装置上的下钨铜电极位于同一水平面上,避免因钨铜电极不平而导致的板材与电极接触不良,产生打火的现象。夹持装置通过大铜板与低压高频电源相连接,铜箔带固定在大铜板上。铜板与铜箔、电源相连接时要注意接触问题,尽可能地将螺栓拧紧。同

时,注意整个接触面的受力均匀,避免产生铜板与铜箔相连或与电源相连时产生缝隙。此外安装时还需要调节导杆的前后位置,使导杆在滑块下落一段距离时与导轮接触,在凸模底部与已经加热完成的板料接触之前,板料推出机构能够顺利地将板材从电极上分离下来。将膨胀管按照设计好的气路与气源相连接,已知气源的气体压力为 0.8MPa,大于所需的气压,调节压力表使气压为 0.4MPa。

(a)

(b)

图 5-5 调试完成的试验装置

(a)成形装置;(b)脉冲电源。

5.2 电辅助弯曲成形

5.2.1 V 形件电辅助弯曲成形

回弹是弯曲零件常见的缺陷形式,在较高温度下进行弯曲成形能减小成形件内部残余应力,从而能有效抑制板材弯曲件的回弹,因此很多板材弯曲成形选择在加热状态下进行。本试验将高密度脉冲电流引入 5A90 铝锂合金板材的 V 形弯曲试验中,利用电流的焦耳热效应取代传统加热方式,研究电流作用下 5A90 铝锂合金板材 V 形弯曲件的回弹规律,并利用冷冻凹模对加热坯料在快速成形时进行接触式淬火处理,最后对弯曲试件进行时效强化处理。

为了对比,试验选择了采用 5A90 铝锂合金原始态、固溶淬火态在室温和不同高温下进行 V 形弯曲试验,其自阻加热 V 形弯曲的电热参数如表 5-1 所示。考虑到室温时材料的变形抗力较大,加载的最大压力设置为 2500N,而高温下材料的变形抗力较低,加载的最大压力设置为1000N,板材坯料在电加热过程中的温度由热电偶测得。

表 5-1　5A90 铝锂合金 V 形弯曲参数

序号	板材状态	温度/℃	最大加载/N	时效时间/s	平均电流密度/(A/mm^2)
1	原始板材	RT	2500	5	—
2	淬火	RT	2500	5	—
3	淬火	RT	2500	20	—
4	淬火	420	1000	5	12.7
5	淬火	460	1000	5	14.4
6	淬火	500	1000	5	15.8

5A90 铝锂合金板材切成 15mm×100mm 的矩形长条,打磨掉表面氧化皮后备用。对于原始态和固溶淬火态坯料的室温 V 形弯曲试验,首先将坯料直接置于模具上,然后启动载荷,凸模下降,按照表 5-1 所示的参数直接弯曲成形。对于固溶淬火态 5A90 铝锂合金在高温下的自阻加热 V 形弯曲试验,按照图 5-6 中的连接方式连接电路,然后放置弯曲坯料,调节凸模使其与板材接触并施加 30~40N 的压力保证坯料两端与电极接触良好。随后调节电流参数通电加热,坯料在 10s 内迅速上升至设置的弯曲温度,启动载荷,凸模迅速下降,坯料与低温凹模贴合完成弯曲成形。在整个过程中,坯料与电极一直保持接触导电状态,直到弯曲结束后关闭电源,在弯曲成形时高温坯料与冷藏后的低温凹模迅速贴合,成形的同时完成零件的淬火处理,最后保压 5s 后取出弯曲试样。

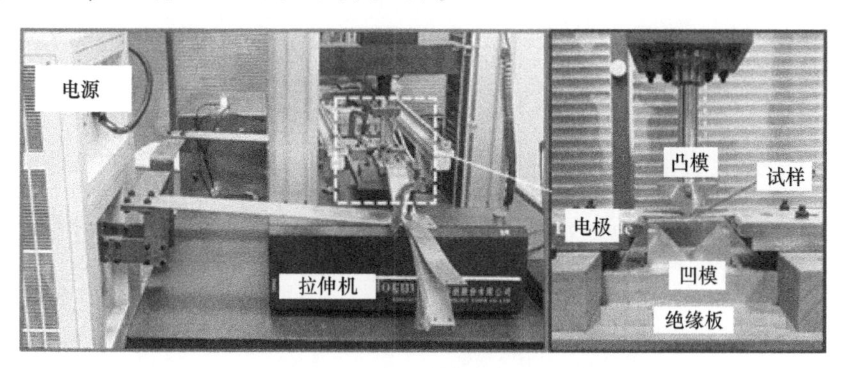

图 5-6　5A90 铝锂合金板材自阻加热 V 形弯曲试验

图 5-7 给出了 5A90 铝锂合金板材的自阻加热 V 形弯曲过程,图 5-8 显示了自阻加热 V 形弯曲过程中载荷随时间的变化。由图可以看出,整个弯曲过程在6~7s 左右完成,材料处于高温时强度较低,所需的弯曲载荷只有 100N 左右。当零件

与凹模贴合时,载荷迅速上升至设置的最大载荷,整个自阻加热 V 形弯曲试验时间仅为 12s 左右。

图 5-7　5A90 铝锂合金板材自阻加热 V 形弯曲过程

(a)初始变形;(b)30°变形;(c)60°变形;(d)完全成形。

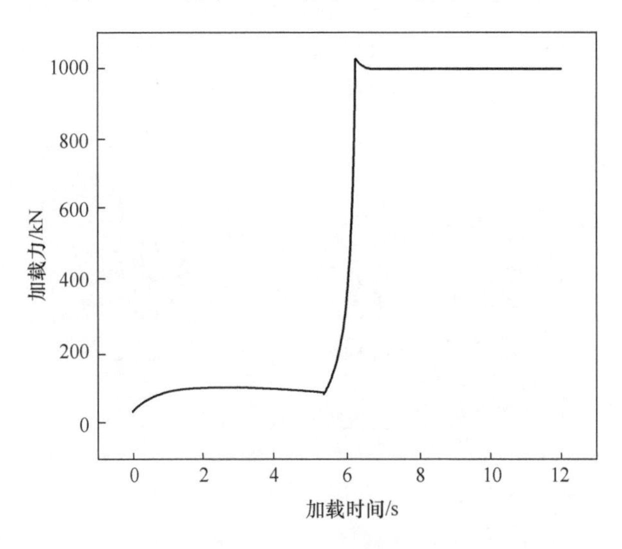

图 5-8　自阻加热 V 形弯曲的加载曲线

回弹是板材类零件常见的缺陷形式,严重影响零件的尺寸精度,采取合适的成形工艺减小甚至消除回弹是提高零件尺寸精度的关键。图 5-9(a)给出了 5A90

铝锂合金板材在表 5-1 所示的不同条件下成形的 90°V 形弯曲试件。从图 5-9(b)和(c)可以看出,由于原始态板材零件的塑性较差,室温成形时,在成形零件的弯曲处产生了裂纹。如图 5-9(d)所示,在室温下对固溶淬火态的材料进行弯曲时虽未产生裂纹,但回弹严重,当延长保压时间至 20s 时,回弹稍有减小,但仍然比较严重,对零件尺寸精度影响巨大,如图 5-9(e)所示。当采用电辅助弯曲成形时,如图 5-9(f)~(h)所示,在 420℃、460℃和 500℃三种温度下成形时,材料的成形能力得到提高,且由于电流和高温的作用,零件成形后残余应力基本被消除,成形的零件均无缺陷产生,且基本无回弹,尺寸精度良好。

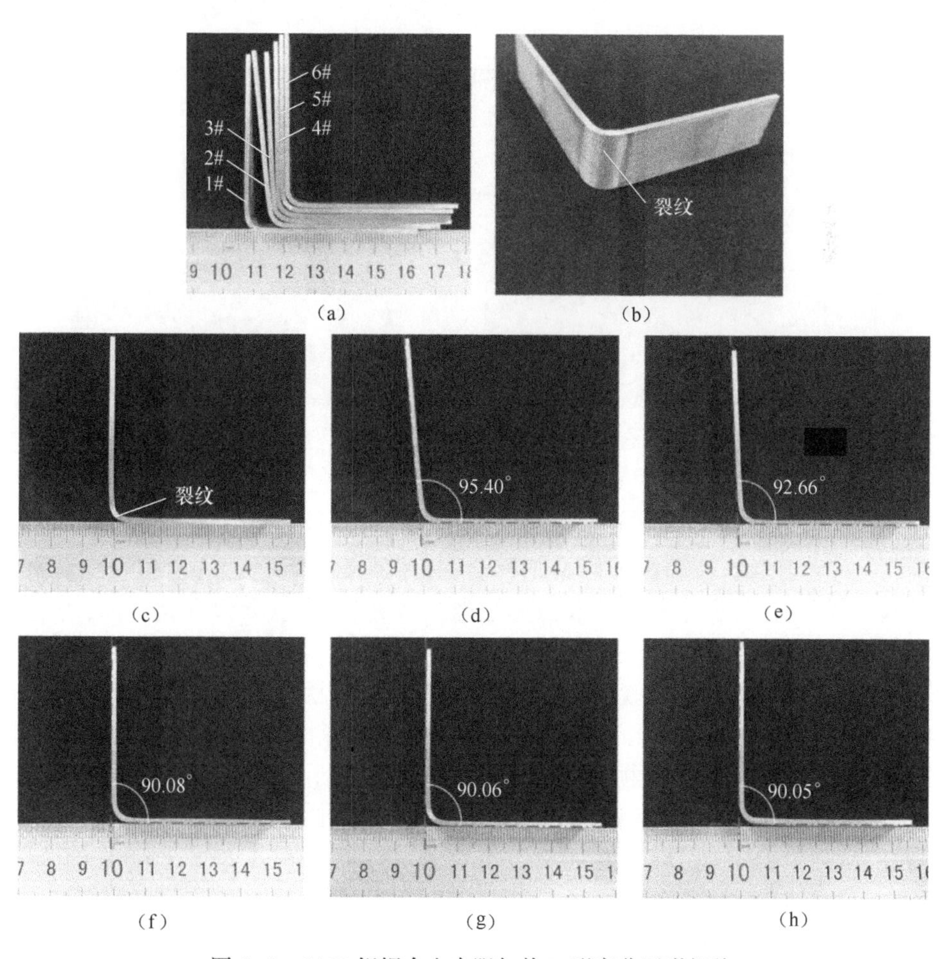

图 5-9　5A90 铝锂合金自阻加热 V 形弯曲回弹规律

(a)表 5-1 所示的不同条件下成形的 90°V 形弯曲试件;(b)原始板材室温成形外侧裂纹;(c)原始板材室温成形内侧裂纹;(d)室温下对固溶淬火态板成形,时效 5min;(e)室温下对固溶淬火态板成形,时效 20min;(f)在 420℃温度下成形;(g)在 460℃温度下成形;(h)在 500℃温度下成形。

图 5-10 显示了在 460℃时自阻加热 V 形弯曲试件弯曲处的金相表征,可以看出在试件弯曲处的内侧发生了少量动态再结晶。可以推断,在室温弯曲过程中,弯曲处发生塑性变形,产生大量位错,卸载后试件变形处存在残余应力,残余应力的释放就导致了回弹的产生。高温成形时,由于材料在高温状态下的应力松弛,成形时能减小残余应力的产生,从而减小回弹。而采用自阻加热 V 形弯曲时,材料在变形过程中。同时,处于高温环境和电流的作用下,由于电流的电迁移效应和局部焦耳热效应等,进一步促进位错的滑移和攀移运动。通过动态再结晶的方式进一步减小位错密度,从而使得成形后的试件残余应力基本被消弭,相应地,零件的回弹被基本消除。

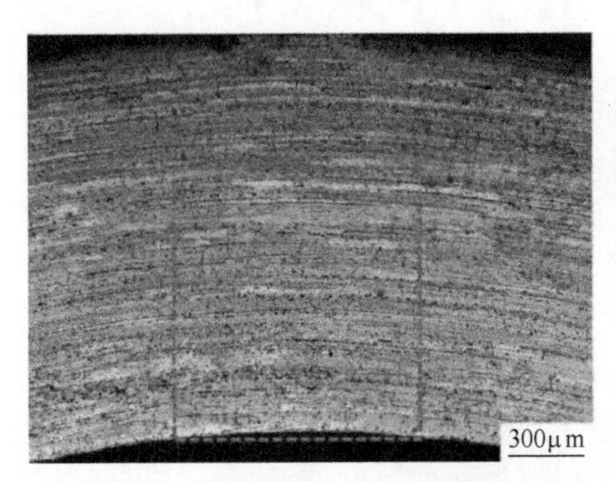

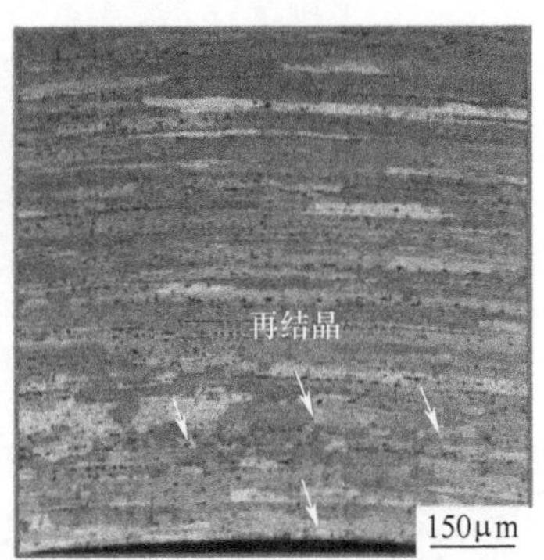

图 5-10 5A90 铝锂合金 460℃自阻加热 V 形弯曲件弯曲部位的金相表征

5.2.2 “几”字形零件电辅助弯曲成形

在 5A90 铝锂合金自阻加热 V 形弯曲试验的基础上,进行 5A90 铝锂合金的自阻加热“几”字形零件弯曲成形和自阻加热时效处理,以获得尺寸精度高,力学性能优良的 5A90 铝锂合金“几”字形零件。为了对比,同时进行了不同条件下的“几”字形零件弯曲成形试验,其成形参数如表 5-2 所示。考虑到室温时材料的变形抗力较大,加载的最大压力设置为 5000N,而高温下材料的变形抗力较低,加载的最大压力设置为 2000N,板材坯料在电加热过程中的温度由热电偶测得。

表 5-2 5A90 铝锂合金“几”字形零件弯曲参数

序号	板材状态	温度/℃	最大加载/N	时效时间/s	平均电流密度/(A/mm²)
A	原始板材	RT	5000	5	—
B	淬火	RT	5000	5	—
C	淬火	RT	5000	20	—
D	淬火	420	2000	5	14.5
E	淬火	460	2000	5	16.2
F	淬火	500	2000	5	17.0

5A90 板材切成 15mm×120mm 的矩形长条，打磨掉表面氧化皮后备用。对于原始态和固溶淬火态坯料的室温“几”字形零件弯曲成形，首先将坯料直接置于模具上，然后启动载荷，凸模下降，按照表 5-2 所示的参数直接弯曲成形。对于固溶淬火态 5A90 铝锂合金在高温下的自阻加热“几”字形零件弯曲成形，如图 5-11 所示。首先将坯料两端用紫铜电极紧密夹持；其次用紫铜薄带与高能脉冲电源连接，连接成回路；最后按照正确的定位将坯料置于绝缘平台之上，使其与低温凹模之间保持 1mm 左右的间距。随后按照表 5-2 中所示调节电流参数通电加热，坯料迅速上升至设置的成形温度，然后启动载荷，凸模迅速下降，坯料与低温凹模贴合完成弯曲成形，成形后立即断电。在该过程中，高温坯料与冷藏后的低温凹模迅速贴合，成形的同时完成零件的淬火处理，最后保压 5s 后取出试件，得到的试件如图 5-12所示。

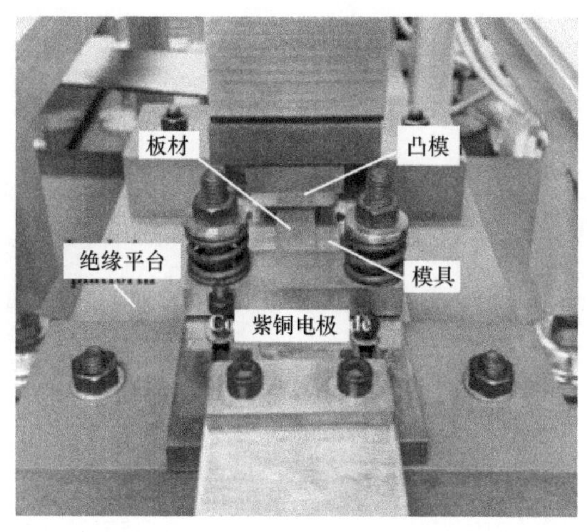

图 5-11　5A90 铝锂合金自阻加热“几”字形零件弯曲成形模具装置

如图 5-12(a)所示，原始热轧态板材坯料由于塑性较低，在室温成形过程中于弯曲处发生了断裂。图 5-12(b)和(c)为固溶淬火态板材坯料在室温下成形的零件，由图可以看出，原始态板材经固溶淬火处理后成形性能有所提高，在成形时未发生断裂。但是，由于在室温下零件成形后存在残余应力，有不同程度的回弹发生，虽然加大保压压力和保压时间，回弹也仅仅稍有减小，但仍然严重影响零件的尺寸精度。图 5-12(d)~(f)为 5A90 铝锂合金在不同电流参数下的电辅助弯曲成形零件，由图可以看出，在电流作用下，坯料内部产生的大量焦耳热使其迅速升温，材料变形抗力降低，且在高温和电流作用下，零件成形后残余应力被消除。基本无回弹产生，尺寸精度较高，与之前的 5A90 铝锂合金的自阻加热 V 形弯曲结果基本一致。对在 460℃时成形的“几”字形零件弯曲处进行金相表征，其结果如图 5-13 所示。由图可以看出，在变形过程中由于电流和高温的作用，“几”字形拐角内侧发生了少量动态再结晶,再结晶晶粒的形成消耗了变形过程中产生的大量位错,从而消弭了存于零件变形处的残余应力,并且减小回弹,提高零件的尺寸精度,这与前面 V 形弯曲的结果一致。

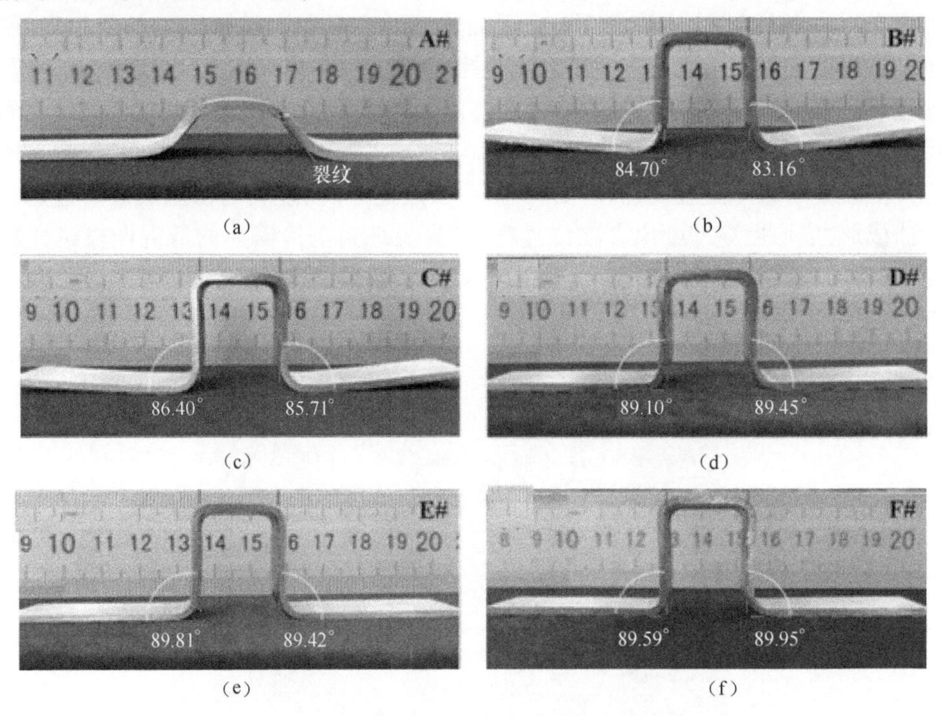

(a) (b) (c) (d) (e) (f)

图 5-12　不同条件下 5A90 铝锂合金电辅助成形“几”字形零件

(a)原始板材室温成形;(b)室温下对固溶淬火态板成形,时效 5min;

(c)室温下对固溶淬火态板成形,时效 20min;(d)在电流密度为 14.5 A/mm^2 下成形;

(e)在电流密度为 16.2 A/mm^2 下成形;(f)在电流密度为 17 A/mm^2 下成形。

图 5-13　5A90 铝锂合金 460℃电辅助弯曲部位的金相表征

5.2.3 U形件电辅助弯曲成形

电流自阻加热技术中金属板材在通过低压大电流时会产生焦耳热效应和电致塑性效应,会使金属材料的屈服强度大大减小,材料塑性得到很大的提升。此外,与传统的炉内加热方式相比,电流自阻加热具有加热速度更快,能耗更低,板材氧化减小等优点。本试验分为两部分:一部分是U形缩比件的电辅助弯曲,另一部分为大型U形件的电辅助弯曲。

根据板材自阻加热得到的电流密度-时间-温度曲线确定U形缩比件加热需要的电流密度等工艺参数,分别进行TA15钛合金和GH99高温合金的电辅助弯曲试验。首先通过对U形缩比件的尺寸进行分析,设计制造成形所需的模具;其次将模具、电极夹持装置、电源、压力机等组装成一个完整的成形装备,调试后进行试验。组装完成的成形装备如图5-14所示。其中压力机的最大载荷为10T,滑块行程为500mm;电源还是GIF-3000A/8V-1型低压高频脉冲电源,最大功率能达到24kW;所需要的气体由高压氮气瓶提供。U形缩比件的电辅助弯曲试验所用试验坯料尺寸为300mm×100mm×1mm。本试验主要进行U形件电辅助弯曲精度的控制和相关的模具结构设计,探索U形弯曲的成形工艺,主要包括凸凹模结构、脉冲电流密度、成形温度、保压时间等。

图5-14　电辅助弯曲试验

通过U形缩比件的电辅助弯曲试验得到成形温度、电流加载密度以及模具尺寸等工艺参数,进行TA15钛合金和GH99高温合金板材的电辅助弯曲试验。

图5-15为进行U形缩比件电辅助弯曲的工艺流程图。首先是坯料的处理,将1mm厚的板材用剪板机剪成300mm×100mm的规格,用砂纸打磨边缘去除毛刺及氧化膜。其次是润滑处理,在凹模圆角处涂上氮化硼,保证成形时板材能流畅地

进入凹模,减小侧壁的划伤将剪裁好的板材放在钨铜电极上,使板材与钨铜电极成90°角。打开气路开关,气体进入膨胀管后,使夹持装置夹紧板材两端,检查夹持是否紧实。再次进行通电加热,调节电源控制器,采用分布加载电流的方式,将板材温度加载到成形所需温度,在这个过程中,时刻用红外测温仪测量板材中间及两端的温度。最后当板材温度达到成形所需温度时,保温一段时间,当测得板材整体温度较为均匀,迅速断开电源同时关闭气体开关,并按下压力机的下行按钮,上模下行将板材压制成形。待保压20s后,按下上行按钮,待上模上升后取出成形完的U形件。

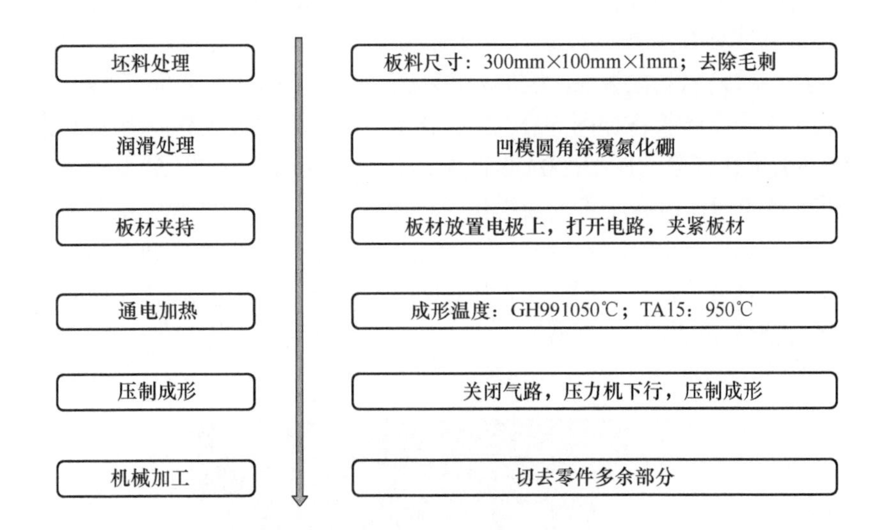

图5-15　自阻加热U形件弯曲工艺流程简图

1. TA15合金U形件弯曲成形

1）成形温度对成形精度的影响

为了探究温度对TA15合金板材U形件弯曲精度的影响,设置了4组在不同温度下进行的U形弯曲试验。如图5-16为分别在不同温度下成形的U形零件图,成形温度分别为1030℃、980℃、950℃和920℃,成形压力为10t,上、下模合模后保压20s。

对成形后的U形件侧面四条边的弹复角进行测量,测量结果如表5-3所示。从表中可以看出虽然在1030℃成形温度下成形零件右边的弹复角最小,但是其左边的弹复角随着成形温度的升高,弹复角也逐渐减小,并且成形零件左边的弹复角随着成形温度的升高逐渐变为负值,而且数值大小逐渐变大。

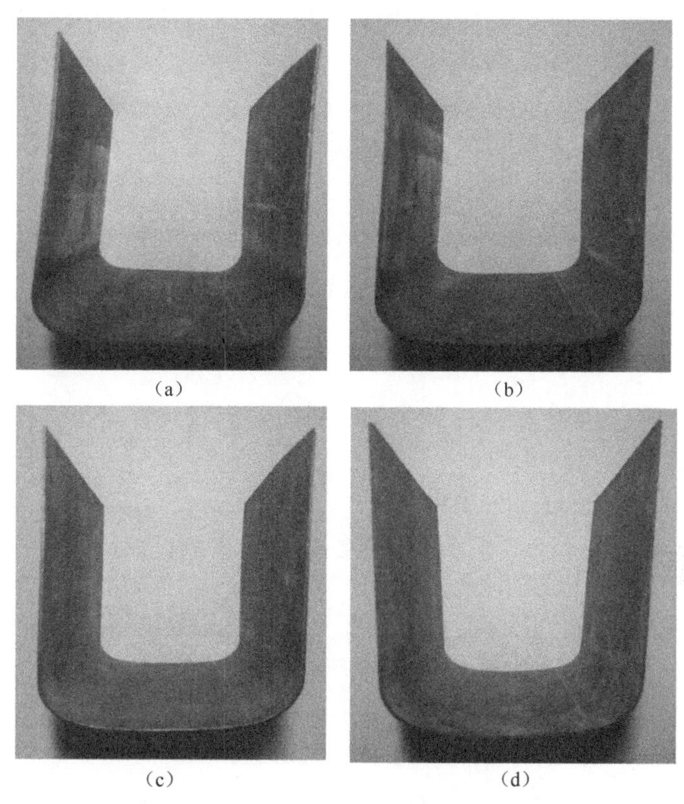

图 5-16 不同温度下成形的 U 形件
(a)1030℃;(b)980℃;(c)950℃;(d)920℃。

表 5-3 TA15 合金 U 形件弯曲弹复角

成形温度	1030℃		980℃		950℃		920℃	
弹复角	左	右	左	右	左	右	左	右
	-4.9°	2.5°	-4.2°	3.5°	-1.1°	2.7°	2.5°	5.7°

图 5-17 所示为 U 形件各部分弹复方向示意图。弯曲的初始阶段,在凸模的作用下毛坯的中间非变形区 *OA* 部分首先产生弯曲变形,使板材的两段翘起,并以凸模圆角为中心向中间反转。当板材的两端进入凹模时,板材的 *D* 点与凸模的侧面接触,并被反向弯曲。在弯曲的最后阶段,板材的 *OA* 部分在凸模与凹模之间被反向压平,其实质是 *OA* 部分又被反向弯曲。虽然弯曲时的变形区主要是在板材上受凸模圆角直接作用的两个圆角区,但是实际上在弯曲的过程中非变形区 *OA*、*BC* 两部分也都不同程度地产生了弯曲变形。因此,卸载时无论变形区还是非变形区都各自产生与加载时变形方向相反的弹复变形。从图 5-17 中变形的分析可

知，板材变形区与非变形区的弹复方向恰好相反。显然，这三部分的弹复量的大小决定了弯曲件的最终形状：两臂向外张开，还是向内闭合，或者闭合张开都有。

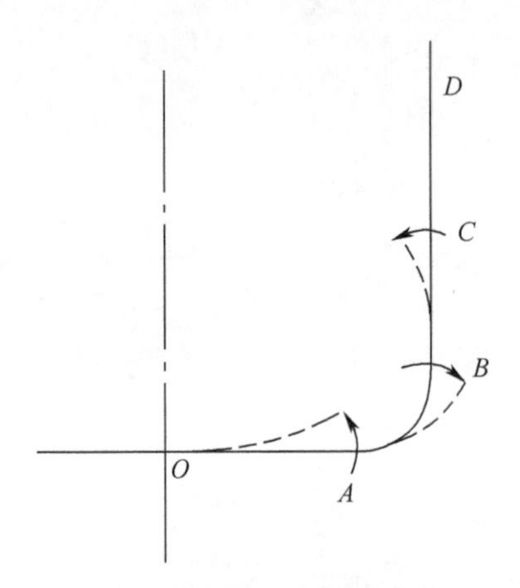

图 5-17 U 形件各部分的弹复方向

又因为帕尔贴效应使得板材与负极相连的一端温度要比正极温度高大约30℃，板材左边部分的温度高，而温度对于 TA15 钛合金的变形抗力有很大影响，表 5-4 为 TA15 钛合金在不同温度和变形速率下的变形抗力。在 $10^{-2}s^{-1}$ 应变速率条件下，900℃时的变形抗力为 157MPa，而在 1000℃时的变形抗力为 70MPa，说明温度场的不均会引起板材各处的变形抗力不同。由于板材左边的温度较右边高，所以板材左端的变形抗力比右端要小，板材两端 *OA*、*BC*、*AB* 三部分的不同，导致最终左右两端的弹复角不同，当板材左端 *OA*、*BC* 部分的弹复变形量大于 *AB* 部分的弹复变形，弹复角就出现为负角的现象，而右端的 *OA*、*BC* 部分的弹复变形量小于 *BC* 部分的弹复变形，弹复角为正。

表 5-4 TA15 钛合金的变形抗力

变形温度/℃	以下应变速率(s^{-1})的最大变形抗力/MPa			
	10^{-2}	1	10	10^2
700	457	598	642	738
800	278	430	486	572
900	157	251	320	423
1000	70	107	138	181
1100	50	70	106	141
1200	28	50	75	108

表 5-5 为 U 形件的圆角半径，当弹复角为负时，由于 U 形件的侧壁向里闭合，导致该处的圆角半径小于凸模圆角半径 16.5mm，当弹复角为正的时候，侧壁向外张开，相应的圆角半径大于 16.6mm。

表 5-5　U 形件圆角半径

成形温度	1030℃		980℃		950℃		920℃	
圆角半径	左	右	左	右	左	右	左	右
	14.5~15.0	16.0~16.5	15.0~15.5	15.5~16.0	15.5~16.0	16.0~16.5	16.5~17.0	17.0~17.5

表 5-6 所示为 U 形件外壁宽度，已知凹模宽度为 78.10mm，可以看出当成形温度为 950℃时，U 形件的外壁宽度为 77.76mm，与凹模宽度 78.10mm 相差最小，说明在这个成形温度下，成形零件的宽度精度比较高。

表 5-6　U 形件外壁宽度　　单位：mm

成形温度	1030℃	980℃	950℃	920℃
外壁宽度	77.18	77.24	77.76	78.53

总的来说，TA15 钛合金电辅助弯曲成形的成形温度在 950℃左右最适宜，当成形温度过高则会导致 U 形件过弹复，左右两端弹复角不同，零件不对称的现象。当成形温度低时则不易成形，会出现弹复角过大，圆角半径偏大的现象，成形精度不够。

2）模具结构对成形精度的影响

由上述试验可知，TA15 钛合金存在左右两端弹复角大小相差较大，一边为正，一边为负的情况，导致成形后零件左右不对称。图 5-18 为凸模结构修改示意图，将凸模底部左边加宽 6mm，从而减小成形过程中对板材左侧的压力，减轻过弹程度。图 5-19 所示为采用该凸模结构成形的 U 形零件，成形温度为 950℃，成形压力为 10t，保压时间为 20s。

表 5-10 所示为该 TA15 钛合金 U 形件的弹复角。从表 5-7 中可以看出在凸模底部左侧加宽 6mm 之后，TA15 钛合金 U 形件的弹复角在 4.5°左右，而且左右比较对称。这是因为凸模左侧加宽之后，底部左侧的板材单位面积上受到的力的作用减小，导致左边的弯曲程度减小，从而使得过弹复现象消失，整个 TA15 钛合金 U 形件左右对称，而且圆角半径都在 17mm 左右（凸模圆角半径为 16.5mm）。所以改变凸模结构可以使 TA15 钛合金左右两边弹复角不一致的现象得到改善，使零件左右两端对称。

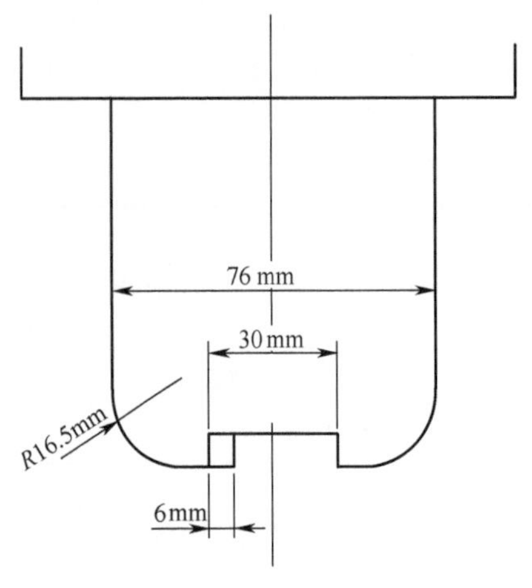

图 5-18　凸模结构修改示意图

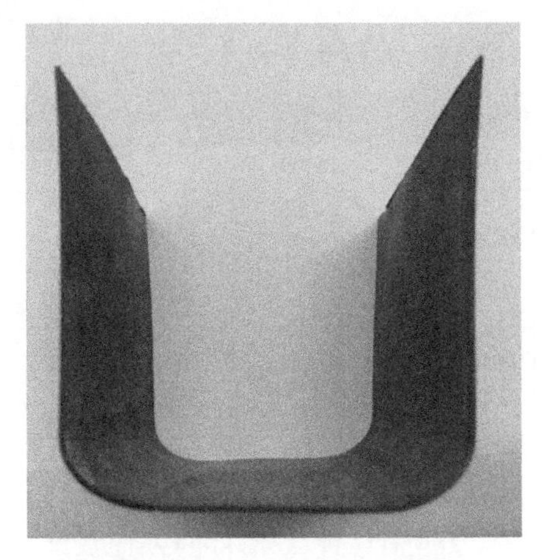

图 5-19　TA15 钛合金 U 形件

表 5-7　TA15 钛合金 U 形件弹复角

	TA15 钛合金 U 形件	
弹复角	左	右
	4.5°	4.4°

3）润滑条件对成形质量的影响

板材在变形的过程中会与模具之间产生摩擦作用,这种摩擦不仅会使模具磨损,而且会阻碍金属的流动,划伤零件表面甚至拉裂板材,严重影响零件的表面质量。因此需要在电辅助成形过程中,采取润滑措施来减小板材与模具之间的摩擦力。本试验采用氮化硼作为润滑剂,在凹模圆角处涂覆,减小板材流入模具时与模具之间的摩擦力。图 5-20 所示为涂润滑剂和不涂润滑剂时成形的 U 形件侧壁情况。从图中可以看出涂润滑剂之后,U 形件侧壁的划伤明显减少,涂润滑剂可以提高零件侧壁的质量。

2. GH99 高温合金 U 形弯曲成形

GH99 高温合金的电辅助成形温度为 1000～1050℃之间根据上述的工艺参数及设计的自阻加热装置进行试验。板材自阻加热和板材热冲压成形一体化工艺装备可以实现板材的自动夹持与释放,电流自阻加热、冲压成形等功能,现按照以下步骤进行 U 形件成形试验。

（1）板材夹持:将成形板材坯料两端放置于夹持系统的下钨铜电极上,当控制气路向气胀轴充入高压气体时,电极夹持装置的上座绕铰链支点旋转一定角度,上钨铜电极紧密夹持住板材两端。

(a)

(b)

图 5-20 润滑剂对零件侧壁质量的影响

(a)涂润滑剂;(b)不涂润滑剂。

(2) 通电加热:将电路接好电源,与板材形成闭合回路。检查板材与模具和载荷平台是否绝缘,确保完全绝缘后启动电源,将按钮拨到恒流设置,采用分布加载电源的方式进行电流加载。先将电流大小加载到 5000A,保温一段时间,待温度均匀后,再加载到成形电流大小,经过计算最终所需电流大小约为 10000A(图 5-21)。

图 5-21 板材加热

(3) 温度监测:板材在电流的焦耳热作用下迅速升温,通过红外测温仪监测实时温度,当坯料板材达到成形温度后,保温一段时间后,待 GH99 高温合金板材成形部分温度分布均匀时,即可关闭电源开关。

(4) 板材释放:电源关闭后,控制气路立即卸掉管内气压,气胀轴凸键缩回,电极夹持装置迅速自动释放对板材坯料的夹持,此时应及时进行压制成形。

(5) 压制成形:压力机的载荷滑块迅速向下移动,带动上模迅速下压,电极夹持装置向后退出,板料定位下落在凹模上,凸模凹模合模保压一段时间,保压时间 20s。

(6) 脱模取件:在热压成形完全结束后,上模随载荷滑块抬起,取出成形零件。

将成形完成的零件从凹模中取出后,进行热校形,对回弹进行进一步控制。图 5-22所示为 GH99 高温合金电流电辅助弯曲成形的零件。成形的 GH99 高温合金 U 形零件两侧角度分别为 90.17°和 90.40°,U 形件宽度在 157.5~158mm 之间,成形精度良好,达到了实际工程使用要求。

图 5-22　GH99 高温合金电辅助弯曲成形 U 形件

对于 GH99 高温合金 U 形件电辅助成形,同样在不同的成形温度下进行成形,经过比较 GH99 高温合金 U 形件的尺寸,发现在 1000~1050℃ 的成形温度下,GH99 高温合金的 U 形件成形精度最高。图 5-23 和图 5-24 为在 1000~1050℃范围内成形的两个 U 形件,表 5-7 所列的是两个 U 形件的弹复角大小。

图 5-23　U 形件 1

图 5-24　U 形件 2

从表 5-7 中数据可以看出,四条边的弹复角均在 2°~4°范围内,且各条边的弹复角相差不大,试验件整体情况较好。

表 5-8　GH99 合金 U 形弯曲弹复角　　单位:(°)

U 形件 1		U 形件 2	
左	右	左	右
2.9	2.5	2.6	3.5

表 5-9 所示为 GH99 高温合金年 U 形件的内圆角半径,发现 4 个角的圆角半径都在 17.0mm 左右(凸模圆角半径为 16.5mm)。从总体看,4 个角的圆角半径较为均匀,试验件整体形状较好。

表 5-9　四个角的内圆角半径　　单位:mm

U 形件 1		U 形件 2	
左	右	左	右
16.5~17.0	17.0~17.5	17.0~17.5	17.0~17.5

表 5-10 所示为 GH99 高温合金的外壁宽度,从表中可以看出宽度均小于凹模宽度(78.10mm),这是由于压力机的最大压力为 10t,使得 U 形件的底部没有压平的,略向下凸出,这就导致 U 形件的侧壁宽度小于凹模的宽度。

表 5-10　GH99 高温合金 U 形件外壁宽度　　单位:mm

	试验件 1	试验件 2
前	77.28	77.52
后	77.72	77.86

总的来说 GH99 高温合金的最佳成形温度在 1000~1050℃之间,当成形温度低时,则会导致 U 形零件的弹复角过大,底部无法压平的现象。与 TA15 钛合金相比,GH99 高温合金的弹复角左右两边对称,没有出现 TA15 钛合金左右两边弹复角不对称的现象。这是因为加热时 GH99 高温合金的温度场较 TA15 钛合金的温度场均匀,左右最大温差在 20℃左右,而 TA15 钛合金在 30℃左右,此外温度的变化对高温合金的变形抗力影响不大,这就使得 GH99 高温合金的两端弹复角没有多大区别。

5.3　电辅助拉深成形

电辅助拉深成形的 SiC_p/2024Al 复合材料零件形状及尺寸如图 5-25 所示,成形的试件为典型的帽形结构,且槽深度较大,试件底部圆角处存在附加弯曲应力,与直边部相比其应力梯度较大,更容易发生单向拉深失稳,产生裂纹。试件的成形过程为试件前端上折部分的拉深及试件后端部分的弯曲的组合,两种方式相互作用和影响。试件长度为 370mm,高度为 25mm,圆角半径为 3mm,尺寸精度为±0.2mm。由于碳化硅颗粒增强铝基复合材料的塑性性能较差,成形试件容易产生裂纹、起皱等缺陷。因此,根据 SiC_p/2024Al 复合材料成形性能差和试件形状的特殊性等特点,提出电辅助拉深成形工艺,采用一次拉深成形到最终尺寸的帽形试件。利用高强脉冲电流通过被成形板材坯料时,产生焦耳效应和电致塑性效应,使得板材坯料达到成形温度、其塑性显著提高、破裂倾向减小。由于 SiC_p/2024Al 复合材料帽形试件相对深度较大,且槽底不是平面,凹模底部采用适当的结构提供背部压力,保证试件的尺寸精度。同时,采用弹簧压边结构提供压边力,增加板料成形过程中的拉应力,控制材料流动,防止成形试件法兰起皱,提高零件成形精度。

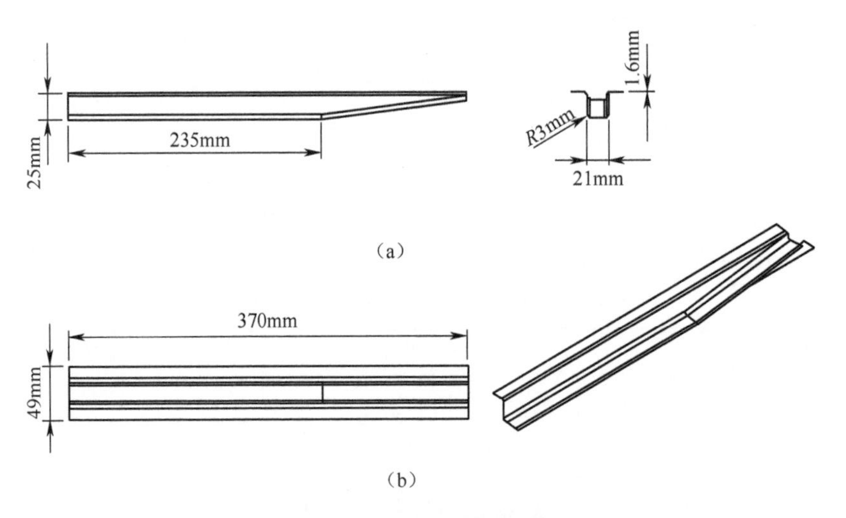

图 5-25 电辅助拉深成形零件尺寸

5.3.1 电辅助拉深工艺设计及工装

电辅助拉深成形模具工装设计是集脉冲电流加热和热拉深成形模具一体化的热成形系统,整个试验工装由脉冲电流控制系统,电极液压升降系统,模具加热系统和拉深成形系统组成。图 5-26 所示为脉冲电流拉深成形试验装置示意图,SiC_p/2024Al 复合材料板材直接置于成形模具中,通入高密度脉冲电流加热,随着温度达到板材成形温度,迅速地进行断电拉深成形。

图 5-27 所示为电辅助拉深成形模具及工装。脉冲电流控制系统采用 8V/15000A 大功率高频开关电源输出低压高强脉冲电流对坯料进行加热。升降电极连接螺栓需要使用陶瓷管进行绝缘,下电极与模座之间使用石棉橡胶板和云母片

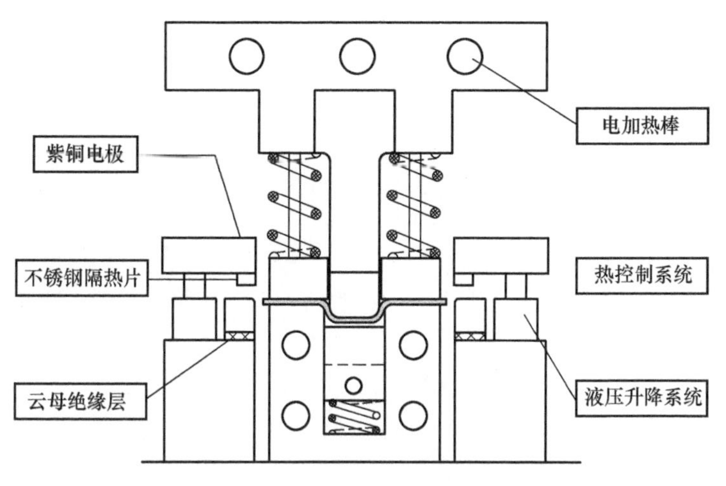

图 5-26　电辅助拉深成形装置示意图

进行绝缘,从而保证脉冲电流仅通过板材坯料,有效防止漏电分流,极大的提高了加热效率。拉深成形系统(5-27(a))主要包括上下模具,滑动型芯、压边圈等。起皱和破裂缺陷严重影响着制件的质量,为确保工件的热拉深成形,采用弹簧压边结构提供压边力,提高零件成形精度和质量。由于槽底不是平面,凹模底部采用滑动型芯,为零件成形过程中提供背压,提高工件质量和尺寸精度。同时,通过采用高速压缩空气降低凹模滑动型芯温度,减少工件弯角处的产生微裂纹概率,提高拉深成形效率。夹持电极(图 5-27(b))及导线采用低电阻率的紫铜材料,但由于其较高的热导率。通电加热时需在电极和板材之间安装高电阻、低热传导率的不锈钢保温片,用于阻止热量从通电坯料向紫铜电极传导,从而提高板材坯料温度场的均匀性。电极夹持力由液压升降系统(图 5-27(c))来提供,以保证夹持电极与坯料间的良好接触,防止火花放电,保证有效加热。模具加热系统采用电加热棒(图 5-27(d))实现上下模具加热,使用热电偶进行测温,并进行温度反馈,从而控制模具温度。

根据试件的尺寸,完成设计成形模具。并且由于在热成形过程中,线膨胀系数差异对成形工件的尺寸精度有着很大的影响,其中铝基复合材料在 20~500℃时的线膨胀系数约为 2.5×10^{-5}/℃,而热作模具钢 H13 在 20~300℃时则为 1.3×10^{-5}/℃。因此对凸凹模尺寸进行设计时,必须考虑到热补偿,补偿量 ΔL_0 可通过下式计算:

$$\Delta L_0 = L_{\text{part0}} \cdot \Delta T \cdot \frac{\alpha_{\text{parti}} - \alpha_{\text{diei}}}{1 + \alpha_{\text{diei}} \Delta T}$$

式中　L_{part0}——室温时零件的名义尺寸；

α_{diei}—— 成形温度时模具的线膨胀系数；

α_{parti}—— 成形温度时零件的线膨胀系数；

ΔT—— 成形温度与室温的温差。

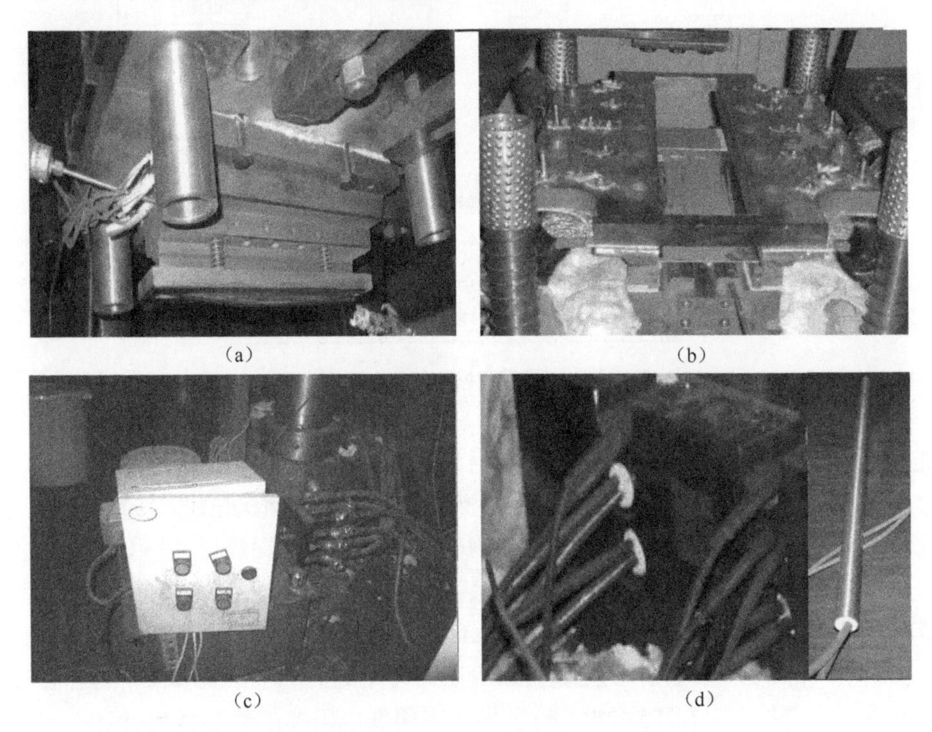

图 5-27　电辅助拉深成形模具及工装：
(a)模具；(b)升降电极；(c)液压泵站；(d)电加热棒。

5.3.2　工艺参数对铝基复合材料板材拉深的影响

影响电辅助拉深成形技术的因素较多且复杂，工艺参数的选择和优化是最关键因素之一。这里将对电辅助拉深成形技术的工艺参数进行探索，以期获得最佳的试验结果。其工艺参数主要的包括了电流密度，摩擦力，压边力及凸凹模温度等。

作为电辅助拉深成形工艺中最重要的影响因素之一，脉冲电流密度为单位横截面积上流过的脉冲电流的大小，单位为 A/mm^2。并且输入的电流密度大小决定坯料板材的升温速率和最终加热温度。由于坯料的加热温度对板材坯料的拉深成形性有着最直接、最显著的影响。一方面，随着输入电流密度的增大，SiC_p/2024Al 复合材料板材坯料的延伸率将随着相应温度的升高而显著增大，屈服强度和抗拉强度也随之降低，应变硬化能力明显下降，塑性性能增强，从而使得拉深性能得到有效改善，提高拉深质量；另一方面，随着高密度脉冲电流通过 SiC_p/2024Al 复合材料坯料时，产生的大量定向运动的自由电子，频繁地定向撞击位错，会对位错段产生一个类似于外加应力的电子风力，原子的随机热运动在脉冲电流瞬时冲击力作用下获得足够的动能离开平衡位置，原子的扩散能力加强，位错更容易滑移、攀移，从而提高了金属的塑性。脉冲电流密度越大，其对位错的作用越大。然而，较大的电流密度将导致板材产生较高的温度，造成 SiC_p/2024Al 复合材料拉深成形时由于高温产生铝合金基体无法进行有效的载荷传递，导致坯料在碳化硅颗粒与铝合金基体的界面处脱黏及铝合金基体的开裂。因此，脉冲电流密度成形温度 SiC_p/2024Al 复合材料的拉深性能取决于以上两方面相互作用。根据 SiC_p/2024Al 复合材料的拉伸性能、电热物理性能、散热条件、升温速率及温度场分布等因素，以及实际的工况条件和大量试验验证数据，确定当脉冲电流密度达到 21.7A/mm^2 时，所产生的焦耳热能够将坯料温度迅速加热到预期的成形温度 400℃，并且保温 5min，确保板材坯料的温度场分布更加的均匀，达到较好的拉深成形质量。

热拉深时在坯料和凹模，以及坯料和压边圈之间所产生的摩擦是不利的。较大的摩擦能使变形程度降低，零件表面擦伤，模具寿命缩短。尤其坯料在加热条件下，坯料与模具或压边圈表面的摩擦系数要比冷拉深时要大，材料软化、划伤的可能性也更加严重。SiC_p/2024Al 复合材料通常在碳化硅颗粒与铝合金基体的界面处脱粘而产生破坏，造成其拉深性能较差。通过改善拉深成形过程的润滑状况能够弥补材料本身成形性的不足，在一定程度上还能够补偿模具设计制造上的欠缺。所以，在 SiC_p/2024Al 复合材料热拉深中，应合理地选择润滑剂。对润滑剂的选择基本要求是：能形成牢固而连续的薄膜，具有良好的润滑性、热稳定性和耐热性，对零件与模具不起腐蚀作用，易涂擦和去除，价格低廉等。本试验采用水基石墨作为润滑剂，首先用丙酮溶液清洗坯料表面，以去除表面油渍污垢；然后将 SiC_p/2024Al 复合材料板材坯料和凸凹模加热到 80℃后，采用气动喷枪均匀的将水基石墨润滑剂喷涂到其表面，水分的瞬间蒸发使石墨薄膜牢固地附着在板材和模具表面上，从而提高零件表面质量。

压边力（blank holding force，BHF）是对金属板料拉深成形特性有着重要影响的工艺参数之一。本试验对 SiC_p/2024Al 复合材料试件采用一次成形，因此通过对压边力进行有效控制，能够避免在板料拉深成形过程中出现起皱和破裂等缺陷，提高拉深成形性能。对于板材坯料热拉深成形，当采用的压边力较小时，无法有效控制铝基复合板材内的流动，坯料的法兰部分容易产生皱褶。法兰区的皱褶是由坯料在成形过程中受到切向压应力和径向拉应力的作用，板料开始顺着凹模口的法线方向凹模腔延伸，法兰随着收缩变小，应力发生变化，多余的板料则相互挤压，切应力过大，引起法兰失稳造成的。图 5－28（a）所示为压边力较小时，SiC_p/

2024Al 复合材料试件法兰处严重起皱;同时,随着拉深成形过程的进行,皱褶在通过凸、凹模间隙时,由于受到严重阻碍,因此产生较大的阻力使得试件断裂,不能继续变形。

相反,压边力过大,虽然可以避免起皱缺陷,但拉破缺陷产生的趋势会明显增加,并且模具和板料表面受损可能性亦增大,影响模具寿命和板料拉深成形质量。图 5-28(b)所示为压边力过大时,由于拉深载荷的增大超出了凸模圆角 SiC_p/2024Al 复合材料的承受能力,使碳化硅颗粒与铝合金基体的界面结合处脱粘或者铝合金基体的延性破坏,造成坯料在凸模圆角处产生局部流动而失稳破裂,该处是整个拉深成形试件强度最薄弱的地方。因此,根据大量试验结果,我们设计的压边装置采用 4 根铟钪镍耐高温弹簧提供压边,其具有结构简单,容易控制等特点,弹簧单个最大压力为 10kN,能够产生足够的摩擦抗力,控制 SiC_p/2024Al 复合材料的变形流动,避免出现起皱和破裂等缺陷,保证了拉深试件良好的质量。

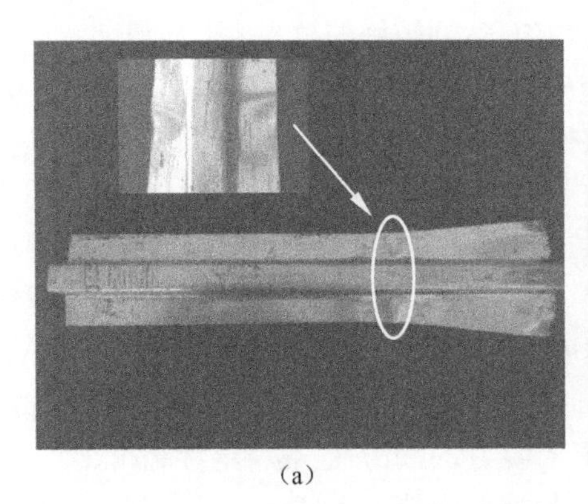
(a)

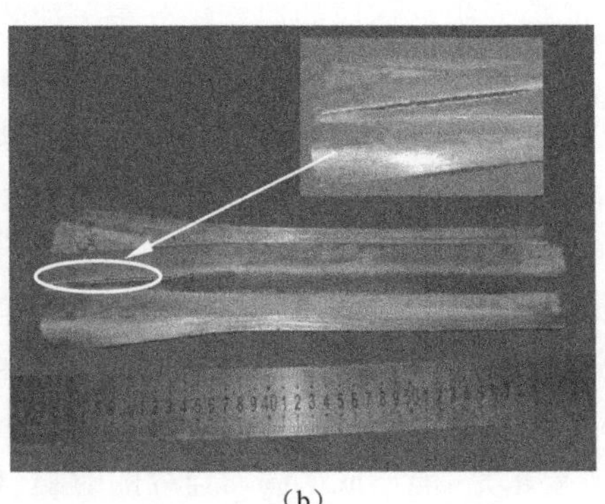
(b)

图 5-28　压边力对成形工件的影响
(a)法兰起皱;(b)圆角开裂。

在金属板料的热拉深成形时,法兰处板坯先经过压缩变形,再进入凹模型腔,由变形区转变为传力区。当处于高的温度条件下,法兰变形区内板坯变形抗力被降低,而凸模底部为较低温度时,板料具有高的抗拉强度,增强侧壁尤其是凸模圆角处的承载能力。因此,通常采用不加热凸模或将凸模加热至远低于板料成形的温度,使得与凸模底部圆角和壁部相接触板料金属的流动应力高于凸缘部位金属的流动应力,显著提高凸模圆角和壁部传力区金属的力传递能力,提高该处金属的抗拉强度,保证拉深成形过程的顺利进行,其主要目的是增强凸模圆角处的强度。而若凸模底部的温度接近或超过成形温度,在拉深成形过程中随着所需拉深力的增加,易导致凸模圆角失稳断裂。由此可见,在 SiC_p/2024Al 复合材料板材的拉深成形中,合理地设置凸凹模温度能够有效提高材料的拉深性能。

本试验将凸凹模温度预先加热到350℃，为了防止热量散失，上下水冷板与模具之间安装隔热材料夹层，减少被加热坯料由于较大温差而造成模具温度的散失，影响热拉深成形质量和效率。同时，根据零件形状尺寸的特点，综合考虑模具设计要求，通过采用高速压缩空气降低凹模滑动型芯处的（凸模底部）温度，达到降低坯料凸模圆角处的温度，提高圆角危险区域的抗拉强度，减少工件弯角处的产生裂纹概率，提高拉深成形效率。表5-11列出了通入不同时间的高速压缩空气前后凹模上表面凸缘处T_1与滑动型芯T_2的温度梯度。从表中可知，由于滑动型芯处于凹模内部，热散失较少且由于和温控系统灵敏度等问题，造成滑动型芯温度较高，达到了370℃。在通入高速压缩空气前，凹模上表面凸缘处T_1与滑动型芯T_2温度梯度约为14℃。而在通入高速压缩空气30s、60s及90s后，由于凹模滑动型芯温度迅速降低，其与凹模凸缘处温度梯度分别为28℃、32℃和37℃。根据试验研究，最终采用通入60s的高速压缩空气，以降低凹模滑动型芯（凸模底部）易断裂处的温度，提高底部圆角与直壁壁部传力区的力传递能力，从而提高试件的拉深性能和效率。

表5-11 凹模上表面（法兰面）凸缘与滑动型芯（凸模底部）的温度梯度

	气体冷却前	气体冷却后		
		30s	60s	90s
T1/℃	356	355	351	342
T2/℃	370	327	319	305
ΔT/℃	14	28	32	37

电辅助拉深成形的工艺流程如图5-29所示。首先，SiC_p/2024Al复合材料板材被剪裁为380mm×105mm×1.6mm的矩形坯料，采用气动喷壶对预热至80℃的SiC_p/2024Al复合材料板材矩形坯料进行水基石墨润滑剂的喷涂。其次，将喷涂水基石墨润滑剂的矩形坯料放入成形设备中，并安装不锈钢保温片，由液压系统提供电极夹持力，确保紫铜电极、不锈钢保温片与坯料良好的接触条件，降低接触界面的接触电阻，防止放电打火的产生。输入低压高强脉冲电流（21.4A/mm^2）对坯料进行加热，使用红外感应测温仪对坯料温度实时测量。脉冲电流所产生的巨大焦耳热使坯料温度迅速升高，当达到成形温度（400℃）时，保温5min后，关闭电源。随后，迅速抬升电极，并以4mm/s的成形速度进行SiC_p/2024Al复合材料板材的断电拉深成形。整个工艺过程快速、连续地进行，大约耗时60s。最后对拉深成形的工件采用热矫形工序确保尺寸精度，并进行相应的尺寸精度测量和荧光检测，从而确保工件的几何尺寸精度和无微裂纹产生。

图5-30所示为SiC_p/2024Al复合材料电辅助拉深成形的零件，其表面质量

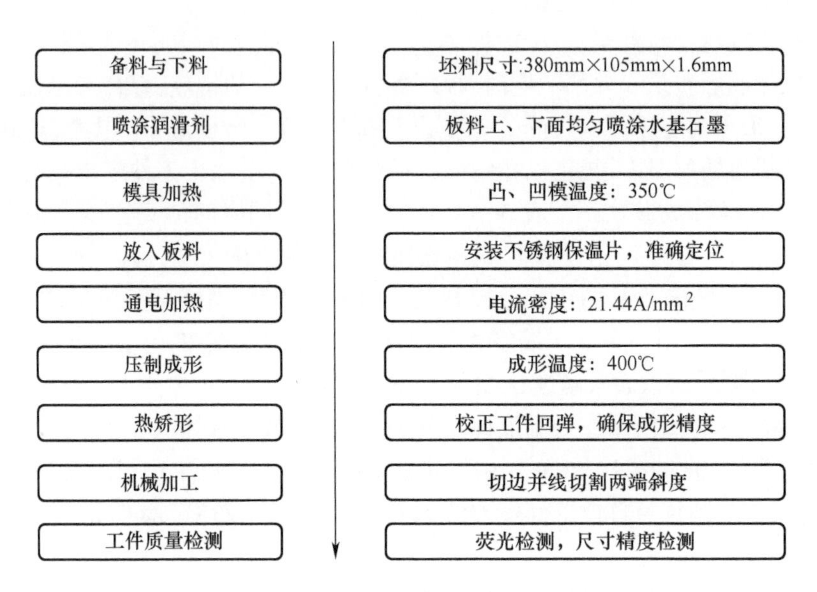

图 5-29　电辅助拉深工艺流程图

好、厚度均匀、无划伤和褶皱,尺寸精度达到±0.2mm。荧光检测结果显示,工件圆角等易断裂区无显微裂纹,成形质量良好。与传统的热成形相比,电辅助拉深成形技术具有加热快、效率高等优点。由于采用脉冲电流加热及成形一体化的设计,极大的减少了板材坯料在加热过程中产生的热损失和氧污染,提高了成形零件的质量。因此,电辅助成形技术在板材零部件的精密成形领域及批量化生产等方面具有巨大的发展潜力。

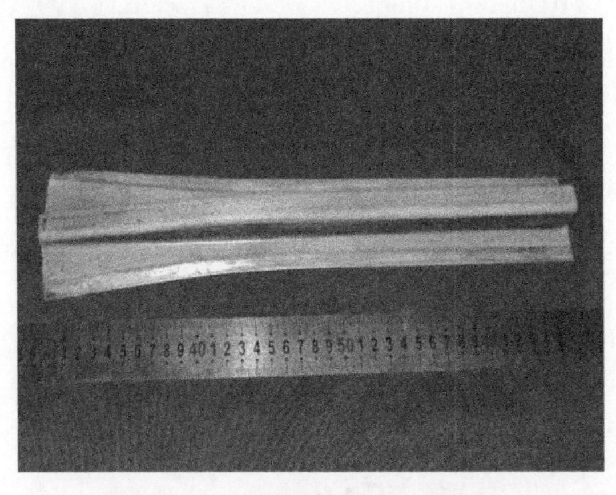

图 5-30　电辅助拉深成形的零件

参考文献

[1] TANG GY, YAN DG, YANG C et al. Joule heating and its effects on electrokinetic transport of solutes in rectangular microchannels[J]. Sensors and Actuators A, 2007, 139: 221-232.

[2] CONRAD H. Electroplasticity in metals and ceramics[J]. Materials Science and Engineering A, 2000, 287: 276-287.

[3] LI D L, YU E L. Computation method of metal's flow stress for electroplastic effect [J]. Materials Science and Engineering A, 2009, 505: 62-64.

[4] 刘渤然,张彩培,赖祖涵. 在脉冲电流作用下 Al-Li-Cu-Mg-Zr 合金的超塑形变[J]. 材料研究学报,1999,13(4):385-389.

[5] 门正兴,周杰,王梦寒,等. 电阻直接加热锻造成形工艺方法及试验[J]. 重庆大学学报, 2011,34(9):67-72.

[6] 林兆荣. 金属超塑性成形原理及应用[M]. 北京:航空工业出版社,1990.

[7] YOSHIHARA S, YAMAMOTOB H, MANABEB K, et al. Formability enhancement in magnesium alloy stamping using a local heating and cooling technique: circular cup deep drawing process [J]. Journal of Materials Processing Technology, 2003, 143-144: 612-615.

第 6 章　脉冲电流辅助连接

脉冲电流辅助瞬态液相（transient liquid phase，TLP）扩散连接技术利用低压高强度脉冲电流通过金属基复合材料板材试样搭接面与混合粉末中间层，产生焦耳热、高温等离子体和电迁移等效应，使得铝铜发生二元共晶反应，然后通过溶质原子的扩散发生等温凝固，从而实现对 SiC_p/2024Al 复合材料板材的 TLP 扩散连接，并且由于采用的中间层中钛粉的加入，在脉冲电流的作用下原位生成了金属间化合物增强相，能够极大的提高连接接头的力学性能。本章通过对新工艺技术的可行性研究，分析连接接头区域溶质元素分布、微观组织分析和接头力学性能，探讨脉冲电流对板材 TLP 扩散连接的作用机制，最终为脉冲电流辅助扩散连接技术在工程生产中的应用奠定理论和技术基础。

6.1　脉冲电流辅助瞬态液相扩散连接工艺

本章采用脉冲电流作用于试样接头搭接面与粉末中间层，产生焦耳热、高温等离子体和电迁移等效应对 SiC_p/2024Al 基复合材料进行 TLP 扩散连接，试验装置如图 6-1 所示。SiC_p/2024Al 基复合材料板材试样尺寸为 25mm×10mm×1.6mm。

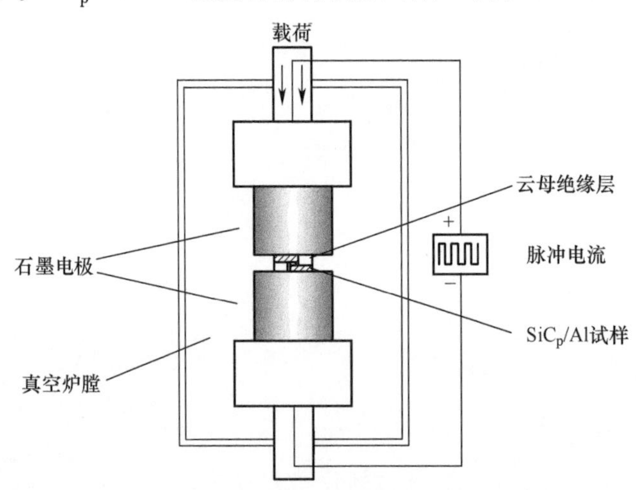

图 6-1　脉冲电流辅助 TLP 扩散连接装置示意图

试样接头首先采用800#砂纸打磨去除氧化皮，采用丙酮进行清洗表面污垢。分别将比例为2∶1的Al-Cu粉末和比例为2∶1∶1的Al-Cu-Ti金属粉进行均匀化机械混合，并加入乙醇作为黏结剂，将其调成均匀的糊状，然后平铺在清洗后的待连接表面。试样采用搭接接头形式放置，搭接宽度为2mm。在脉冲电流辅助TLP扩散连接过程中，真空度为1×10^{-3}，连接温度为580℃，对应的平均电流密度为1.15×102A/mm^2，保温时间为15~60min，保温完成后在真空状态下冷却至室温，连接预压紧力为0.5MPa。试验采用石墨圆柱作为电极，并使用厚度与坯料相同的云母绝缘层进行绝缘，从而保证了整个回路接通电流时，脉冲电流仅从两块坯料搭接面和粉末中间层通过，提高了脉冲电流作用效率。

6.2 脉冲电流辅助瞬态液相扩散连接接头的微观组织及力学性能

6.2.1 Al-Cu粉末中间夹层连接接头的微观组织形貌

通入电流密度为1.15×102A/mm^{2}的高强脉冲电流后，采用Al-Cu混合粉末中间夹层试样接头的温度迅速达到580℃，连接保温时间为45min时，其背散射照片及线扫描分析如图6-2所示。其中，图6-2(a)为连接接头的背散射照片，图6-2(b)则为图6-2(a)连接接头背散射照片沿白线的线扫描Al-Cu元素分布结果。

连接接头局部区域的背散射照片和线扫描分析结果可以看出，粉末中间夹层中的主要元素Cu已经扩散至SiC_p/2024Al复合材料基体中，形成了明显的扩散层，且扩散层中，Cu元素含量最大百分比达到了31%，远远超过了SiC_p/2024Al复合材料基体中铜元素的含量(3.5%)，Cu元素存在明显向Al基复合材料的扩散趋势。同时，由于扩散时间等因素的影响，图6-2(a)接头背散射照片中仍包含有少量局部富Cu区域；对应的线扫描结果Cu元素含量突然增大，含量百分比达到了50%左右；相应的Al元素含量就随之突然降低，这表明连接时间为45min时，Al-Cu元素的瞬态共晶反应扩散并未完全。

图6-3所示为在580℃下，电流密度为1.15×102A/mm^2，连接时间为60min时，采用Al-Cu混合粉末中间夹层的脉冲电流辅助扩散连接接头的背散射照片及EDAX点扫描分析。其中，图6-3(a)为连接接头的背散射宏观形貌照片，主要展示了连接接头的Al-Cu中间夹层区、Cu扩散区和SiC_p/2024Al复合材料基体。图6-3(b)为连接接头Al-Cu中间夹层区的微观背散射照片，与之相应的点扫描结果如图6-3(c)和图6-3(d)所示。表6-1给出了中间夹层的表征点A和B的化学元素成分含量。由接头的背散射形貌照片和局部区域的微观组织照片可以看

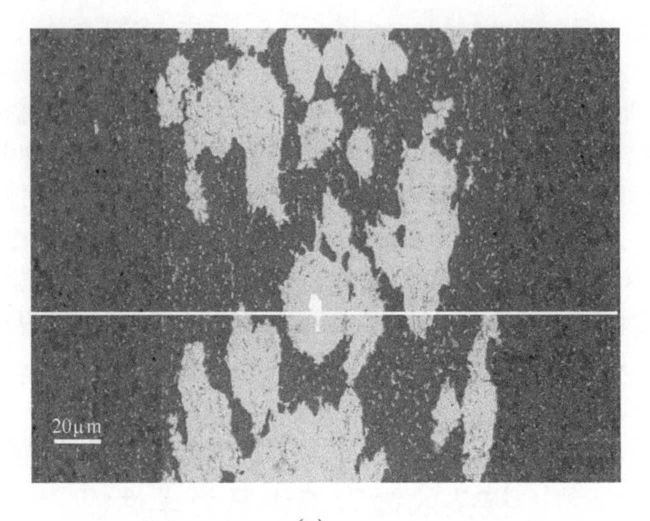

(a)

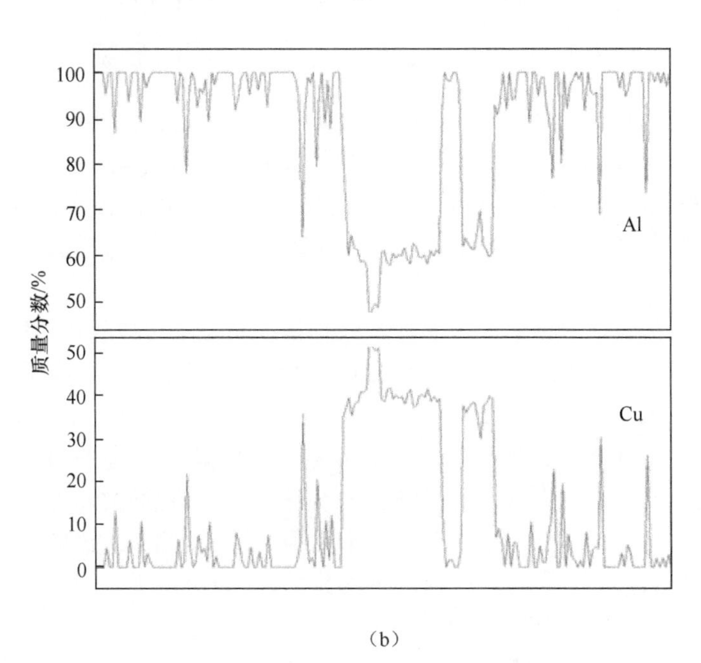

(b)

图 6-2 580℃下连接时间为 45min 时连接接头的线扫描分析
(a)连接接头的背散射照片;(b) 中间层 Al-Cu 元素分布。

出,Cu 元素扩散至母材当中,形成了明显的扩散层,接头的组织与成分分布均匀,未见有杂质、气孔等缺陷,接头与 SiC_p/2024Al 复合材料基体之间形成牢固的冶金结合状态。

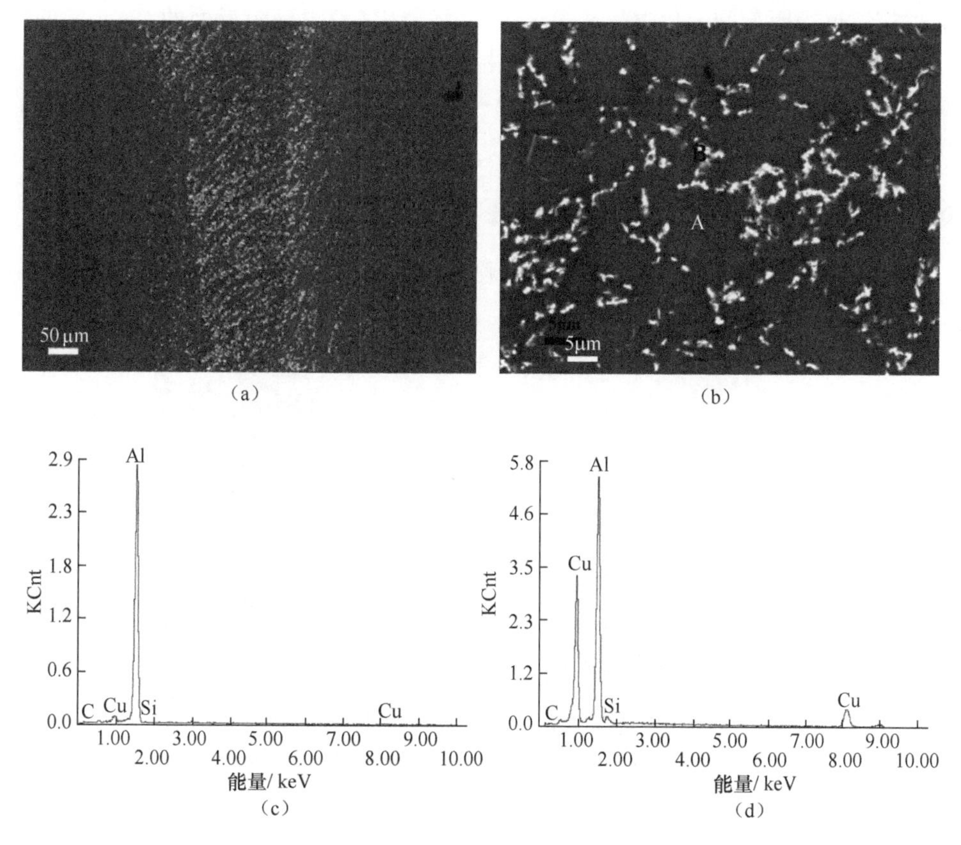

图 6-3 580℃下连接时间为 60min 时用 Al-Cu 中间夹层的连接接头形貌及 EDAX 分析
(a) 接头形貌;(b) 显微组织;(c) 表征点 A 处 EDAX 分析;(d) 表征点 B 处 EDAX 分析。

表 6-1 图 6-3(b)中表征点的化学成分

采集点	Al	Cu
A	93.23	6.56
B	54.12	43.90

在使用 Al-Cu 粉末中间夹层进行 TLP 扩散时,其主要的过程如下:第一个阶段,随着温度升高, Al 原子与 Cu 原子之间的互扩散能力增强,由于不同区域中 Al-Cu 原子存在浓度差,在界面处发生 Al、Cu 原子的相互扩散。当温度高于 Al-Cu 共晶温度时,在粉末中间夹层中及坯料基体界面的 Cu 扩散区发生共晶反应形成液相,并 Cu 与 Al 的互扩散使界面处的坯料基体不断溶解。第二阶段,液态共晶反应层成分的均匀化。由于第一阶段反应生成的液相共晶反应层成分是不均匀的,处于过饱和状态,液相中的 Cu 原子将继续向坯料基体中扩散,并且液相成分

通过扩散也经历着均匀化过程。第三阶段，随着固-液界面附近处的 Cu 元素的进一步的扩散，局部 Cu 原子浓度降低，液相中 Cu 原子浓度下降，熔点升高，导致局部结晶发生，并最终反应完全结晶为 Al-Cu 固溶体。第四阶段，随着连接时间的增加，组织成分均匀的连接接头形成。

6.2.2 Al-Cu-Ti 粉末中间夹层连接接头的微观组织形貌

图 6-4 所示为采用 Al-Cu-Ti 混合粉末中间夹层的脉冲电流辅助扩散连接接

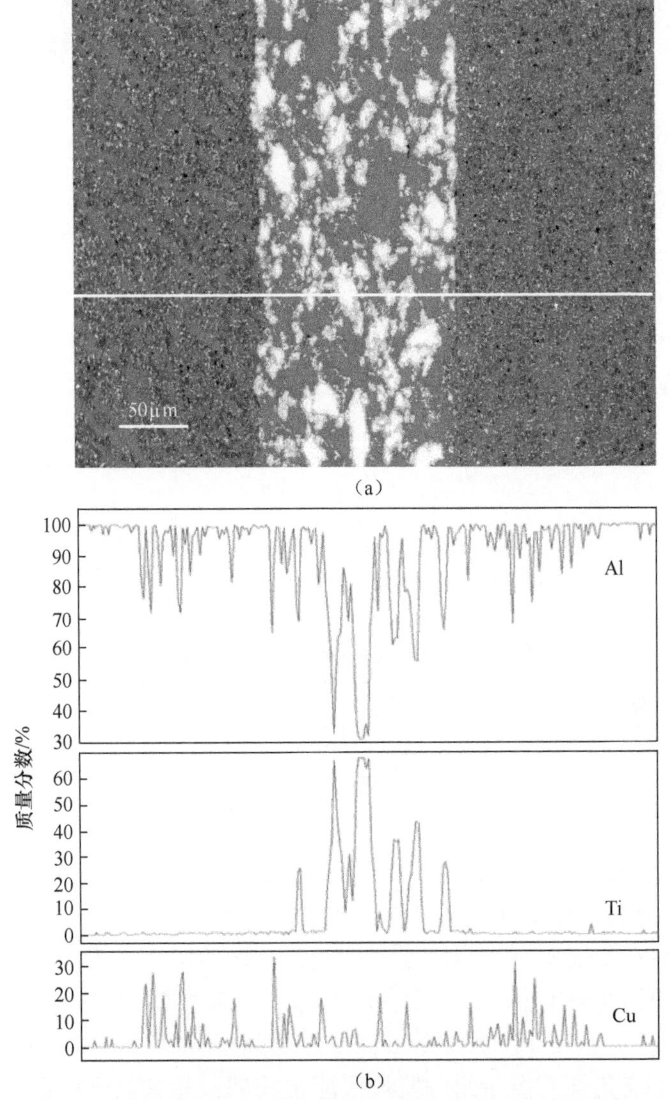

图 6-4 580℃下连接时间为 60min 时连接接头的线扫描分析
(a)连接接头的背散射照片；(b) 中间夹层 Al、Cu 和 Ti 的元素分布。

头的背散射照片及线扫描分析结果。其连接工艺参数：温度为 580℃，电流密度为 $1.15\times10^2 A/mm^2$，连接时间为 60min。其中，图 6-4(a) 为 Al-Cu-Ti 混合粉末中间夹层连接接头的 SEM 背散射照片；图 6-4(b) 为连接接头中间夹层 Al、Cu、Ti 的元素分布。如前所述，随着温度的升高，由于中间层与坯料基体中存在的浓度差，在界面处将发生相互扩散，并且当温度高于 Al-Cu 共晶温度 548℃时，中间夹层的局部熔化将促使原子间互扩散作用增强，加速 Cu 原子向坯料基体中扩散。

由连接接头局部区域线扫描分析及接头背散射结果可以看出，粉末中间层中的主要元素 Cu 已经扩散至 SiC_p/2024Al 复合材料基体中，形成了明显的扩散层，且接头区域界面两侧的 Cu 元素浓度分布基本呈现均等状态，说明 Cu 元素在接头两侧的扩散是均匀的。而且，Cu 元素在扩散层的含量最大百分比达到了 31%，远远超过了 SiC_p/2024Al 复合材料基体中铜元素的含量（3.5%），Cu 元素存在明显向 Al 基复合材料的扩散趋势。同时，图 6-4(b) 所示的线扫描结果也显示出 Ti 元素主要存在于连接接头的中间夹层区域，并未明显发生向坯料基体扩散的现象。但是，由于 AlCu 共晶反应在中间夹层和坯料基体的界面处产生液相，使得局部有 Ti 元素在坯料基体界面处形成块状凸出区域，使得坯料基体与中间夹层之间呈曲线状的界面。

图 6-5 所示为在 580℃下，电流密度为 $1.15\times10^2 A/mm^2$，连接时间为 60min 时，采用 Al-Cu-Ti 混合粉末中间夹层的脉冲电流辅助扩散连接的接头形貌背散射照片及 EDAX 点扫描分析结果。图 6-5(a) 为连接接头形貌的散射照片，主要展现了连接接头的 Al-Cu 中间夹层区、Cu 扩散区和 SiC_p/2024Al 复合材料基体。Cu 元素扩散至基体当中，形成了明显的扩散层，接头与 SiC_p/2024Al 复合材料基体之间结合紧密，形成了牢固的冶金结合状态。图 6-5(b) 所示为接头中间层区域的微观组织背散射照片，结果显示接头组织与成分分布均匀，未见有夹杂、偏聚及气孔等缺陷。同时，从该图中可以明显地看到接头中间夹层区域含有四种不同物质，结合 EDAX 点扫描分析，表征点的化学元素成分含量如表 6-2 所示。根据分析结果，亮色的表征点 A 为纯 Ti 区、浅灰色的表征点 B 为 Ti-Al 元素区，根据其化学成分含量组成，可推断为 Al_3Ti 金属间化合物、深灰色的表征点 C 为 Al 基体以及分布均匀的亮斑状的表征点 D 为 Al-Cu 元素区，根据其化学成分含量组成，可推断为 Al_2Cu 金属间化合物。因此，为了确定采用 Al-Cu-Ti 混合粉末中间夹层的连接接头中间夹层的相组成，对连接接头的中间夹层区进行了 XRD 分析测试，其结果如图 6-6 所示。从 XRD 分析结果可以看出，采用 Al-Cu-Ti 混合粉末中间夹层在 580℃下进行的脉冲电流辅助 TLP 扩散连接所得到的接头主要包含了 Al 相、Al_2Cu 金属间化合物及 Al_3Ti 金属间化合物。原位生成硬脆的 Al_2Cu 和 Al_3Ti 金属间化合物与 Al 基体具有良好的润湿性，且能够提高接头的力学性能。

表 6-2　图 6-5(b)中表征点的化学成份

采集点	Al	Ti	Cu
A	0.89	97.54	1.56
B	58.98	39.23	1.79
C	93.09	0.94	5.97
D	52.85	0.58	46.56

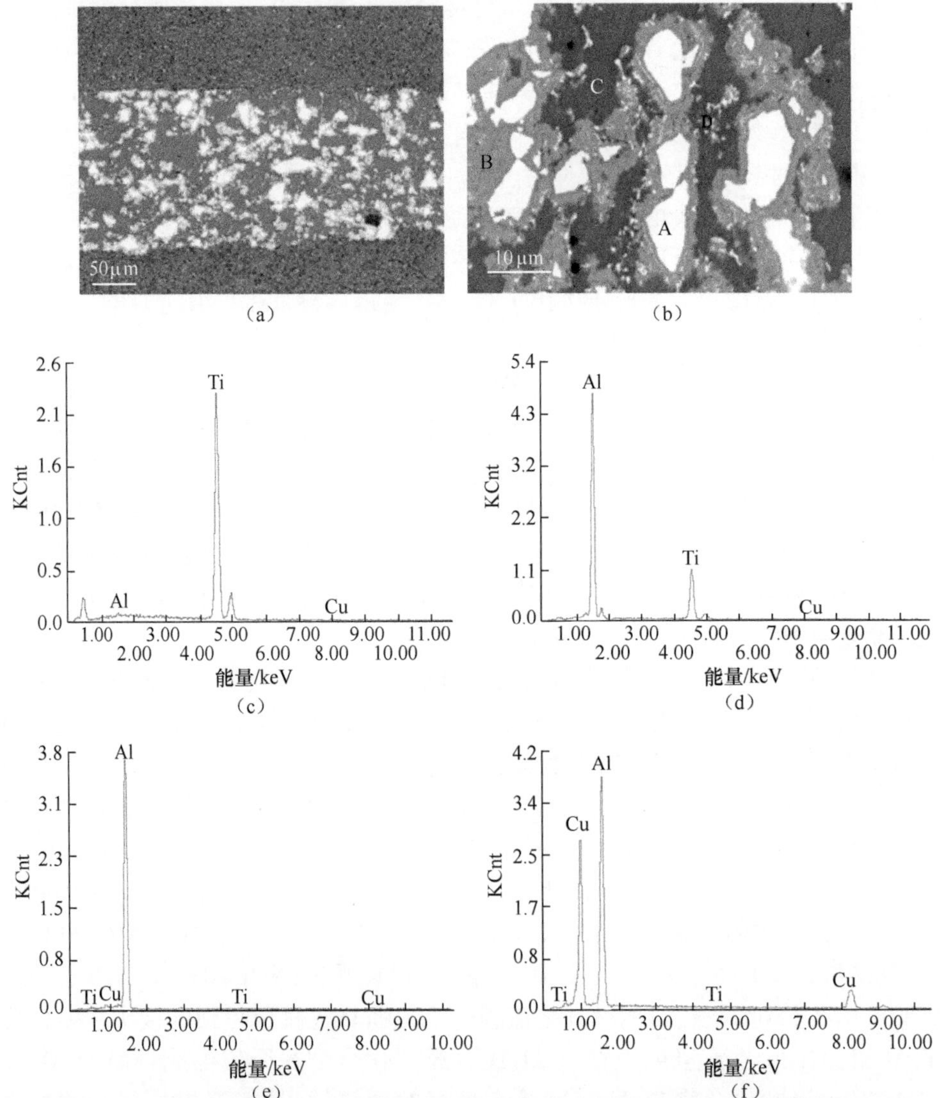

图 6-5　580℃下连接时间为 60min 时用 AlCuTi 中间夹层的连接接头形貌及 EDAX 分析

(a) 接头形貌;(b) 显微组织;(c) 表征点 A;(d) 表征点 B;(e) 表征点 C;(f) 表征点 d。

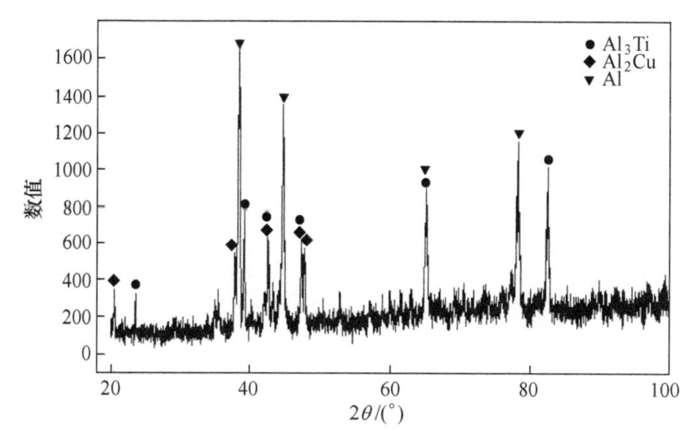

图 6-6　580℃下连接时间为 60min 时用 AlCuTi 粉末中间夹层连接接头 XRD 分析

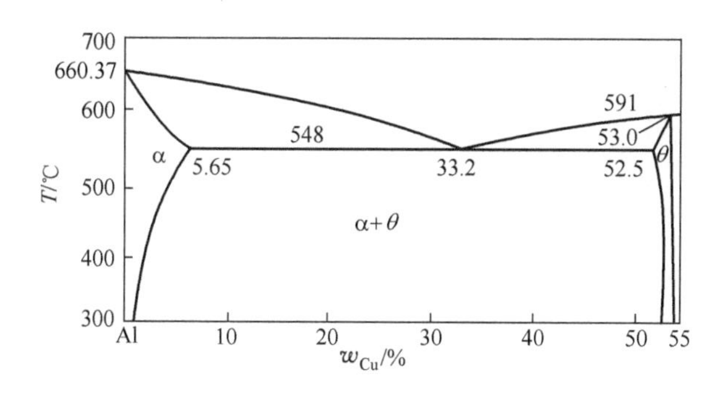

图 6-7　Al-Cu 相图

根据 Al-Cu 相图(图 6-7),当温度高于 Al-Cu 共晶温度 548 ℃时,在粉末中间夹层中及坯料基体与中间夹层界面处产生的 Cu 扩散区局部发生共晶反应形成液相,并由于 Cu 与 Al 的互扩散使得液相不断增大。根据菲克定律(Fick)第一定律,有

$$J = -D\frac{dc}{dx} \tag{6-1}$$

式中　J——扩散通量;

　　dc/dx——浓度梯度。

原子的扩散主要由扩散系数和浓度梯度决定,并且扩散系数与温度可以用阿伦尼乌斯(Arrhenius)公式表示:

$$D = D_0\exp\left(-\frac{E}{RT}\right) \tag{6-2}$$

式中　D_0——标准状态的扩散系数;

R——气体常数；

T——绝对温度；

E——扩散活化能。

因此，在温度确定的条件下，Cu 原子的浓度梯度也是产生扩散的重要因素。Cu 原子的扩散也将伴随着等温凝固的发生，生成 AlCu 共晶固溶体。同时，XRD 和 EDAX 点扫描分析结果显示了连接接头中产生大量的 Al_2Cu 金属间化合物，均匀分布于连接接头。接头中 Al_2Cu 的存在意味着有部分液相是在冷却条件下凝固，是共晶反应的产物，而不是完全的等温凝固的产物，其产生的多少与液相中 Cu 元素的含量有关。

同时，当连接温度超过 Al-Cu 共晶温度时，粉末中间层发生共晶反应熔化产生液相。共晶液相中的 Al 在连接区内铺展开，并将 Ti 颗粒包裹住，在 Ti 颗粒的表面发生反应：

$$Ti(s) + Al(l) \longrightarrow Al_3Ti(s) \tag{6-3}$$

因此，在采用 Al-Cu-Ti 粉末中间夹层的连接接头中直接原位生成 Al_3Ti 金属间化合物增强相，整个反应生成过程在热力学上达到平衡状态，且具有高温时性能降低少、界面洁净、无污染、润湿性好和结合力强等优点。由于这种原位生成的 Al_3Ti 金属间化合物密度与基体相差不多并与基体的润湿性好，热膨胀率相似，所以在连接接头中包含一定量原位生成的 Al_3Ti 金属间化合物增强相能有效的提高界面的载荷传递能力及接头强度。因此，通过调整连接工艺参数和中间夹层材料成分组成可在一定程度上控制铝基复合材料瞬间液相扩散连接接头的组织结构。

因为原位生成的硬脆 Al_3Ti 金属间化合物密度与基体相差不多，与基体润湿性、热膨胀率相似，所以能有效地提高连接接头的力学性能。由于这种原位生成的 Al_3Ti 金属间化合物密度与基体相差不多并与基体的润湿性好，热膨胀率相似，所以能有效的提高连接接头的力学性能。在脉冲电流通过 Al-Cu-Ti 混合粉末中间夹层时，伴随着焦耳热及高温等离子体等热效应的产生，连接过程中还包含着一些非热因素，且能够促进接头成分的均匀化和金属间相的生成。从微观角度看，Al 粉末颗粒与 Ti 粉末颗粒在轴向压力和热效应作用下形成 Al-Ti 耦合颗粒。当脉冲电流通过 Al-Ti 耦合颗粒时，伴随着热效应产生的同时，其内部可能产生电迁移效应。

所谓的电迁移效应是指，直流电流通过导体时，金属中产生的质量输运现象就称为金属化电迁移，即金属中的离子迁移。金属是晶体，在晶体内部金属离子按序排列。当不存在外电场时，金属离子可以在晶格内通过空位而变换位置，这种金属离子运动称为自扩散。因为任一靠近邻近空位的离子有相同的概率和空位交换位置，所以自扩散的结果并不产生质量输运。当有直流电流通过金属导体时，由于电场的作用就使金属离子产生定向运动，即金属离子的迁移现象。电迁移的过程伴随着质量的输运。H. Conrad 认为通入高强电流条件下进行的固态扩散所引起的相变主要是电迁移效应引起的。Nernst-Einstein 方程表示了电流通入金属后所产生的原子迁移通量,即

$$\phi = \frac{ND}{kT}Z^{*}e\rho j \tag{6-4}$$

式中 ϕ—— 原子迁移通量;

N—— 原子密度;

D——扩散系数;

Z^{*}——有效的化合价;

e—— 单位电荷带电量;

ρ—— 电阻率;

j—— 电流密度。

通常原子从阴极漂移到阳极,并且随着原子漂移的产生,阴极附近产生额外的空穴,阳极附近产生原子的堆积。同时,材料内部所具有的化学势梯度则形成一个与之相反的反向力:

$$f_b = -\Omega\frac{\partial\sigma}{\partial x} \tag{6-5}$$

式中 Ω—— 原子体积;

$\partial\sigma/\partial x$—— 应力梯度。

因此,综合式(6-4)和式(6-5)可知稳定状态下的原子漂移通量:

$$\phi = \frac{ND}{kT}\left(Z^{*}e\rho j - \Omega\frac{\partial\sigma}{\partial x}\right) \tag{6-6}$$

由式(6-6)可知,原子漂移通量由外部作用力(电流)和内部作用力(化学势梯度)共同影响决定。

电迁移效应作为电流对金属间相的形成和生长的非热影响被提出,并得到了相关试验验证和理论分析,但是国内外专家仍然没有达成统一的共识。美国加利福尼亚大学的 J. E. Garay 等通过对电流作用下 Ni-Ti 耦合结构金属间相(Ni_3Ti, NiTi, $NiTi_2$)层的生长进行了研究,提出了通入电流能够减小金属间相形成的有效激活能,并且随着电流密度的增加,金属间相形成的有效激活能随之降低。尽管统一的结论仍没有形成,但是大量研究工作证实了电流通过金属耦合时,除了产生焦耳热引起热扩散外,仍然能够产生非热影响,从而促进金属间相的形成和生长。

6.2.3 搭接接头的剪切强度

在铝基复合材料的瞬态液相扩散连接工艺中,连接时间作为最重要的参数之一,对连接接头的力学性能产生极大的影响。图 6-8 所示为采用 Al-Cu 和 Al-

Cu-Ti 粉末中间层在 580℃连接温度下铝基复合材料脉冲电流辅助 TLP 扩散连接的连接时间对接头剪切强度的影响规律。由图 6-8 可知,连接时间为 15~45min 时,采用 Al-Cu 粉末中间夹层连接接头的剪切强度随着连接时间的增加而增大,并在连接时间为 45min 时达到最大值 76.1MPa。当连接时间增加到 60min 时,采用Al-Cu 粉末中间夹层连接接头的剪切强度较连接时间为 45min 时略有下降。

采用 Al-Cu-Ti 粉末中间夹层时,随连接时间增加连接接头的剪切强度随之单调增大,并且在连接时间为 60min 时,拉剪试验的断裂失效发生在搭接接头的热影响区。因此,如图 6-8 中 Al-Cu-Ti 折线所示,其剪切强度值大于 154.1MPa,达到了基体剪切强度的 61.4%。同时,根据上面的 XRD 试验结果,Ti 元素的加入使连接接头中原位生成了一定量的 Al_3Ti 金属间化合物增强相,能够极大的提高连接接头的力学性能。因此,图 6-8 所示的试验结果验证了采用 Al-Cu-Ti 粉末中间夹层连接接头的剪切强度始终高于采用 Al-Cu 粉末中间夹层连接接头的剪切强度。

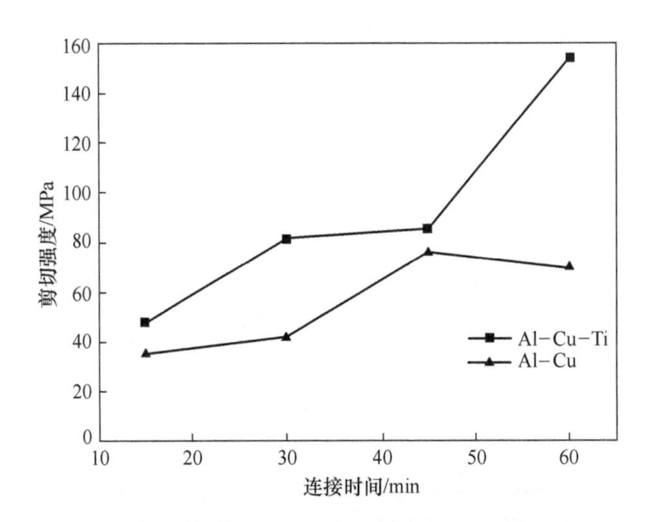

图 6-8　580℃下时连接接头的剪切强度与连接时间的关系曲线

大量研究发现,在铝基复合材料瞬间液相扩散连接接头中增强相偏聚区是最薄弱的区域,裂纹主要在该区产生和扩展,因此其对铝基复合材料连接接头的力学性能有着很大的影响。采用 Al-Cu 粉末中间夹层连接接头的剪切强度在连接时间为 60min 时较 45min 时略有下降,其主要原因可能是随着连接时间增加到 60min。在铝基复合材料连接表面所产生的液相层宽度逐渐增大,从而造成了碳化硅颗粒增强相的聚集区增多(图 6-9),碳化硅颗粒与碳化硅颗粒之间的弱连接增多,从而造成了接头的剪切强度降低。对于采用 Al-Cu-Ti 粉末中间夹层时,原位生成的 Al_3Ti 增强相能够产生颗粒弥散强化,阻碍位错滑移,对提高接头剪切强度有利。同时,随着连接时间的增加极大的提高了 Al_3Ti 增强相的原位生成及分布均匀性。图 6-10 所示为 580℃下连接时间为 45min 时采用 Al-Cu-Ti 中间夹层连接接头的微观形貌,其微观组织的均匀性远远差于连接时间为 60min 时接头的微观组织(图 6-5(a))。因此,连接时间对接头抗剪强度的影响主要归因于接头成分、组织的均匀化,选择合适的连接工艺参数对于改善接头的力学性能是十分重要的。

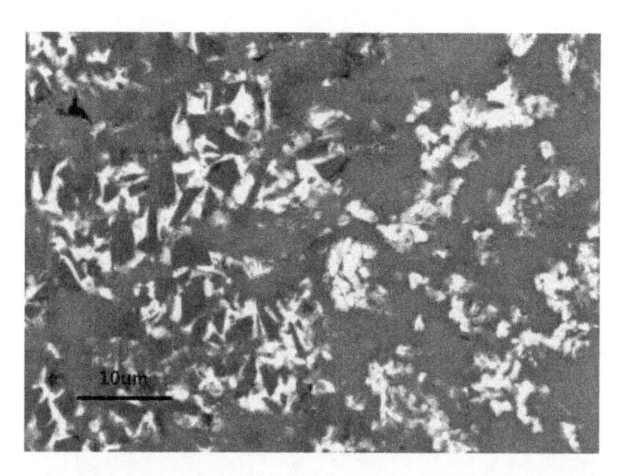

图 6-9　580℃下连接时间为 60min 时采用 Al-Cu 中间夹层连接接头的微观形貌

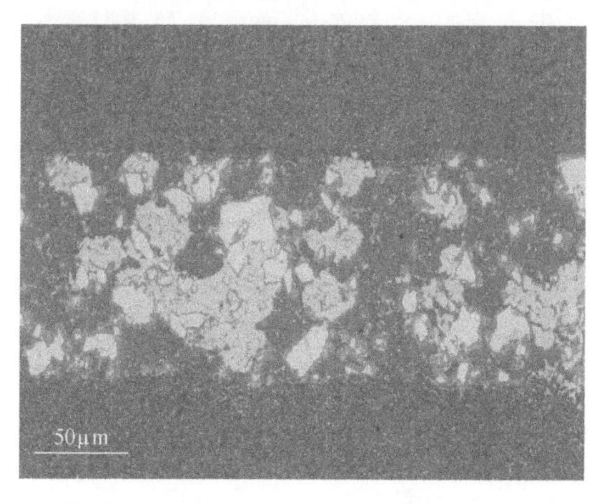

图 6-10　580℃下连接时间为 45min 时采用 Al-Cu-Ti 中间夹层连接接头的微观形貌

图 6-11 所示为采用不同的中间夹层在连接温度为 580℃下连接时间为 15min 时连接接头的剪切强度。根据试验结果可知,采用粉末中间夹层连接接头的剪切强度远远高于没有使用中间夹层的连接接头;采用 Al-Cu-Ti 粉末中间层接头的剪切强度高于仅采用 Al-Cu 粉末中间层的接头;同时,SiC 粉末的加入使得采用 Al-Cu-Ti 粉末中间层接头的剪切强度有所下降。

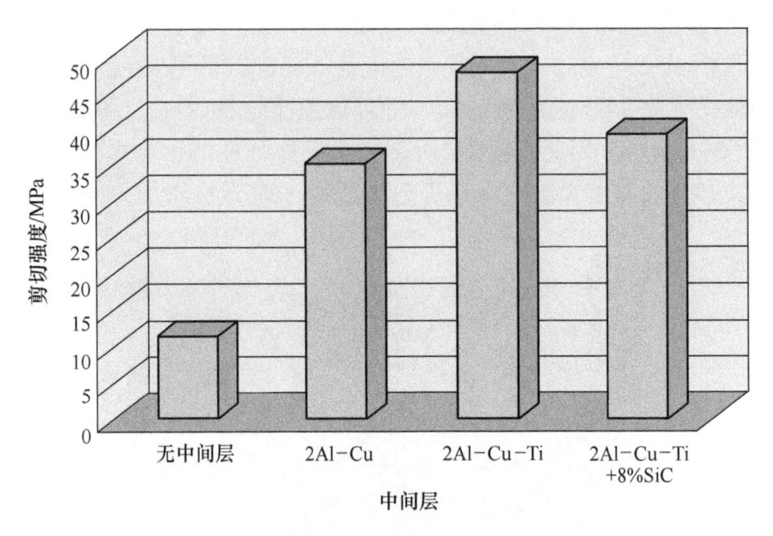

图 6-11　在 580℃下连接时间为 15min 时采用不同种连接接头的剪切强度

如图 6-12 所示，当完全不采用中间夹层连接时，SiC_p/Al 复合材料连接接头界面处存在着大量的颗粒与颗粒接触区，界面的结合状态为 P-P(颗粒-颗粒)+P-M(颗粒-基体)+ M-M(基体-基体)。当连接接头受剪切作用时，由于前两者间结合状态下的变形为非连续的、结合较弱，而后者 Al 基体间结合状态下的变形是连续的、结合较强。当剪切力达到一定值时，P-P(颗粒-颗粒)界面处最易生成微裂纹，P-M(颗粒-基体)次之，而 M-M(基体-基体)则结合状态较强。当采用粉末中间层进行连接时，粉末中间层的加入有效的消除了 P-P(颗粒-颗粒)结合状态的存在。因此，在同等连接条件下，采用粉末中间层的连接接头强度得到了明显的提高。

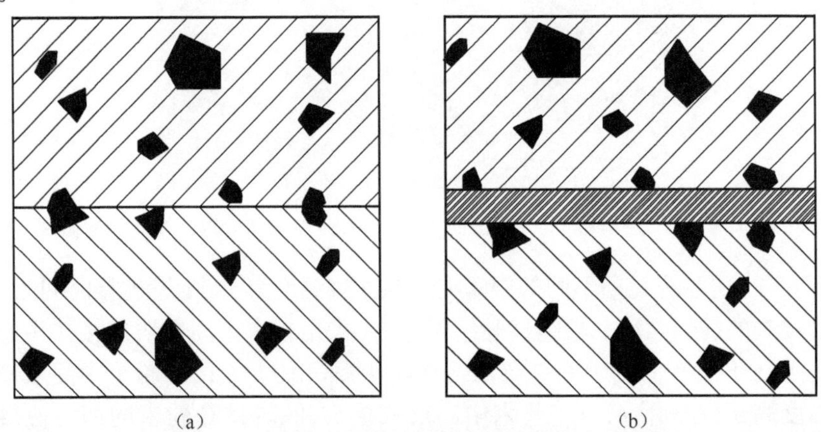

图 6-12　SiC_p/Al 复合材料接头的连接状态示意图

(a)没有中间层；(b)采用中间层。

6.2.4 搭接接头的显微硬度

SiC_p/2024Al 复合材料连接接头的显微硬度测试从"SiC_p/Al 复合材料基体—Cu 元素扩散区—粉末中间层区—Cu 元素扩散区—SiC_p/Al 复合材料基体"依次连续打点,并且采用 3 次测量结果的平均值。图 6-13 为在 580℃下采用 Al-Cu-Ti 粉末中间层时 SiC_p/Al 复合材料连接接头的显微硬度分布示意图。从图中可以看出,接头的显微硬度总体呈对称分布。其中,由于 Al-Cu-Ti 粉末中间层中发生冶金反应,原位生成了高强度高硬度的 Al_3Ti 金属间相,增加了对位错运动的阻力,所以显微硬度值最大。根据上一节中使用 Al-Cu-Ti 粉末中间层连接接头 XRD 结果,由于粉末中间层的 Cu 元素在 580℃下扩散至基体中,生成了 Al_2Cu 相,使接头 Cu 扩散区部分的显微硬度也明显高于复合材料基体。

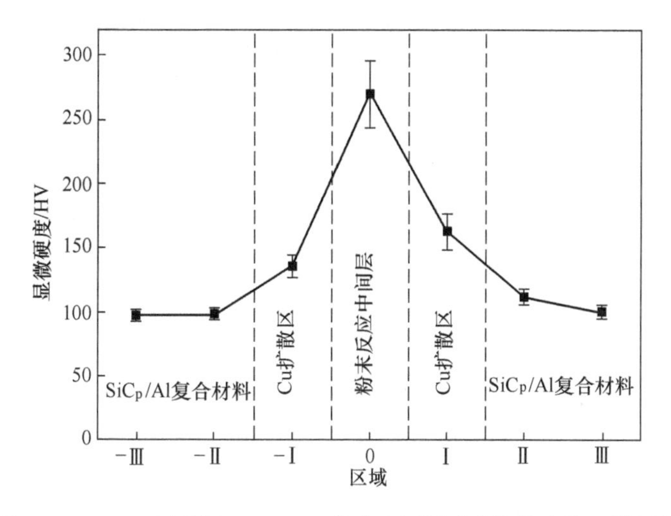

图 6-13 580℃下采用 Al-Cu-Ti 粉末中间层时连接接头的显微硬度

6.3 脉冲电流在瞬态液相连接中的作用机制探讨

本节主要通过对脉冲电流作用下采用粉末中间层连接接头的力学性能和微观组织变化规律的研究,进一步探索脉冲电流作用下铝基复合材料扩散连接过程的作用机制。如图 6-14 所示,当脉冲电流通过连接接头及粉末中间层时,扩散连接主要产生以下两个过程:①粉末中间层的冶金烧结致密化;②元素的热扩散,两者是一个连续且相互并行的过程。

由于采用粉末作为中间层对 SiC/Al 复合材料进行 TLP 扩散连接,当低压高强度脉冲电流通过连接接头时,粉末中间层首先产生烧结致密的过程。与普通的炉

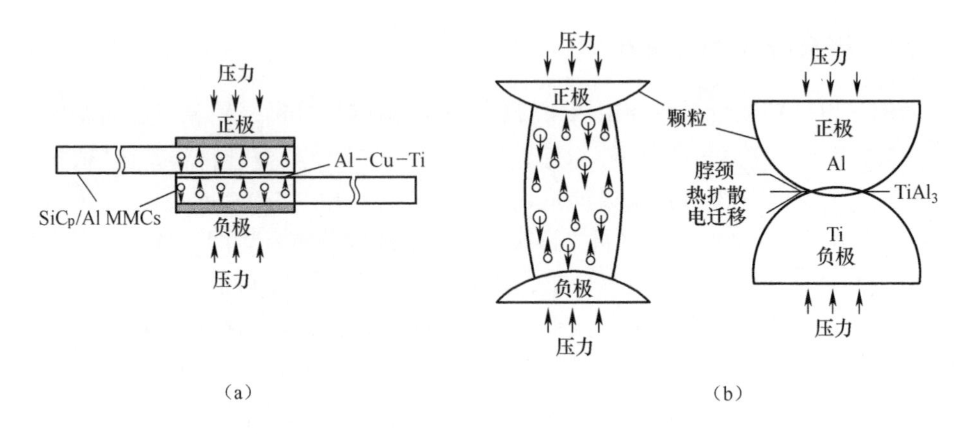

图 6-14 脉冲电流在 TLP 扩散链接中的作用机理
(a) 通电下连接试样示意图;(b) 粉末中间层的致密及元素扩散过程示意图。

温加热进行扩散连接不同,脉冲电流在能够产生巨大的焦耳热和加压所产生的塑性变形促进粉末中间层的冶金致密化的同时,还能够在粉末颗粒间产生一些独特的物理作用。因此,连接接头粉末中间层的致密化过程非常近似于粉末冶金中、放电等离子烧结(spark plasa sintering,SPS)技术的作用机理,具有快速、低温、高效烧结等特点,从而能够极大地促进接头粉末中间层致密化、提高连接接头质量和效率。目前关于脉冲电流作用于粉末颗粒进行烧结致密化已经进行了大量研究,但是对于其内部的反应机理目前还没有达成较为统一的认识。M. Tokita 提出了放电等离子理论,认为脉冲电流集中在粉末颗粒结合处,在脉冲电流诱导下粉末颗粒微区产生正负极,在脉冲电流作用下颗粒间产生放电,激发等离子体,清洁颗粒表面,减少表面氧化物等。

如图 6-15 所示,脉冲电流在粉末颗粒间产生的焦耳热、放电冲击压力和颗粒间脉冲放电所产生的瞬时高温等离子体。首先,脉冲放电产生放电冲击波,粉末颗粒表面的氧化膜在一定程度上产生电击穿,提高了粉末颗粒的反应活性,降低金属原子的扩散自由能,有利于提高原子的扩散。其次,放电产生的高能等离子体作用于粉末颗粒间的接触部分,产生局部高温,引起颗粒表面蒸发和熔化,并迅速在粉末颗粒接触点处形成“颈部”,使粉末颗粒间形成网状的“桥连”。由于局部产生的高温,温度立刻从高温的“颈部”向颗粒表面扩散,从而使得粉末颗粒迅速烧结致密,提高连接接头的质量和效率。因此,粉末颗粒同时在脉冲电流加热和初始轴向压力作用下,晶界扩散、体扩散都得到了有效加强,加速了结致密化过程,用较低的温度和比较短的时间可得到高质量的连接接头。

尽管国内外对脉冲电流作用粉末进行烧结致密已经进行了大量的研究,但是由于证实放电等离子体的存在较困难,因此不少学者对放电等离子体理论仍持怀

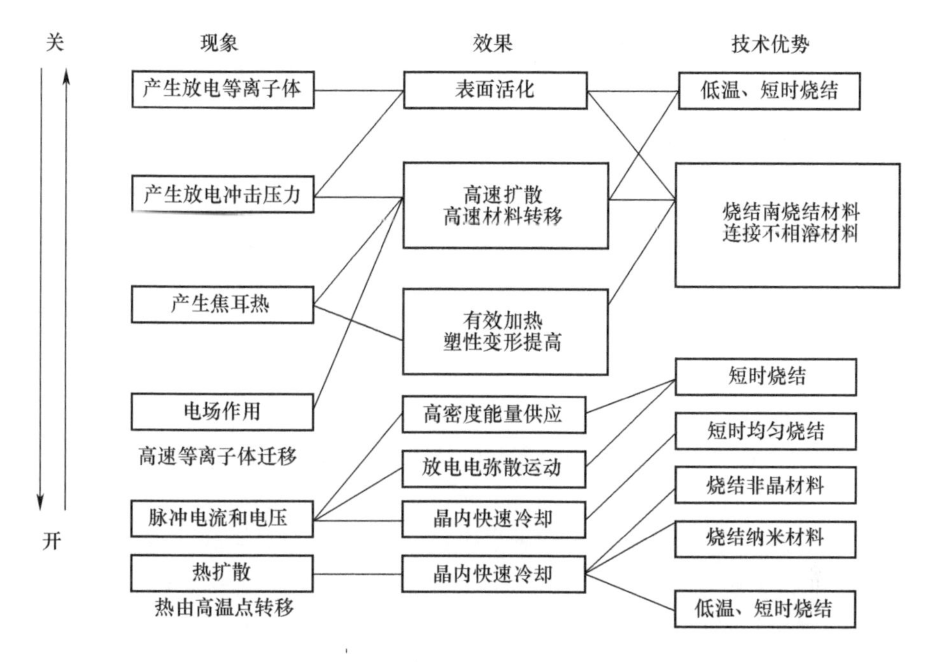

图 6-15　脉冲电流在粉末烧结产生的物理机制

疑态度。北京工业大学的宋晓艳等提出了 SPS 过程中显微组织演变的“自调节机制”。如图 6-16 所示，在通电烧结初期，电流较小，温度较低，电阻率变化不大，颗粒间接触面积的影响显得尤为重要。接触面积较大的颗粒间的电流较大，即 $I_1>I_2$。电流 I_1 产生的大量焦耳热使颗粒接触区域的温度迅速升高，可能发生局部熔化或在压力的作用下产生塑性变形，形成颈部。随着颈部长大，接触面积进一步增加，伴随电流的不断增大，颈部组织内可以保持高的局部温度，导致此区域电阻率增大，当颈部组织的电阻超过其他颗粒间具有较小接触面积区域的电阻时，电流将趋于从接触面积较小的颗粒间流过，即 $I_2>I_1$。于是在原来接触面积较小的颗粒间形成烧结颈，并发生烧结颈长大。

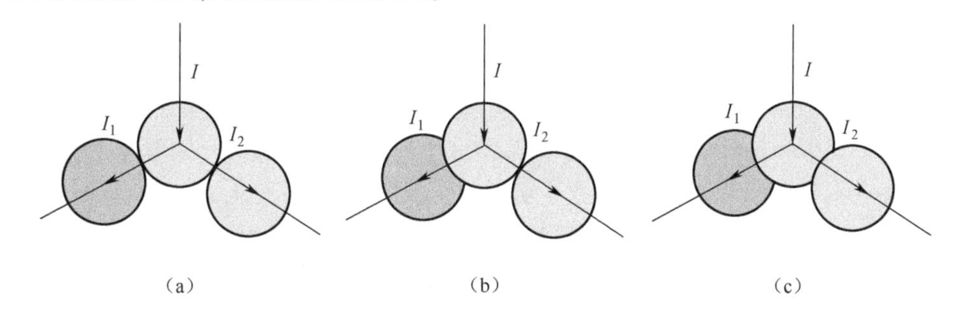

图 6-16　粉末颗粒间接触面积与电流强度示意图

(a) 通电初始状态；(b) $I_1>I_2$ 状态；(c) $I_2>I_1$ 状态。

如此交替进行下去,直至粉末颗粒全部烧结致密,这就揭示了能够制备高致密度、组织均匀、细晶的高性能材料的 SPS 技术的内在机制。但是自调节机理只适用于导电性且具有正电阻温度系数的材料,对于非导电性材料,由于电流不能通过,所以一般认为其烧结致密化是由模具和上下压头充当发热体,热量迅速传递至烧结材料粉末,同时高密度电流的作用,能够使非导电性粉末迅速升温,并到达烧结温度,从而实现快速烧结致密。虽然目前尚未得到脉冲电流对粉末烧结致密化过程影响较统一的结论,但对于金属材料粉末烧结致密过程而言,在超短脉冲电流的作用下,脉冲电流极短的弛豫时间能够通过减小成核势垒来增大成核率,引起晶粒细化,获得较为均匀与细小的组织。

6.4 脉冲电流辅助二层结构扩散连接

多层结构目前已被大量地应用到航天航空等领域,其具有承力层的稳定性高、结构的弯曲刚度大、较小的结构重量和材料成本、良好的能量吸收和疲劳性能等优点。其中,二层结构作为多层结构重要的组成部分,能够提高结构承载效率、减轻结构件的重量等特点,为现代工业发展取得显著的技术经济效益。本试验采用脉冲电流辅助技术对 SiC_p/Al 复合材料二层结构进行 TLP 扩散连接,其模具装配示意图如图 6-17 所示。试验采用石墨圆柱作为电极,整个回路接通电流时,脉冲电流从石墨电极流入坯料连接界面和粉末中间层进行连接。试样接头先采用 800# 砂纸打磨去除氧化皮,再采用丙酮进行清洗表面污垢。将比例为 2∶1∶1 的 Al-Cu-Ti 金属粉进行均匀化混合,并加入乙醇作为黏结剂,将其调成均匀的糊状,然后平铺在清洗后的待连接表面。根据 6-1 节搭接试验结果,二层结构 TLP 扩散连接试验参数:真空度为 1×10^{-3},连接预压紧力为 0.5MPa,连接温度为 580℃,对应的电流密度为 $115A/mm^2$,保温时间为 60min,保温完成后在真空状态下冷却至室温,工艺流程:去除氧化皮→丙酮清洗油污→机械混合粉末→装配搭接试样 →抽真空→输入脉冲电流→保温保压→随炉冷却。

图 6-18 所示为脉冲电流辅助 TLP 扩散连接 SiC_p/2024Al 复合材料二层结构。图 6-18(a)显示试样的连接结果良好,图 6-18(b)所示为 SiC_p/2024Al 复合材料两层结构的脉冲电流辅助 TLP 扩散连接接头的微观形貌背散射照片,接头的 Al-Cu-Ti 粉末中间层与铝合金基体界面呈冶金态连接,未见有夹杂、偏聚及气孔等缺陷,Cu 元素扩散至基体当中,形成了明显的扩散层,连接质量良好。铝基复合材料的多层结构主要取决于其连接接头的组织结构和力学性能,由于表面氧化膜和碳化硅颗粒偏析的影响,造成了 SiC_p/2024Al 复合材料的连接难以达到理想的效果,极大的制约了 SiC_p/2024Al 复合材料板材多层结构的发展与应用。脉冲电流辅助 TLP 扩散连接技术的出现,为铝基复合材料多层结构的应用提供了可能,相信随着

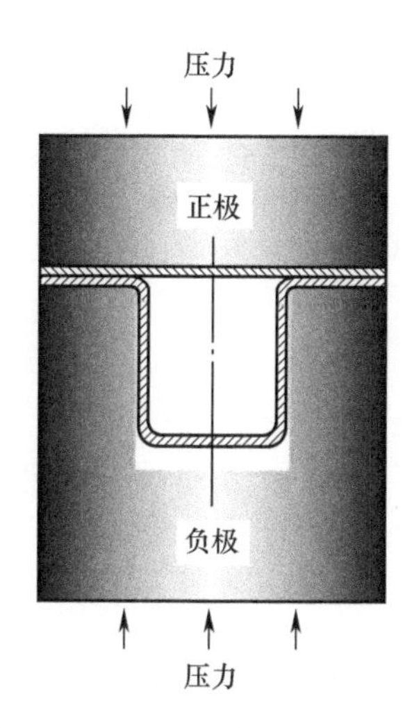

图 6-17　脉冲电流辅助 SiC_p/Al 复合材料二层结构 TLP 扩散连接装配示意图

研究深入进行,作为一种高效、节能的绿色制造技术,脉冲电流辅助 TLP 扩散连接技术能够在铝基复合材料多层结构连接等方面有着越来越广泛的应用,同时在现代工业发展中也会有更为广阔的推广前景。

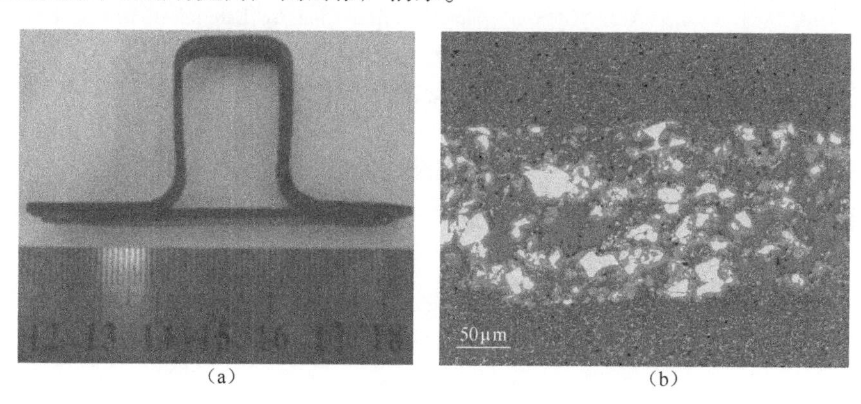

(a)　　(b)

图 6-18　脉冲电流辅助 TLP 扩散连接的二层结构

(a)试样宏观照片;(b)接头微观形貌

参 考 文 献

[1] 刘卫红,孙大谦,贾树盛,等. 铝基复合材料的 Al-Cu 合金中间层瞬间液相扩散连接[J]. 焊接学报, 2003,24(5):14-16.

[2] MAITY J, PAL T K, MAITI R. Transient liquid phase diffusion bonding of 6061-13 vol. %SiCp

composite using Cu powder interlayer: mechanism and interface characterization[J]. J Mater Sci, 2010,45:3575-3587.

[3] 舒大禹,赵祖德,黄继华,等. Ti 对 Al-Ag-Cu 反应扩散连接 SiC_p/2618Al 复合材料接头组织及力学性能的影响[J]. 粉末冶金技术, 2008, 26(2):106-110.

[4] 赵玉厚,严文,周敬恩. 原位 Al_3Ti 粒子增强 ZL101 铝基复合材料[J]. 中国有色金属学报, 2000, 10(1):214-217.

[5] CONRAD H. Effects of electric current on solid state phase transformations in metals[J]. Materials Science and Engineering A, 2000,287:227-237.

[6] KINSBRON E. A model for the width dependence of electromigration lifetimes in aluminum thin-film stripes[J]. Appl. Phys. Lett. ,1980, 36: 968.

[7] BLECH I A. Electromigration in thin aluminum films on titanium nitride[J]. J. Appl. Phys. , 1976, 47: 1203.

[8] GARAY J E, ANSELMI T U, MUNIR Z A. Enhanced growth of intermetallic phases in the Ni-Ti system by current effects[J]. Acta Materialia, 2003, 51: 4487-4495.

[9] 孙大谦,刘卫红,吴建红,等. 铝基复合材料瞬间液相扩散连接接头的组织与力学性能[J]. 焊接学报,2002, 23(5):65-68.

[10] TOKITA M. Development of Large-size Ceramic/Metal Bulk FGM Fabricated by Spark Plasma Sintering[J]. Materials Science Forum, 1999, 308-311:83-88.

[11] GROZA J R, ZAVALIANGOS A. Sintering Activation by External Electrical Field[J]. Materials Science and Engineering A, 2000, 287(2):171-177.

[12] 宋晓艳, 刘雪梅, 张久兴. 放电等离子烧结中显微组织演变的自调节机制[J]. 中国体视学与图像分析, 2004, 9(3):140-146.

[13] 韩文波,张凯锋,王国峰,等. 钛合金四层板结构的超塑成形/ 扩散连接工艺及数值模拟研究[C]. 太原:第九届全国塑性工程学术年会论文摘要集,2005:56-59.

第 7 章　脉冲电流辅助热处理

金属材料热处理是通过加热、保温以及冷却等手段改变金属材料热力学及动力学条件，使金属材料整体或局部的微观成分或结构发生相应转变，从而获得目标组织，赋予材料理想二次加工性能或最终服役性能的一种热加工工艺，在很多金属材料零部件的加工过程中扮演至关重要的环节。传统热处理工艺采用加热炉实现对金属材料的热处理，其热传导和热对流的低效率加热方式不仅使零件加热升温缓慢耗时增加，而且加热保温过程中只有少量热量用于零件，造成热量利用率低、能源消耗巨大。另外，对于某些需要零件局部热处理、快速或超快速升温热处理条件等灵活、极端热处理方式和条件时，传统热处理工艺更加难以实现。近年来，强电流作为一种特种物理能场，被广泛应用于金属材料的热处理工艺中，电流辅助热处理具有高效、绿色、节能以及易于智能化设计等诸多优点，逐渐成为金属材料加工领域的新焦点。在金属材料微观组织调控、力学性能优化、全新热处理方式设计等方面取得了诸多进展。研究表明，电流辅助热处理时，除了材料整体温度的升高，材料内部结构还会受到漂移电子的作用，将导致材料内部微观尺度热力学与动力学的极度非平衡状态，从而呈现出与传统热处理不同的组织演变规律。

在铸造过程中引入电流可以减小铸件晶粒尺寸，同样，将电流加热引入到金属材料热处理过程中，同样会起到改善材料组织性能的效果。图 7-1 为将脉冲电流使用在仿生紧密石墨铸铁的水处理过程中所得到的显微组织图片。Yan Liu 将试样加热到 600℃后在流水中冷却到室温，反复进行多次热循环，两种处理后材料的组织都为枝状晶，但引入脉冲电流后材料组织明显发生了细化，由于相邻激光脉冲的相互作用，常规水处理试样组织大小分布不均，经脉冲电流处理后，组织不均匀性完全消失，因此，脉冲电流处理可以引起材料局部自熔并起到细化晶粒的作用。作者同时还发现，电流处理过的仿生单元其抗疲劳性能明显提高。

Maki 等利用焦耳热效应将高密度电流引入到 6061 铝合金的热处理过程中，板料加热到热处理温度（620℃）仅需 2s，不仅提高了效率，且由于加热时间短，合金晶粒来不及长大，同时起到了细化晶粒的作用。Y. W. Zhou 等在处理低碳钢时发现电流会导致相变势垒的改变，通过快速冷却可以获得碳钢的超细晶组织。

电流可以提高材料的再结晶速度，退火后的 α-Ti 组织更加细小，但当温度较高时，电流反而会促进晶粒的长大，且电流密度越高得到的晶粒尺寸越大。王铁农

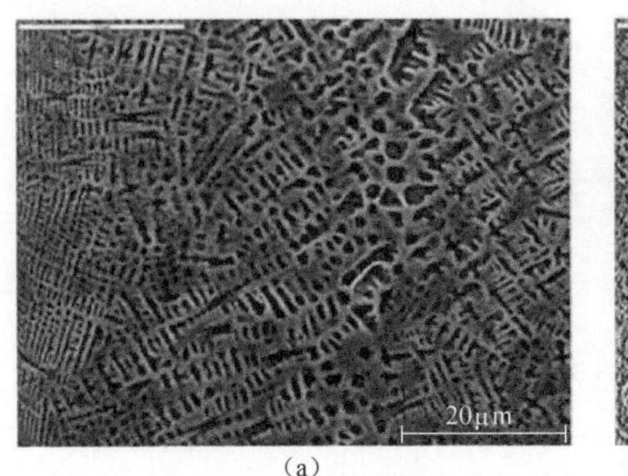

(a)

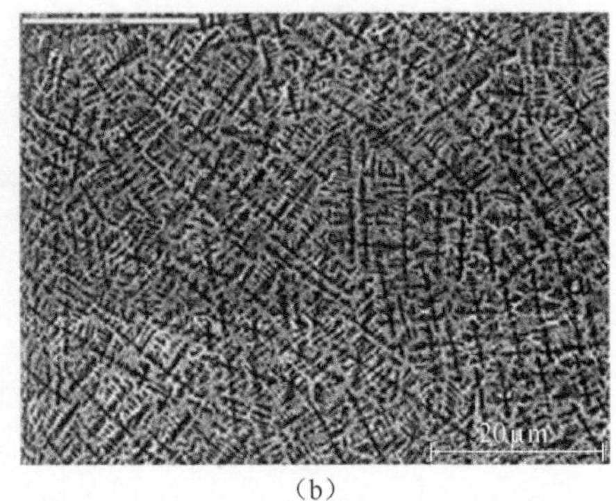

(b)

图 7-1　仿生单元的显微组织
(a)水处理;(b) 采用脉冲电流的水处理。

等在电场作用下退火冷变形纯铜材料也发现的电流促进晶粒长大的情况。Rong Fan 在 70/30(70/30 为铜锌比)铜电辅助拉伸变形的过程中发现,电流会影响材料局部晶界的加热,高密度的电流会导致材料在拉伸变形过程中晶粒间出现空洞(图 7-2),降低成形零件的疲劳寿命。因此,如何正确控制和利用电流来改善材料的组织仍需要进一步的研究。

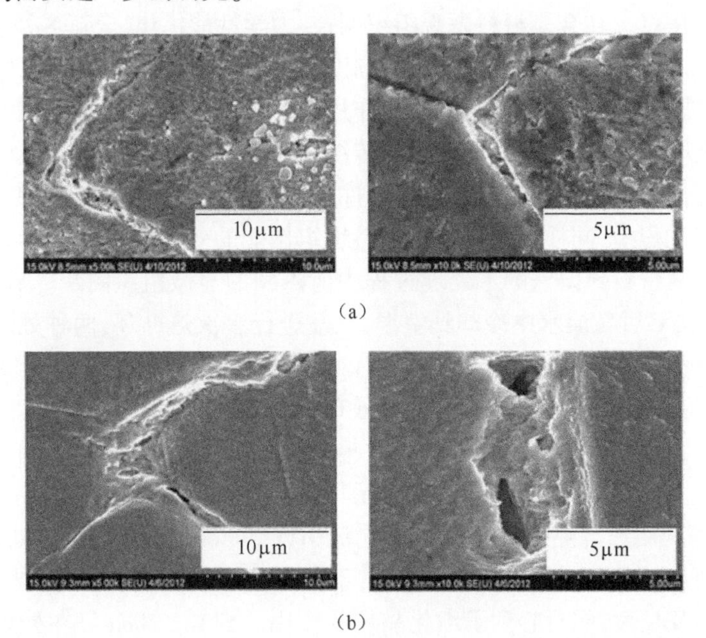

图 7-2　表面晶粒 SEM 图像
(a)过热拉伸;(b)电辅助拉伸。

Conrad 总结发现密度大于 $10^7 A/m^2$ 的高密度电流能显著促进金属内部原子的扩散，同时极快的升温速率和漂移电子与缺陷的交互作用将导致非平衡的热力学条件，从而促进合金里相转变的发生。Jiang 等发现高密度电脉冲能加速 AZ91 过时效镁合金中 $\beta(Mg_{17}Al_{12})$ 相的溶解，与常规炉内固溶相比，降低了固溶温度，且固溶时间由原来更高温度下的 10h 以上缩短至 7s。他们认为电脉冲能降低 AZ91 过时效镁合金中 β 相的形核热力学能量壁垒，从而降低 β 相的固溶温度，且处理过程中的焦耳热效应和非热效应能显著加速原子的扩散，从而缩短 β 相的溶解时间，如图 7-3 所示。Wang 等利用电脉冲处理对 Ti-6Al-4V-4Zr-Mo 合金的微观组织进行调控，发现强电流能加速 Al 原子在基体中的扩散，在 α 态片层基体中逐渐累积，并形成了纳米级的 Al_3Ti 薄片层析出相，该析出相能在材料变形过程中有效抑制应力集中，降低钛合金对绝热剪切带的敏感性，从而提高材料的服役性能。Pan 等采用 $3\times10^8 A/m^2$ 的高密度脉冲电流处理 T250 马氏体时效钢，发现材料出现完全区别于传统时效处理的沉淀析出行为，除了传统时效析出的 $Ni_3(Ti, Mo)$ 相外，还析出了 $Ni_3(Ti, Al)$ 团簇和 $Ni_{2.67}Ti_{1.33}$ 和 NiTi 相，其中 $Ni_3(Ti, Al)$ 相能显著提高材料强度，此外，不同的相由于电导率和形成焓的区别，在电流的局部焦耳热作用下，析出相呈现出沿电流方向生长的棒状形态，此研究为时效钢提出了新型的时效处理方案。Peng 等发现在 Al-Mg-Li 合金的电流辅助扩散连接过程中，高密度电流能显著促进原子的扩散，导致在接头界面处发生由 δ′相到 Al_4Li_9 相的转变，从而改善了接头的力学性能。

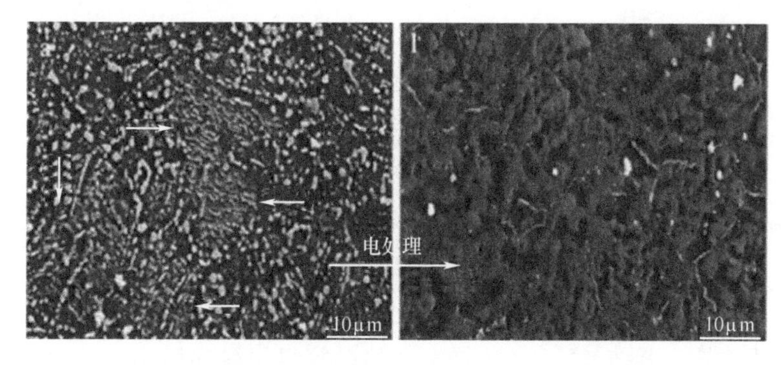

图 7-3　电脉冲诱导的 AZ91 镁合金 β 相的快速溶解

Zeng 等利用脉冲电流处理经剧烈冷变形处理的纯铝，发现电流能加速冷变形纯铝中位错的运动，进一步诱导材料的快速强回复，形成纳米尺度的片层状细小晶粒，从而提高材料的强度和韧性。同样，Fabrègue 等对比了挤压变形态商业纯铜在普通盐浴炉内处理和电流辅助处理两种工艺下的退火效果，发现较低的电流密度产生的焦耳热就能加速变形纯铜的回复和再结晶过程，这归结于电流导致了同等温度下更高的空位平衡浓度，而空位浓度的提高可以促进空位扩散控制的位错攀移行为，从而加速纯铜的回复和再结晶过程。Jiang 等利用高密度脉冲电流处理冷轧变形处理的 AZ91 镁合金并系统分析了高密度电流作用下 AZ91 镁合金的再结晶机制，结果显示经过 20%冷轧减薄变形的 AZ91 镁合金在峰值电流密度为 $3.6\times10^8\sim3.7\times10^8\,A/m^2$，脉宽为 70μs 的脉冲电流作用下迅速升温至 448～498K，冷变形 AZ31 镁合金几秒内完成完全再结晶，而在炉内以更高的退火温度处理更长的时间时，材料仍然保持变形组织。Jiang 把快速再结晶的原因归结于电流的焦耳热效应和非热效应（电迁移效应）对空位扩散的加速作用，空位的快速扩散能显著加快位错的攀移，从而促进再结晶的发生，焦耳热作用和电迁移作用下对位错攀移空位扩散通量的贡献量分别由下式给出：

$$J_t = \frac{\pi GbD}{(1-\nu)kT} \tag{7-1}$$

$$J_e = \frac{2NDZ^* e\rho_t j_p f\tau}{\pi kT} \tag{7-2}$$

式中 J_t——焦耳热效应对空位扩散的贡献量；
J_e——电迁移效应对空位扩散的贡献量；
G——剪切模量；
ν——泊松比；
j_p——峰值电流密度；
f——脉冲频率；
τ——占空比；
b——伯氏矢量数值；
D——晶格扩散系数；
N——原子密度；
Z^*——离子的有效化合价；
ρ_r——电阻率。

另外，Jiang 还认为电流能增加再结晶发生初期的形核率，从而显著细化晶粒，促进再结晶。再结晶后 AZ91 镁合金的晶粒组织得到细化，基面织构强度明显降低，同时力学性能显著优化，为金属材料提供了一条全新高效的再结晶退火工艺。

本章主要开展 5A90 铝锂合金脉冲电流辅助时效与退火热处理试验，结合金相、SEM、EBSD 和 TEM 等表征手段，研究先进 5A90 铝锂合金在脉冲电流辅助时效过程中相的析出规律及其对力学性能的影响，以及冷轧合金在脉冲电流辅助退火时的再结晶行为，为脉冲电流辅助热处理在先进轻合金时效、退火热加工方面的应用提供理论支撑和实践。

7.1 铝锂合金脉冲电流辅助热处理平台

由电流的焦耳热效应可知,当电流通过金属导体时,金属材料的温度升高,当产热与周围环境的热交换达到平衡时,金属材料的温度会达到一个相对稳定的值,利用电流的这个特性,可以对金属材料进行热处理。本章针对5A90铝锂合金设计了脉冲电流辅助时效(electropulsing assisted ageing,EAA)和冷轧-脉冲电流辅助再结晶退火(electropulsing assisted recrystallization annealing,EARA)热处理工艺,研究了脉冲电流辅助热处理对5A90铝锂合金时效行为和再结晶行为的影响规律。脉冲电流辅助热处理平台如图7-4所示,整个脉冲电流辅助时效和脉冲电流辅助退火装置由脉冲电流发生器、紫铜电路、夹持电极、温度监测器和数据采集系统组成。脉冲电流发生器额定电流/电压为2000A/12V,频率为100~1000Hz可调,脉冲占空比为1%~100%可调;温度监测器采用美国FLIR公司生产的红外热像仪,用热电偶矫正温度,其温度测量范围为-20~1300℃,控温精度为±0.1℃。为了对比,还开展了5A90铝锂合金炉热时效(conventional ageing,CA)和炉热再结晶退火(conventional recrystallization annealing,CRA)试验。

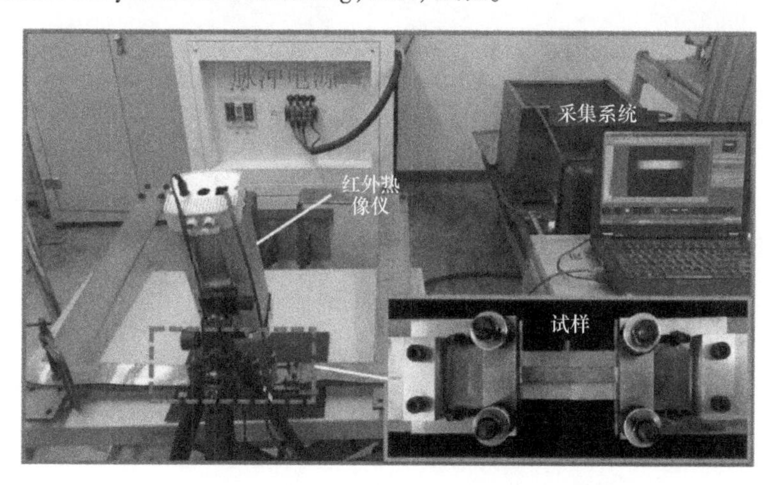

图7-4 5A90铝锂合金脉冲电流辅助时效和再结晶退火装置

7.2 铝锂合金固溶处理和脉冲电流辅助时效参数

5A90铝锂合金为典型可时效强化Al-Mg-Li系铝合金,时效前需对合金进行固溶淬火处理,以保证材料在时效前形成过饱和固溶体。根据Al-Li合金金相图和相关文献,确定其固溶温度为460℃,固溶时间30min,其固溶后的组织如图7-5

所示。图 7-5 (a)为 5A90 铝锂合金板材固溶态的 ND-RD 面阳极覆膜金相组织,呈现出典型热轧态的不均匀部分再结晶组织,由板材近表面层粗大的回复拉长晶粒和再结晶晶粒,与板材中间呈纤维状的薄片状变形晶粒组成。图 7-5 (b)为固溶后的 TEM 明场像,图中白色箭头显示了在晶界处存在由几十纳米颗粒聚集组成的几百纳米大小的团聚大颗粒,这被证明是 Al_3Zr 颗粒在晶界处的团聚,其有效阻碍了热变形过程中再结晶晶粒晶界的迁移,此外,固溶态的 5A90 铝锂合金内部位错密度较低。图 7-5 (c)为<110>晶带轴下的选区衍射斑点花样,除了明亮的基体斑点,在基体斑点中间还周期性地镶嵌了及其微弱的 δ′相超点阵斑点,如图中白色箭头所示。这说明在淬火过程中有极少量的 δ′相生成。图 7-5 (d)为光阑套住超点阵斑点时的 TEM 暗场像,可以看出基体中 δ′相及其微小,基本上没有明显的衬度。

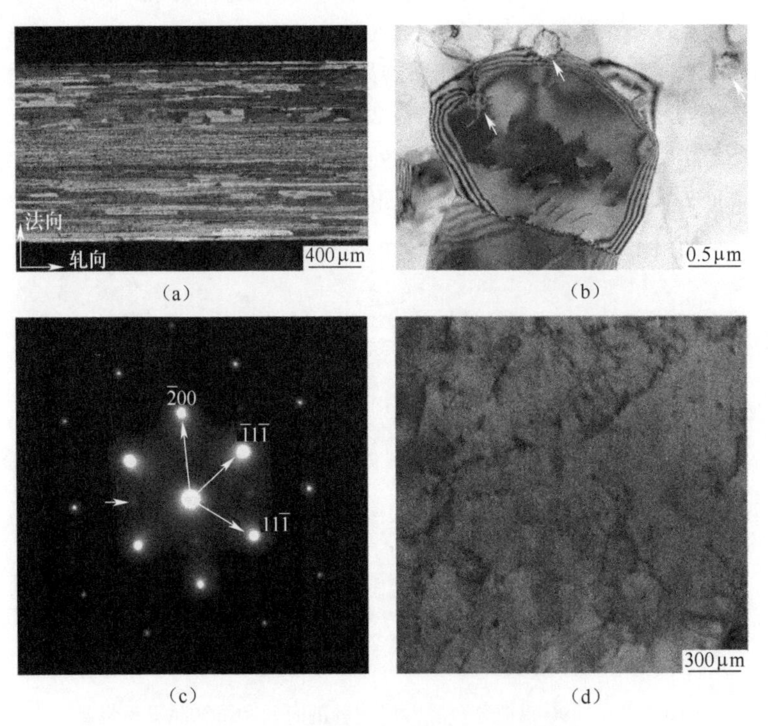

图 7-5　5A90 铝锂合金固溶淬火态微观组织

(a)金相组织;(b) TEM 明场像;(c) <110>Al 选区衍射斑点;
(d) 图(c)中白色箭头 δ′相超点阵斑点 TEM 暗场像。

图 7-6 为固溶淬火态 5A90 铝锂合金的 DSC 热分析图,可以看出在 DSC 曲线上有放热峰和吸热峰,分别对应于在 DSC 加热过程中 δ′相的析出和溶解,可以看出,δ′相的析出温度范围为 120~180℃,溶解温度范围为 180~265℃。

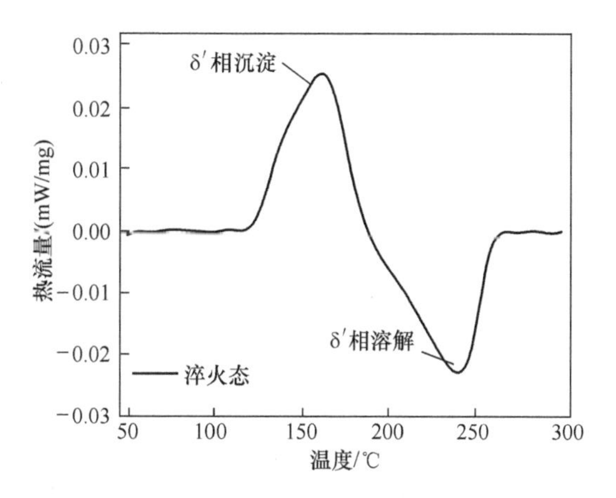

图 7-6　固溶淬火后 5A90 铝锂合金的 DSC 热分析图

图 7-7 给出了 5A90 铝锂合金固溶淬火后的拉伸应力-应变曲线，其屈服强度为 175MPa，抗拉强度为 366MPa，延伸率为 14.9%。图 7-7（b）为拉伸曲线的局部放大图，曲线的波动是由变形过程中位错与溶质原子之间交互作用的波特文-勒夏特利埃（Portevin-Le-Chaterlier，PLC）机制导致，其本质是动态应变时效。

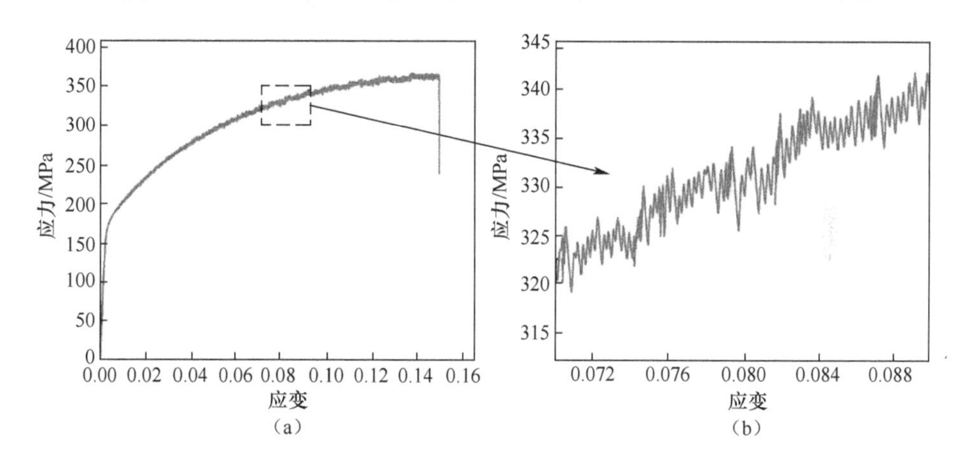

图 7-7　固溶态淬火态 5A90 铝锂合金室温拉伸应力-应变曲线
（a）应力-应变曲线；（b）局部放大图。

固溶后对 5A90 铝锂合金进行炉热时效和电流辅助时效处理，炉热时效在空气干燥烘箱内进行，温度选择 120℃、140℃、160℃、180℃ 和 200℃。5A90 铝锂合金的电流辅助时效在相应装置上进行，电流辅助时效的试样即为拉伸测试的试样，其标距范围内尺寸为 20mm×4mm×1.5mm。表 7-1 给出了不同时效温度对应的电热参数，图 7-8 给出了电流辅助时效时试样标距范围内的温度分布和不同电流参数下通过 K 型热电偶矫正后的红外热像仪测量的升温曲线。

表 7-1 不同时效温度对应的电热参数

参数序号	频率/Hz	占空比/%	平均电流密度/(A/mm^2)	平衡温度/℃
1	100	50	11.7	120
2	100	50	12.6	140
3	100	50	13.3	160
4	100	50	14.0	180
5	100	50	14.7	200

从表 7-1 中和图 7-8 (a)可以看出,在相同的频率和占空比下,平均电流越大,试样达到的平衡温度越高。从图 7-8 (a)还可得知当试样被施加电流时,在焦耳热效应的作用下,试样温度迅速升高,在十几秒内达到相应的峰值温度,之后保持相对稳定。

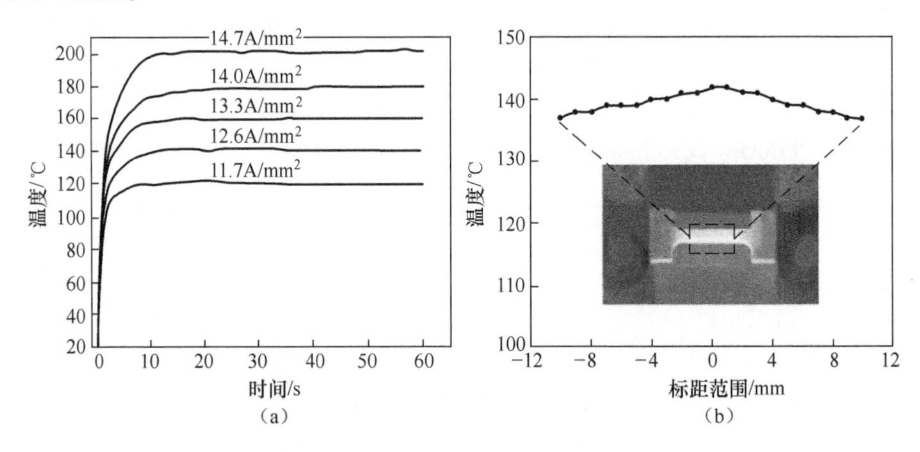

图 7-8 5A90 铝锂合金电流辅助时效电热参数

(a)不同电流参数下的升温曲线;(b) 时效温度 140℃时标距范围内的温度分布。

图 7-8 (b)给出了在 140℃进行电流辅助时效时标距范围内的温度分布,可以得知试样中间温度最高可达到 142.7℃,两端稍低为 137.9℃,最高值、最低值与时效温度值 140℃的差值在 3℃以内。

7.3 铝锂合金脉冲电流辅助时效

7.3.1 时效温度对力学性能和析出相的影响规律

1. 力学性能

本小节探讨时效温度对 5A90 铝锂合金力学性能的影响,首先确定其时效时长为 12h，根据图 7-3 固溶淬火后的 DSC 曲线，确定时效温度为 120～200℃。图 7-9 给出了时效 12h 后，炉热时效和脉冲电流辅助时效条件下 5A90 铝锂合金的室温拉伸应力-应变曲线。图 7-10 给出了两种时效工艺下 5A90 铝锂合金力学性能的对比和演变。

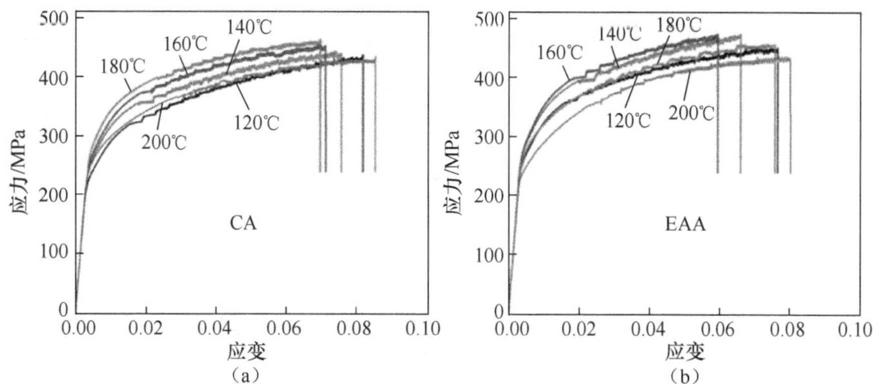

图 7-9　不同温度下炉热时效和脉冲电流辅助时效 5A90 铝锂合金的工程应力-应变曲线
(a)炉热时效；(b) 脉冲电流辅助时效。

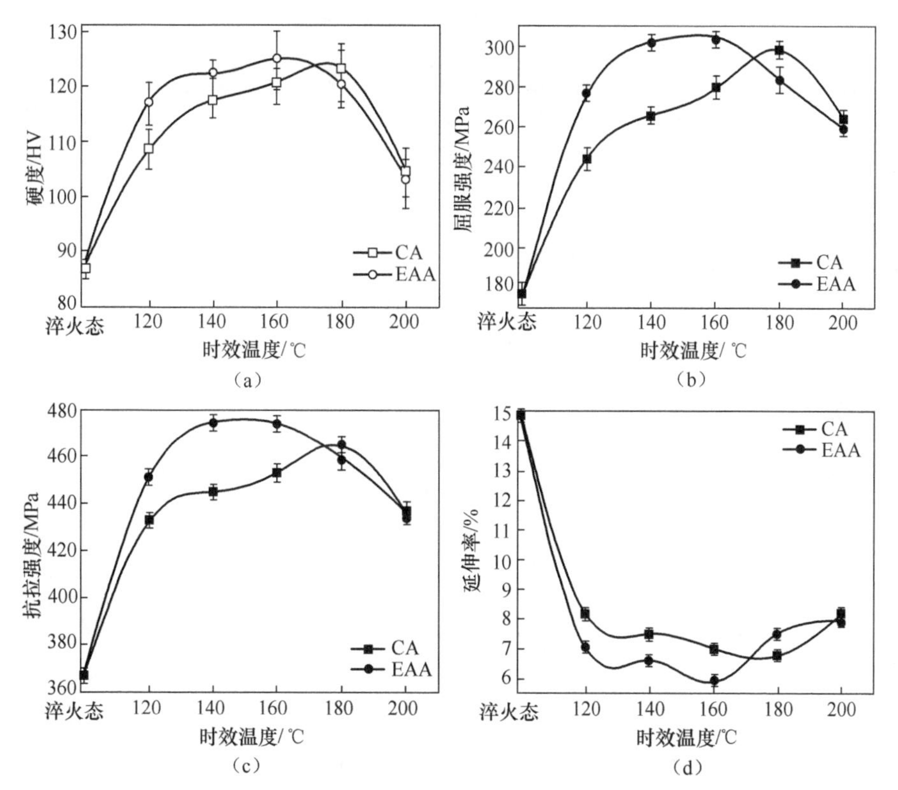

图 7-10　两种时效工艺下 5A90 铝锂合金在不同温度时效 12h 后的力学性能
(a)硬度；(b) 屈服强度；(c) 抗拉强度；(d) 延伸率。

可以看出，炉热时效工艺下合金在 180℃ 时达到峰时效强度，其维氏硬度为 123. 3HV，屈服强度为 298. 5MPa，抗拉强度为 464. 9MPa，延伸率为 6. 8%；脉冲电流辅助时效工艺下合金在 140～160℃ 时达到峰时效强度，其维氏硬度为 124. 9HV，屈服强度为 304. 3MPa，抗拉强度为 474. 6MPa，延伸率为 5. 9%～6. 6%。在时效 12h 的条件下，达到峰时效前，两种工艺下随时效温度的升高强度升高而延伸率下降；峰时效后，硬度和强度迅速下降，而延伸率有所上升，不同的是脉冲电流辅助时效处理的 5A90 铝锂合金在 180℃ 时即出现过时效现象，而炉热时效则在 200℃ 时才出现过时效现象。在 200℃ 时效 12h 后，脉冲电流辅助时效和炉热时效的合金强度达到较低值，屈服强度为 256～260MPa，抗拉强度为 435MPa 左右，而延伸率则上升至 8%左右。可以总结，脉冲电流加速了 5A90 铝锂合金的时效析出过程，在较低温度下可使 5A90 铝锂合金在较短时间内达到峰时效状态。

2. δ′强化相析出行为

Al-Mg-Li 系铝锂合金时效过程中最关键的固态相变即 δ′相的沉淀析出，并伴随着尺寸和分布的演变。图 7-11 和图 7-12 分别给出了脉冲电流辅助时效和炉热时效工艺下，5A90 铝锂合金基体内 δ′相在 12h 时效时长下其尺寸、形貌和分布随时效温度的演变规律。图 7-11 (a)和图 7-9 (a)给出了脉冲电流辅助时效和炉

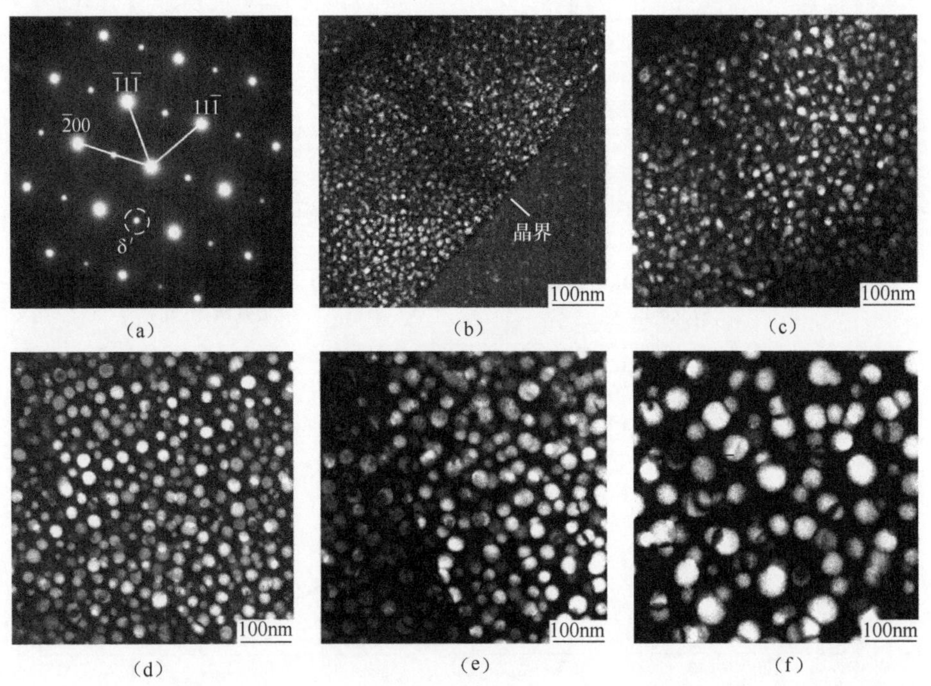

图 7-11　5A90 铝锂合金不同温度下脉冲电流辅助时效 12h 后 δ′相尺寸和分布的 TEM 表征
(a)选区衍射花样；(b) 120℃；(c) 140℃；(d) 160℃；(e) 180℃；(f) 200℃。

热时效后 5A90 铝锂合金沿<110>晶带轴的选区电子衍射花样,可以看出除了基体斑点外,白色圆圈内明显的超点阵斑点说明时效过程中析出了大量长周期有序相 δ′相,这与固溶淬火态合金有明显差异。图 7-11 (b)~(f)和图 7-12 (b)~(f)分别为脉冲电流辅助时效和炉热时效处理下 5A90 铝锂合金中 δ′相的尺寸、形貌和分布情况。结果显示,对于每种时效工艺,δ′相球形颗粒的平均尺寸和颗粒与颗粒之间的间距都随时效温度的升高而增大,而在相同时效温度下脉冲电流辅助时效处理合金中的 δ′相具有更大的粗化速率。

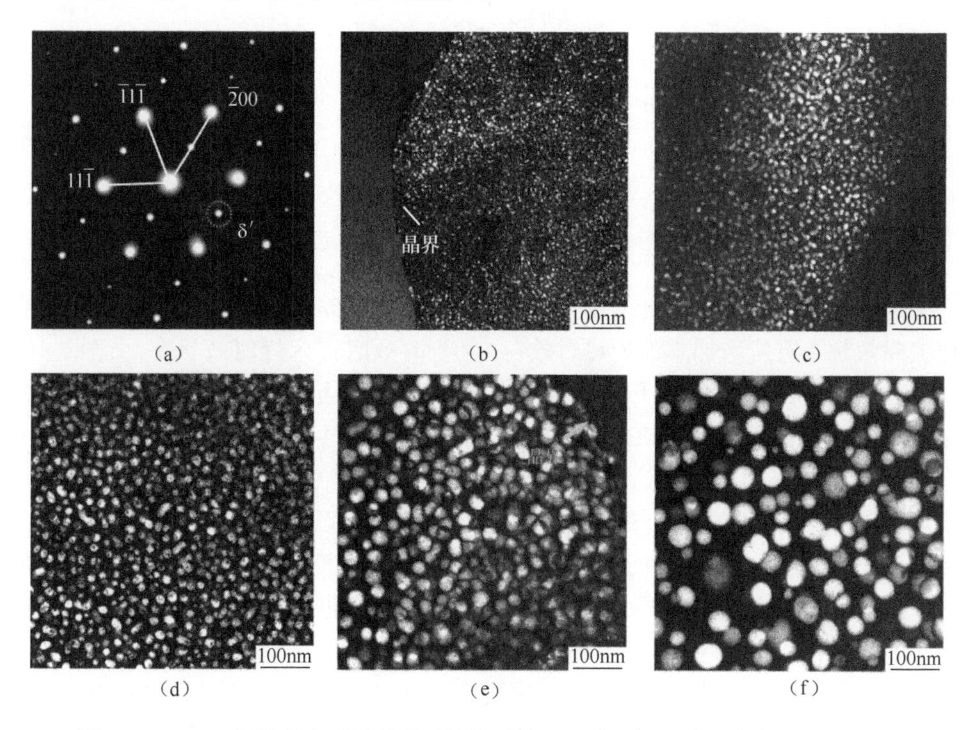

图 7-12　5A90 铝锂合金不同温度下炉热时效 12h 后 δ′相尺寸和分布的 TEM 表征
(a)选区衍射花样;(b) 120℃;(c) 140℃;(d) 160℃;(e) 180℃;(f) 200℃。

通过对每种参数下至少 50 个 δ′相颗粒的尺寸进行统计,得出脉冲电流辅助时效和炉热时效试样中 δ′相尺寸如图 7-13 所示,进一步对比分析了两种时效工艺下 δ′相颗粒的尺寸演变的规律和异同。在 120℃进行时效时,合金处于欠时效状态,脉冲电流辅助时效 δ′相直径为 11.8nm 左右,稍大于炉热时效的 δ′相直径 6.7nm,两种工艺 δ′相都均匀细密的分布于基体中。由图 7-11 (b)和图 7-12 (b)可知,对于两种时效工艺,在 120℃时效 12h 的欠时效状态下,并没有观察到晶界沉淀无析出区(precipitation free zone,PFZ)。

脉冲电流辅助时效在 140~160℃时效时进入峰时效状态,由图 7-11 (c)和

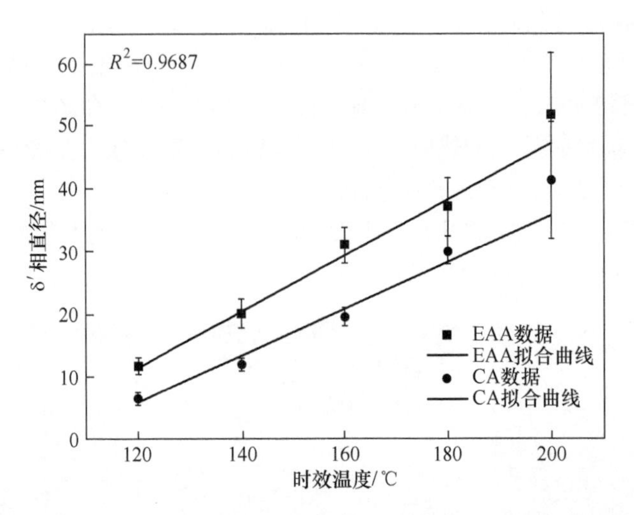

图 7-13　两种时效工艺在不同温度下处理 12h 后 δ′相尺寸演变

(d),图 7-13 可知,在该状态下 δ′相直径为 20.1~31.0nm,颗粒与颗粒之间的间距比欠时效状态有所增加。而炉热时效在 180℃时效时进入峰时效状态,由图 7-12 (e),图 7-13 可知,该状态下 δ′相尺寸为 30nm 左右,且也没观察到晶界沉淀无析出区。脉冲电流辅助时效在 180~200℃时效时进入过时效状态,由图 7-11 (e)(f)和图 7-13 可知,在该状态下 δ′相直径为 37.2~51.9nm,颗粒之间的间距进一步增加。炉热时效在 200℃时效时进入过时效状态,其 δ′相直径为 45.4nm 左右。结果进一步显示,在相同的时效温度下,脉冲电流辅助时效的 5A90 铝锂合金基体内 δ′相尺寸比炉热时效更大,这说明脉冲电流能促进 δ′相的析出,加速 δ′相的粗化。

除了 δ′相的尺寸和分布,时效处理后 δ′相的析出体积分数对 5A90 铝锂合金的力学性能也有重要影响。DSC 分析是一种测试时效强化铝合金中析出相的相对体积分数的简单有效方法。时效后的 5A90 铝锂合金,在 DSC 加热过程中,主要的热反应为 δ′相的溶解过程,对应于 DSC 曲线上的吸热峰。因此,DSC 曲线上 δ′相溶解峰的积分面积应该与原始存在于测试试样里 δ′相的体积分数成正比,据此可以测试出不同时效条件下不同试样里 δ′相的相对体积分数。脉冲电流辅助时效和炉热时效在不同温度处理后试样的 DSC 热分析图如图 7-14 (a)和(b)所示,其溶解峰的面积可以通过对 DSC 曲线积分算出,由图 7-14 (c)给出。

结果显示,时效后的 5A90 铝锂合金在 DSC 加热测试过程,其 δ′相溶解峰的温度区间集中在 150~275℃范围内。在 120℃进行脉冲电流辅助时效后,其基体内 δ′相的体积分数达到最大,其在 DSC 测试中的溶解峰面积为 21.06J/g,提高时效温度,基体内 δ′相的体积分数逐渐下降,当温度为 200℃时,其溶解峰面积仅为

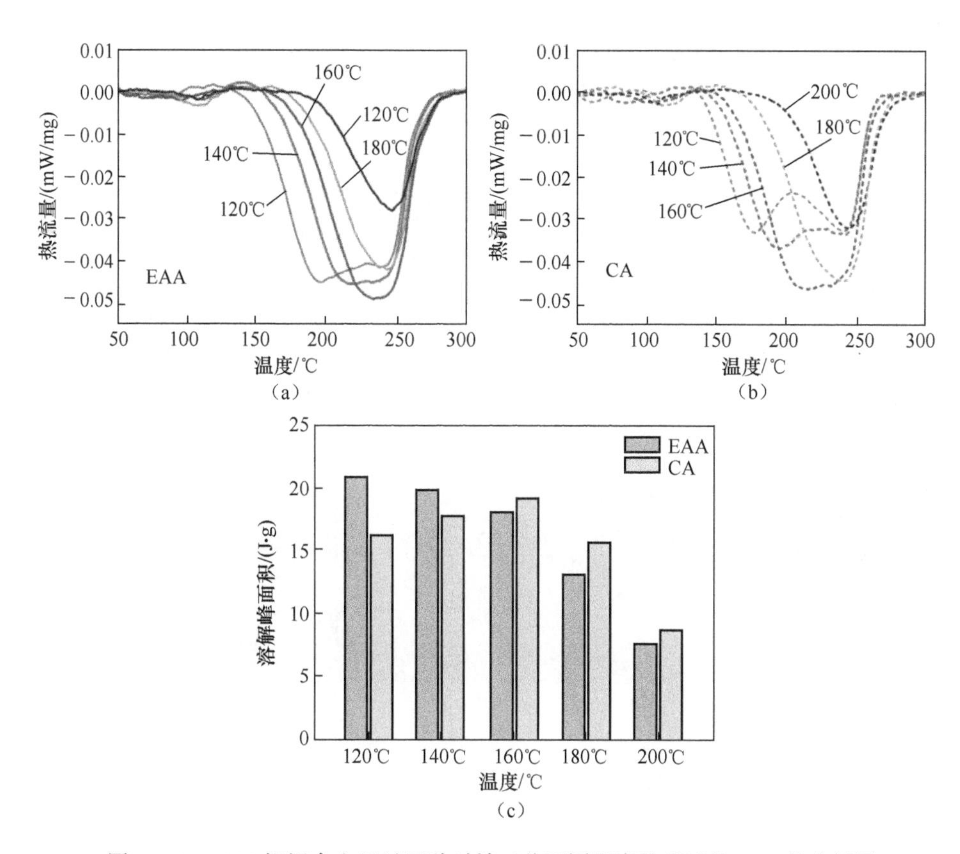

图 7-14　5A90 铝锂合金经过两种时效工艺不同温度处理后的 DSC 热分析图
(a)脉冲电流辅助时效式样;(b) 炉热时效式样;(c) δ′相吸热溶解峰面积。

7.79J/g。而在 120℃进行炉热时效后,其基体内 δ′相体积分数较小,其溶解峰面积为 16.44J/g,在 160℃炉热时效时才达到最高体积分数。这说明与炉热时效相比,脉冲电流能有效促进 5A90 铝锂合金基体内 δ′相的析出,从而在较低时效温度下使得合金内部形成更大体积分数的 δ′强化相。在更高温度下(180~200℃)时效时,由于 Li 元素溶解度的增加和过时效发生导致的其他含 Li 相如 S_1(Al_2MgLi)相和 δ(AlLi)相的析出,基体内 δ′相的体积分数显著降低。

3. 不同时效阶段的析出行为

在不同的时效阶段 5A90 铝锂合金里的析出相有一定差异,对材料力学性能的影响巨大。图 7-15、图 7-16 和图 7-17 分别为 5A90 铝锂合金在 120℃、160℃和 200℃进行脉冲电流辅助时效后的 TEM 微观组织表征,分别对应欠时效、峰时效和过时效三个状态。

在欠时效状态下,合金主要以 δ′相的析出为主,大量细小的 δ′相颗粒均匀的分布于基体中。此外,Mg 元素在基体内分布相对均匀,几乎无 Mg 元素在晶界处

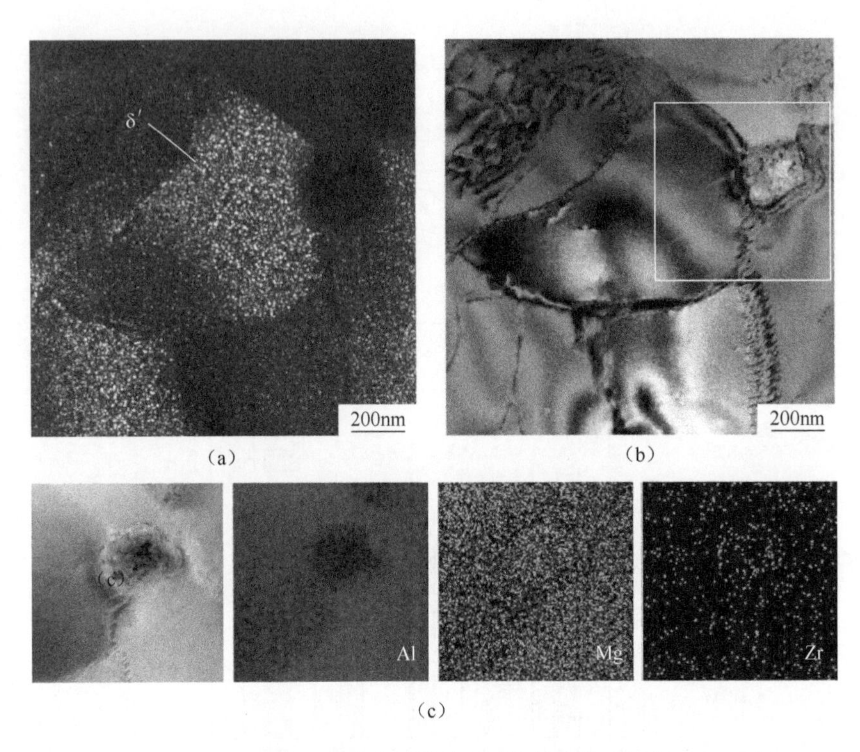

图 7-15 120℃脉冲电流辅助时效的欠时效状态微观组织 TEM 表征
(a)暗场像;(b) 明场像;(c) HAADF-STEM 像和元素分布。

Al_3Zr 纳米相团聚粒子处偏析。在峰时效状态下,合金析出相主要还是 δ′相,其尺寸比欠时效状态明显长大,且并无晶界沉淀无析出区存在。同时,有大量 Mg 元素在晶界 Al_3Zr 纳米相团聚粒子处偏析。

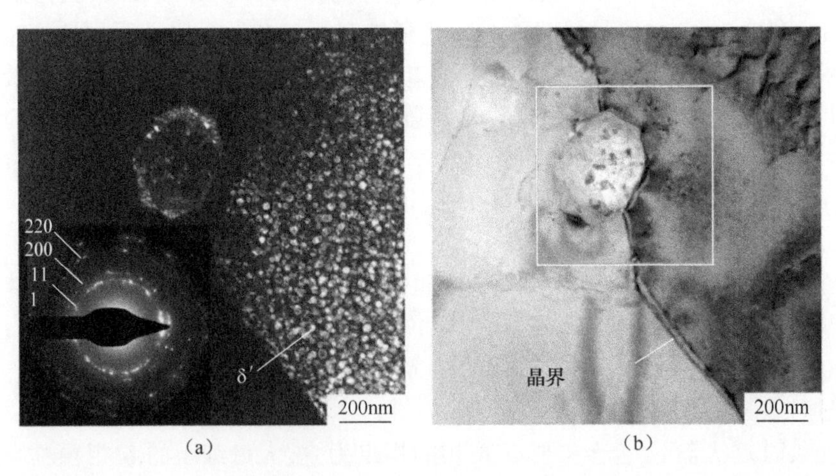

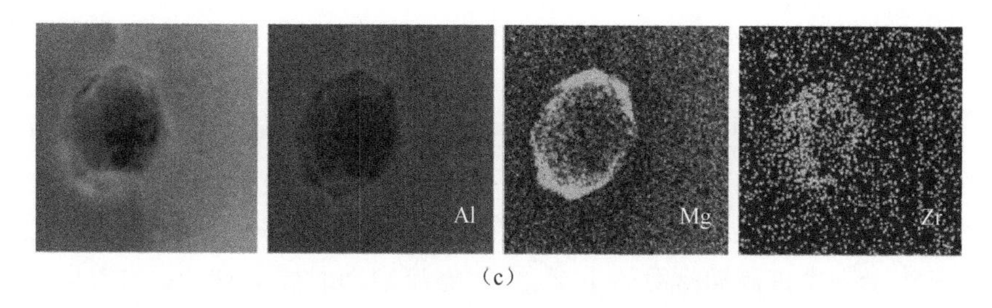

图 7-16　160℃脉冲电流辅助时效的峰时效状态微观组织 TEM 表征
(a)暗场像;(b) 明场像;(c) HAADF-STEM 像和元素分布。

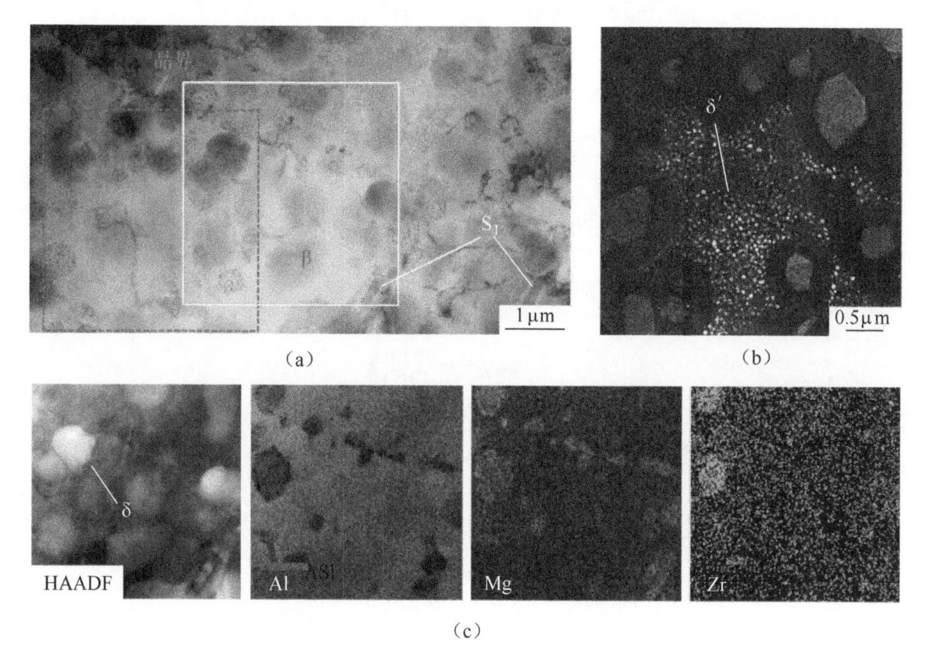

图 7-17　200℃脉冲电流辅助时效的过时效状态微观组织 TEM 表征
(a) 明场像;(b) 在(a)中虚线框内的暗场像;(c) 在(a)中实线框内的 HAADF-STEM 和元素面分布。

在过时效状态下,基体内 δ′相继续粗化,此外大量粗大的片状 δ(AlLi)相、棒状 $S_1(Al_2MgLi)$ 相以及颗粒状的 $β(Al_3Mg_2)$ 相在晶粒内部、晶界处以及 Al_3Zr 纳米相团聚粒子处大量析出。过时效状态下合金以这些粗大平衡相的析出为主,虽然 δ′相尺寸有所增长,但其体积分数由于其他含 Li 相析出而急剧下降,从而导致材料的强度下降,而延伸率的提高也与 δ′相的减少有关。

7.3.2　时效时间对力学性能和析出相的影响规律

1. 力学性能

图 7-18 给出了脉冲电流辅助时效和炉热时效两种工艺在 140℃时效 0.5~

28h 后 5A90 铝锂合金的室温拉伸力学性能。由图 7-18（a）可以看出，在时效早期，即时效时间小于 1h 时，两种时效工艺处理下材料的屈服强度和抗拉强度迅速升高，屈服强度由固溶态的 175MPa 上升至脉冲电流辅助时效 1h 后的 251MPa 和炉热时效 1h 后的 242MPa，抗拉强度由固溶态的 366MPa 左右上升至脉冲电流辅助时效 1h 后的 439MPa 和炉热时效 1h 后的 437MPa。时效 1h 后，两种时效工艺处理后的合金强度提高速率有所下降，脉冲电流辅助时效处理的试样在 12h 后达到峰时效屈服强度 301MPa 和峰时效抗拉强度 468MPa，而此时炉热时效处理试样的屈服强度和抗拉强度分别为 277MPa 和 452MPa，炉热时效处理下的试样在 24h 后达到峰时效强度。图 7-18（b）给出了两种时效工艺下 5A90 铝锂合金材料延伸率的演变规律，可以看出，经过短暂的时效处理，材料的延伸率明显下降，达到峰时效强度时，延伸率下降速率有所延缓，而脉冲电流辅助时效处理试样的延伸率比炉热时效处理试样的更低。图 7-18（c）进一步显示了两种工艺处理后材料强度的对比，两种时效工艺处理后试样的强度差值在 12h 时达到最大，其屈服强度差值达到 24MPa。由此得知，经过较短时效处理，材料内部即可析出大量 δ′强化相，使得

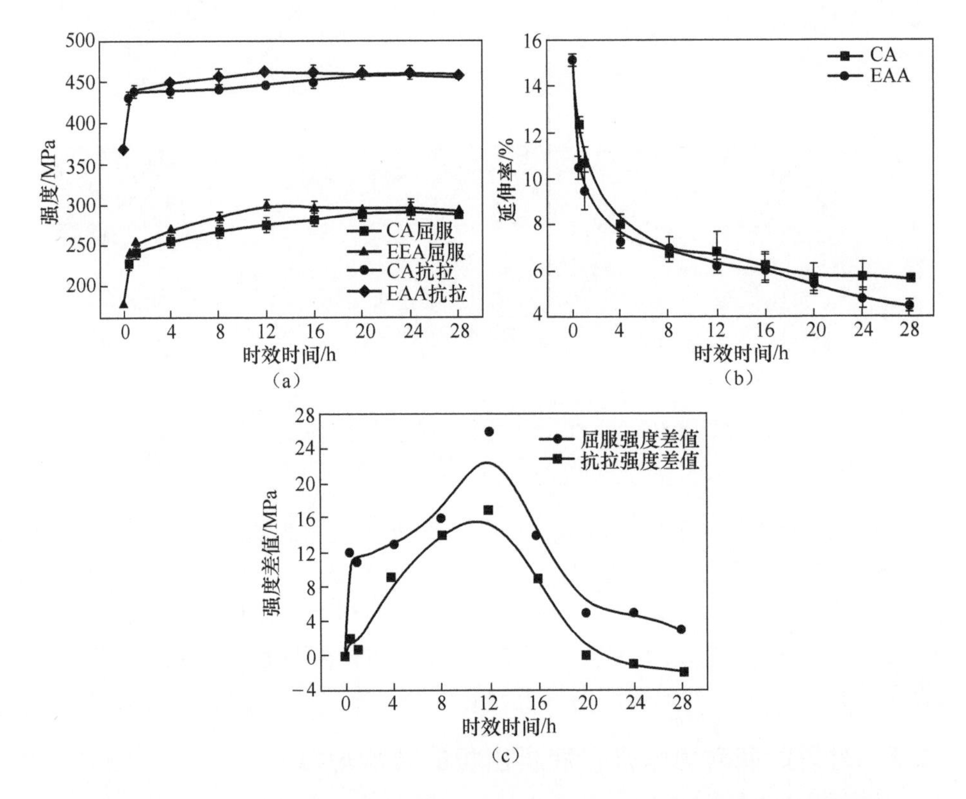

图 7-18 两种时效工艺下不同时效时间处理后 5A90 铝锂合金的力学性能演变
(a) 屈服强度和抗拉强度；(b) 延伸率；(c) 强度差值（脉冲电流辅助时效强度减去炉内时效强度）。

材料强度迅速提高而延伸率明显降低；且脉冲电流辅助时效处理的5A90铝锂合金的时效强化速率要高于炉热时效工艺，使得材料达到峰时效强度的时间由炉热时效工艺的24h缩短至脉冲电流辅助时效的12h。

2. δ′强化相析出行为

图7-19给出了部分两种时效工艺在140℃时效处理不同时间的5A90铝锂合金δ′相的TEM暗场像表征图像。

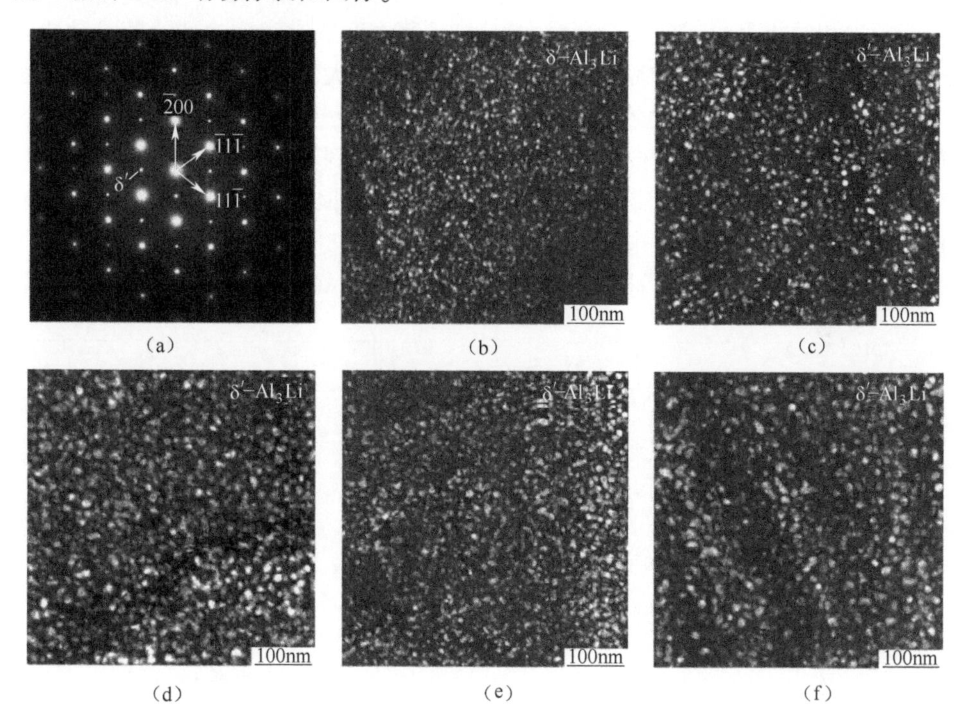

图7-19 脉冲电流辅助时效和炉热时效后5A90铝锂合金微观组织的TEM表征
(a)<110>晶带轴选区电子衍射花样；(b)~(c) 140℃脉冲电流辅助时效0.5h、4h和12h；(e)、(f) 140℃炉热时效12h和24h。

图7-19 (b)~(d)显示了脉冲电流辅助时效处理0.5h、4h和12h后5A90铝锂合金中δ′相的形貌、尺寸和分布。可以看出，脉冲电流辅助时效0.5h后，基体里析出了大量球形颗粒的δ′相，对图像进行分析统计可知，颗粒直径约为6nm，均匀细密地分布于基体中；时效时间延长至1h，δ′相直径增长至10nm左右；当时效时间达到峰时效时长的12h时，δ′相直径增长至16~20nm，除了尺寸的增大，δ′相颗粒与颗粒之间的间距也随时效时间的延长增加。图7-19 (e)和(f)为炉热时效8h和24h后5A90铝锂合金中的δ′相的形貌、尺寸和分布情况。由图可以看出，这两种时效条件下合金中的析出相特征与脉冲电流辅助时效4h和12h几乎一致，由此

可以推断,脉冲电流辅助时效工艺处理能显著加速 δ′相的粗化过程,缩短合金到达峰时效状态的时间,这与电流对 δ′相析出动力的影响密不可分。

图 7-20 显示了两种时效工艺在 140℃时效处理不同时间的 5A90 铝锂合金 δ′相的 DSC 热分析曲线以及不同时效时间下对应的 δ′相溶解吸热峰面积。时效后的合金在 DSC 测试过程中主要发生 δ′相的溶解,其溶解吸热峰的面积正比于在时效过程中 δ′相的析出体积分数。由图可以看出,两种时效工艺下,随着时效时间的延长,δ′相的析出体积分数逐渐增大,分别到某个时效时间后达到峰值。脉冲电流辅助时效处理的试样在时效 4h 后体积分数接近最大值,所示其对应的吸热峰面积约为 19.62J/g,当延长时效时间至 12h 和 24h,其吸热峰面积增长缓慢,分别为 20.03J/g 和 20.87J/g。对于炉热时效处理的试样达到峰值吸热峰面积的时效时间为 24h,明显长于脉冲电流辅助时效处理工艺。此外,由图 7-20 (c)可以看出,在同一个时效时间下,脉冲电流辅助时效处理试样的 δ′相吸热峰面积均大于炉热时效处理的试样,这说明脉冲电流辅助时效工艺下, 5A90 铝锂合金中的 δ′相体积

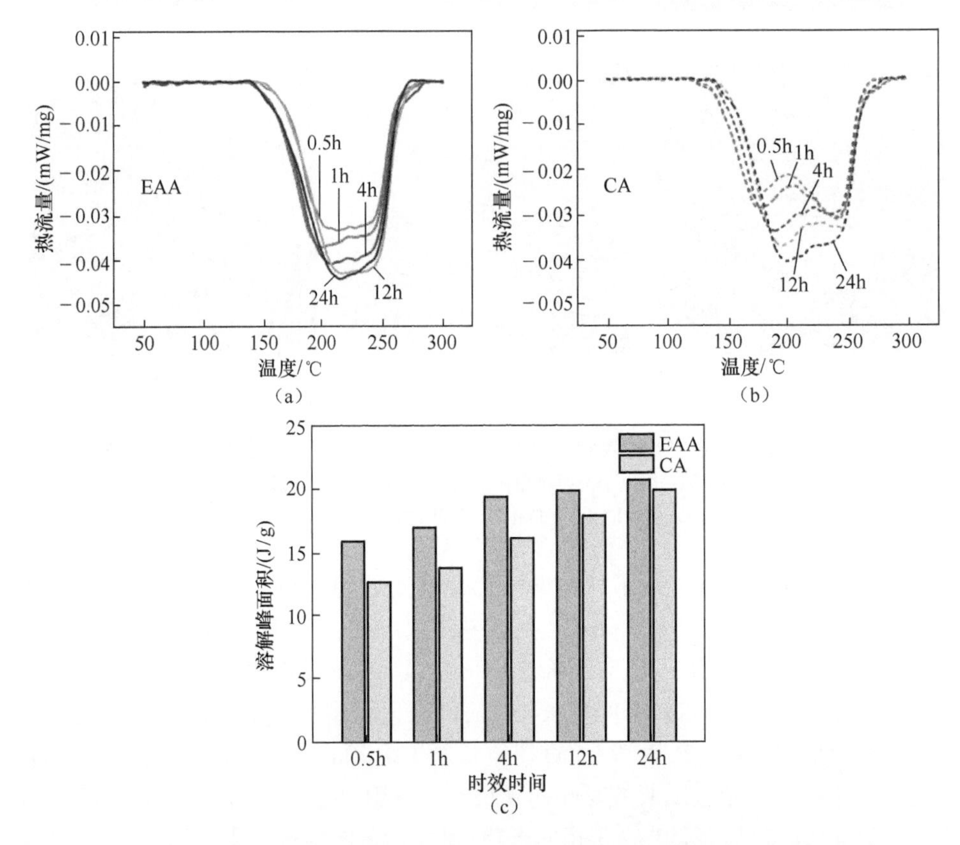

图 7-20 5A90 铝锂合金经过两种时效工艺不同时间处理后的 DSC 热分析图

(a)脉冲电流辅助时效;(b) 炉热时效;(c) δ′相吸热溶解峰面积。

分数更大。所以脉冲电流不仅能加速 δ′相的粗化,还能提高 δ′相从基体里的析出速度,因此才能使材料在更短的时间内达到峰时效状态。

7.3.3 时效前预变形处理对力学性能和析出相的影响规律

对于可热处理强化铝合金板材,常规的加工处理工艺需要在固溶淬火后人工时效前进行少量的拉伸预变形,以抵消淬火过程中产生的大量残余应力,预拉伸变形量一般为 2%~5%。对于 Al-Cu-Li 系铝锂合金,除了能消除残余应力外,预变形引入的大量位错能为合金 T_1 相在人工时效时提供非均匀形核质点,从而优化 T_1 相的分布。由于 Al-Mg-Li 系铝锂合金的强化相 δ′相在时效初期以调幅分解方式从基体里析出,因此预变形引入的位错对其形核影响不大,但引入的位错能为溶质原子提供沿位错扩散(管扩散,pipe diffusion)的高速扩散通道,这或将促进 δ′相的粗化过程。

1. 力学性能

引入 2.5%~5%拉伸预变形后在两种时效工艺处理 12h 条件下 5A90 铝锂合金的室温拉伸应力-应变曲线和力学性能由图 7-21 给出。

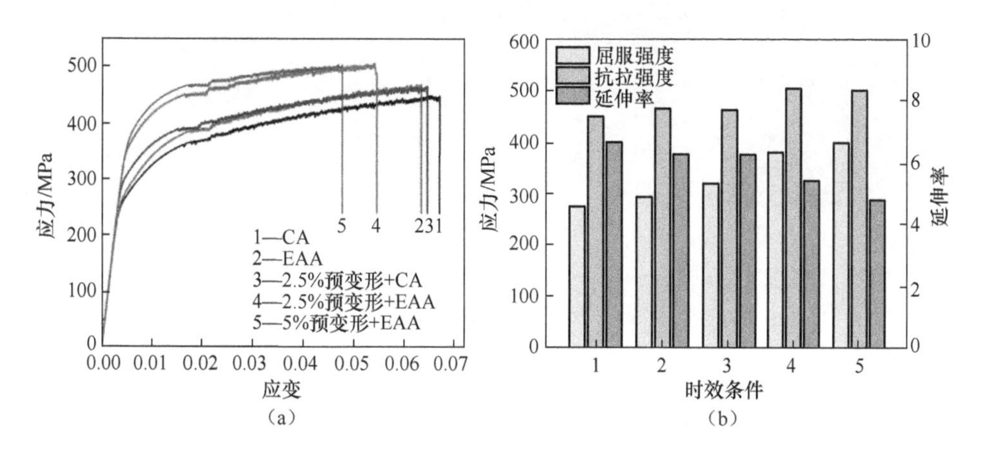

图 7-21 预变形时效处理后 5A90 铝锂合金拉伸应力-应变曲线和力学性能
(a) 应力应变曲线;(b) 强度及延伸率。

可以看出,预变形能显著提高 5A90 铝锂合金时效后的强度,而降低断裂延伸率。炉热时效前引入 2.5%的预变形,时效后屈服强度由之前的 277MPa 提高到 322MPa,提高了 45MPa;抗拉强度由之前的 449MPa 提高到 466MPa,提高了 17MPa。对于脉冲电流辅助时效,引入 2.5%的预变形后,时效屈服强度由之前的 300MPa 左右提高到 380MPa,提高了 80MPa 左右;抗拉强度由之前的 470MPa 左右提高到 503MPa,提高了 33MPa。可以看出脉冲电流辅助时效的 5A90 铝锂合金对时效前预变形更为敏感,时效前引入 2.5%的拉伸预变形能更大程度地提高材料强度。当预变形量提高到 5%时,屈服强度为 401MPa,抗拉强度为 501MPa,材料延伸率进一步下降,仅为 4.8%,而强度提高相对预变形 2.5%的材料也并不明显。强度的提高不仅有 δ′强化相的贡献,预变形引入的大量位错导致的加工硬化也对材料强度的提高有一定贡献。

2. 析出行为

图 7-22 显示了引入 2.5%拉伸预变形后 5A90 铝锂合金在脉冲电流辅助时效和炉热时效工艺下 δ′相的 TEM 表征图像。可以看出时效前预变形引入的位错对合金 δ′相的尺寸、形貌和分布有一定影响,与无预变形时效试样中尺寸相对均匀的 δ′相颗粒不同,时效前 2.5%的拉伸预变形将导致由大小尺寸不均匀的 δ′相组成的混合 δ′相沉淀析出组织。这种混合 δ′相沉淀析出组织在 H. J. Kim 等的研究

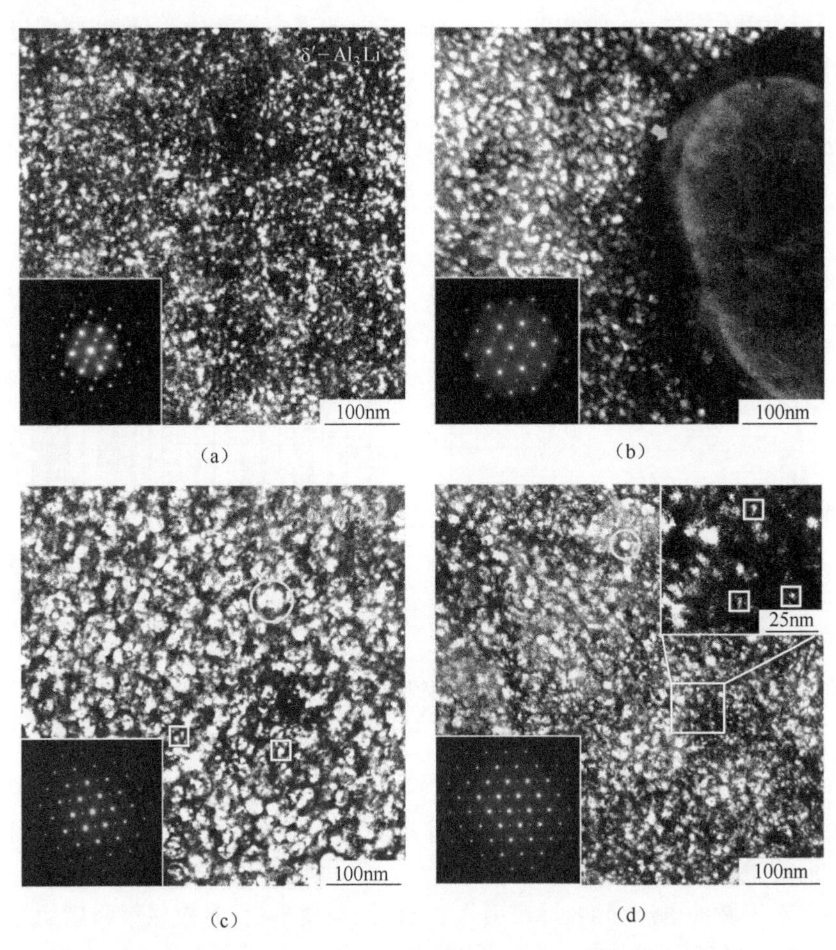

图 7-22 引入 2.5%拉伸预变形后 5A90 铝锂合金在 140℃时效后 δ′相的 TEM 表征

(a)~(c)电流辅助时效 0.5h、4h 和 12h;(d)炉热时效 12h。

中也观测到过，他们对铝锂合金固溶后进行冷轧变形，然后再进行时效处理，其析出相组织由尺寸大小不一的 δ′相组成。图 7-22（a）~（c）显示，在脉冲电流辅助时效过程中，时效 0.5h 后的初始状态下 δ′相尺寸相对较均匀，随着时效时间的延长，尺寸差异越来越大，且大尺寸 δ′相颗粒的占比也越来越大。通过人工对图像的统计和测量，当时效时间达到 12h 时，如图 7-22（c）中所示，大尺寸 δ′相颗粒的直径达到了 30nm 左右（圆圈内），小尺寸 δ′相颗粒的直径为 8nm 左右（方框内）。而在炉热时效 12h 后的预变形 5A90 铝锂合金中，虽然 δ′相尺寸分布也不均匀，但大尺寸 δ′相颗粒的直径为 18nm 左右，小尺寸 δ′相颗粒的直径仅为 4nm 左右，均远小于脉冲电流辅助时效处理的预变形合金。图 7-23 给出了 2.5%拉伸预变形 5A90 铝锂合金脉冲电流辅助时效和炉热时效 12h 后的 DSC 热分析图，通过对 DSC 曲线 δ′相溶解吸热峰进行积分，得出炉热时效处理的 2.5%拉伸预变形试样的 δ′相溶解吸热峰面积为 18.89J/g，而脉冲电流辅助时效处理的 2.5%拉伸预变形试样的 δ′相溶解吸热峰面积为 21.15J/g，其吸热峰面积比没有预变形的时效合金 δ′相溶解吸热峰面积稍大，这说明预变形引入的位错不仅导致了不均匀尺寸 δ′相的混合析出沉淀组织，还从一定程度上增加了 δ′相的析出体积分数。因此可以推测，脉冲电流辅助时效处理的预变形 5A90 铝锂合金的强度显著提高，主要由形成的不均匀尺寸 δ′相组织导致，其中大尺寸 δ′相对强度提高具有重要贡献，而预变形导致的加工硬化和 δ′相析出体积分数的增加对强度提高也具有一定贡献。

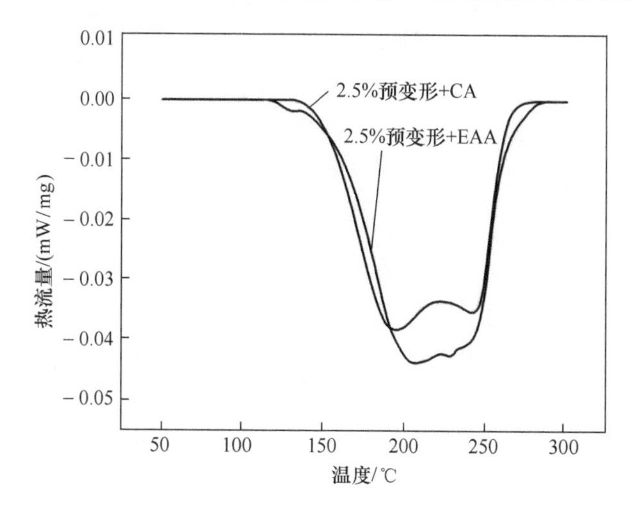

图 7-23　2.5%拉伸预变形 5A90 铝锂合金脉冲电流辅助时效和炉热时效 12h 后的 DSC 热分析图

对预变形 5A90 铝锂合金脉冲电流辅助时效处理后试样的进一步研究发现，基体中除了 δ′相外，还有另外一种粗大相析出，如图 7-24 所示。

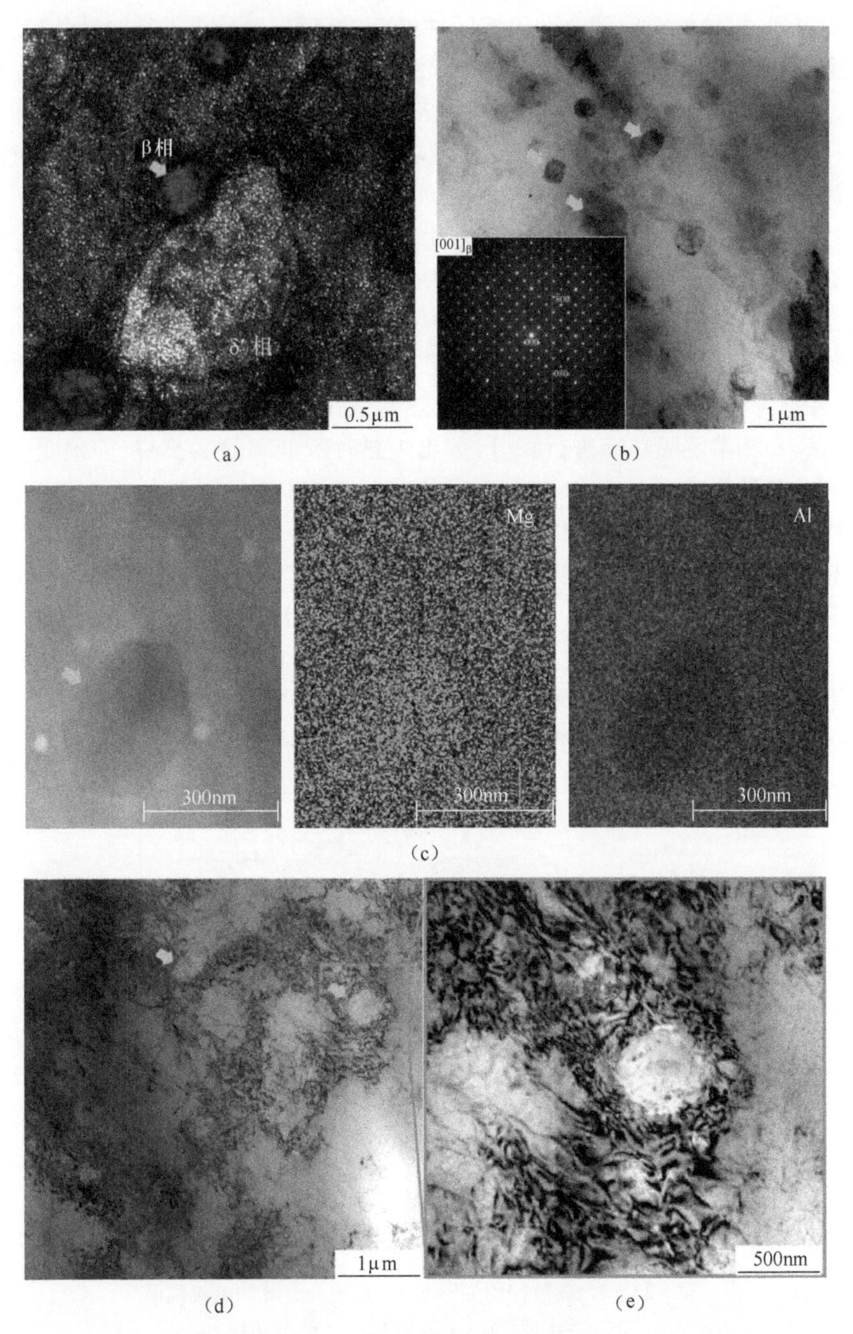

图 7-24　2.5%预变形 5A90 铝锂合金 140℃脉冲电流辅助时效 12h 后的 TEM 表征
(a) TEM 暗场像中 δ′相和 β 相颗粒;(b) 基体内粗大 β 相颗粒明场像和<100>晶带轴选区衍射斑点;
(c) β 相的 HAADF-STEM 图像和元素面分布;(d)、(e)拉断后试样的 TEM 明场像表征。

根据图 7-24 (b)中的衍射斑点以及 7-21(c)中的元素面分布图可以判断,这种相为典型 5×××系 Al-Mg 合金中常见的析出相——β-Al_3Mg_2 相,是一种具有复杂面心立方结构的金属间化合物相。图 7-24 (d)和(e)显示了在变形过程中,位错在 β 相界面处发生堆积缠结,这将导致裂纹在基体与 β 相界面处萌生,从而降低材料的断裂韧性,这也与预变形后 5A90 铝锂合金脉冲电流辅助时效后延伸率下降的现象相吻合。通常来说,在 Al-Mg 铝合金中,平衡相 β 相的形成是通过以下过程进行:α 过饱和固溶体→GP 区→β″(Al_3Mg)→β′→β。

图 7-25 给出了 2.5%预变形 5A90 铝锂合金脉冲电流辅助时效和炉热时效后的高分辨 TEM 表征图像。

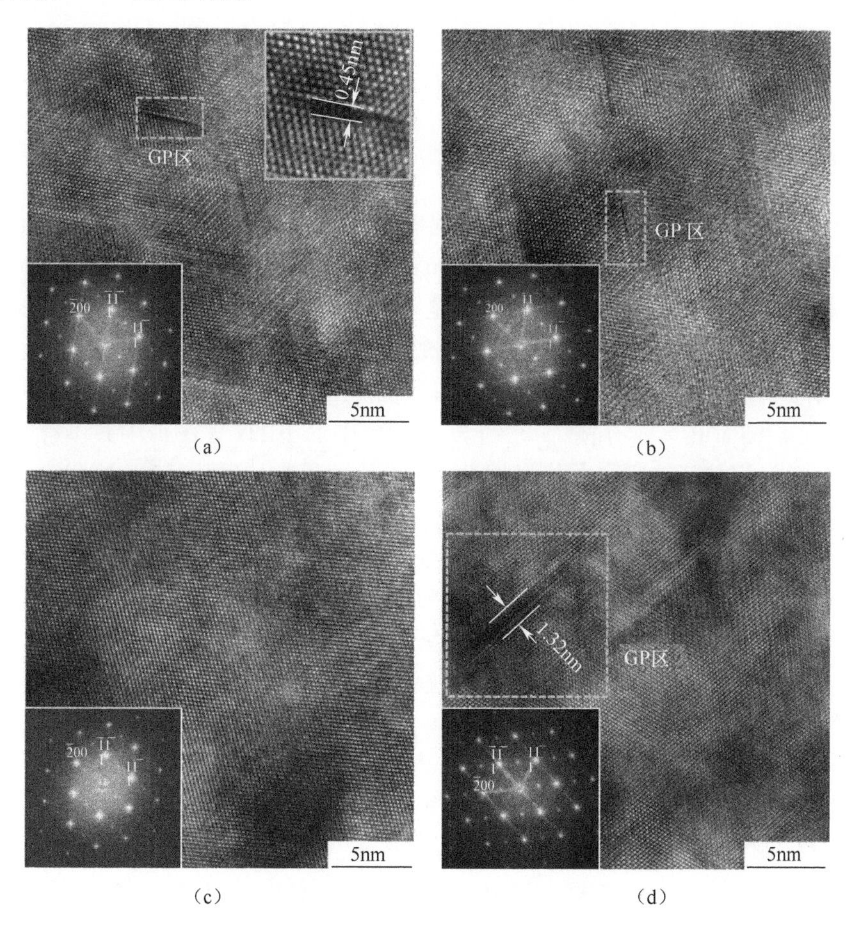

图 7-25　2.5%预变形 5A90 铝锂合金时效后高分辨 TEM 表征

(a) 脉冲电流辅助时效 0.5h;(b) 炉热时效 0.5h;(c) 脉冲电流辅助时效 12h;(d) 炉热时效 12h。

由图 7-25 (a)和(b)可以看出,在两种时效工艺下时效 0.5h 后,合金基体内可以观测到约为两个原子层厚度,4nm 左右长度的薄片状 GP 区,从 FFT 花样中的芒线可以断定,该 GP 区薄片面与基体{111}晶面平行且与基体完全共格,由富镁原子团簇构成。时效时间延长至 12h,如图 7-25 (c)所示,高分辨图像和无芒线的 FFT 图像说明脉冲电流辅助时效试样基体里 GP 区基本上消失。而对于炉热时效后的试样,如图 7-25 (d)所示,由高分辨图像中的纳米片状结构和 FFT 图像中的芒线可知,基体中 GP 区并未消失,只是厚度和长度均有一定程度增加。由此可以推断,由于预变形引入的位错,为富镁 GP 区的形成提供了非均匀形核质点,导致机体了 GP 区的形成,而脉冲电流辅助时效过程中电高能脉冲电流加速了 GP 区向 β 相的转变。

7.4 脉冲电流辅助时效相关机制

7.4.1 时效强化机制

Al-Mg-Li 系铝锂合金时效后材料强度的提高主要源于时效过程中析出的细小均匀分布于基体中的 $L1_2$ 型长周期有序相——δ′相。δ′相为球形颗粒相,由于与基体错配度很低,因此 δ′相与基体完全共格。图 7-26 为 2.5%预变形 5A90 铝锂合金在 140℃经 12h 脉冲电流辅助时效后的 HRTEM 表征图像,图 7-26 (b)和(c)中的 FFT 花样分别对应于图 7-26 (a)中的 A 区域和 B 区域,由 FFT 花样可知 A 区存在 δ′相而 B 区不存在,而在图 7-26 (a)中的 HRTEM 图像中并不存在明显的相界面,δ′相与基体完全共格。因此,在变形过程中,δ′相一般以被位错切过为主。考虑到 δ′相中{111}面上的一个完整位错的伯氏矢量为 a_0<110>(a_0 为晶格常数),而基体中完整位错的伯氏矢量为 $a_0/2$ <110>,因此 δ′相中一个完整位错等于基体中两个完整位错,这造成了在 δ′相中以 $a_0/2$ <110>型位错对的方式发生滑移。当位错切过 δ′相时,滑移面两侧的原子近邻排列关系将由原来的 Al-Li 转变为 Al-Al 和 Li-Li,这将导致形成新的面缺陷,即反相畴界(APB)。形成反相畴界的能量为位错滑移必须克服的阻力,材料因此得到强化,即有序强化,图 7-27 为 δ′相在{111}滑移面被位错切过后的 TEM 暗场像图像。

根据 δ′相的位错切过机制,人们提出了很多理论模型来描述 δ′相的有序强化机制对材料临界分切应力(critical resolved shear stress,CRSS)的贡献,模型大多具有相似的数学表达形式,这里引用 Henry Ovri 等的结果,由 δ′相导致的临界分切应力增量可以表示为

$$\tau_{\mathrm{p}} = \frac{\gamma_{\mathrm{APB}} f^{\frac{1}{2}}}{2b}\left[1.731\left(\frac{\pi \gamma_{\mathrm{APB}} r}{4Gb^2}\right)^{\frac{1}{2}} - f^{\frac{1}{2}}\right] \tag{7-3}$$

式中 τ_{p}——δ′相对临界分切应力的贡献;

γ_{APB}——{111}晶面反相畴界比能；

f——δ′相体积分数；

r——δ′相平均半径；

G——剪切模量；

b——伯氏矢量数值。

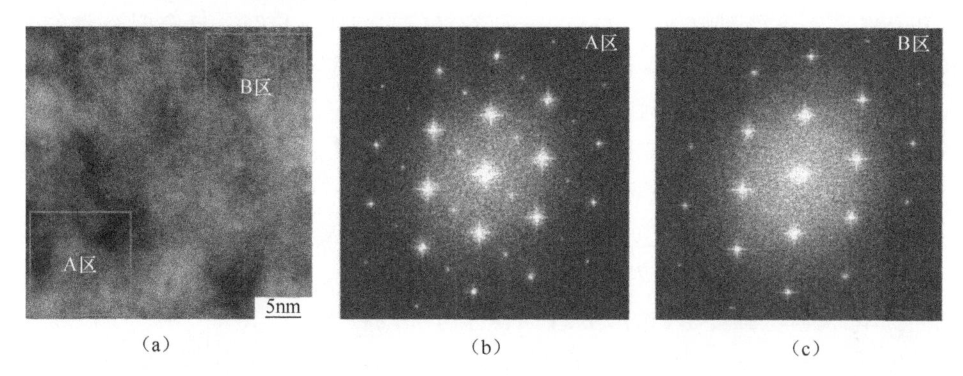

(a)　　(b)　　(c)

图 7-26　2.5%预变形 5A90 铝锂合金在 140℃经 12h 脉冲电流辅助时效后的 HRTEM 表征

(a)高分辨 TEM 图像；(b) 图(a)中 A 区的 FTT 图像；(c) 图(a)中 B 区的 FTT 图像。

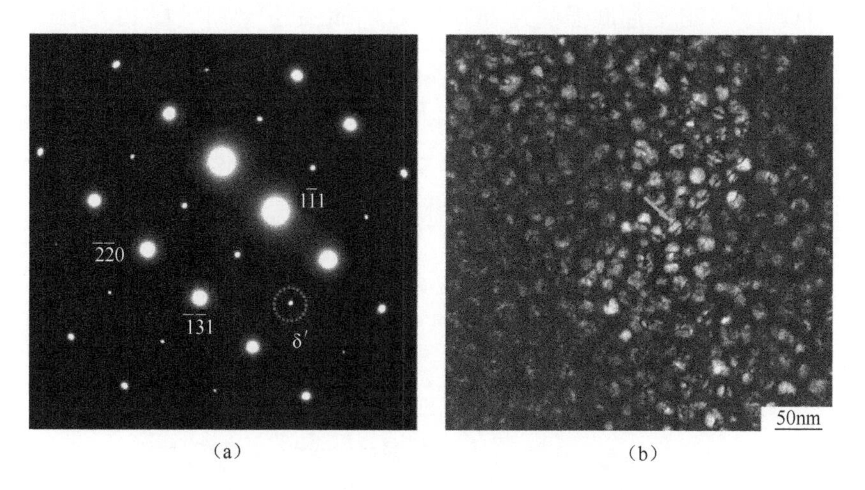

(a)　　(b)

图 7-27　δ′相被位错切过后的 TEM 表征

(a)选取衍射花样；(b) δ′颗粒被{111}滑移面上位错切割的 TEM 暗场像。

值得注意的是，式(7-3)适用于欠时效至峰时效状态的以 δ′相强化相为主的铝锂合金，以保证 δ′相的变形方式以被位错切过为主。根据方程(7-3)可以得出临界分切应力的增量是 δ′相体积分数和平均尺寸的函数，其之间的关系可以由图 7-28 给出。

可以看出，当 δ′相体积分数较小时(f<0.1)，临界分切应力增量的变化主要受

δ′相体积分数和平均尺寸两者的影响；当体积分数较大时(f>0.14)，临界分切应力增量的变化主要受δ′相平均尺寸的影响。δ′相的平均尺寸由TEM暗场像表征图像分析得到，δ′相的体积分数由DSC曲线分析获得。DSC曲线上溶解峰面积可以视作相应时效条件下材料δ′相的标准生成焓ΔH(J/g)，根据以上小节的分析可知，必然有每种时效条件下δ′相的ΔH与各自的析出体积f对应，即ΔH与f之间的正比关系。这里引用A. Deschamps研究Al-4.94Mg-1.85Li合金时得到的δ′析出相f与ΔH之间正比关系，即ΔH = 17.17J/g对应f = 0.204。这里根据f与ΔH之间的对应正比关系，计算了脉冲电流辅助时效在120℃和140℃时效12h和炉内时效在120℃、140℃和160℃时效12h后欠时效状态至峰时效状态下5A90铝锂合金的临界分切应力增量，其中G = 30GN/m，b = 0.2864nm，γ_{APB} = 0.114J/m，分别在图7-28以蓝色点和红色点标识出来。可以看出，5A90铝锂合金时效后基体内有大量δ′相析出，其析出体积分数达到20%及以上，在较大析出体积分数的前提下，对合金强度增加的贡献主要源于δ′相的粗化。由式$\sigma_p = \tau_p \cdot M$($M$为泰勒因子，这里取$M$ = 2.95)可知，脉冲电流辅助时效的5A90铝锂合金δ′相的析出对材料屈服强度的贡献为90.3~160.2MPa，炉热时效为52.5~155.2MPa。如以固溶态5A90铝锂合金屈服强度175MPa作为基础强度计算，脉冲电流辅助时效在120~140℃时效12h后屈服强度为265.3~335.2MPa，炉热时效在120~160℃时效12h后屈服强度为227.5~330.2MPa，与实际测得的屈服强度值相近。

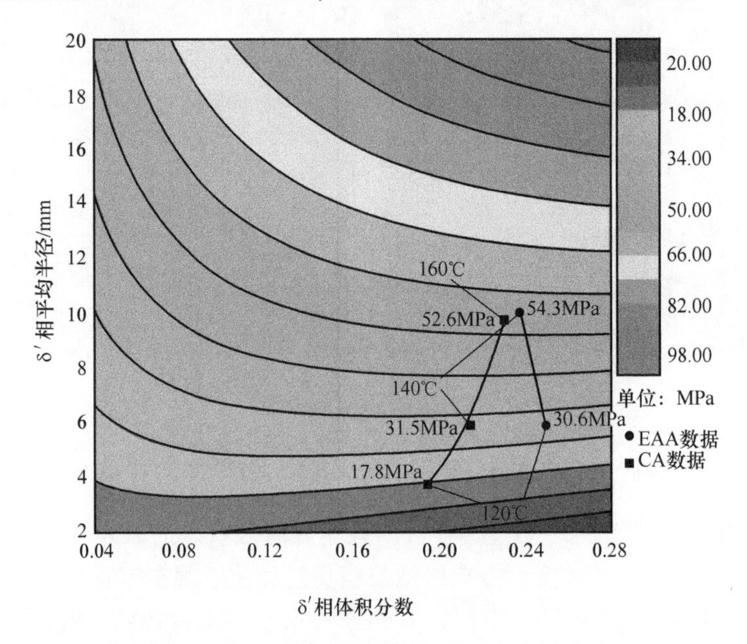

图7-28 临界分切应力增量与δ′相体积分数和平均尺寸的函数关系

7.4.2 电流作用下的时效析出动力学机制

结果显示,在同样温度下进行时效处理,与炉热时效相比,脉冲电流辅助时效过程中5A90铝锂合金中δ′相的粗化过程得到增强,这与电流的作用密不可分。两种时效工艺最大的区别就是加热方式,炉热时效是由热传导、热交换和热辐射主导的升温方式,而脉冲电流辅助时效是由电流的焦耳热效应导致的升温方式。与炉热时效相比,在脉冲电流辅助时效过程中,式样宏观温度与炉热时效温度一致,由热力学条件控制的δ′相长大激活能对其在两种工艺下的粗化行为影响较小,这里着重考虑的重要因素是漂移电子与材料中原子、空位、位错等微观结构的交互作用对δ′相长大动力学机制的影响,这是与炉热时效最本质的区别。这势必造成脉冲电流辅助时效过程中原子的扩散机制以及原子尺度温度场与炉热时效过程中的区别,这或将成为理解电流作用下5A90铝锂合金中δ′相粗化过程动力学机制的关键。

众所周知,δ′相的粗化过程是原子扩散控制的,基体中的Li原子不断向δ′相扩散,最终导致δ′相的长大。对于炉热时效过程,δ′相的析出动力学机制由经典的Lifshitz-Slyozov-Wagner(LSW)动力学机制给出:

$$r^3 - r_0^3 = K \cdot t \tag{7-4}$$

$$K = \frac{8\gamma V_m D c_\infty}{9RT} \tag{7-5}$$

式中 r——δ′相时效处理t时长后的平均半径;
r_0——δ′相初始半径;
γ——δ′相与基体之间的界面能;
D——扩散系数;
V_m——δ′相平均摩尔体积;
c_∞——Li原子在T温度时的平衡浓度;
R——气体普适常数。

Conrad总结了当电流密度超过$10^7 A/m^2$时(本书脉冲电流辅助时效过程中,电流密度超过$2.34\times10^7 A/m^2$),能通过加速原子或空位的扩散从而促进相转变。因此,对于脉冲电流辅助时效过程,除了LSW预测的δ′相基本粗化行为外,还必须考虑两个电流诱导的对Li原子扩散加强的因素,即电迁移导致的Li原子扩散和漂移电子与空位交互作用导致Li原子扩散速率的增强效应。对于电迁移效应导致的Li原子扩散通量可以由Nernst-Einstein方程给出:

$$\phi = \frac{ND}{kT} Z^* e \rho_t j \tag{7-6}$$

式中 N——溶质原子密度;

D——扩散系数；

k——玻耳兹曼常数；

T——温度；

Z^*——溶质原子有效电荷数；

e——电子电量；

ρ_t——总电阻率；

j——电流密度。

考虑关系式 $R = k \cdot Na$（$Na = 6.02\times10^{23}$ 为 Avogadro 常数）和电迁移诱导的 Li 原子通量对 δ′相粗化贡献的比例因子 ξ，可得到 δ′相在电流作用下由电迁移贡献的另一个粗化因子：

$$K_1 = \xi \frac{nV_e D_e}{RT} Z^* e\rho_t j \tag{7-7}$$

式中 n——单位体积内溶质原子的摩尔数（与 c_∞ 类似）；

V_e——电迁移诱导的 δ′相摩尔体积增量。

另外，由于淬火处理会导致基体内部产生大量空位，空位的扩散对于 Al-Mg-Li 系这类置换固溶体重溶质原子的扩散至关重要。溶质原子扩散的能量包括该原子的迁移能 ΔU_m 和迁移后在附近形成空位的空位形成能 ΔU_f，根据材料热力学，当温度为 $T(K)$ 时，材料内部空位的平衡浓度为

$$c_v = \exp\left(\frac{-\Delta U_f}{kT} + \frac{\Delta S_f}{k}\right) \tag{7-8}$$

式中 k——玻耳兹曼常数；

ΔS_f——空位形成的熵增。

考虑到由于空位缺陷对漂移电子更强烈的散射作用，因此空位附近的温度比无空位缺陷的基体附近温度更高，这是由于局部焦耳热效应导致的原子尺度的高温温度场。因此，在脉冲电流辅助时效过程中，固溶原子向空位迁移的自由能变化为

$$\Delta G_m = \Delta H_m - (T + \Delta T)\Delta S_m \approx \Delta U_m - (T + \Delta T)\Delta S_m \tag{7-9}$$

式中 ΔH_m——空位迁移引起的焓变；

ΔS_m——空位迁移引起的熵变；

T——基体温度；

ΔT——空位附近比基体高的温度。

因此可得在电流作用下溶质原子迁移频率：

$$\Gamma = vZ_0 c_v \exp\left(\frac{-\Delta G_m}{kT}\right) = vZ_0 \exp\left(\frac{-\Delta U_f}{kT} + \frac{\Delta S_f}{k}\right)\exp\left(\frac{-\Delta U_m}{kT} + \frac{\Delta S_m}{k} + \frac{\Delta T \Delta S_m}{kT}\right) \tag{7-10}$$

式中　ν——原子的振动频率(Hz)；

Z_0——溶质原子与周围原子的配位数。

根据扩散理论,可得在电流作用下的原子扩散系数为

$$D_e = Pa^2\Gamma \tag{7-11}$$

式中　P——固溶原子的迁移几率;

a——每次迁移的距离。

将式(7-10)代入式(7-11)中,并考虑 $R = k \cdot \mathrm{Na}$,得到电流作用下固溶原子的扩散系数为

$$D_e = D_0\exp\left(-\frac{Q}{RT}\right)\exp\left(\frac{Q_e}{RT}\right) = D\exp\left(\frac{Q_e}{RT}\right) \tag{7-12}$$

$$D_0 = Pa^2\nu Z_0\exp\left(\frac{\Delta S_f + \Delta S_m}{R}\right) \tag{7-13}$$

式中　D_0——材料决定的扩散常数;

D——温度为 T 时的扩散系数。

在式(7-12)中,$Q = \Delta U_f + \Delta U_m$ 为每摩尔溶质原子迁移的激活能,$Q_e = \Delta T \cdot \Delta S_m$ 即为漂移电子与空位交互作用为溶质原子扩散提供的额外能量。因此在脉冲电流辅助作用下,考虑电迁移效应和电流诱导的溶质原子扩散能力的增强两个因素,得到δ′相粗化的动力学方程为

$$r_e^3 - r_0^3 = K_e \cdot t \tag{7-14}$$

$$K_e = K + K_1 = \left(\frac{8\gamma V_m Dc_\infty}{9RT} + \frac{\xi n V_e DZ^* e\rho_t j}{RT}\right)\exp\left(\frac{Q_e}{RT}\right) \tag{7-15}$$

式中　r_e——电流作用下δ′相时效处理 t 时长后的平均半径;

K_e——电流作用下δ′相的粗化因子。

对比式(7-5)和式(7-15)可以看出,脉冲电流辅助时效过程中由于电迁移效应对溶质原子扩散的贡献和漂移电子与空位交互作用对扩散溶质原子扩散能力的增强,δ′相的粗化因子 K_e 比炉热时效 K 更大,因此δ′相的粗化速率比炉热时效更大,这是导致脉冲电流时效处理后5A90铝锂合金中δ′相平均尺寸更大的根本原因。预变形5A90铝锂合金时效后形成大小、尺寸不均匀的δ′相分布,是因为预变形引入的位错为Li原子扩散提供了快速扩散通道。由于δ′相的粗化类似于熟化过程,在长大过程中尺寸较小的δ′相颗粒容易被尺寸较大的δ′相颗粒吞噬,而位错的引入则加速了这个过程,从而导致形成了大小尺寸不均匀的δ′相分布特征。

7.4.3　不同时效阶段的变形行为与断裂机制

图7-29给出了5A90铝锂合金在欠时效、峰时效和过时效三个状态下的室温拉伸断口SEM形貌表征。如图7-29 (a)和(d)所示,可以看出随着δ′相的析出,

在欠时效和峰时效状态下，材料的室温拉伸断口上存在大量晶间裂纹（intergranular cracks）；而图7-29（g）显示，在过时效状态下，随着δ′相析出分数的减少，晶间裂纹也随之减少。此外，在欠时效尤其是峰时效状态下，如图7-29（b）、（c）和（e）、（f）中白色箭头所示，除了晶间裂纹，在断口上存在大量浅的剪切小韧窝，只有少数地方存在等轴状的小韧窝。晶间裂纹和剪切韧窝的产生和δ′相的位错切过机制导致的平面滑移密切相关，因此当过时效发生时，δ′相体积分数降低，晶间裂纹和剪切韧窝也相应减少。由此可以推断，欠时效和峰时效剪切韧窝和晶间裂纹的断裂方式与该状态下较低的塑性相对应，而过时效状态时剪切韧窝的消失和晶间裂纹的减少与该状态下塑性的回升相对应，而这些现象的根本原因都与δ′相的析出情况有密切联系。

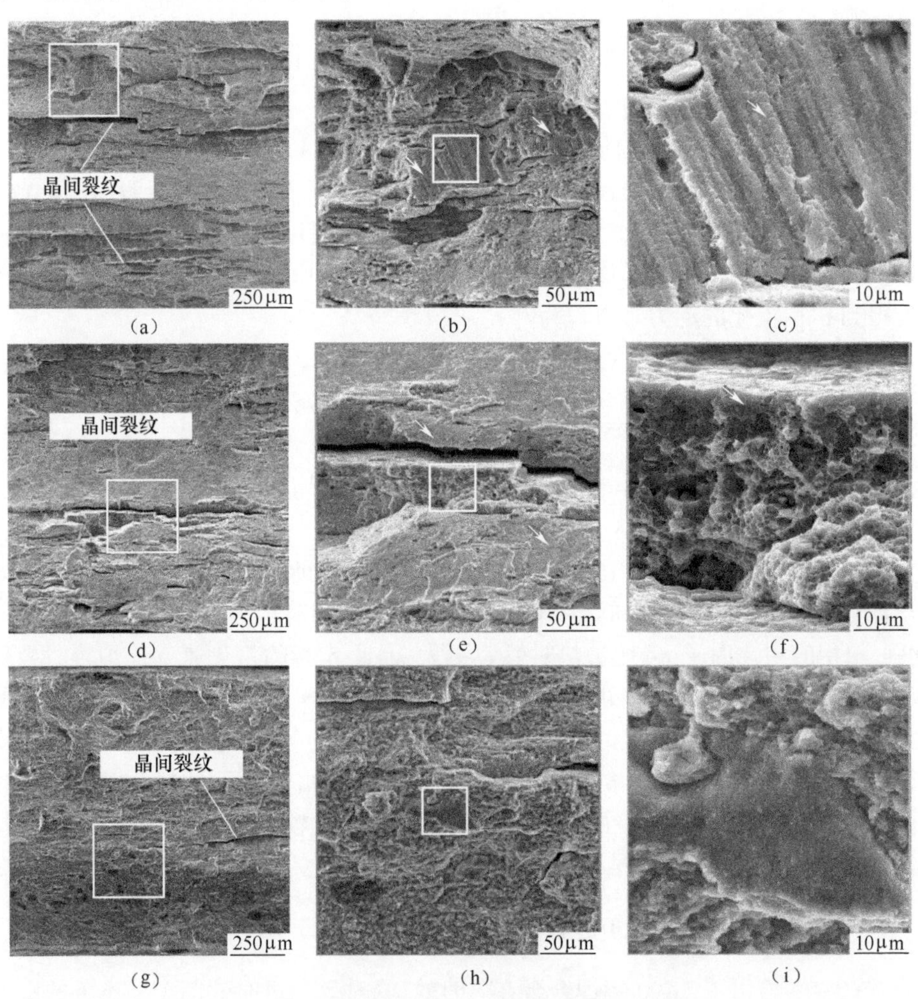

图7-29　5A90铝锂合金不同时效阶段的拉伸断口

(a)~(c) 欠时效；(d)~(f) 峰时效；(g)~(i) 过时效。

图 7-30 展示了 δ′相的变形机制，图 7-30（a）显示材料强度的提高是由 δ′相的有序强化导致的，位错对切过 δ′相时形成的反相畴界使系统能量升高，材料因此得到强化。正是由于 δ′相的这个变形特点，导致了以 δ′相为主要强化相的铝锂

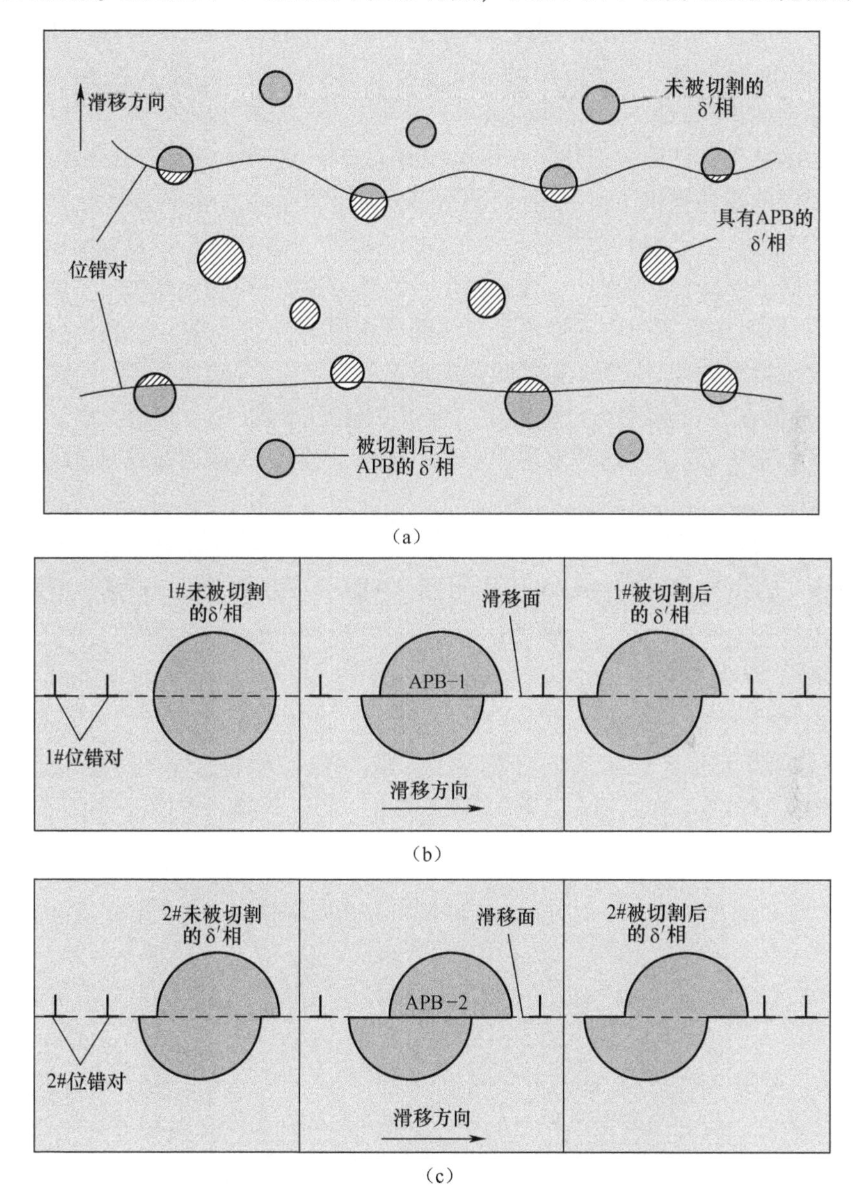

图 7-30 δ′相的变形机制

（a）位错对切过机制以及位错对之间的反相畴界；（b）δ′相颗粒被第一组位错对切过；（c）δ′相颗粒被第二组位错对切过。

合金所谓共面滑移的产生,从而造成了5A90铝锂合金不同时效阶段的变形行为和断裂机制的差异。图7-30 (b)所示为δ′相颗粒被第一组位错对的先导位错切过而尾随位错未切过时,在δ′相被切过的滑移面上留下了相应面积的反相畴界,当尾随位错切过时,反相畴界复原。这导致了第二组位错对在该滑移面切过这个δ′相时形成的反相畴界的面积比第一组位错对切割时产生的面积小,因此对位错的阻碍作用变小,如图7-30 (c)所示。

阻力的减小将使更多的位错在该滑移面上进行,即形成共面滑移现象,这些滑移面为位错的滑移提供了便捷通道,使材料的变形主要集中在这些少数离散且狭窄的滑移带上。由于材料拉长形晶粒结构的限制,位错在晶界处大量堆积而造成局部应力集中,使得晶间裂纹在该处萌生。此外,在滑移带上不断聚集的微小空洞逐渐形成韧窝,在剪切应力的作用下成浅的剪切形貌。变形进一步进行,导致晶间断裂的发生以及断口上浅的剪切韧窝的形成。对于过时效状态的5A90铝锂合金,由于其他含Li平衡相的析出减少了δ′相的体积分数,从而减少了由平面滑移导致的应力集中,使材料的断裂延伸率有所提高,而断口上晶间裂纹和浅的剪切韧窝也相应减少。

7.5 铝锂合金冷轧处理及脉冲电流辅助退火电热参数

首先对5A90铝锂合金进行固溶处理,温度为460℃,处理时间为30min,之后进行冷变形量为33.3%、50%和66.7%的冷轧变形,使板材的厚度从1.5mm减薄至1mm、0.75mm和0.5mm,获得不同冷变形量的5A90铝锂合金的冷变形组织,冷轧前和冷轧后的5A90铝锂合金板材如图7-31所示,不同冷轧变形量的5A90铝锂合金金相组织如图7-32所示。

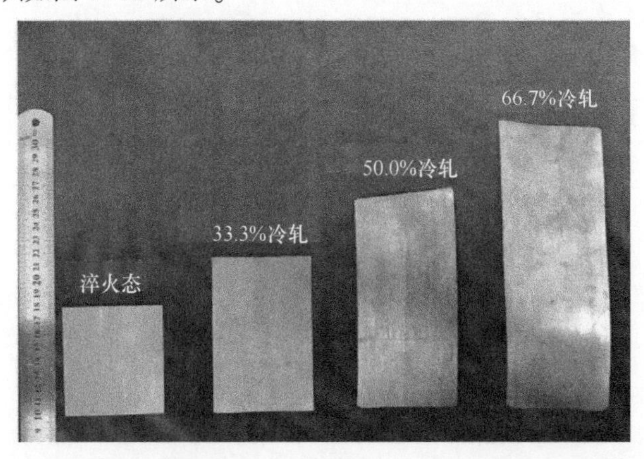

图7-31 固溶淬火态和不同冷轧变形量的5A90铝锂合金

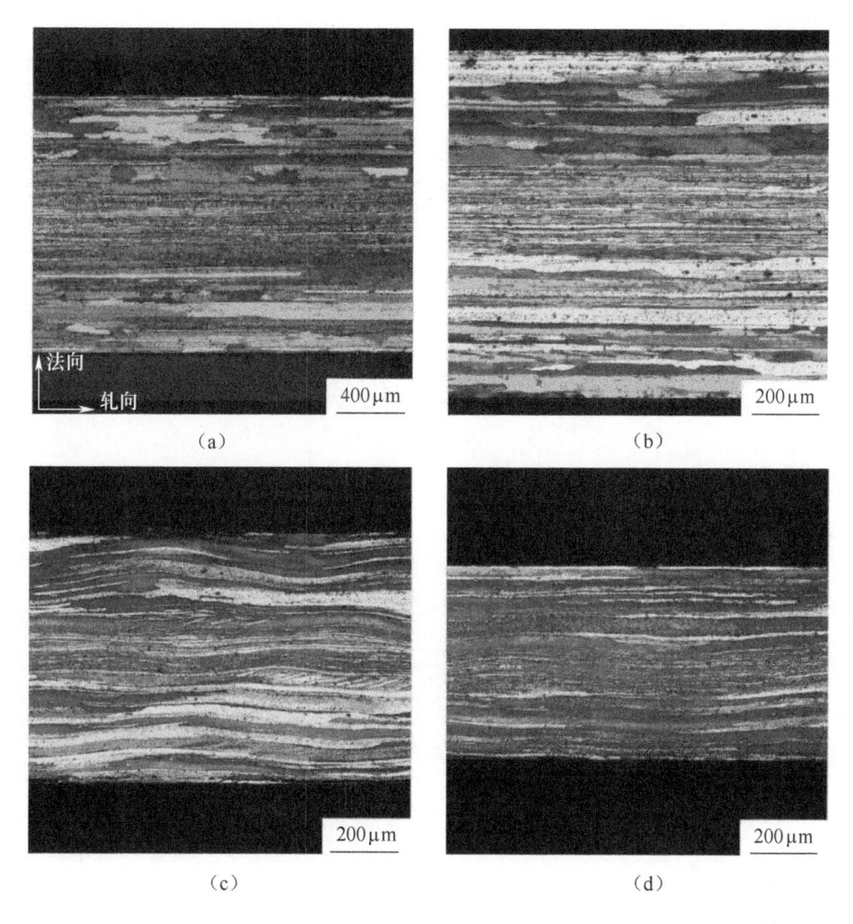

(a)　　(b)　　(c)　　(d)

图 7-32　5A90 铝锂合金金相组织

(a)固溶淬火态;(b) 33.3%冷轧变形量;(c) 50%冷轧变形量;(d) 66.7%冷轧变形量。

可以看出固溶淬火态 5A90 铝锂合金板材近表面层是粗大的回复拉长晶粒和再结晶晶粒,中间层是纤维状的变形晶粒。冷轧变形后,原来存在于晶粒中拉长的晶粒进一步沿着轧制方向变形,被进一步拉长,厚度进一步减薄,另外由图 7-32(b)~(d)可以得知在冷轧过程中形成了沿轧制方向 45°的剪切变形带,且随着冷轧变形量的增加,变形带的数量和尺寸进一步加大,这说明冷轧后 5A90 铝锂合金中累积了大量变形储能。脉冲电流辅助退火的试样由冷轧后的 5A90 铝锂合金线切割加工而成,其尺寸为 70mm×10mm,脉冲电流辅助再结晶退火温度同样选择固溶温度 460℃,以避免退火过程中有粗大相析出。图 7-33 给出了 5A90 铝锂合金板材冷轧、脉冲电流辅助再结晶退火和脉冲电流辅助时效的工艺过程,利用热电偶矫正后的红外测温仪对试样温度进行测量,其升温曲线如图 7-33 所示,可以看出,脉冲电流辅助再结晶退火过程中,试样温度在 4~5s 内迅速上升至退火温度

460℃,然后保持相对稳定。

不同冷轧变形量的5A90铝锂合金板材脉冲电流辅助加热至退火温度460℃,以及之后在140℃进行脉冲电流辅助时效的电热参数如表7-2所示。这里需要说明的一点是,由于这一章里所用试样尺寸和形貌与第7.3节中脉冲电流辅助时效中的试样有一定区别,因此在脉冲电流辅助时效过程中的散热条件不同,导致达到相同温度的电流参数有一定差异。

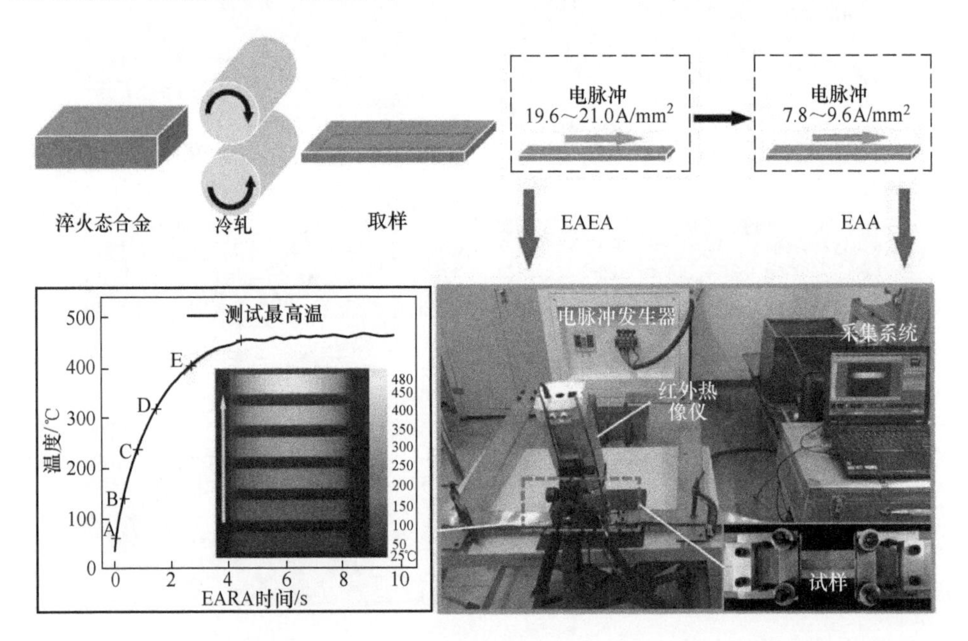

图7-33 5A90铝锂合金冷轧、脉冲电流辅助再结晶退火过程和温度测量

表7-2 不同冷轧变形量5A90铝锂合金的脉冲电流辅助再结晶退火和时效参数

冷轧减薄率/%	脉冲频率/Hz	脉冲占空比/%	平均电流密度	
			退火(460℃)	时效(140℃)
33.3	100	50	16.9	7.8
50.0	100	50	17.7	8
66.7	100	50	21.0	9.6

7.6 铝锂合金脉冲电流辅助退火

7.6.1 晶粒组织演变

1. 冷轧变形量的影响

由于冷变形过程中的形变储能是后续再结晶发生的驱动力,直接影响再结晶

退火后材料的组织和性能,因此首先研究不同变形量下 5A90 铝锂合金的脉冲电流辅助再结晶行为。图 7-34 给出了不同冷轧变形量 5A90 铝锂合金脉冲电流辅助再结晶退火处理不同时间后的金相组织。图 7-34 (c)、(f) 和(i) 显示不同冷轧变形量的 5A90 铝锂合金,在高能脉冲电流作用下在较短时间内(10~25s)完成了完全再结晶,图 7-34 (b)、(e) 和(h) 分别显示了经过少于完全再结晶退火时间处理后的部分再结晶组织。对比分析可以看出,完成完全再结晶的时间以及再结晶晶粒组织与冷轧变形量密切相关,冷轧变形量越大,完成再结晶所需的时间越短且

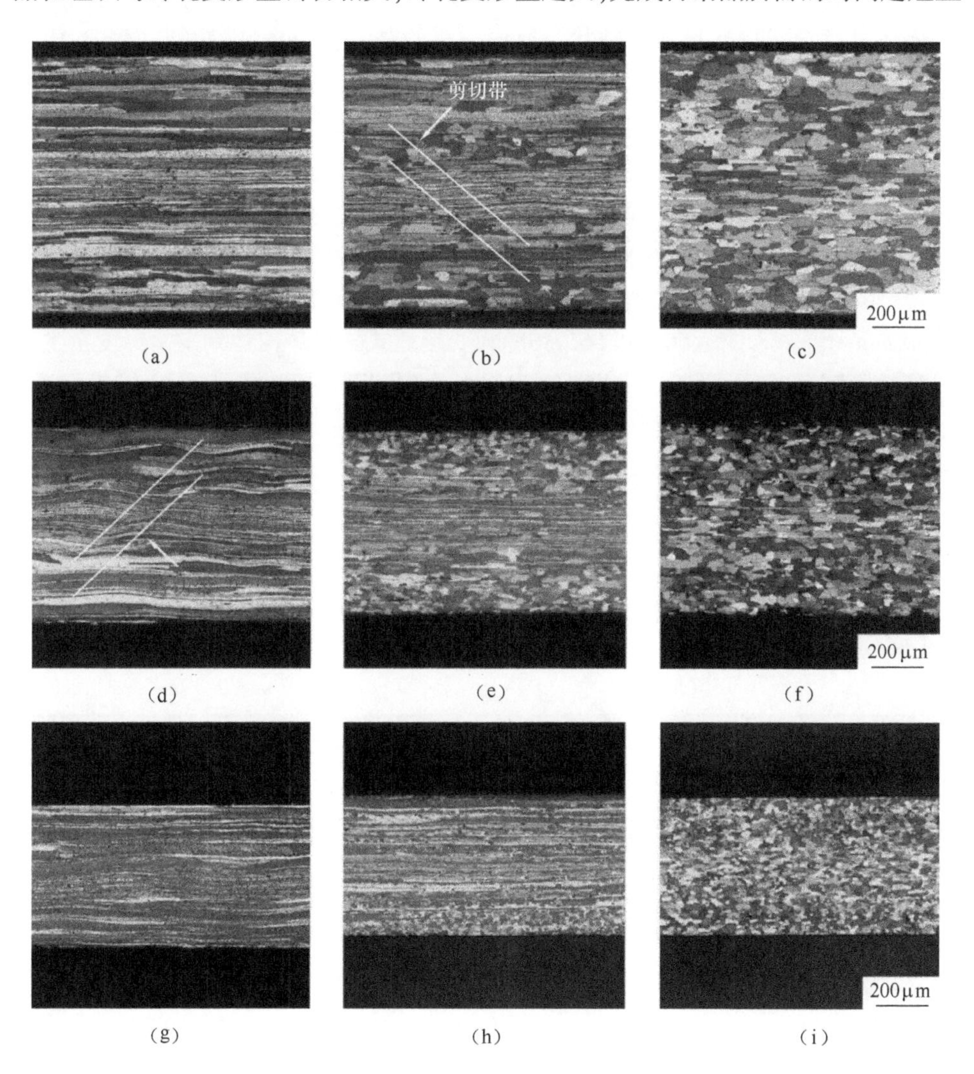

图 7-34 不同冷轧变形量 5A90 铝锂合金脉冲电流辅助再结晶退火处理不同时间后的金相组织

(a)~(c) 33.3%冷轧变形量处理 0s、18s 和 25s;(d)~(f) 50%冷轧变形量处理 0s、12s 和 18s;(g)~(i) 66.7%冷轧变形量处理 0s、5s 和 10s。

再结晶晶粒尺寸更细小。当冷轧变形量为33.3%时,所需时间为25s,再结晶平均尺寸为37μm左右;当冷轧变形量为50%时,所需时间为18s,再结晶平均尺寸为27μm左右;当冷轧变形量为66.7%时,所需时间仅为10s,再结晶平均尺寸细化到12μm左右。另外,尽管脉冲电流辅助再结晶板材中心晶粒还呈现出沿轧制方向拉长的形貌,但相比固溶淬火态,拉长晶粒形貌的特征已经减少,且再结晶晶粒随着冷轧变形量的增加而更加等轴化。当冷轧变形量为33.3%时,再结晶的纵横比为2.29,晶粒沿轧制方向拉长。而冷轧变形量为66.7%时,再结晶的纵横比降至1.64,其中大部分晶粒已成等轴状。值得一提的是,由于板材在轧制过程中,由于轧辊半径较小,板材两侧变形量大于中心层,所以再结晶优先发生于板材两侧和剪切变形带区域,如图7-34(b)(e)和(h)所示。

为了对比,进行了不同冷轧变形量的5A90铝锂合金在相同炉热温度下的再结晶退火试验,其退火组织如图7-35所示。可以看出,相同冷轧变形量的试样在经过与脉冲电流辅助时效相同的退火时间处理后,材料仍然处于变形状态,组织几乎无变化,这也与炉热退火时样品升温速率较慢有关,根据铝合金经验升温速率1mm/min计算,33.3%、50%和66.7%冷轧变形量式样在炉内达到平衡温度至少需

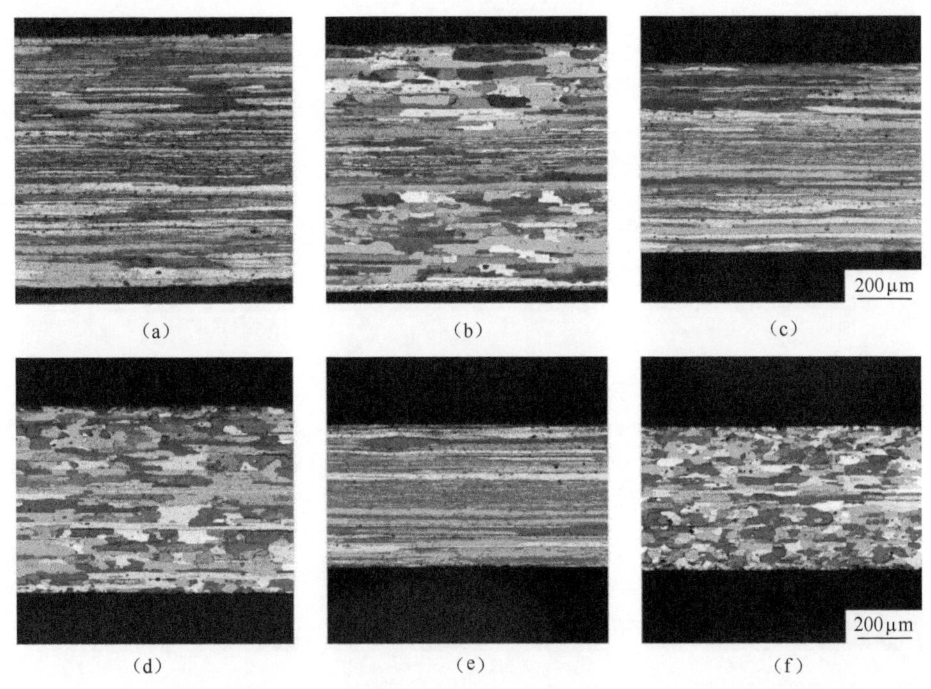

图7-35 不同冷轧变形量5A90铝锂合金炉热再结晶退火处理不同时间后的金相组织
(a)、(b) 33.3%冷轧变形量处理25s和30min;(c)、(d) 50%冷轧变形量处理18s和30min;
(e)、(f) 66.7%冷轧变形量处理10s和30min。

要 30s、22.5s 和 15s，因此在与脉冲电流辅助退火相同时间内，温度并未达到 460℃，再结晶效果不显著。延长退火时间至 30min 时，试样呈现出部分再结晶组织状态，两侧为呈拉长状态的粗大再结晶晶粒，中间层仍为呈纤维状的变形或回复态薄层晶粒，可以推断，炉热退火时，组织演变主要以回复为主，再辅以少量再结晶的发生。

脉冲电流辅助完全再结晶和炉热退火 30min 后的晶粒尺寸和纵横比统计如图 7-36 所示。由图可以看出，脉冲电流辅助再结晶退火不仅能提高冷轧 5A90 铝锂合金的退火效率，而且处理后的组织更加细小和等轴化。

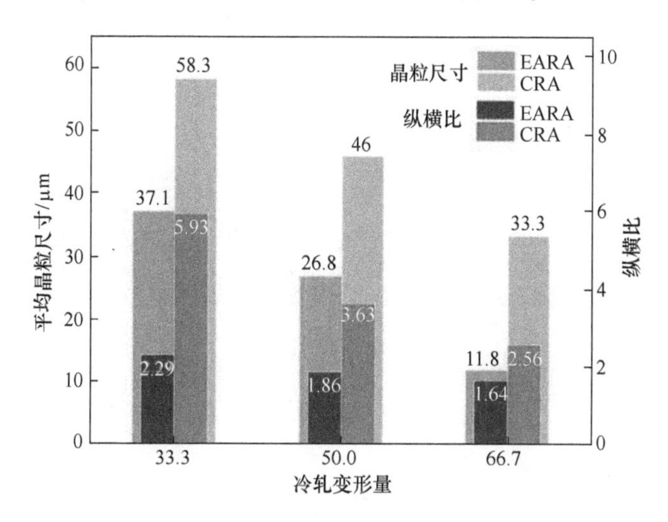

图 7-36　脉冲电流辅助再结晶退火和炉热退火处理不同冷轧变形量 5A90 铝锂合金中再结晶晶粒平均尺寸和纵横比统计

2. 退火时间的影响

图 7-37 给出了 66.7%冷轧变形量 5A90 铝锂合金脉冲电流辅助再结晶退火和炉热退火不同时间的金相组织。由图可以看出，脉冲电流辅助再结晶退火仅仅 5s 后，冷轧试样中再结晶已经发生。虽然还有大量冷轧变形组织，但大量尺寸几微米的细小等轴状再结晶晶粒分布于基体中。处理 8s 后，冷轧试样呈完全再结晶状态，试样中冷轧变形组织基本上已经被细小的等轴再结晶晶粒取代，晶粒尺寸为 10μm 左右。当处理时间延长至 10s 和 20s 时，完全再结晶晶粒的平均尺寸分别为 12μm 和 26μm 左右，如图 7-37（e）和（f）所示。然而，经过 20s 炉热退火后，如图 7-37(g) 所示，冷轧后的 5A90 铝锂合金基本上还由冷轧变形的纤维状晶粒组织组成，只是在 RD-ND 面上可以观测到明显的与轧制方向成 45°分布的剪切带形貌，这是退火过程中在冷轧剪切变形带上非均匀形核的细小再结晶晶核显示的衬度。

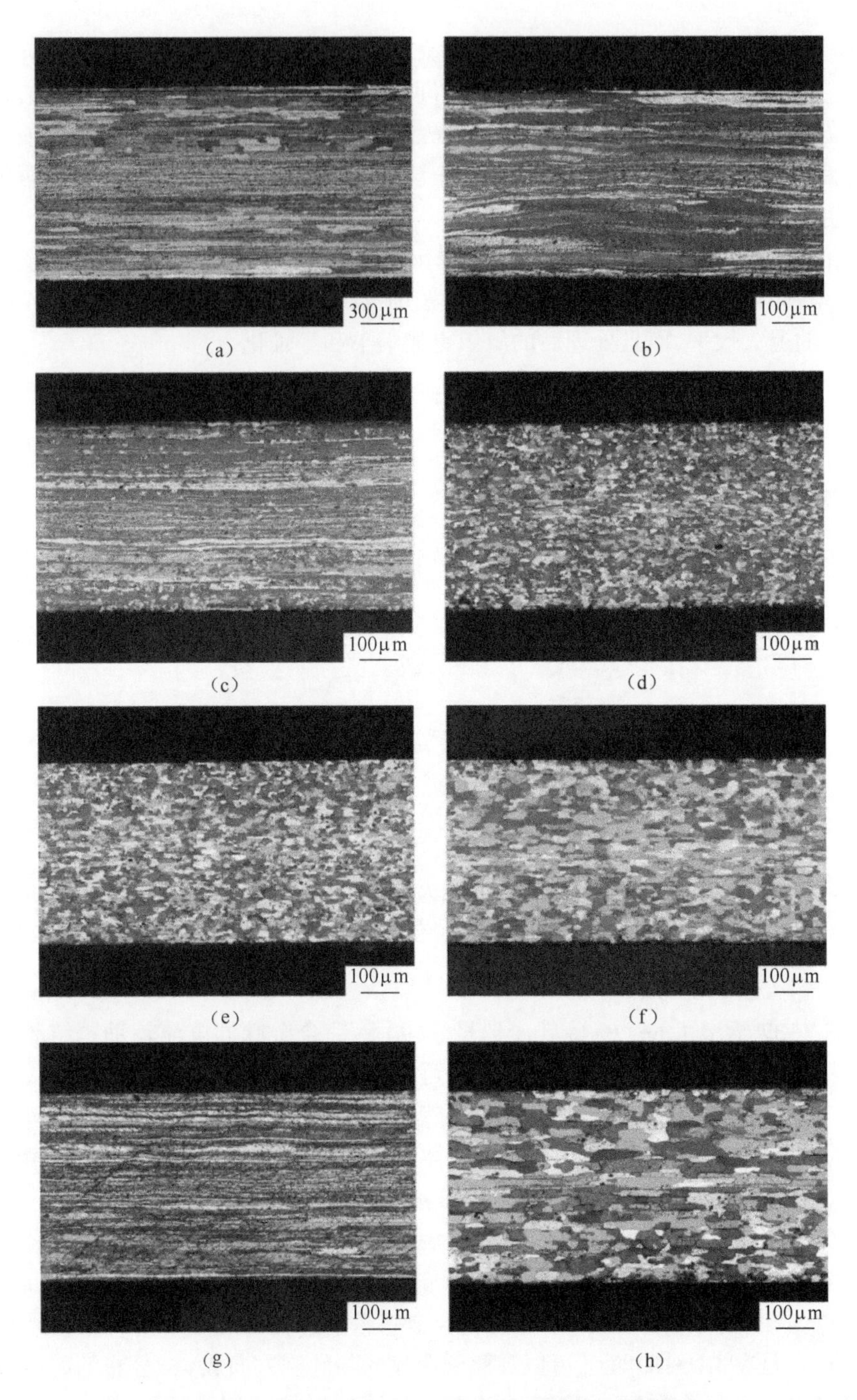

图 7-37　不同处理状态下的 5A90 铝锂合金金相组织

(a)固溶淬火态；(b) 66.7 冷轧态；(c)~(f) 脉冲电流辅助再结晶退火处理 5s、8s、10s 和 20s 后的试样；(g)、(h) 炉热再结晶退火处理 20s 和 30min 后的试样。

当炉热退火时间延长至30min后，如图7-37（h）所示，处理后的冷轧试样呈现出近完全再结晶状态，在试样两侧为粗大的近等轴状的再结晶晶粒，而在中间层则保留了少量扁平的纤维状变形形貌晶粒。这是由于在炉热退火过程中，一部分变形量较大的组织发生了再结晶，另一部分变形量较小的组织发生了回复导致的。因此可以断定，脉冲电流辅助再结晶退火能显著促进冷轧变形态5A90铝锂合金的再结晶过程，对于66.7%冷轧变形量的试样，其完全再结晶在8s左右完成，形成由细小的等轴状晶粒组成的再结晶晶粒组织。

7.6.2 织构演变

1. 冷轧变形量的影响

图7-38为不同冷轧变形量5A90铝锂合金脉冲电流辅助再结晶退火不同时间后EBSD表征的再结晶体积分数图，可以看出冷轧变形量为33.3%、50%和66.7%的试样在处理25s、18s和10s后再结晶分数都在95%以上，只有极少量的亚结构和变形组织，因此可以断定为已经发生了完全再结晶。

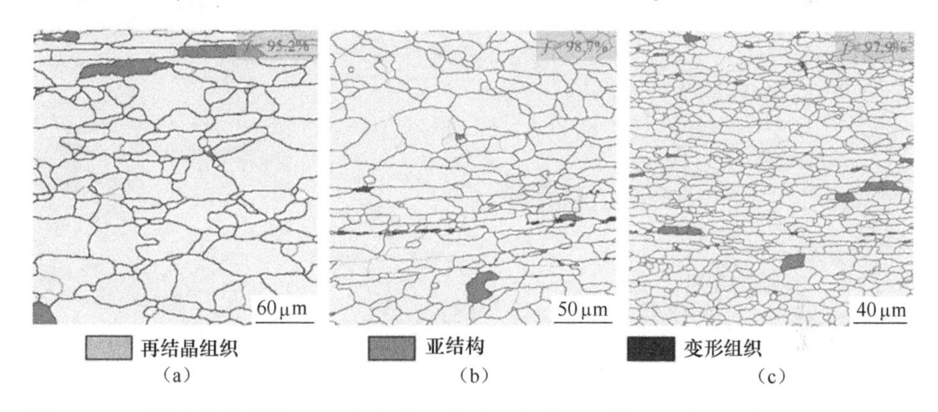

图7-38 不同冷轧变形量5A90铝锂合金脉冲电流辅助再结晶退火后再结晶体积分数
(a) 33.3%冷轧变形处理25s；(b) 50%冷轧变形处理18s；(c) 66.7%冷轧变形处理10s。

图7-39给出了不同冷轧变形量5A90铝锂合金完全再结晶后EBSD分析的IPF、{111}极图、织构组分分布，以及晶界取向差角分布表征。由图7-39（a）~（c）可以看出，冷轧变形的5A90铝锂合金脉冲电流辅助处理后，对比固溶淬火态合金，随着冷轧变形量的增加再结晶晶粒更加细化，形貌越趋于等轴化，取向越随机化。图7-39（d）~（f）给出了不同变形量试样完全再结晶后的{111}极图，与图2-1（c）对比可知，再结晶后β纤维织构强度明显弱化，其织构由β纤维组分里的S{123}<634>和典型的再结晶型旋转立方织构{001}<110>组分组成，且冷轧变形量越大S型织构强度越低，当变形量为66.7%时，经脉冲电流辅助再结晶退火后的5A90铝锂里的纤维织构几乎消失殆尽，只由很弱的旋转立方织构组成。而

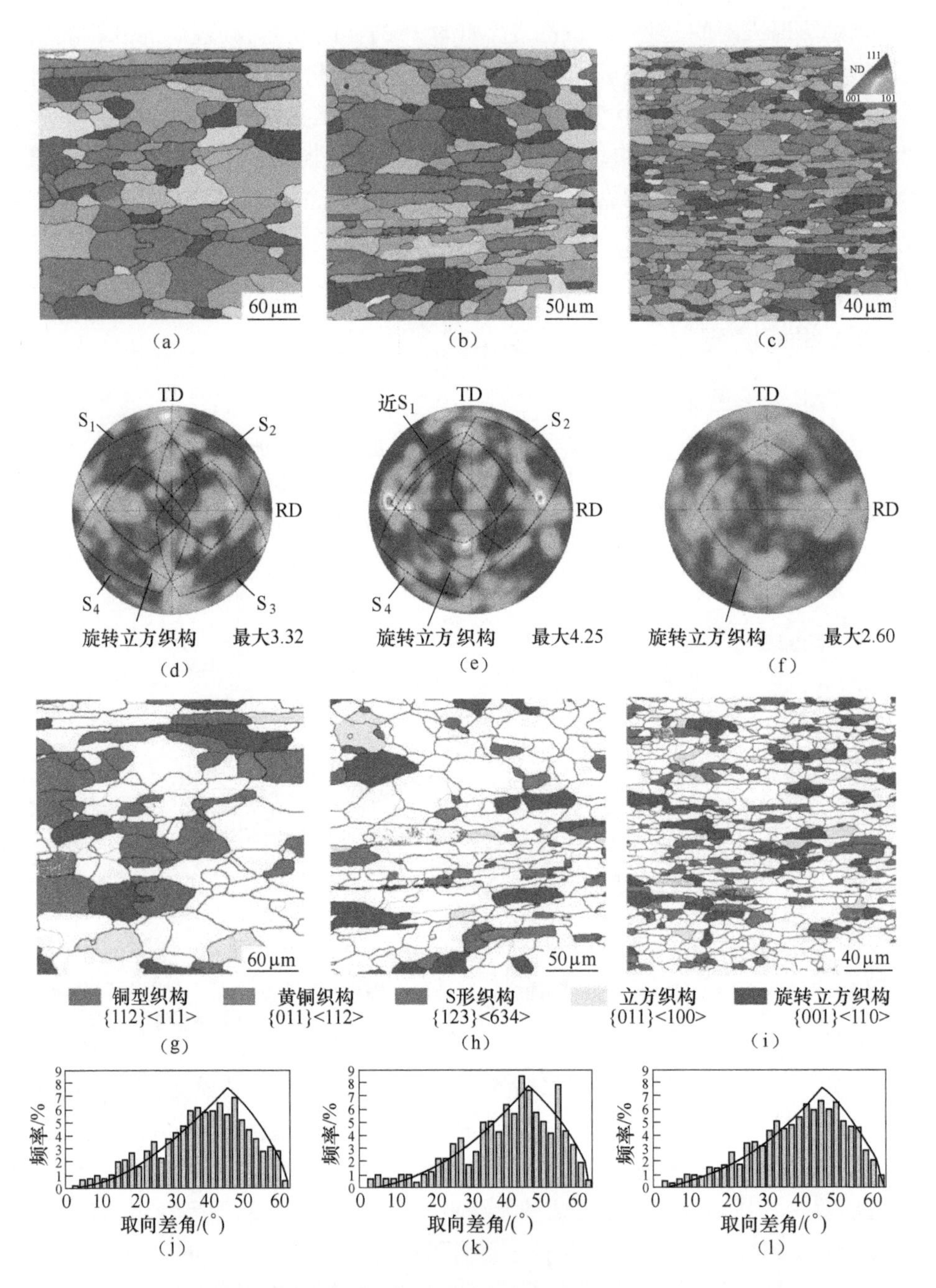

图 7-39　脉冲电流辅助再结晶处理后的 EBSD IPF 图、{111} 极图、织构组分分布图和取向差角分布图

(a)、(d)、(g)、(j) 33.3%冷轧变形量处理 25s；(b)、(e)、(h)、(k) 50%冷轧变形量处理 18s；(c)、(f)、(i)、(l) 66.7%冷轧变形量处理 10s。

图 7-39 (g)~(i)进一步佐证了这一织构的演变规律,随着冷轧变形量的增加,再结晶后试样里的黄铜织构(Brass){110}<112>,铜型织构(Copper){112}<111>和S 型织构{123}<634>组分明显减少,取而代之的是典型的较弱的旋转立方织构(R-Cube){001} <110>。图 7-39 (j)~(l)给出了再结晶后试样的晶界取向差分布图,可以看出,经过脉冲电流辅助再结晶退火后,5A90 铝锂合金的晶粒取向几乎处于随机分布的状态。

2. 退火时间的影响

图 7-40 给出了 66.7%冷轧变形量的 5A90 铝锂合金经过不同时间脉冲电流辅助再结晶退火处理后的 EBSD 分析 IPF 图、{111}极图和晶界取向差角分布图。由图可知固溶淬火态合金呈现出极强的 β 纤维织构(图中 S_1、S_2、S_3 和 S_4 指 S{123}<634>织构的四组取向位置,Cu_1 和 Cu_2 与 $Brass_1$ 和 $Brass_2$ 分别指 Cu{112}<111>织构与 Brass{110}<112>织构的两组取向位置),晶界取向差角也集中在 2°~10°和 50°~60°范围内。而冷轧试样经过 5s 脉冲电流辅助再结晶退火处理后,含 S{123}<634>织构和 Brass{110}<112>织构的 β 纤维织构组分相对减弱,且晶界取向差角在 2°~10°范围内的分布也有所降低,而在 15°~50°范围内有所增加。当脉冲电流辅助再结晶退火时间延长至 8s 后,之前强烈的 β 纤维织构组分明显弱化,被新生的较弱的 R-Cube{001}<110>再结晶织构取代,而晶界取向差角也主要分布于 30°~50°范围内,呈现出随机取向分布的状态,这与上一小节的结果相似。当脉冲电流辅助再结晶退火时间延长至 10s 和 20s 时,试样的织构进一步弱化,试样中之前的 β 纤维织构几乎完全消失,取而代之的是极微弱的 R-Cube 织构,此外,试样中晶界取向差角的分布基本上已经趋近与随机取向分布的形态。

为了对比,图 7-41 显示了 66.7%冷轧变形 5A90 铝锂合金炉热退火 20s 和 30min 后的 EBSD 分析 IPF 图、{111}极图和晶界取向差角分布图。由图 7-41 (a)可以看出,炉热退火 20s 后,试样还基本保持轧制变形态组织,由沿着轧向成纤维状的扁平晶粒组成,由于在退火过程中发了回复,在原始变形的晶粒内部产生了大量亚晶界,但基本上不改变晶粒的取向,所以处理后的试样仍然表现出强烈的 β 纤维织构组分,如图 7-41 (b)所示。此外,整个试样的晶界取向差角主要分布在 2°~10°和 50°~60°范围内,这也与表现出的极强 β 纤维织构相对应。当退火时间延长至 30min 后,与图 7-37 里的情况一致,试样基本上完成了再结晶,晶粒组织由两侧的粗大的成等轴状的再结晶晶粒组成,中间层则是由发生了回复所产生的沿轧向拉长的扁平状变形形貌晶粒组成。此外,试样的 β 纤维织构组分也被较弱的 R-Cube{001}<110>织构取代,试样内部的晶界取向差角分布也接近与随机取向分布的状态。

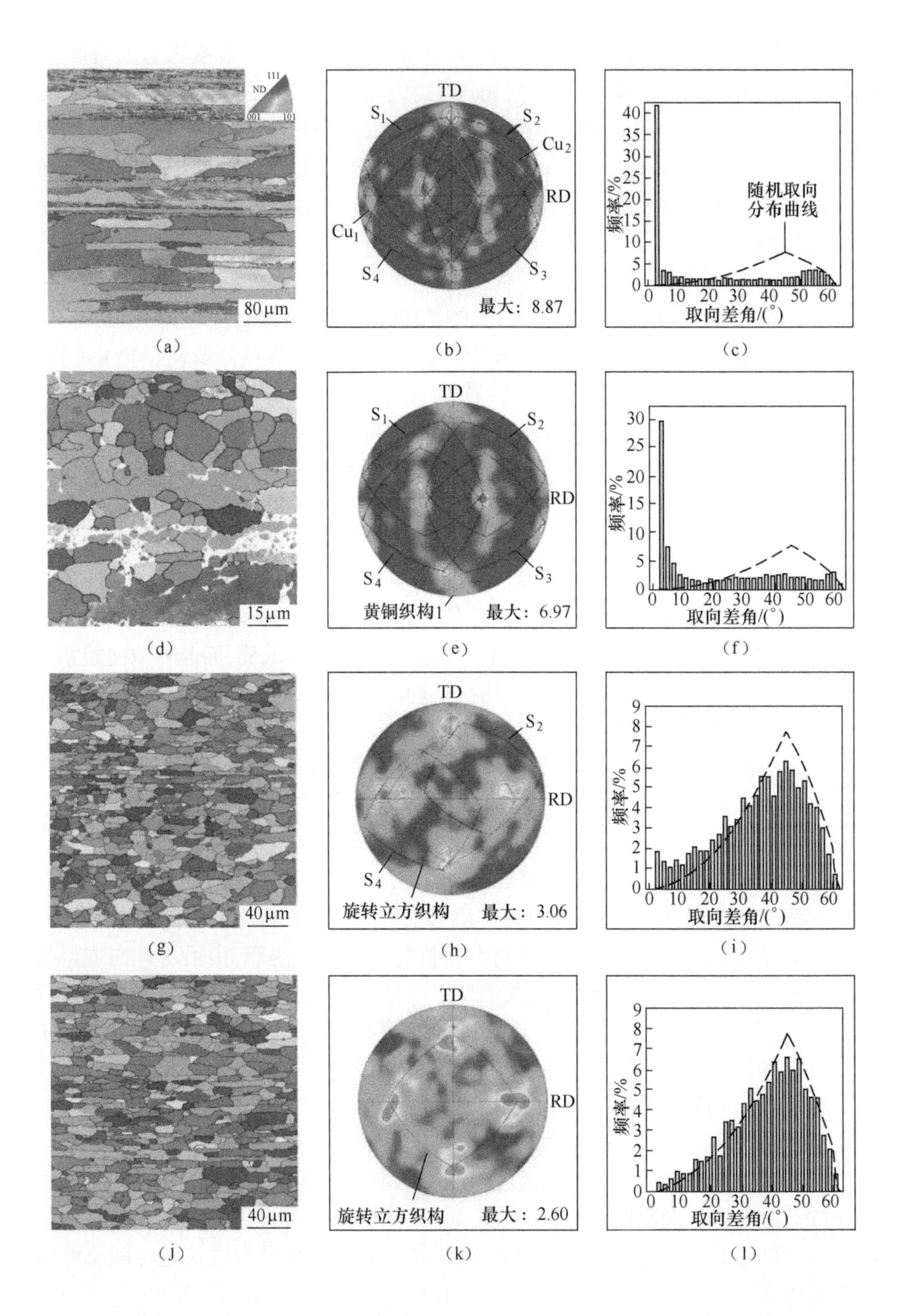

(a) (b) (c)
(d) (e) (f)
(g) (h) (i)
(j) (k) (l)

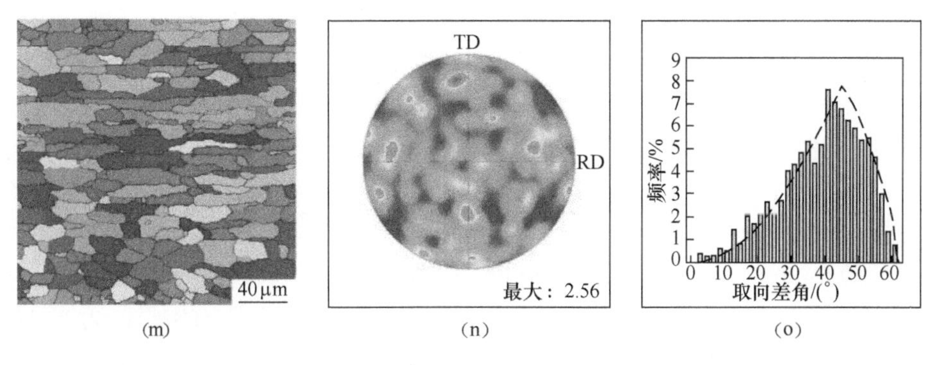

图 7-40　固溶淬火态以及 66.7%冷轧态合金脉冲电流辅助再结晶退火处理不同时间后的 EBSD 分析 IPF 图、{111}极图和晶界取向差分布图

(a)~(c) 固溶淬火态；(d)~(f) 5s，(g)~(i) 8s；(j)~(l) 10s；(m)~(o) 20s。

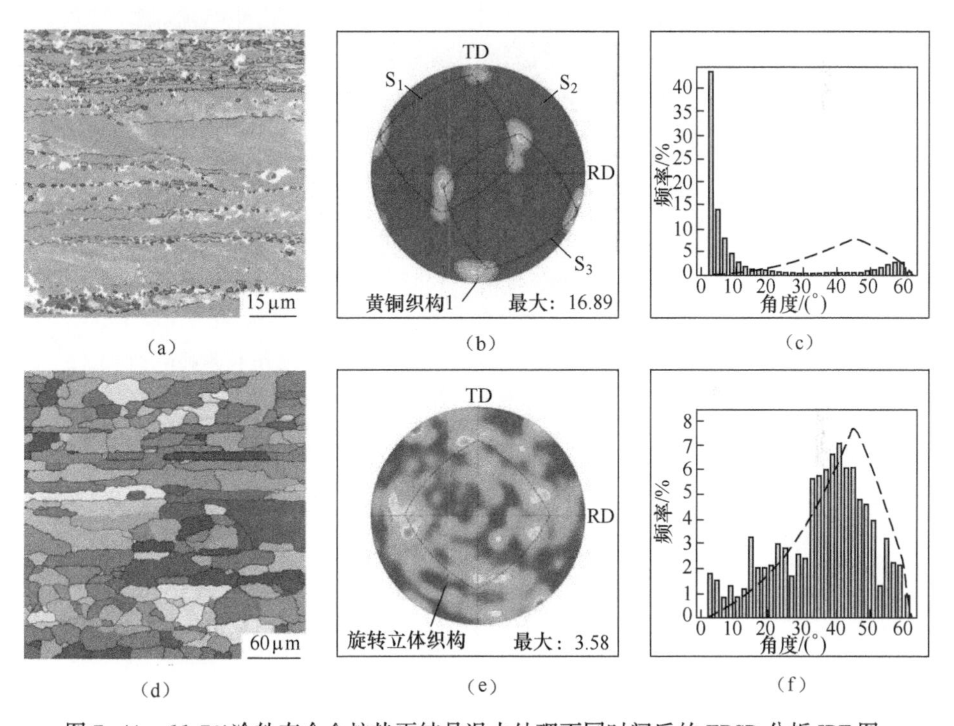

图 7-41　66.7%冷轧态合金炉热再结晶退火处理不同时间后的 EBSD 分析 IPF 图、{111}极图和晶界取向差分布图

(a)~(c)20s；(d)~(f)30min。

7.6.3　退火后力学性能

1. 冷轧变形量的影响

图 7-42 显示了不同冷轧变形量 5A90 铝锂合金经过脉冲电流辅助再结晶处

理后以及再经过脉冲电流辅助时效处理后的室温拉伸应力-应变曲线和力学性能。

由图 7-42 (a)和(b)可以看出,与淬火固溶态相比,脉冲电流辅助再结晶退火后 5A90 铝锂合金虽然强度增加不明显,但延伸率得到了极大提高,且随着冷轧变形量的增大,延伸率增大,66.7%冷轧变形量的 5A90 铝锂合金脉冲电流辅助完全再结晶退火后延伸率达到了 28.8%,相比固溶淬火态的 15%,提高接近 1 倍。再结晶后的 5A90 铝锂合金再进行脉冲电流辅助时效处理的应力-应变曲线和力学性能如图 7-42 (c)和(d)所示。由图可以看出,相比固溶淬火态的试样,再结晶的 5A90 铝锂合金在脉冲电流辅助时效处理后,根据不同的冷轧变形量,其屈服强度、抗拉强度和延伸率都得到了不同程度的提高。其中 66.7%冷轧变形量的试样在经过 10s 脉冲电流辅助再结晶退火和 12h 脉冲电流辅助时效处理后,屈服强度为 355.3MPa,抗拉强度为 527.2MPa,延伸率为 10.9%,相比脉冲电流辅助时效处理的固溶淬火态的试样,三项指标分别提高了 15.9%、11.8%和显著的 51.4%,说明晶粒组织的优化对 5A90 铝锂合金强度和塑性都有明显的优化提高。

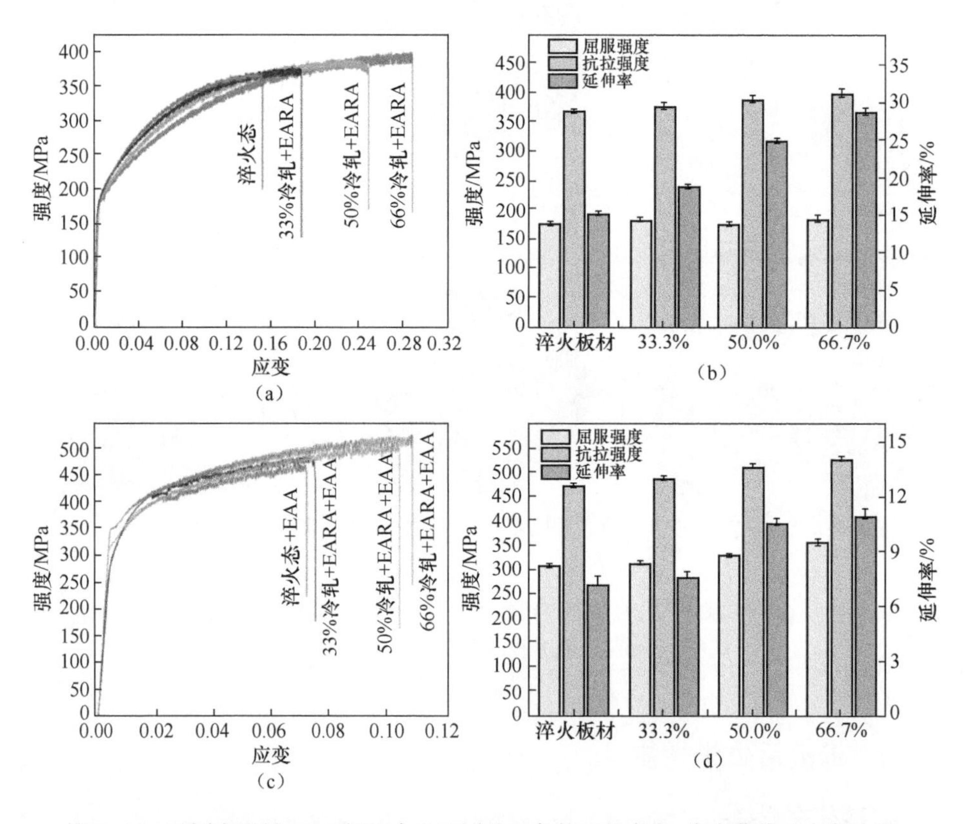

图 7-42　不同变形量 5A90 铝锂合金不同处理条件下的应力-应变曲线和力学性能

(a)、(b) 脉冲电流辅助再结晶退火;(c)、(d) 脉冲电流辅助再结晶退火+脉冲电流辅助时效。

图 7-43 显示了 66.7%冷轧变形量试样脉冲电流辅助再结晶退火状态和脉冲电流辅助时效后,以及固溶淬火态试样脉冲电流辅助时效后的 TEM 表征。

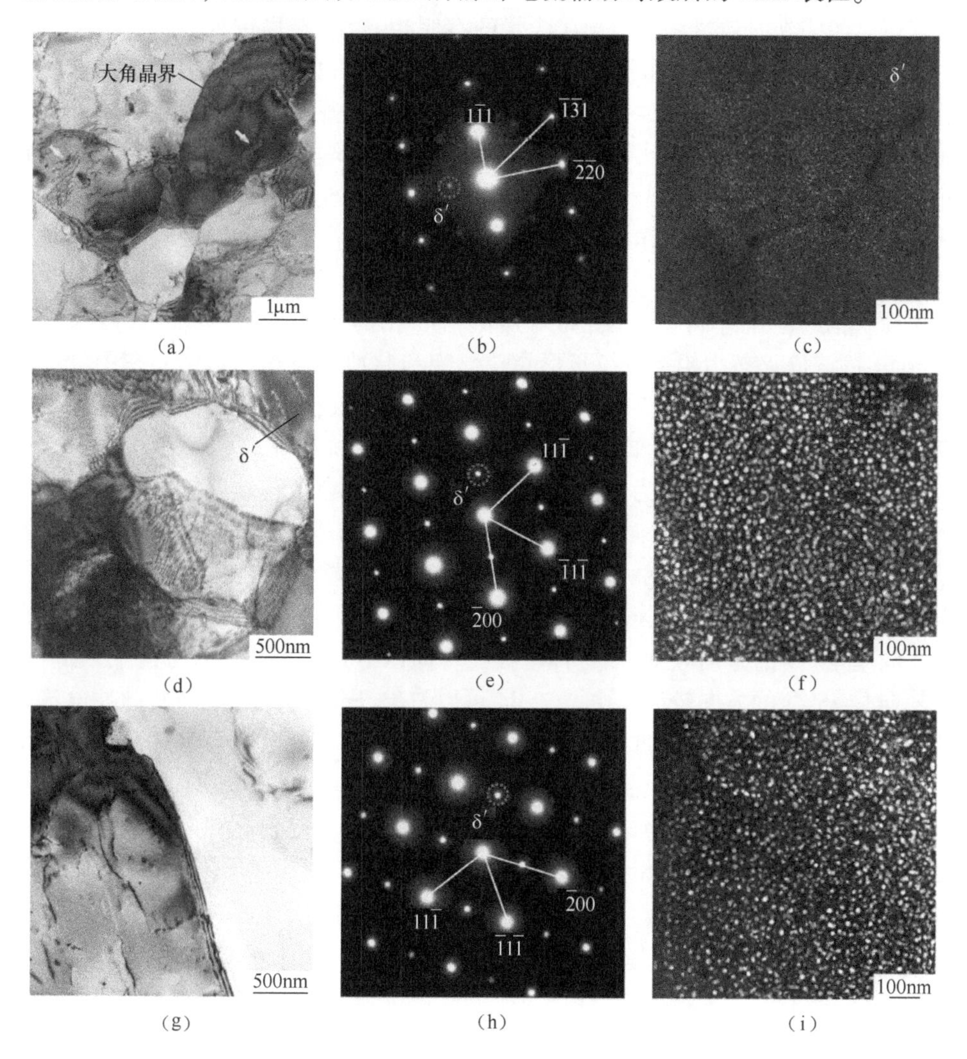

图 7-43 不同状态下 5A90 铝锂合金的 TEM 表征

(a)~(c) 66.7%冷轧变形量脉冲电流辅助再结晶退火 10s;(d)~(f) 66.7%冷轧变形量脉冲电流辅助再结晶退火 10s+脉冲电流辅助时效 12h;(g)~(i) 固溶淬火+脉冲电流辅助时效 12h。

由图 7-43 (a)中经过 10s 脉冲电流辅助再结晶退火处理后的 TEM 明场像可知,组织由新的再结晶组成,晶界以大角晶界为主,基体内位错密度较低,图 7-43 (b)和(c)中选区衍射斑点里微弱的 δ′相超点阵斑点和相应的暗场像说明在再结晶后基体内部 δ′相析出量极少,与固溶淬火态中 δ′相的析出相当。再结晶后的试样在 140℃经 12h 脉冲电流辅助峰时效处理后的 TEM 表征如图 7-43（d）~（f）所示，由于 δ′相与基体完全共格在明场像图片中衬度较弱，而衍射斑点里清晰的超点阵斑点说明在时效过程中析出了大量的有序相 δ′相，暗场像进一步揭示了尺寸约为 20nm 的 δ′相均匀分布于基体中，相比再结晶态，试样强度的提高则源于时效过程中 δ′相的大量析出。通过与图 7-43（g）~（i）中显示的固溶淬火态脉冲电流辅助峰时效状态的试样对比可知，δ′相的尺寸和分布基本一致，与中峰时效态的脉冲电流辅助时效 5A90 铝锂合金中 δ′相尺寸和分布完全一致。这说明与脉冲电流辅助时效固溶淬火态的试样相比，脉冲电流辅助再结晶退火和脉冲电流辅助时效处理的冷轧 5A90 铝锂合金试样强度和塑性的进一步提高，主要源于晶粒尺寸的细化和织构的优化这两个方面，而与强化相 δ′相的析出关系不大。可以这样理解，对于固溶淬火态中粗大的拉长形晶粒形貌和脉冲电流辅助再结晶态中细小的近等轴状晶粒形貌的两种状态 5A90 铝锂合金，峰时效状态后，细晶组织的合金不仅延伸率得到了提高，且时效强化对强度的提高也更加明显。

另外，如图 7-44 所示为不同处理条件 5A90 铝锂合金与轧制方向成 0°、45°和 90°拉伸加载方向的室温拉伸力学性能。结果显示，固溶淬火态合金和脉冲电流辅助再结晶退火处理的 66.7%冷轧合金在时效前和时效后均表现出一定程度的力学性能各向异性，即屈服强度和抗拉强度在轧向（RD）和横向（TD）方向上较高，在与轧向呈 45°角的方向较低；而延伸率在在轧向（RD）和横向（TD）方向上较低，在与轧向呈 45°角的方向较高。由图 7-44 可以看出，固溶淬火态比冷轧脉冲电流辅助再结晶退火态合金的各向异性更加明显，而两种状态的合金经过脉冲电流辅助时效处理后，固溶淬火态合金力学性能各向异性的差异进一步加剧，而冷轧脉冲电流辅助再结晶退火态则基本保持不变。这说明，冷轧后进行脉冲电流辅助再结晶退火获得的细小晶粒组织和较弱的再结晶旋转立方织构能显著降低 5A90 铝锂合金的力学性能各向异性。

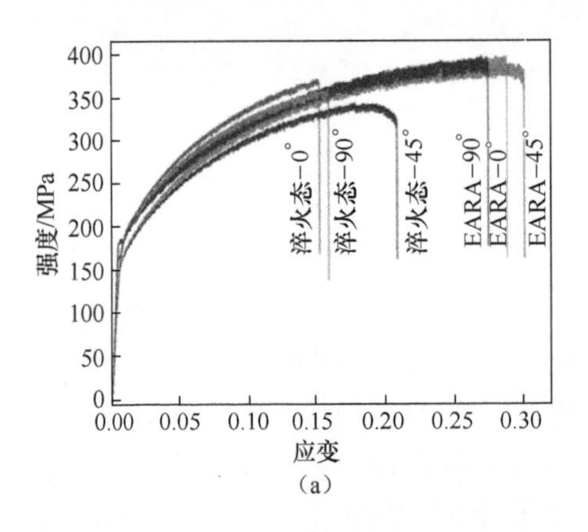

（a）

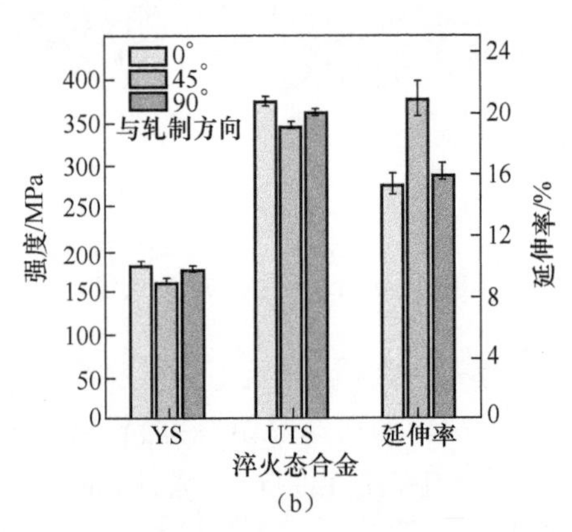

（b）

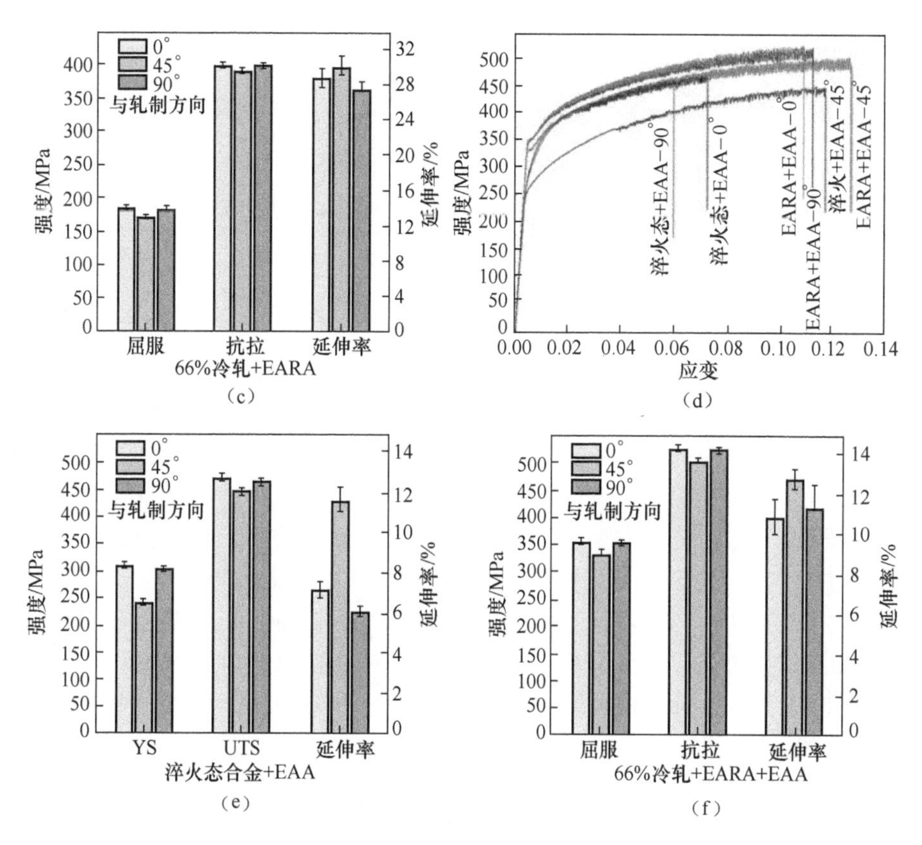

图 7-44 固溶淬火态和脉冲电流辅助再结晶退火处理 66.7%冷轧变形量的 5A90 铝锂合金在不同载荷方向下的应力-应变曲线和力学性能

(a)~(c) 脉冲电流辅助时效前;(d)~(f) 脉冲电流辅助时效后。

2. 退火时间的影响

讨论了 66.7%冷轧变形后的 5A90 铝锂合金经过不同时间电流辅助再结晶退火和电流辅助时效处理后的 δ′相和力学性能的演变,为了简化表述,处理条件如表 7-3 所示。

表 7-3 不同处理条件的表述

序号	描 述
Ⅰ	冷 轧
Ⅱ	冷轧+5s 脉冲电流辅助退火+140℃/12h 脉冲电流辅助时效
Ⅲ	冷轧+8s 脉冲电流辅助退火+140℃/12h 脉冲电流辅助时效
Ⅳ	冷轧+10s 脉冲电流辅助退火+140℃/12h 脉冲电流辅助时效

续表

序号	描　述
Ⅴ	冷轧+20s 脉冲电流辅助退火+140℃/12h 脉冲电流辅助时效
Ⅵ	固溶状态+140℃/12h 脉冲电流辅助时效
Ⅶ	冷轧+20s 炉热退火+140℃/12h 炉热时效
Ⅷ	固溶状态+140℃/12h 炉热时效
Ⅸ	冷轧+30min 炉热退火+140℃/12h 炉热时效

图 7-45 给出了不同处理条件下 5A90 铝锂合金的 TEM 表征。由图 7-45 (a)和(b)可知,电流辅助再结晶处理 5s 后试样内部只有极少量的 δ′相析出,这与图 7-43(b)和(c)中显示的一致。图 7-45 (c)~(h)给出了电流辅助再结晶退火和固溶淬火态 5A90 铝锂合金在 140℃经过 12h 电流辅助时效达到峰时效状态时的 TEM 表征,电子衍射花样和 TEM 暗场像显示了在经过处理后的试样中析出了大量尺寸为 20nm 的 δ′相颗粒,均匀的分布于基体中。图 7-45 (c)~(g)中的试样由于经过 66.7%冷轧变形和不同时间的电流辅助再结晶退火处理,具有与图 7-45 (h)中固溶淬火态试样尺寸和形貌不一样的晶粒结构组织。然而,在相同时效条件下,它们具有相同的 δ′相析出行为,δ′相的尺寸和分布基本一致,这说明时效前晶粒尺寸的区别对时效过程中 δ′相的析出行为没有影响。

另外也对普通炉热再结晶退火和炉热时效对 66.7%冷轧变形 5A90 铝锂合金的析出行为进行了表征,如图 7-45 (i)~(l)所示。同样,三种条件下晶粒尺寸的区别对炉热时效过程中 δ′相的析出行为没有影响,三种处理条件下 δ′相的平均尺寸约 12nm,这与图 3-9 中炉热时效条件下 δ′相的析出尺寸和分布一致。另外,图 7-45(d)和(k)中观测到了少量大尺寸 Al_3Zr/δ′复合沉淀颗粒,由于 Zr 含量较低,其对力学性能的影响可以忽略不计。

图 7-46 给出了不同处理条件下 5A90 铝锂合金的室温拉伸应力-应变曲线和力学性能。经过 66.7%冷轧变形后,材料由于极强的加工硬化表现出很高的屈服强度和极低的延伸率。经过不同时间的电流辅助再结晶处理和电流辅助峰时效处理后,如图 7-46 (a)和(b)所示,试样表现出优异的综合力学性能。电流辅助峰时效状态下,电流辅助再结晶退火时间由 5s 增加到 20s 时,处理后的试样屈服强度由 361.7MPa 稍降至 345.5MPa,抗拉强度由 541.4MPa 稍降至 515.0MPa,而延伸率由 9%增加至 12.3%。对比电流辅助峰时效态的固溶淬火试样,屈服强度提高了 12.5%~17.8%,抗拉强度提高了 9.2%~14.9%,延伸率显著提高了 23.3%~68.5%。对于炉热退火和炉热时效,其应力应变曲线如图 7-46 (c)和(d)所示。由于经过 20s 炉热退火处理后,试样还基本由变形组织组成,强度虽高但延伸率只有不到 3%,而退火 30min 后,回复和再结晶混合晶粒组织虽然提高了延伸率,而强

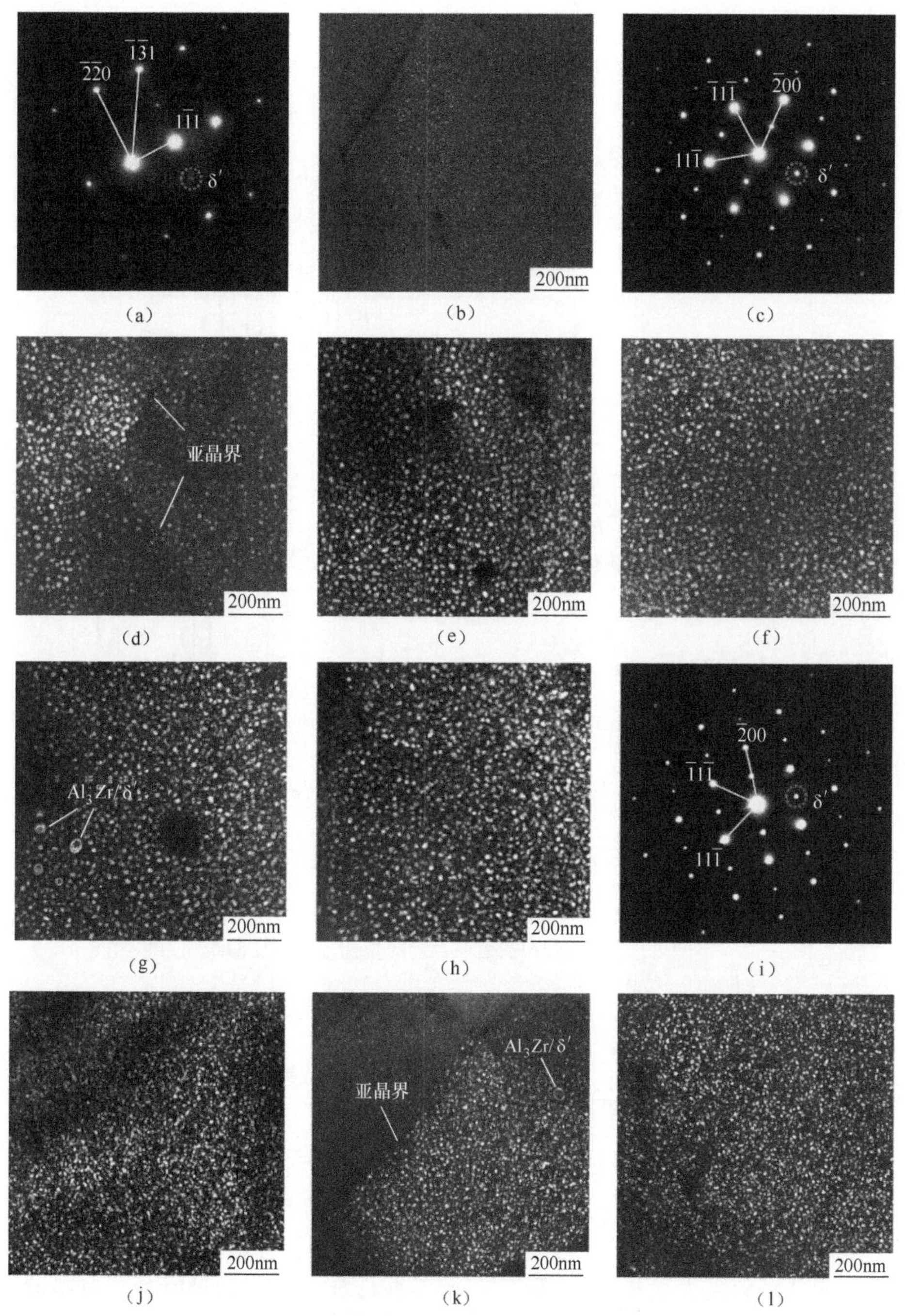

图 7-45　不同处理条件下 5A90 铝锂合金的 TEM 表征

(a)、(b) 电流辅助再结晶退火 5s 后试样的<112>晶带轴电子衍射花样和暗场像；(c) 处理条件Ⅱ下的<011>晶带轴电子衍射花样；(d)～(h) 处理条件Ⅱ、Ⅲ、Ⅳ、Ⅴ和Ⅵ下的暗场像；(i)～(j) 处理条件Ⅷ下<011>晶带轴电子衍射花样和暗场像；(k)～(l) 处理条件Ⅶ和Ⅸ下的暗场像。

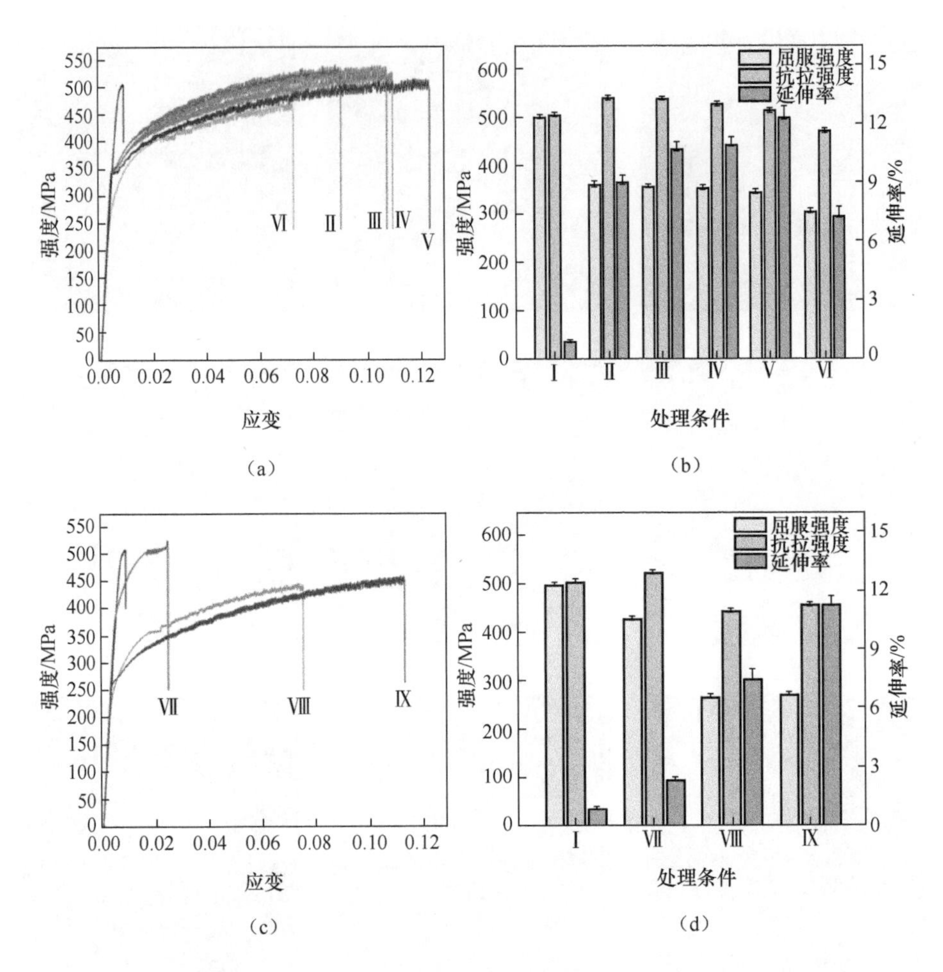

图 7-46　不同处理条件下 5A90 铝锂合金的拉伸应力应变曲线和力学性能

(a)、(b) 电流辅助再结晶退火和电流辅助时效处理;(c)、(d) 炉热再结晶退火和炉热时效。

度相对较低。

7.6.4　退火后预变形对时效行为的影响

图 7-47 对比了四种处理条件下 5A90 铝锂合金中 δ′相的尺寸和分布。

图 7-47 (a)~(c)中三种条件下 δ′相的尺寸和分布已经在 7.4 节讨论过,这里不再赘述。图 7-47 (d)为 66.7%冷轧变形 5A90 铝锂合金脉冲电流辅助再结晶退火处理 10s 后引入 2.5%的拉伸预变形再进行脉冲电流辅助时效处理试样的 TEM 暗场像图片,引入预变形再进行时效后的 δ′相的尺寸和分布一致,为大小尺寸不均匀的 δ′相组成的混合 δ′相沉淀析出组织,大尺寸的 δ′相直径接近 30nm,小尺寸的 δ′相尺寸为几纳米,平均尺寸与未引入预变形的试样脉冲电流辅助时效后

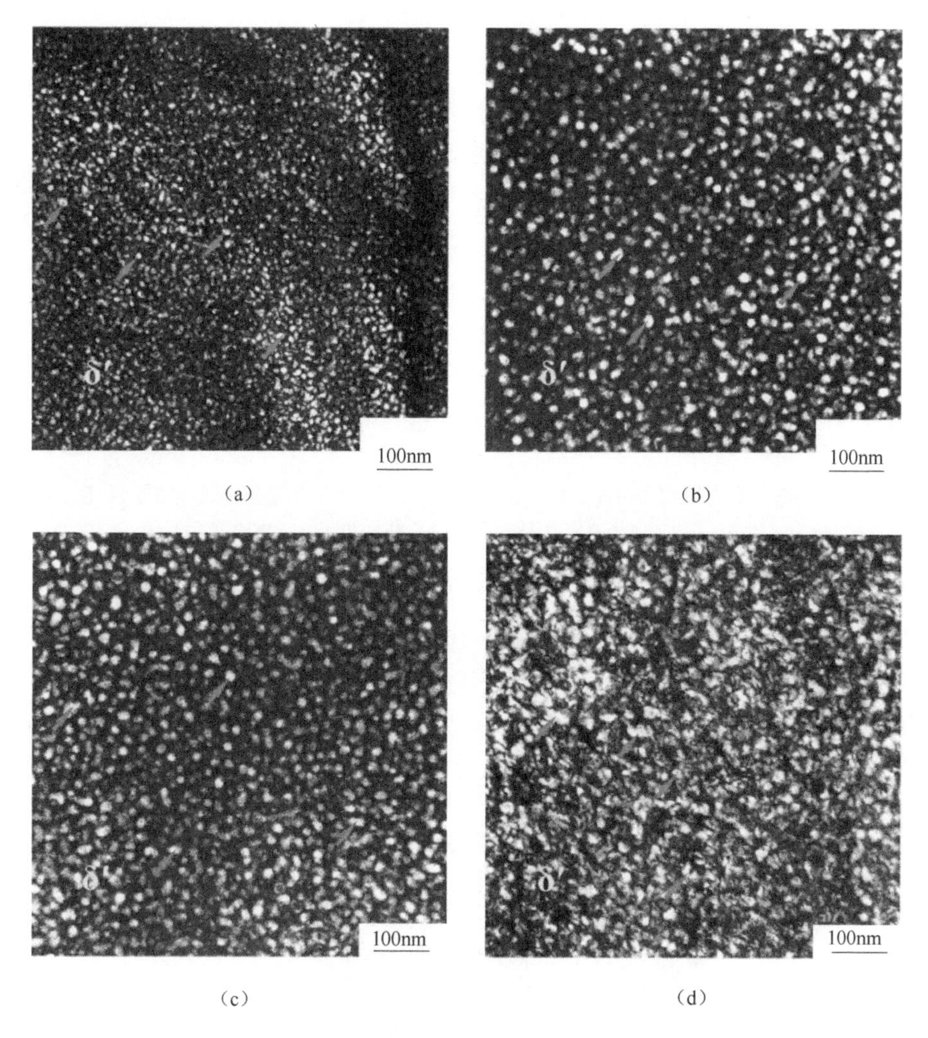

(a)　(b)　(c)　(d)

图 7-47　不同处理条件下的 5A90 铝锂合金 TEM 暗场像表征

(a) 固溶淬火+140℃/12h 炉热时效;(b) 固溶淬火+140℃/12h 脉冲电流辅助时效;
(c) 66.7%冷轧+10s 脉冲电流辅助再结晶退火+140℃/12h 脉冲电流辅助时效;
(d) 66.7%冷轧+10s 脉冲电流辅助再结晶退火+2.5%预变形+140℃/12h 脉冲电流辅助时效。

的平均尺寸相似,为 20nm 左右。

图 7-48 给出了脉冲电流辅助再结晶退火+预变形+脉冲电流辅助时效处理和其他处理条件下 5A90 铝锂合金的室温应力应变曲线和力学性能。由图可以看出,脉冲电流辅助时效前预变形的引入能进一步增加冷轧合金脉冲电流辅助再结晶退火试样的强度而几乎不降低塑性,通过对 66.7%冷轧变形后的试样脉冲电流辅助再结晶退火 10s 后再引入 2.5%的拉伸预变形,再进行脉冲电流辅助峰时效处

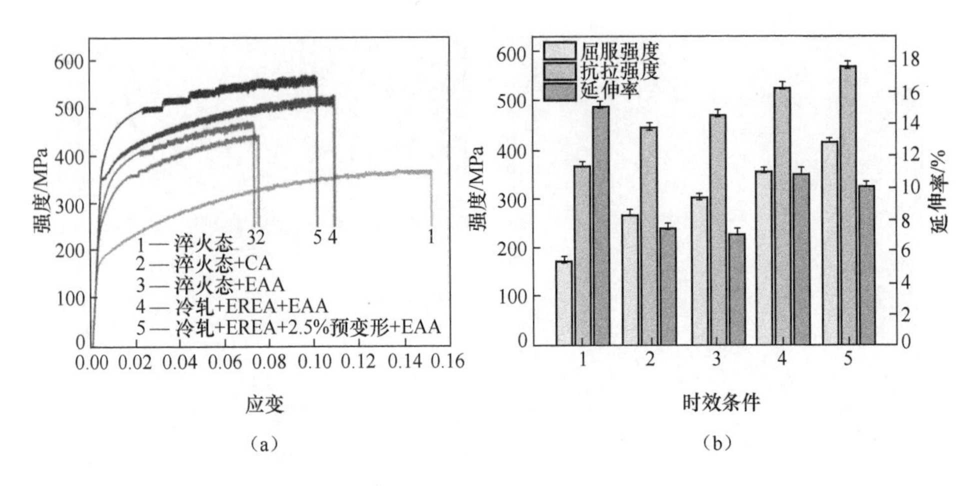

图 7-48 不同处理条件下 5A90 铝锂合金室温拉伸应力应变曲线和力学性能

(a)应力应变曲线;(b) 力学性能。

理后,屈服强度达到了 414MPa,抗拉强度达到了 570MPa,延伸率为 10.1%,表现出非常优异的综合力学性能。强度的提高不仅与预变形引入导致的大、小尺寸不均匀的 δ′相分布有一定关系,还与预变形引入的加工硬化有关。图 7-49 给出了脉冲电流辅助再结晶退火再引入预变形后的 TEM 明场像表征,可以看出再结晶晶粒内部存在大量位错,由此引起的加工硬化对强度的提高有一定贡献,且位错提供了溶质原子扩散的快速通道(管扩散机制),加速了大、小尺寸不均匀的 δ′相分布的形成,其中大尺寸的 δ′相对强度的提高也具有一定贡献。

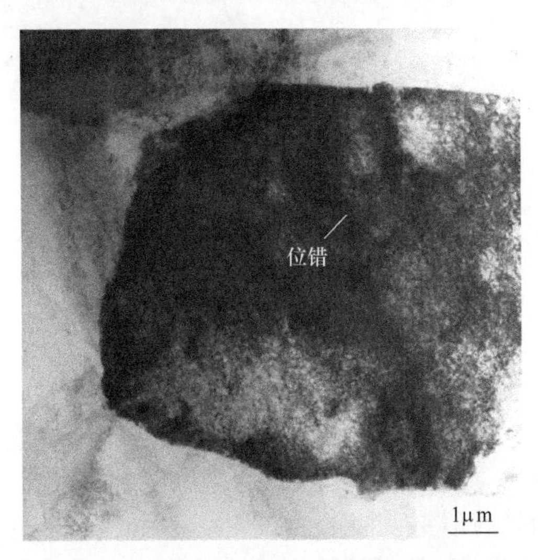

图 7-49 66.7%冷轧合金脉冲电流辅助再结晶退火处理后经过 2.5%拉伸预变形的 TEM 表征

7.7 铝锂合金脉冲电流辅助退火相关机制

7.7.1 再结晶过程分析

冷轧变形的5A90铝锂合金在脉冲电流辅助再结晶退火过程中能迅速发生再结晶,从而细化晶粒组织,改善晶粒形貌,弱化β纤维变形织构,降低材料的各向异性并提高合金的变形能力,与脉冲电流辅助时效结合还能同时提高材料的强度与塑性,使5A90铝锂合金获得优异的综合力学性能。其中最关键在于冷变形5A90铝锂合金在高能脉冲电流作用下快速再结晶是如何发生的。

图7-50给出了66.7%冷轧变形5A90铝锂合金以及脉冲电流辅助再结晶处理5s和8s后的TEM和EBSD表征。

图7-50 (a)显示了冷轧态5A90铝锂合金中的变形晶粒内部存在着大量的位错缠结,极高的位错密度为后续再结晶提供了变形储能,即再结晶驱动力。图7-50(b)显示了经5s脉冲电流辅助再结晶退火处理后的部分再结晶组织,其中浅灰色区域为再结晶晶粒,灰色区域为亚结构,极少量的深灰区域为变形组织。图7-50 (c)与图(b)对应,为内核平均取向差(kernel average misorientation,KAM)图,它反映了与位错密度相关的晶格畸变程度,程度越高,则KAM值越大,可以看出再结晶区域位错密度明显降低,高密度位错区域主要集中在亚结构区域,尤其是亚晶界。在KAM图中标出了三个典型区域,即A、B、C三个区域,分别对应于试样中高密度、中密度和低密度位错区域,这与图7-50 (d)~(f)中的TEM表征相对应。图7-50 (d)和(g)说明经过5s脉冲电流辅助再结晶退火处理后,试样中A区域主要特征为大量小角晶界(LAB)和内部位错密度较高的亚晶粒,可以定义为再结晶过程中的初级阶段。图7-50 (e)显示了在B区域里,亚晶粒内部位错通过攀移和重排,或对消或被晶界吸收,使得一些亚晶界或消失或取向差增大成为大角晶界,从而进一步促进亚晶互相吞并形成较大的再结晶新晶粒。在这个过程中位错密度逐渐降低,大角晶界逐渐形成,可以定义为再结晶过程中的过渡阶段。图7-50 (f)说明在C区域,位错密度进一步降低,亚晶粒被新的再结晶晶粒取代,稳定的大角晶界形成,因此可以定义C区域的形成为再结晶过程的最终阶段。当处理时间延长至8s时,整个变形组织均完成了由冷轧组织经A、B、C三个阶段的转变,从而形成完全再结晶组织,如图7-50 (h)和(i)所示。

图7-51中的示意图更直观的给出了冷轧态5A90铝锂合金的脉冲电流辅助再结晶退火过程以及后续的脉冲电流辅助时效后的微观组织演变。

根据前面组织演变的分析,在脉冲电流辅助再结晶退火过程中,再结晶的发生未涉及到典型不连续再结晶过程中的晶界弓出形核长大和晶界的迁移过程,整个

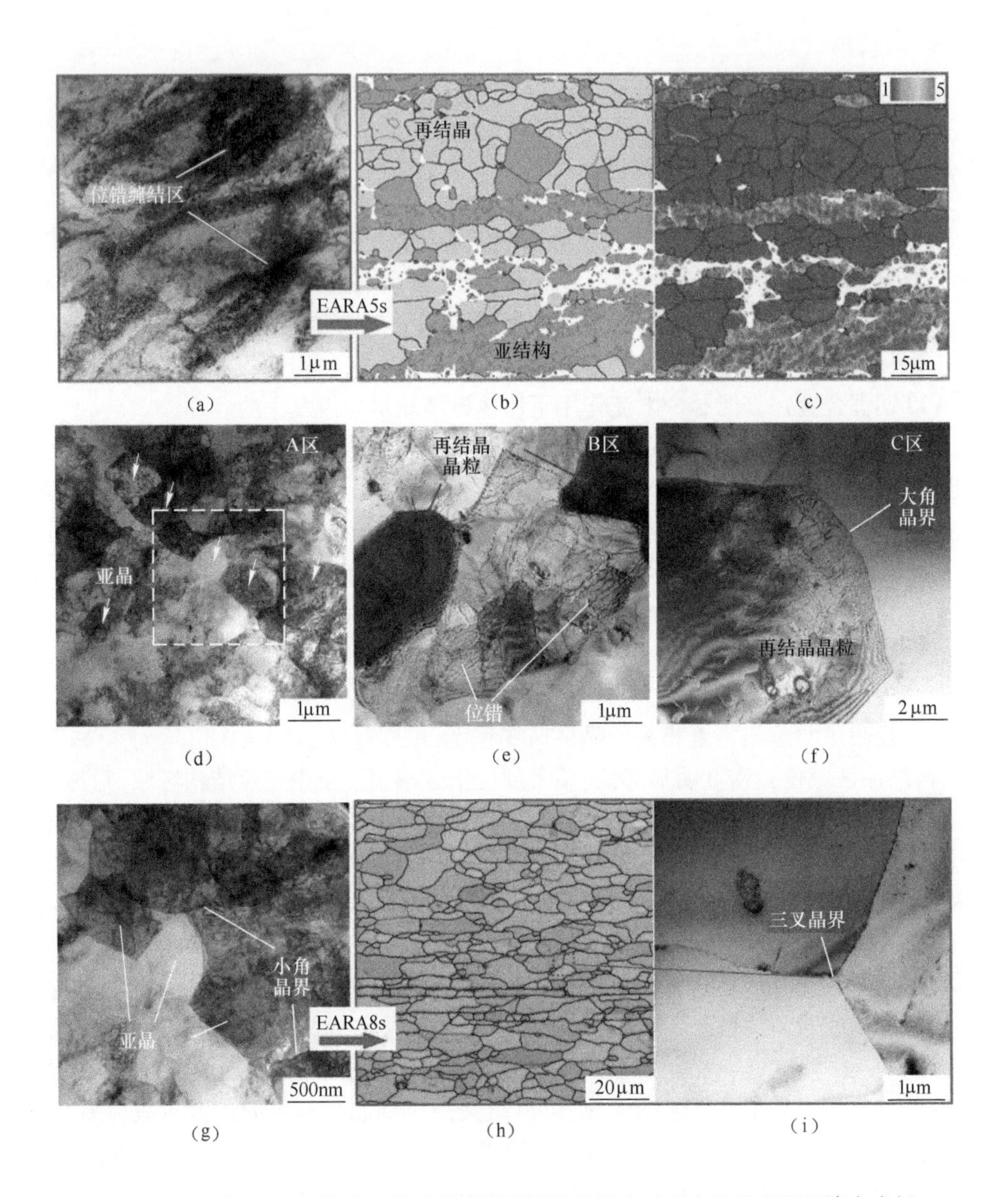

(a) (b) (c)

(d) (e) (f)

(g) (h) (i)

图 7-50 冷轧 5A90 铝锂合金脉冲电流辅助再结晶退火过程中的微观组织演变表征
(a) 66.7%冷轧组织;(b) 退火 5s 后的 EBSD 表征;(c) 图(b) EBSD 表征的 KAM 图;
(d)~(f) 对应于图(c) 中 A、B 和 C 三个区域的 TEM 明场像表征;(g) 图(c)
的局部放大图;(h)(i) 退火 8s 试样的 EBSD 和 TEM 表征。

再结晶过程从冷变形组织到亚结构再到再结晶的形成是一个连续而迅速的过程,其中伴随着位错的运动与位错密度的逐步降低,因此可以定义冷轧 5A90 铝锂合

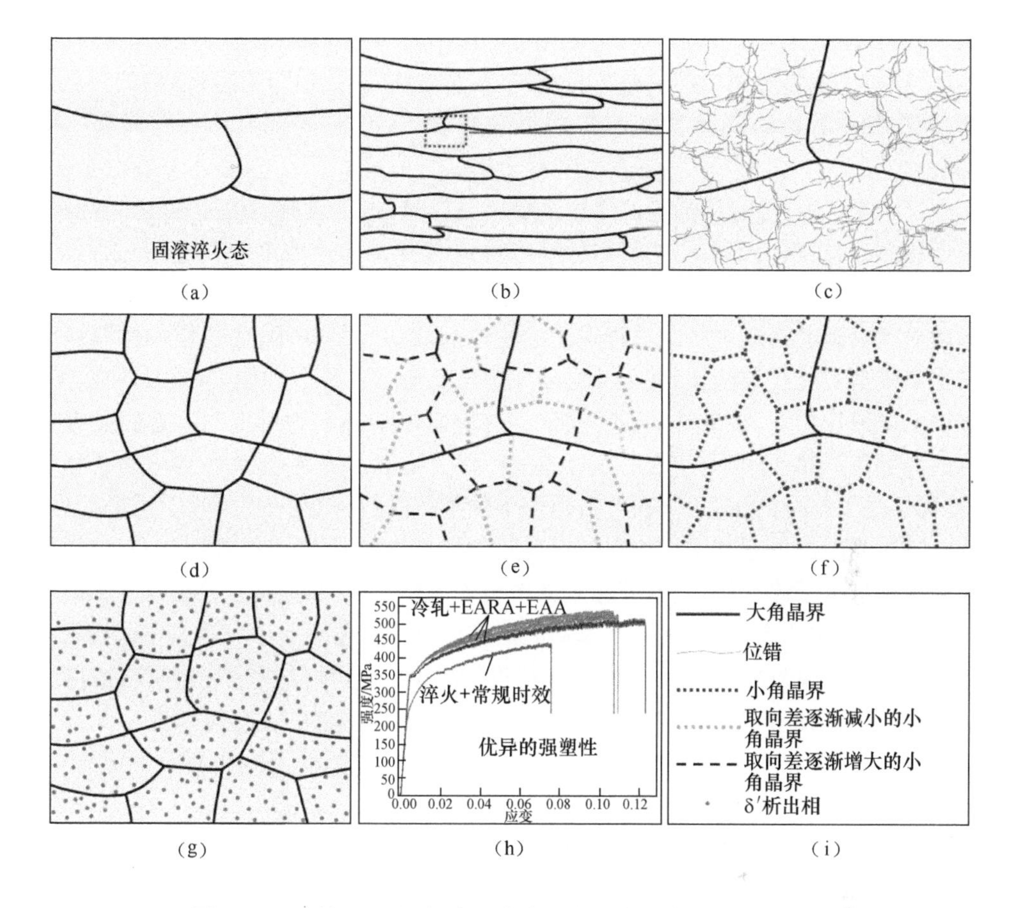

图 7-51　冷轧 5A90 铝锂合金脉冲电流辅助再结晶退火和脉冲电流辅助时效过程的微观组织演变示意图

(a)固溶淬火态;(b) 冷轧态;(c) 冷轧变形组织;
(d) 亚晶形成;(e) 亚晶吞并;(f) 完全再结晶;(g) 时效;
(h)电流处理与常规处理性能对比;(i)图中符号说明。

金在脉冲电流辅助再结晶退火过程中发生的是连续再结晶,这与 Li 等在关于脉冲电流处理冷轧镁合金的研究中观测到的连续再结晶现象类似。总的来说,冷轧合金的快速再结晶机制与高能脉冲的作用密不可分,高能脉冲电流对再结晶发生的具体促进机制将在 7.8.2 小节详细讨论。

7.7.2　脉冲电流作用下的再结晶动力学机制

前面小节已经证明,相比炉热退火,高能脉冲电流能显著加速冷轧 5A90 铝锂合金的再结晶过程,促使其完全再结晶在极短的时间内完成。由相关文献可知,电流作用下冷变形合金的快速再结晶行为主要受到电流对位错运动促进作用的影响，而两种退火工艺下热力学相关的再结晶激活能对再结晶过程影响的差异较小。因此，这一小节将考虑电流的基本特征效应，从电流与金属内部微观结构的交互作用出发，尝试解析高能脉冲电流作用下冷变形 5A90 铝锂合金的再结晶动力学机制。

由 7.5.2 节可知，当强电流作用于金属材料时，由于电流的局部焦耳热效应和电迁移效应，材料内部原子的扩散运动将得到增强，而由扩散控制的相变过程也将得到相应的增强。金属的再结晶过程虽不是相变过程，通常在高温下位错的攀移运动对涉及到的连续再结晶过程发生的快慢起着决定性作用，而位错的攀移速度又主要受到空位扩散的控制，因此必须考虑电流对空位扩散的促进作用，从而进一步揭示电流作用下，冷轧 5A90 铝锂合金的快速再结晶动力学机制。首先是在电流的局部焦耳热作用下，空位作为点缺陷，周围局部的高温会增强空位的迁移能力，即促进了空位的扩散，其在电流作用下的扩散系数已在前面的公式中展示。

其次当考虑电迁移诱导的空位迁移对位错攀移的贡献。考虑到 5A90 铝锂合金冷轧前进行了淬火处理，这将在基体中引入大量空位，从而使空位浓度达到较高的水平，因此以刃型位错为例，其攀移的形式应看作空位吸收型攀移。在位错附近的高浓度空位将形成相应的空位浓度梯度，从而诱导空位迁移，其速率与浓度相关，根据 Einstein 扩散方程，空位在浓度梯度驱动力作用下的迁移速率为

$$\nu_{\mathrm{v}} = -D_{\mathrm{v}}\frac{\nabla c_{\mathrm{v}}}{c_{\mathrm{v}}} \tag{7-16}$$

式中　D_{v}——为空位的扩散系数，这里等于 D_{e}；

　　c_{v}——空位浓度。

如图 7-52 所示，刃型位错周围空位浓度梯度的方向为垂直于位错线且由位错中心向四周发散，在空间中的浓度分布可以视为以位错线为中轴线的圆柱型分布，圆柱体半径为 R，当距离位错线距离 $r \geqslant R$ 时，空位浓度为 c_{v}^{∞}，当 $a<r<R$ 时（a 为晶格参数），空位浓度为 r 的函数 $c_{\mathrm{v}}(r)$，当 $r \leqslant a$ 时，空位浓度为位错割阶处的空位浓度 c_{v}^{j}，因此式（7-16）可以进一步改写为

$$\nu_{\mathrm{v}} = -D_{\mathrm{e}}\frac{1}{c_{\mathrm{v}}(r)}\frac{\partial c_{\mathrm{v}}(r)}{\partial r} \tag{7-17}$$

式中　$c_{\mathrm{v}}(r)$——距离位错割阶 r 时的空位浓度。

边界条件为 $c_{\mathrm{v}}(r) = c_{\mathrm{v}}^{\infty}(r \geqslant R)$，$c_{\mathrm{v}}(r) = c_{\mathrm{v}}^{j}(r \leqslant a)$。那么，空位在以位错线为中心，半径为 r，长度为 L 的圆柱侧面的通量为

$$\phi_{\mathrm{e}}^{d} = 2\pi rL \cdot \frac{c_{\mathrm{v}}(r)}{\Omega}\nu_{\mathrm{v}} = -2\pi L\frac{D_{\mathrm{e}}}{\Omega}\frac{\partial c_{\mathrm{v}}(r)}{\partial r}r \tag{7-18}$$

式中　Ω——空位体积。

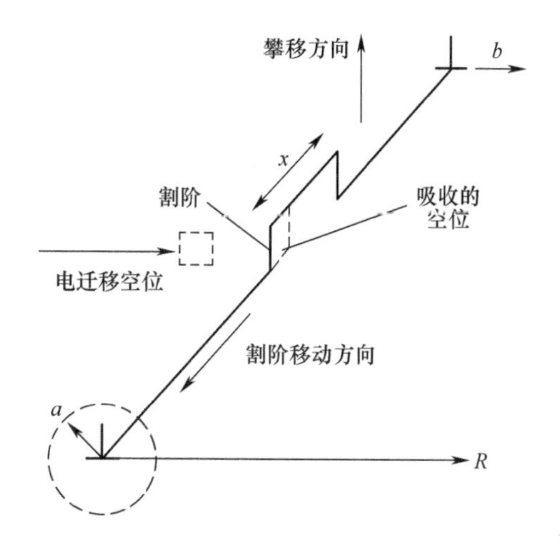

图 7-52　电流辅助再结晶退火过程中电迁移诱导的割阶对空位的吸收示意图

根据稳态条件$\partial\phi_{\mathrm{e}}^{d}/\partial r = 0$,由式(7-17)可以得到

$$c_{\mathrm{v}}(r) = c_{\mathrm{v}}^{\infty} + (c_{\mathrm{v}}^{\mathrm{j}} - c_{\mathrm{v}}^{\infty}) \frac{\ln \frac{R}{r}}{\ln \frac{R}{a}} \tag{7-19}$$

将式(7-19)代入式(7-18),可以得到:

$$\phi_{\mathrm{e}}^{d} = \frac{2\pi}{\ln \frac{R}{a}} \cdot \frac{LD_{\mathrm{e}}}{\Omega}(c_{\mathrm{v}}^{j} - c_{\mathrm{v}}^{\infty}) \tag{7-20}$$

考虑 $R \gg a$,为了方便计算,设 $2\pi/\ln(R/a) \approx 1$,和电流作用下的空位自扩散系数 $D_{\mathrm{e}}^{\mathrm{s}} = c_{\mathrm{v}}^{0} \cdot D_{\mathrm{e}}$($c_{\mathrm{v}}^{0}$ 为某温度下的空位平衡浓度),因此将式(7-20)改写可得从基体向位错割阶处的空位流通量:

$$\phi_{\mathrm{e}}^{d} \approx \frac{L}{\Omega} D_{\mathrm{e}}^{s} \left(\frac{c_{\mathrm{v}}^{\infty}}{c_{\mathrm{v}}^{0}} - \frac{c_{\mathrm{v}}^{j}}{c_{\mathrm{v}}^{0}} \right) \tag{7-21}$$

另外,除了位错线张力导致的空位发射和割阶附近浓度梯度导致的空位吸收,还应考虑在电迁移的作用下位错割阶附近的空位吸收,因此可以得到割阶处空位发射导致的割阶向后跳回频率 ν_{j}^{+},和空位吸收导致的割阶向前推移频率 ν_{j}^{-} 分别为

$$\nu_{j}^{+} = \frac{nD_{\mathrm{e}}^{s}}{a^{2}} \exp\left(\frac{-\tau\Omega}{kT} \right) \tag{7-22}$$

$$\nu_j^- = \frac{nD_e^s}{a^2} \cdot \frac{c_v^j}{c_v^0} + \frac{c_v^\infty D_e}{ax} \cdot \frac{Z^* e\rho_t j}{kT} \tag{7-23}$$

式中 n——面心立方晶体配位数($n=12$);

x——沿位错线方向两个相邻割阶之间的间距;

τ——由位错线张力导致的引起空位发射的法向应力;

Z^*——空位的等效有效电荷数;

e——电子电量($e=1.602\times10^{-19}$C);

ρ_t——材料总电阻率;

j——电流密度;

k——玻耳兹曼常数。

因此割阶向前推移吸收的空位通量为

$$\phi_e^{abs} = (\nu_j^- - \nu_j^+) \cdot L/x = \frac{nD_e^s}{a^2} \cdot \frac{L}{x}\left[\frac{c_v^j}{c_v^0} + \frac{c_v^\infty}{c_v^0}\frac{a}{nx} \cdot \frac{Z^* e\rho_t j}{kT} - \exp\left(\frac{-\tau\Omega}{kT}\right)\right] \tag{7-24}$$

根据空位守恒,则有 $\phi_e^d = \phi_e^{abs}$, 因此由式(7-21)和式(7-24)联立可得

$$\frac{c_v^\infty}{c_v^0} - \frac{c_v^j}{c_v^0} = \frac{1}{1+\frac{a^2x}{n\Omega}}\left[\frac{c_v^\infty}{c_v^0}\left(1+\frac{a}{nx} \cdot \frac{Z^* e\rho_t j}{kT}\right) - \exp\left(\frac{-\tau\Omega}{kT}\right)\right] \tag{7-25}$$

考虑到 $\tau\Omega \ll kT$, 因此 $\exp\left(\frac{-\tau\Omega}{kT}\right) \approx 1 - \frac{\tau\Omega}{kT}$, 将式(7-25)代入式(7-21),可得

$$\phi_e^d = \frac{L}{\Omega} \cdot \frac{D_e^s}{1+\frac{a^2x}{n\Omega}}\left[\frac{c_v^\infty}{c_v^0}\left(1+\frac{a}{nx} \cdot \frac{Z^* e\rho_t j}{kT}\right) - \frac{\tau\Omega}{kT} - 1\right] \tag{7-26}$$

当割阶吸收一个空位时,位错扫过的面积为 Ω/b(b 为位错伯氏矢量数值),另外考虑 $\Omega \approx a^3$ 和 $b \approx a$,因此位错的攀移速度为

$$\nu_e = \frac{\phi_e^d\Omega}{Lb} \approx \frac{D_e^s}{a+\frac{x}{n}}\left[\left(\frac{c_v^\infty}{c_v^0} + \frac{\tau\Omega}{kT} - 1\right) + \frac{c_v^\infty}{c_v^0} \cdot \frac{a}{nx} \cdot \frac{Z^* e\rho j}{kT}\right] \tag{7-27}$$

由方程(7-27)可以看出,相比炉热退火,当电流作用在冷轧变形的5A90铝锂合金上时,对位错攀移运动促进的贡献源于两部分:一是由局部焦耳热导致的空位更高扩散速率;二是由电迁移导致的额外空位扩散量。这两者加速了割阶的运动,从而加速了位错的攀移运动,使得冷轧5A90铝锂合金在电流辅助再结晶退火过程中能以极快的速度发生再结晶,改善了材料的晶粒结构组织,弱化了材料的变形

织构,从而优化了材料的力学性能。

7.7.3 退火处理后时效效果改善机制

电流辅助再结晶退火处理的冷轧 5A90 铝锂合金在经过后续时效处理后,相比晶粒组织未优化之前强度和塑性均得到显著提高,这与再结晶发生导致的晶粒细化和变形织构弱化密不可分。图 7-53 给出了不同处理工艺下 5A90 铝锂合金力学性能、对应晶粒结构和 δ′相尺寸和分布的对比分析。

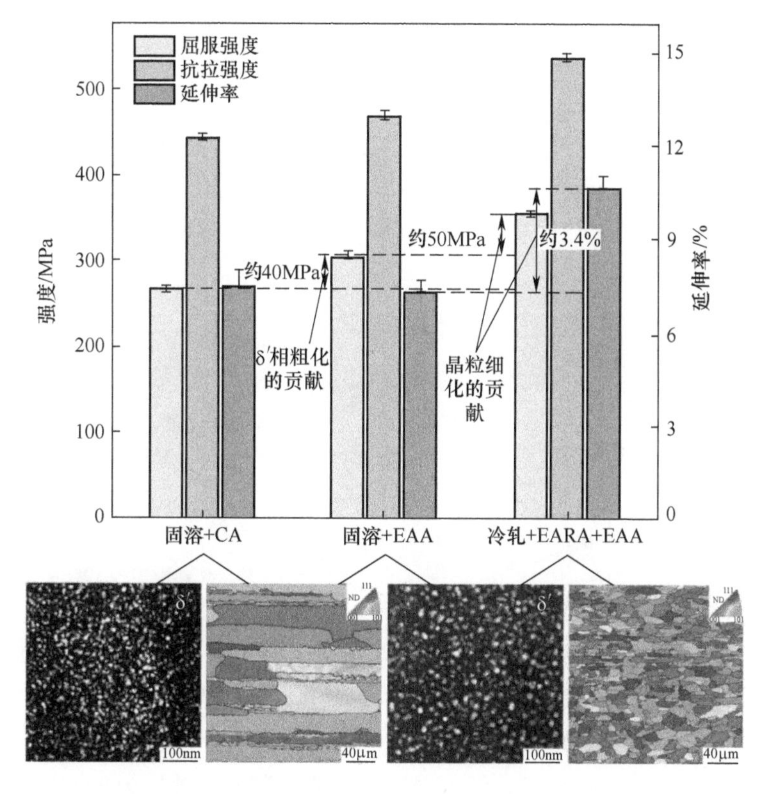

图 7-53 炉热时效、脉冲电流辅助时效、冷轧+脉冲电流辅助再结晶退火+脉冲电流辅助时效三种工艺处理 5A90 铝锂合金的力学性能和组织对比

由图 7-53 可知,脉冲电流辅助时效试样比炉热时效试样强度高而塑性相当,晶粒组织结构一致而 δ′相尺寸不同,因此脉冲电流辅助时效处理的试样强度的提高源于 δ′相尺寸的增大,其对屈服强度的增加约为 40MPa,两者较为粗大的晶粒组织导致塑性均较差。而冷轧+脉冲电流辅助再结晶退火+脉冲电流辅助时效处理的试样对比仅经过脉冲电流辅助时效处理的试样强度和塑性均有提升,两者 δ′相尺寸分布一致而前者晶粒明显细化,因此冷轧+脉冲电流辅助再结晶退火+脉冲

电流辅助时效试样强度和塑性的提高均源于晶粒组织的细化,强度提高约50MPa,延伸率提高约3.4%。

图7-54给出了固溶淬火态和经66.7%冷轧和脉冲电流辅助再结晶退火处理8s后的5A90铝锂合金中沿轧向的{111}<$1\bar{1}0$>施密特因子分布图,这里首先认为后续时效处理不改变晶粒组织结构。由图可以看出,在固溶淬火态合金中,只有较少的拉长形粗大晶粒具有较高的施密特因子(大于0.45),且不均的分布于基体中,而经冷轧和脉冲电流辅助再结晶退火处理后的合金中,更多高Schmid因子的近等轴状的细小晶粒均匀地分布于基体中。对于时效后的固溶淬火态粗晶5A90铝锂合金,变形时那些高施密特因子的大晶粒在加载过程中将由于更容易出现应力集中而优先屈服,表现为图7-55中的B屈服点。屈服后由于与δ′相变形机制相关的平面滑移的发生,材料的变形集中在这些粗大晶粒中的少数离散的滑移面上,位错不断增殖并在晶界处堆积,导致材料迅速产生加工硬化,随着变形的继续,少数几处离散地分散于这些粗大晶粒晶界处的位错塞积将导致裂纹形核,最终导致材料断裂。

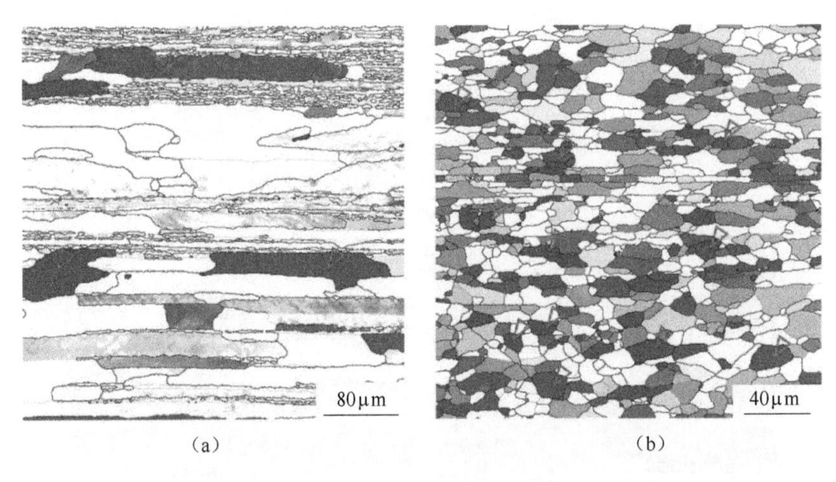

(a) (b)

图7-54 固溶淬火态和冷轧+脉冲电流辅助再结晶退火后5A90铝锂合金沿轧向的{111}<$1\bar{1}0$>Schmid因子分布图

(a)固溶淬火合金;(b) 66.7%冷轧经脉冲脉冲电流辅助退火处理的合金。

对于脉冲电流辅助再结晶退火和脉冲电流辅助时效处理后的冷轧5A90铝锂合金,根据细晶强化理论,细小的晶粒结构将有利于在变形过程中形成更加均匀的应力分布,要使这些高Schmid因子的细小晶粒屈服就需要更大的外加载荷,即更高的宏观屈服强度,表现为图7-55中的A屈服点。而更多细小的高Schmid因子晶粒,就意味着变形更加均匀的分布于这些细小的晶粒中。因此,在变形初期,由于再结晶后基体内部很低的初始位错密度和均匀的塑性变形,将产生如图7-55

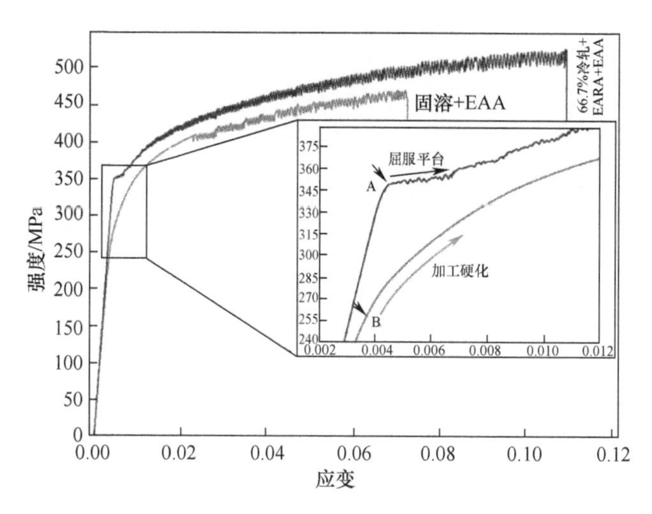

图 7-55 脉冲电流辅助时效处理固溶淬火试样与脉冲电流辅助再结晶退火+脉冲电流辅助时效处理 66.7%冷轧试样的拉伸应力-应变曲线

所示的典型的再结晶屈服平台。虽然也会产生由 δ′相变形机制导致的平面滑移现象,而分散于多个细小晶粒内部的更加均匀的变形方式将延缓位错塞积的发生和裂纹的形核,从而使材料塑性进一步提高。

两种不同的晶粒结构组织形成了两种不同的变形方式,也形成了不同的力学性能,也将形成不同的断裂行为。图 7-56 给出了这两种组织 5A90 铝锂合金的拉伸断口形貌。由前面分析可知,对于时效后的固溶淬火态合金,由于粗大的晶粒组织和强烈的织构,变形集中在少数离散的滑移面上,晶界的位错塞积和严重的平面滑移将导致断口上明显的晶界裂纹以及大量浅的剪切韧窝的形成。而细晶的5A90 铝锂合金,由于变形分散于多个细小晶粒内部,在断口上留下了大量等轴细小的韧窝,这是这种组织状态下塑性优异的体现。

(a)

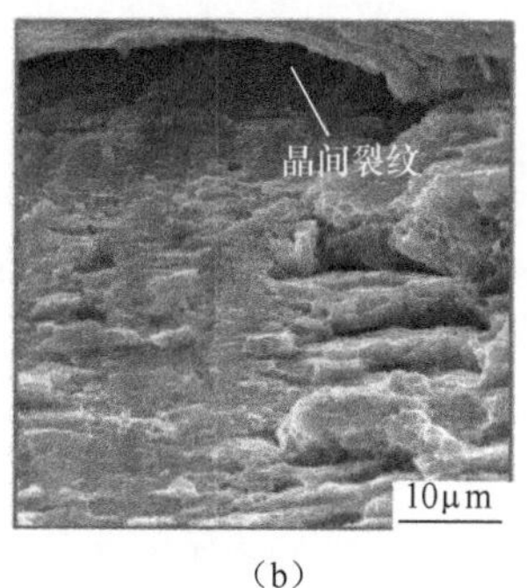

(b)

(c)

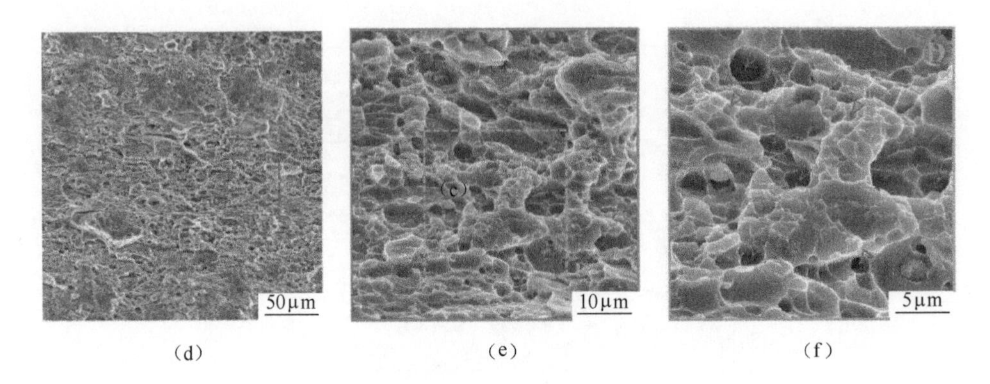

(d) (e) (f)

图 7-56 不同处理条件下的拉伸断口形貌
(a)~(c) 脉冲电流辅助时效处理固溶淬火试样;(d)~(f) 脉冲电流辅助再结晶退火和脉冲电流辅助时效处理66.7%冷轧变形试样。

参考文献

[1] GUAN L, TANG G, CHU P K. Recent advances and challenges in electroplastic manufacturing processing of metals[J]. Journal of Materials Research, 2010, 25(7): 1215-1224.

[2] SALANDRO W A, JONES J J, BUNGET C, et al. Electrically assisted forming[J]. Springer, 2015: 23-36.

[3] Conrad H. Thermally activated plastic flow of metals and ceramics with an electric field or current [J]. Materials Science and Engineering A, 2002, 322(1): 100-107.

[4] 李大龙. 电塑性效应中金属流动应力的理论及试验研究[D]. 秦皇岛:燕山大学, 2014.

[5] LIU Y, ZHOU H, SU H, et al. Effect ofelectrical pulse treatment on the thermal fatigue resistance of bionic compacted graphite cast iron processed in water[J]. Materials and Design, 2012, 39: 344-349.

[6] MAKI S, ISHIGURO M, MORI K. Thermo mechanical treatment using resistance heating for production of fine grained heat-treatable aluminum alloy sheets [J]. Journal of Materials Processing technology, 2006, 177: 444-447.

[7] ZHOU Y Z, ZHANG W, WANG B Q. Grain refinement and formation of ultrafine-grained microstrcture in a low-carbon steel under electropulsing[J]. J. Mater. Res, 2002, 17: 2105-2111.

[8] 王轶农,何长树,赵骧,等. 电场退火对冷轧工业纯铜再结晶及织构的影响[J]. 金属学报, 2000, 36(2): 126-130.

[9] FAN R, MAGARGEE J, HU P, et al. Influence of grain size and grain boundaries on the thermal and mechanical behavior of 70/30 brass under electrically-assisted deformation[J]. Materials Science & Engineering A, 2013, 574: 218-225.

[10] CONRAD H. Effects of electric current on solid state phase transformations in metals[J]. Materials Science and Engineering: A, 2000, 287(2): 227-237.

[11] JIANG Y, TANG G, SHEK C, et al. On the thermodynamics and kinetics of electropulsing induced dissolution of $\beta-Mg_{17}Al_{12}$ phase in an aged Mg-9Al-1Zn alloy[J]. Acta Materialia, 2009, 57(16): 4797-4808.

[12] WANG F, HUO D, LI S, et al. Inducing $TiAl_3$ in titanium alloys by electric pulse heat treatment improves mechanical properties[J]. Journal of Alloys and Compounds, 2013, 550: 133-136.

[13] PAN D, ZHAO Y, XU X, et al. A novel strengthening and toughening strategy for T250 maraging steel: Cluster-orientation governed higher strength-ductility combination induced by electropulsing[J]. Materials & Design, 2019, 169: 107686.

[14] PENG Y, FU Z, WANG W, et al. Phase transformation at the interface during joining of an Al-Mg-Li alloy by pulsed current heating[J]. Scripta Materialia, 2008, 58(1): 49-52.

[15] ZENG W, SHEN Y, ZHANG N, et al. Rapid hardening induced by electric pulse annealing in nanostructured pure aluminum[J]. Scripta Materialia, 2012, 66(3-4): 147-150.

[16] FABRÈGUE D, MOUAWAD B, HUTCHINSON C R. Enhanced recovery and recrystallization of metals due to an applied current[J]. Scripta Materialia, 2014, 92: 3-6.

[17] JIANG Y, TANG G, SHEK C, et al. Mechanism of electropulsing induced recrystallization in a cold-rolled Mg-9Al-1Zn alloy[J]. Journal of Alloys and Compounds, 2012, 536: 94-105.

[18] JIANG Y, GUAN L, TANG G, et al. Influence of electropulsing treatment on microstructure and mechanical properties of cold-rolled Mg-9Al-1Zn alloy strip[J]. Materials Science and Engineering: A, 2011, 528(16-17): 5627-5635.

[19] TRUONG C T, KABISCH O, GILLE W, et al. Small angle X-ray scattering and electrical resistivity measurements on an Al-2Li-5Mg-0. 1Zr alloy[J]. Materials Chemistry and Physics, 2002, 73(2): 268-273.

[20] LEGROS M, DEHM G, ARZT E, et al. Observation of giant diffusivity along dislocation cores [J]. Science, 2008, 319(5870): 1646.

[21] D'ANTUONO D S, GAIES J, GOLUMBFSKIE W, et al. Grain boundary misorientation dependence of β phase precipitation in an Al-Mg alloy[J]. Scripta Materialia, 2014, 76: 81-84.

[22] NEMBACH E. Order strengthening: recent developments, with special reference to aluminium-lithium-alloys[J]. Progress in Materials Science, 2000, 45(4): 275-388.

[23] OVRI H, LILLEODDEN E T. New insights into plastic instability in precipitation strengthened Al-Li alloys[J]. Acta Materialia, 2015, 89: 88-97.

[24] DESCHAMPS A, SIGLI C, MOUREY T, et al. Experimental and modelling assessment of precipitation kinetics in an Al-Li-Mg alloy[J]. Acta Materialia, 2012, 60(5): 1917-1928.

[25] SENKOV O N. Particle size distributions during diffusion controlled growth and coarsening[J]. Scripta Materialia, 2008, 59(2): 171-174.

[26] LI X, LI X, ZHU J, et al. Microstructure and texture evolution of cold-rolled Mg-3Al-1Zn al-

loy by electropulse treatment stimulating recrystallization[J]. Scripta Materialia, 2016, 112: 23-27.

[27] JIANG Y, GUAN L, TANG G, et al. Improved mechanical properties of Mg-9Al-1Zn alloy by the combination of aging, cold-rolling and electropulsing treatment[J]. Journal of Alloys and Compounds, 2015, 626: 297-303.

[28] LIU Y, FAN J, ZHANG H, et al. Recrystallization and microstructure evolution of the rolled Mg-3Al-1Zn alloy strips under electropulsing treatment[J]. Journal of Alloys and Compounds, 2015, 622: 229-235.

第8章 电辅助成形过程中的微观组织演变

电流对材料微观组织结构演变的影响中,研究最多的是形变材料的热处理过程。S. Maki 等利用了焦耳热效应将高密度电流引入 6061 铝合金的热处理过程中,板料加热到热处理温度(620℃)仅需 2s,不仅提高了效率,且由于加热时间短,合金晶粒来不及长大,同时起到了细化晶粒的作用。Y. W. Zhou 等在处理低碳钢时发现电流会导致相变势垒的改变,通过快速冷却可以获得碳钢的超细晶组织。当然,电流对材料组织演变的影响也具有两面性,Z. S. Xu 等利用电流对 α-Ti 进行退火,发现电流可以提高材料的再结晶速度,退火后的 α-Ti 组织更加细小,但当温度较高时,电流反而会促进晶粒的长大,且电流密度越高得到的晶粒尺寸越大。王轶农等在电场作用下退火冷变形纯铜材料时也发现电流促进晶粒长大的情况。R. Fan 在 70/30 铜电辅助拉伸变形过程中发现,电流会影响材料局部晶界的加热,高密度的电流会导致材料在拉伸变形过程中晶粒间出现空洞,降低成形零件的疲劳寿命。如何正确控制和利用电流来改善材料的组织是一个值得关注的问题。

电辅助成形过程中,电流会对材料的变形机理产生影响,其中最主要的是作用在位错上的微观电热效应和电子风力作用,同时还会直接或间接引起孪生和蠕变行为的变化,并通过再结晶行为的改变实现对材料微观组织结构的重构。材料的性能取决于材料的组织结构特点,也决定了产品的服役能力,因此需要对电辅助成形过程中电流对微观组织结构演变的影响作用及机制进行探索。

8.1 脉冲电流作用下的位错孪生行为特点

8.1.1 脉冲电流对位错运动的影响作用

脉冲电流的施加会对位错运动特点及其最终形貌产生影响,其主要原因是大量定向漂移运动的电子群会对位错段产生一个类似外加应力的电子风力,促进了位错的运动,并且该电子风力对位错运动的作用具有明显方向性。电子风力的产生原因现还不明确,现公认的假设说法有两种:①产生于位错电阻;②产生于电子气团与位错的反应。

位错的滑动需要翻越一定的势垒,由于位错的热振动可能使位错在某些地方因热激活而翻越势垒形成弯结,而弯结沿着位错线做侧向运动,从而使整根位错翻越势垒实现向前滑动,如图 8-1 所示。

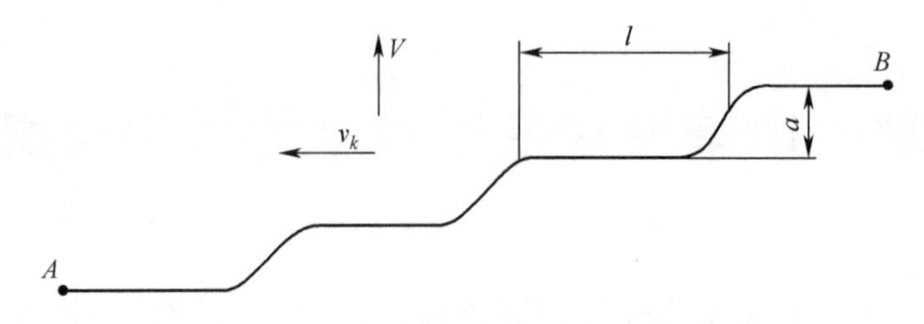

图 8-1　位错弯结的侧向滑动使位错向前滑移

因此位错的可动性与位错弯结的扩散性成正比,位错弯结的扩散性可由下式表示:

$$D_k \approx \nu h^2 \exp\left(-\frac{W_m}{kT}\right) \tag{8-1}$$

式中　ν ——原子振动频率;

W_m——激活自由能;

h ——弯结跳跃的距离。

其中激活自由能 W_m 可由下式表示:

$$W_m = Q - \Delta W - T\Delta S \tag{8-2}$$

式中　Q——内能;

ΔW ——外力对位错所做的功;

ΔS ——熵值变化。

由于脉冲电流的存在,位错受到一个额外的电子风力的作用,因此 ΔW 会增大,使激活自由能降低,从而增强了位错的可动性。

位错向前滑移的速度可表示为

$$\nu = \frac{a}{l} D_k \frac{\sigma \boldsymbol{b} a}{kT} \tag{8-3}$$

式中　σ ——作用在滑移系上的分切应力。

由式(8-3)可知,脉冲电流的引入会提高位错的滑移速度,进而提升材料的成形能力。

按照第一种假设,电子风力产生于位错电阻,则假设定向漂移的电子遇到位错时,其能量会发生损失,即形成所谓的功率消耗,这部分功率用来对位错做功,有

$$\left(\frac{\rho_D}{N_D}\right) N_D j^2 = F_{ew} N_D V_e \tag{8-4}$$

式中　ρ_D ——位错的电阻率;

N_D ——位错密度;

V_e ——电子运动速度；

j ——电流密度；

F_{ew} ——单位长度位错上所受的电子风力。

其中电流密度可由下式表示：

$$j = - en_e V_e \tag{8-5}$$

式中 e ——电荷；

n_e ——电子浓度。

将式(8-5)代入式(8-4)可得

$$F_{ew} = \left(\frac{\rho_D}{N_D}\right) en_e j \tag{8-6}$$

由式(8-6)可知，位错所受的电子风力与电流密度成正比。

在脉冲电流辅助成形技术中，电流所起的作用主要有两个方面，其中热效应的强弱与有效电流密度有关，有效电流密度越大，加热效果越强，为了确保工艺成形温度，施加有效电流密度需要满足一定的值。而电流的非热效应(对再结晶与位错运动的促进效应)与峰值电流密度有关。因此最佳的电流施加方案就是在保证有效电流密度满足加热效果的前提下，尽量提高脉冲电流的峰值电流密度，成形过程中采用低占空比的脉冲电流可实现这个效果，既确保了较高的峰值电流密度，又不至于使有效电流强度过大，材料被过度加热。

下面以几种轻材料为例对电流作用下位错的运动特点进行说明：

以 AZ31 镁合金自阻加热超塑成形为例，对于非细晶组织材料，在脉冲电流辅助超塑变形过程中，虽然也存在着晶界的滑移与晶粒的转动，但由于原始晶粒尺寸较大，这部分变形机制所贡献的变形量只是总变形量的一部分，而晶粒内部的位错滑移在变形过程中起重要作用。在变形后的组织中观察到了大量位错，如图 8-2(a)~(c)所示，其中图 8-2(a)、(b)中的位错线主要为平直形，可以推断位错的滑移运动能力较强，滑移比较顺畅，较少出现位错的塞积与缠结。这表明，在脉冲电流的作用下，这部分可动位错借助电子风力的作用，运动能力更加强，使其他滑移系失去了开启的必要性，因此在脉冲电流的作用下，滑移线大致呈平行状。而对于普通的胀形过程，则在某些部位观察到了大量的位错塞积与缠结，这些都增大了位错持续运动的阻力，使变形更加困难，从而降低了材料的成形能力。而对于细晶 AZ31 镁合金材料，在其变形组织内部只观察到少量的位错，如图 8-2(d)所示，这进一步证明，对于细晶 AZ31 镁合金，其超塑变形的主要机制为伴随扩散蠕变的晶界滑移，而位错及位错运动只是在晶界位置起协调变形的作用。在脉冲电流的作用下，这部分位错的运动能力得到了进一步的增强，使得其对变形的协调能力得到了提升，从而更加促进了细晶 AZ31 镁合金的超塑变形。

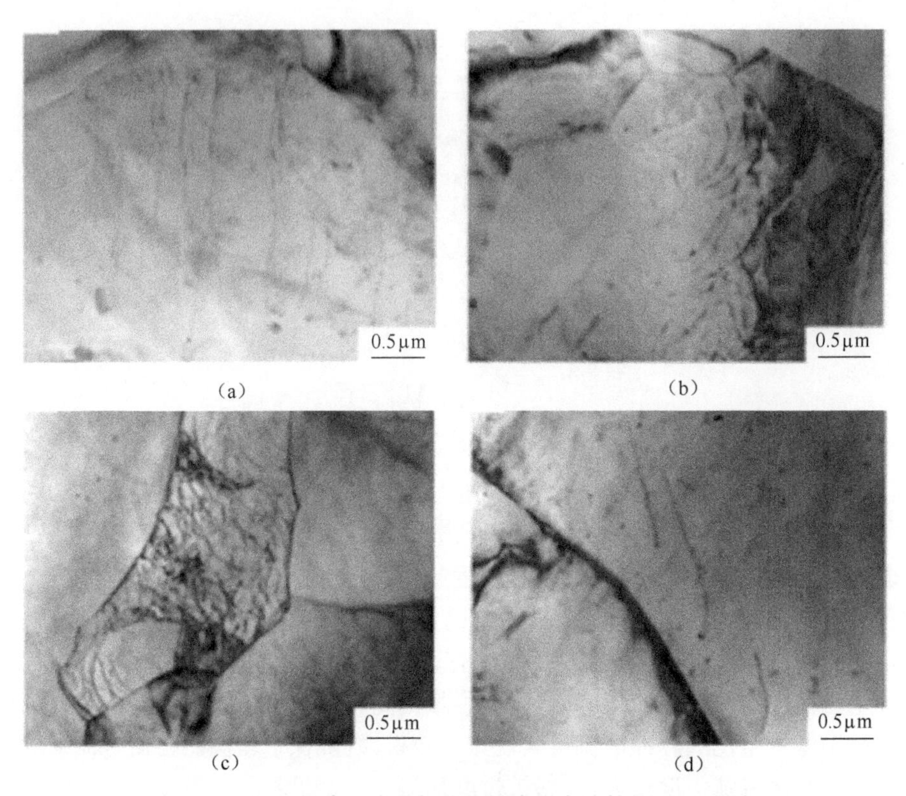

图 8-2　AZ31 镁合金自阻加热超塑成形半球件的 TEM 照片

(a)非细晶负极附近;(b)非细晶正极附近;(c)非细晶普通胀形;(d)细晶试样。

对于 AZ31 镁合金,其基体上还弥散分布着第二相 $Mg_{17}Al_{12}$ 粒子,这些第二相粒子对位错的运动起阻碍的作用,但由于脉冲电流的作用,位错的活动能力增强,可使得位错线切过第二相粒子,如图 8-3 所示。

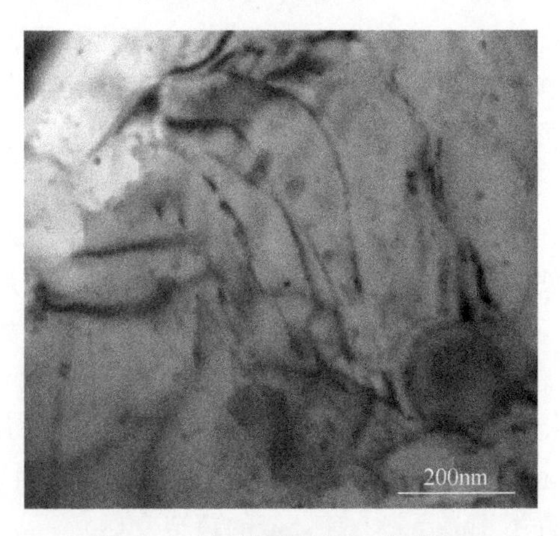

图 8-3　位错线切过第二相粒子

关于脉冲电流对位错形貌影响的相似的结论在细晶 TC4 钛合金中也得到了验证。图 8-4 为 TC4 钛合金 α 相与 β 相相界处的位错形貌。由图可知，α/β 相界处的位错大部分为规则的平直位错列，几乎没有缠结、塞积，且有沿着电流方向运动的趋势，可以推断，在外加应力的作用下，晶粒中取向最有利的滑移系首先开动，并沿着晶界运动，由于电子风力的作用，进一步加强了这部分位错的运动能力，使得其他滑移系的开启机会降低，并使得晶界处塞积的位错以滑移或攀移的方式继续运动，最终与异号位错相遇而湮灭。位错在晶界处以滑移和攀移的方式运动，其滑移分量导致晶界滑动，而其攀移分量产生扩散通量而导致扩散蠕变，可协调晶界滑动产生的变形。由于脉冲电流的存在，使得扩散所需的激活能降低，扩散过程得以加强，伴随有扩散蠕变的晶界滑动效果也有所增强。

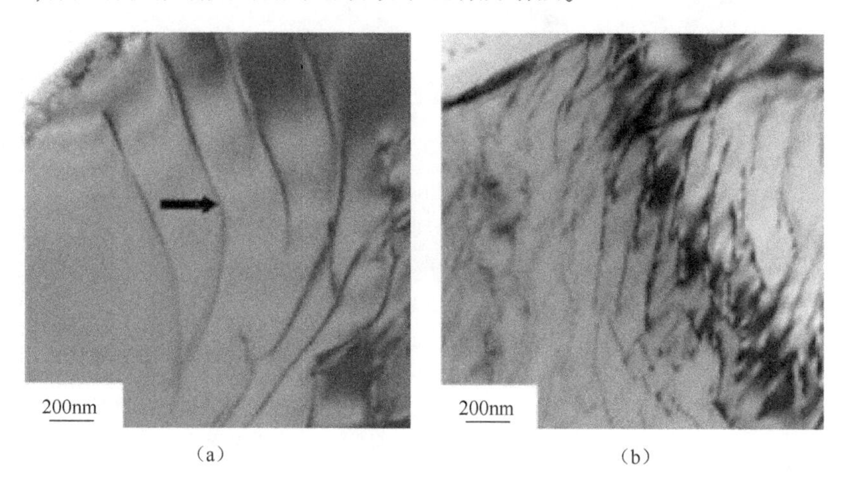

图 8-4　α 相与 β 相相界处的位错
(a)位错沿电流方向运动；(b)平直的位错列。

由于铝合金材料内部位错密度较高，因此电流对位错运动的影响也比较显著。原始 5083 铝合金板材位错密度高，且大量位错相互缠结，如图 8-5(a)所示，在超塑成形过程中，一部分位错在运动过程中会移动到晶界处沿晶界滑或获攀移而消失，使得材料中位错密度下降，但晶粒内位错缠结依然存在，如图 8-5(b)所示。而自阻加热超塑成形后，与常规超塑成形相同，材料中的位错密度略有下降，然而试件不同部位晶粒中的位错由于电流的作用都表现出平行排列典型形貌，使位错的运动能力增强，从而提高材料的塑性。

在 5083 铝合金基体组织中有第二相粒子弥散分布，其存在会对位错运动产生阻碍。对于尺寸较小的沉淀相粒子，当晶格尺寸接近基体能保持共格关系时，位错线可以从基体中进入粒子内部，以切过的方式向前运动；对于尺寸较大的沉淀相粒子，尤其是与基体为非共格关系时，基体中的位错线无法通过该粒子，只能以绕过

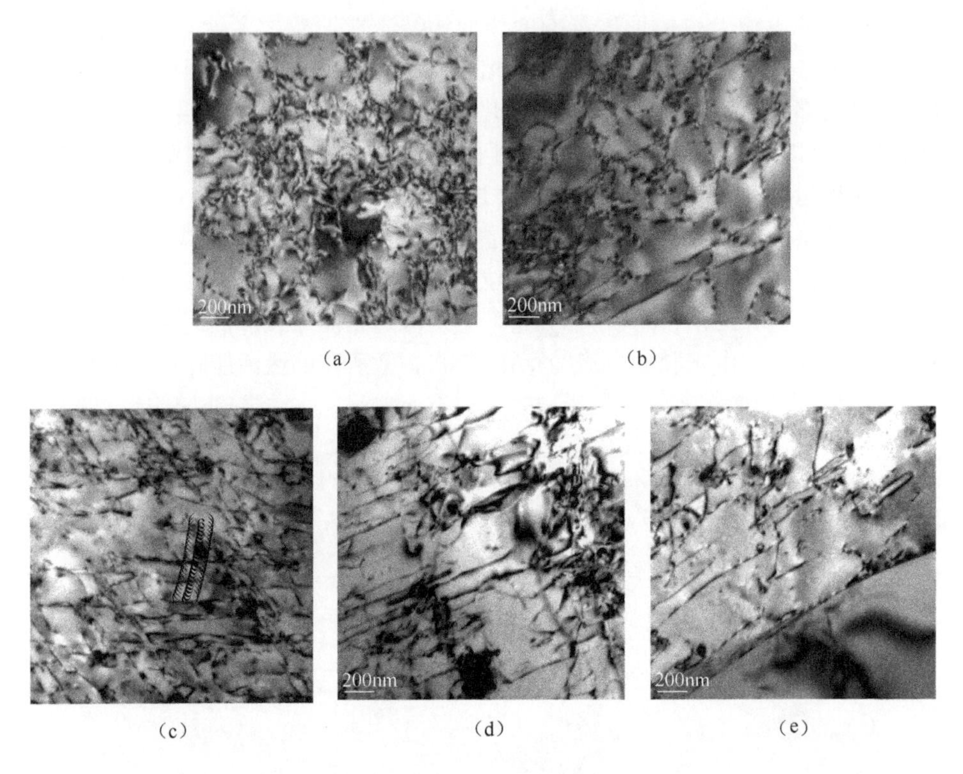

图 8-5　5083 铝合金 TEM 照片

(a)原始轧制板材;(b)常规加热试件;(c)自阻加热胀形试件顶部;
(d)自阻加热胀形试件正极;(e)自阻加热胀形试件负极。

的方式前行(图 8-6)。由于电流的引入,第二相粒子与基体之间界面能增加,且存在电子风力的推动作用,因此位错更容易切过/绕过弥散颗粒向前运动。

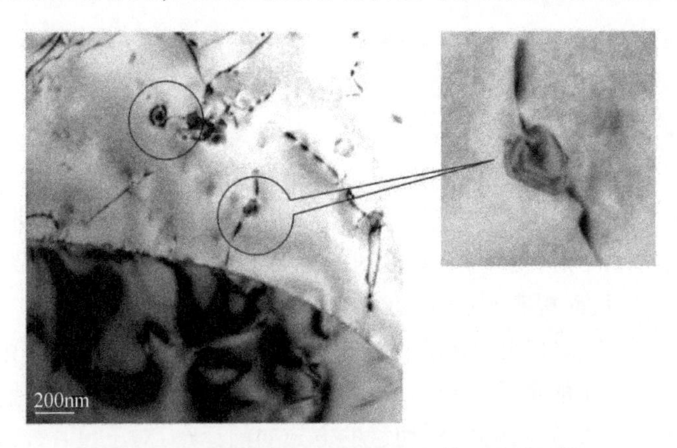

图 8-6　5083 铝合金中位错切过/绕过弥散颗粒

对于5A90铝锂合金,通过TEM表征,也观测到电辅助拉伸后,试样内部的位错形貌与常规炉热拉伸有所区别,如图8-7所示。由图8-7(a)和(b)可以看出,电辅助拉伸后试样内部的位错排列更规则而且更趋于平行一些,而图8-7(c)和(d)显示的炉热拉伸试样中的位错排列更加随意杂乱,且有缠结的倾向。可以推断,在电流作用下位错滑移和攀移能力增强,可以减少在变形过程中出现的位错缠结和塞积的可能性。

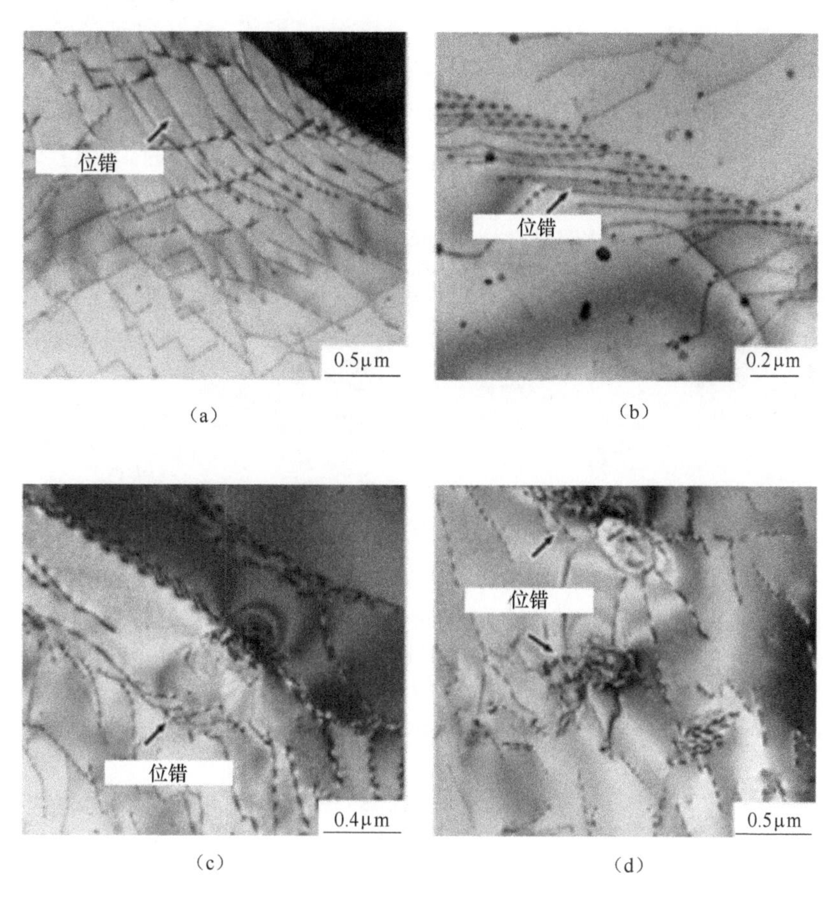

图8-7　5A90铝锂合金高温拉伸的TEM明场像表征
(a)、(b)电辅助拉伸;(c)、(d)炉热拉伸。

图8-8进一步给出了电辅助拉伸后试样内部的位错组态,显示了一大组平行排列的位错滑移过程中,一些位错线的弯结现象。位错的滑动需要克服晶格的周期性阻力,即Peierls-Nabarro(P-N)力。当位错处于P-N能谷时能量最低,在较低温度时,位错需要整体翻越P-N势能壁垒才能开启滑动,当温度升高时,原子的热运动能一定程度降低需克服的P-N力。同时,高温下的热激活使位错线的某些

部位具有较高的能量,翻越 P-N 势能壁垒,形成位错弯结特征,弯结沿着位错线的侧向扩展运动即可实现位错的整体向前滑动。当电流作用时,有两个与电流特征效应相关的因素可以加速弯结的侧向扩展;一是位错相对基体更高的电阻率导致的局部焦耳热效应;二是漂移电子与位错弯结部位交互作用的电迁移效应。由于位错部位的局部焦耳热效应,位错附近的温度更高,更有利于位错的某些部位热激活的发生,从而增加弯结出现的可能性,另外,漂移电子与弯结的动量交换可以对弯结施加一个侧向扩展的分力,从而加速弯结的扩展,最终促进位错的滑动。图 8-8(b)显示了平行的位错列攀移后在小角晶界过渡区留下的阶梯状位移。图 8-8(c)显示了电辅助拉伸后试样内部形成了六方位错网络结构,这是在回复阶段位错运动重排的重要特征之一,在高温和电流作用下不同滑移面上的位错运动被加速,相互运动至相交时,位错发生反应,由于位错线张力的作用,在平衡条件下位错组态也发生相应改变,从而导致位错网络的形成。

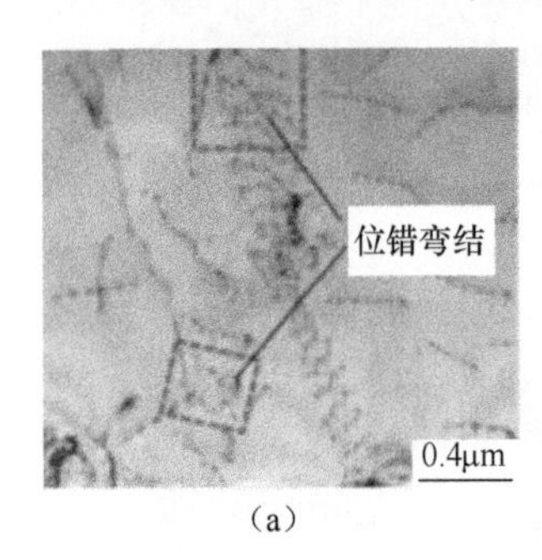

(a)

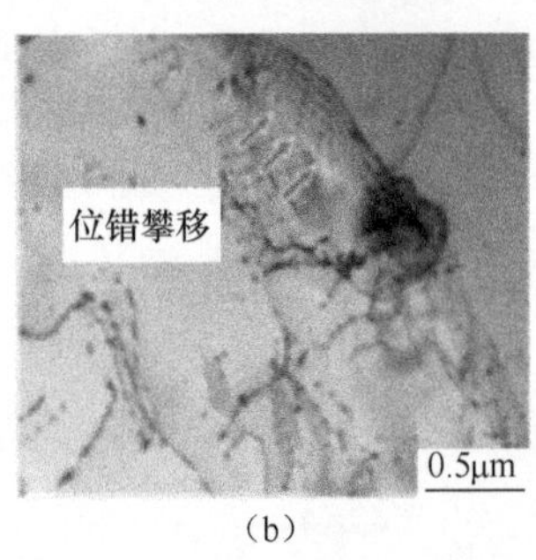

(b)

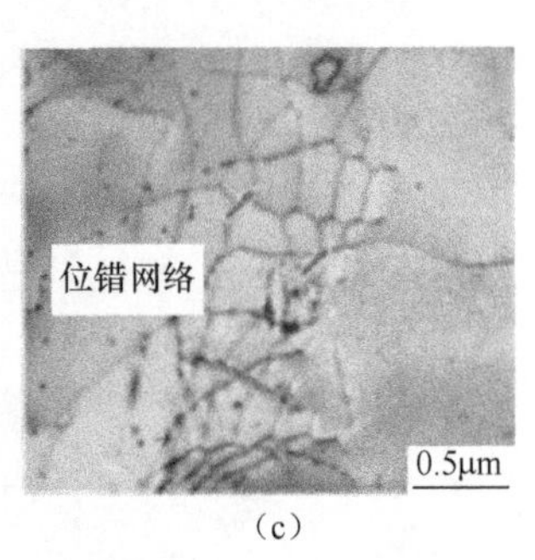

(c)

图 8-8 5A90 铝锂合金电辅助拉伸的 TEM 明场像表征
(a)位错弯结;(b)位错攀移;(c)位错网络。

8.1.2 脉冲电流在变形过程中对孪生行为的影响

像镁合金这类具有低对称晶体结构的材料,孪生在变形过程中也起到了比较重要的作用。电流对材料孪生行为的影响研究较少,电流通过对材料位错运动的影响或可改变形变过程中位错与孪生的竞争关系。

图 8-9 给出了 AZ31 镁合金胀形试件的显微组织,镁合金在高温变形过程中发生晶粒吞并,变形后晶粒都发生长大,平均尺寸从原始的 15μm 增长到 70μm。但在自阻加热胀形件中有大量的孪晶产生且材料晶界处生成新的细小等轴晶粒。试验中所使用的镁合金为非细晶镁合金,塑性较差,在低温快速成形过程中,镁合金晶体易在切应力作用下发生切变,产生孪生变形,孪生作为塑性变形的一种方式,需要的临界应力较大,因此孪生变形易发生在滑移系少的密排六方晶体中。软取向晶粒在材料变形过程中易先发生滑移,当位错滑移至晶界附近时会发生堆积,

从而产生较大的应力集中,诱发孪晶产生。在 AZ31 镁合金的高温气胀成形过程中,由于成形温度较高,变形流动应力较小,故合金中的孪生变形很少,材料主要靠晶界迁移及少量的位错滑移来实现变形,因此镁合金塑性变形能力受到限制。电流可以提降低材料再结晶过程的形核激活能,使材料易于在晶界处形核,如图 8-10 所示,自阻加热胀形试件的晶粒边界处生成了大量的小晶粒,这些新晶粒对大晶粒的晶界具有钉扎作用,大晶粒难以通过晶界的运动来协调晶粒内位错的滑移变形,故大量位错会堆积在晶界附近无法运动,由此在晶粒内部产生了比较大的应力集中,当应力增大到一定程度后就会诱发镁合金的孪生变形,通过孪生变形晶粒内产生新的滑移面,使得位错继续在新滑移面上滑移,因此释放了应力,通过孪生来协调变形,还可以抑制晶界处空洞的产生。

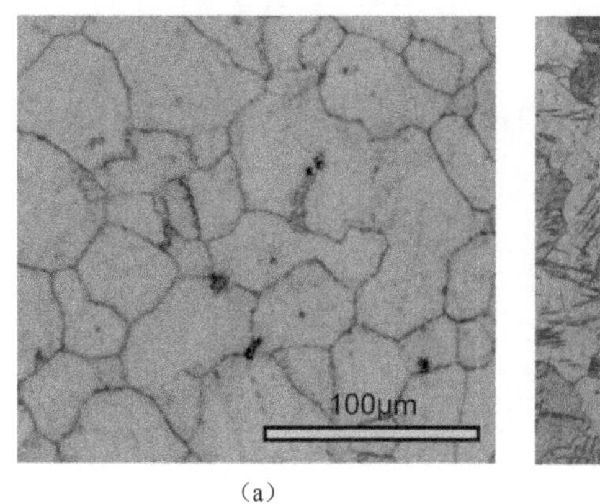

(a)

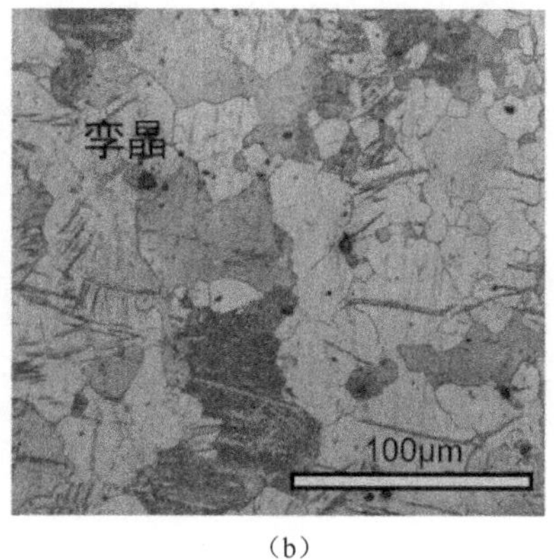

(b)

图 8-9　AZ31 镁合金试件组织

(a)常规胀形;(b)自阻加热胀形。

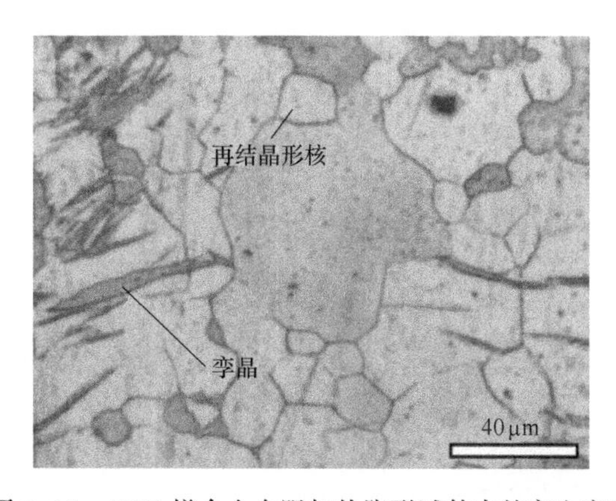

图 8-10　AZ31 镁合金自阻加热胀形试件中的孪生变形

8.2 脉冲电流作用下形变的再结晶行为

在塑性成形过程中,材料在变形过程会发生动态再结晶,再结晶形成的组织结构决定材料的使役性能,因此利用电流辅助作用实现材料再结晶过程的调控,是提升产品性能的有效手段。

8.2.1 脉冲电流对材料变形再结晶影响机制

首先主要从晶粒长大的驱动力入手来分析脉冲电流对晶粒长大的影响机制。脉冲电流能促进金属热变形过程中的再结晶,其主要原因是脉冲电流对位错运动(滑移、攀移)及物质迁移(原子扩散、空位迁移等)等具有"非热效应"的促进作用。

晶粒长大的驱动力主要是界面能,具体体现形式为晶界的表面张力:

$$P_{\gamma} = \frac{\gamma}{\rho} \tag{8-7}$$

式中 γ ——单位面积界面的自由能;

ρ ——晶界的曲率半径。

其中晶界曲率半径 ρ 可表示为

$$\rho = \frac{1}{2\rho_{\mathrm{b}}\sin\varphi} \tag{8-8}$$

式中 ρ_{b} ——晶界处位错密度;

φ ——晶界凸出角。

其中 ρ_{b} 可用下式表示:

$$\rho_{\mathrm{b}} = \frac{\xi \dot{\varepsilon}_{\mathrm{v}} t_{\mathrm{b}}}{b} \tag{8-9}$$

式中 ξ ——系数;

$\dot{\varepsilon}_{\mathrm{v}}$ ——晶间应变速率;

t_{b} ——位错滑过晶界的时间;

b ——伯氏矢量数值。

晶界的迁移速度 v_{m} 与晶粒长大的驱动力成正比,其关系如下:

$$v_{\mathrm{m}} = M_{\mathrm{b}} P_{\gamma} \tag{8-10}$$

式中 M_{b} ——晶界可动性系数,

其中 M_{b} 可用下式表示:

$$M_{\mathrm{b}} = \frac{D_{\mathrm{b}} w b}{kT} \tag{8-11}$$

式中　D_b ——晶界扩散系数；

w——晶界宽度；

k ——玻耳兹曼常数；

T——温度。

将式(8-7)、式(8-11)代入式(8-10)并结合式(8-8)、式(8-9)，可得

$$v_m = \frac{D_b w}{kT} 2\gamma \sin\varphi \xi \dot{\varepsilon}_v t_b \tag{8-12}$$

晶粒的长大速度 v_g 与晶界的迁移速度成正比：

$$v_g = Cv_m = C\frac{D_b w}{kT} 2\gamma \sin\varphi \xi \dot{\varepsilon}_v t_b \tag{8-13}$$

式中　C——系数。

位错的运动速度与其滑移系上所受的分切应力成正比，在脉冲电流辅助超塑成形工艺中，由于脉冲电流电子风力的存在，使位错受到了附加的分切应力作用，加速了晶界处位错的运动，位错滑过晶界的时间缩短，即 t_b减小，根据式(8-13)，可以推断，脉冲电流的引入，降低了晶粒的长大速度。

具体而言，金属再结晶的过程主要就是形核及核心的长大过程，这两个过程的速率可以用两个参量来描述：形核率 N 及长大速率 V。再结晶结束后所形成的微观组织(晶粒大小)由这两个速率的比值来确定，在 N 值较高，V 值较低时，再结晶结束后的晶粒尺寸较小。下面就具体从形核率 N 及长大速率 V 两个方面来具体讨论脉冲电流对金属再结晶的影响。

1) 脉冲电流对晶核长大速率的影响

晶核长大的速率 G 是由其晶界的迁移速率决定的，与晶粒长大不同，再结晶晶核长大的驱动力来源于变形存储能，它们之间有如下关系：

$$v_b = \frac{D_b}{kT} P \tag{8-14}$$

式中　P——晶核两侧的形变储存能之差(晶核长大的驱动力)

由式(8-14)可知，晶核长大的驱动力越大，晶核长大的速度就越快。晶核长大驱动力可由下式表示：

$$P = C\Delta n G b^2 \tag{8-15}$$

式中　Gb^2——单位长度上的位错能(G 为剪切模量)；

Δn ——晶界两侧位错密度差；

C——位错分布性质的系数(取 0.1~1 之间的值)。

该式表明了晶核长大与位错密度有直接的关系，位错密度越大，其存储的能量越高，则晶核长大的趋势越强。随着晶核的持续长大，系统的总晶界面积逐渐减少，总的界面自由能逐渐降低，位错密度逐渐降低，从而使晶核长大的驱动力也逐

渐降低，其降低速率为

$$\frac{\mathrm{d}P}{\mathrm{d}t}=-CGb^2\frac{\mathrm{d}n}{\mathrm{d}t} \tag{8-16}$$

式(8-16)中$\frac{\mathrm{d}n}{\mathrm{d}t}$为由空位扩散引起的位错攀移进入晶界的速度(可理解为单位时间内攀移进入晶界而湮灭的位错的数量)，它与空位扩散通量j和原子体积Ω有关，可表示为

$$\frac{\mathrm{d}n_\mathrm{p}}{\mathrm{d}t}=j\frac{\Omega}{b} \tag{8-17}$$

式中　$\mathrm{d}n_\mathrm{p}$——位错攀移数量；

Ω——原子体积(近似代替空位体积)；

b——伯氏矢量数值。

位错攀移时要吸收或放出点缺陷，如果位错和其相邻的点缺陷能保持平衡，那么位错的攀移是由扩散过程控制的，在脉冲电流辅助超塑成形工艺条件下，原子扩散通量j由两部分构成，即

$$j=j_\mathrm{t}+j_\mathrm{a} \tag{8-18}$$

式中　j_t——受热效应因素影响的原子扩散通量；

j_a——受非热效应影响的原子扩散通量。

其中j_t可由下式表示：

$$j_\mathrm{t}=-D\frac{\partial n}{\partial x} \tag{8-19}$$

式中　D——扩散系数；

$\frac{\partial n}{\partial x}$——浓度梯度。

式(8-19)中的负号表示原子流动方向与浓度梯度方向相反。

热效应对原子扩散通量的影响主要是热起伏产生的空位浓度梯度变化，从而影响扩散通量，该效应的影响较小，通常可忽略不计。而j_a对总体扩散通量的贡献较大，它主要包括两部分：①脉冲电流的电子风推力所产生的原子扩散j_a1；②脉冲电流本身直接引起的原子扩散j_a2(载流子离子浓度梯度及电场所形成的扩散通量)。

其中第一项可由下式表示：

$$j_\mathrm{a1}=\frac{D}{kT}K_\mathrm{ew}\Omega J_\mathrm{m} \tag{8-20}$$

式中　J_m——脉冲电流密度；

K_ew——与电子风力相关的系数。

第二项根据能斯特-爱因斯坦定律有

$$j_{a2} = \frac{D}{kT}N_1\rho eZ_1^* J_m \tag{8-21}$$

式中 N_1——晶内原子密度；

eZ_1^*——金属离子有效电荷；

ρ——电阻。

由此可得脉冲电流辅助工艺条件下，原子的扩散通量为

$$j = \left| D\frac{\partial n}{\partial x} \right| + \frac{D}{kT}(K_{ew}\Omega J_m + N_1\rho eZ_1^* J_m) \tag{8-22}$$

将其代入式(8-16)及式(8-17)可得

$$\frac{dP}{dt} = -CGb^2\frac{\Omega}{b}\left[\left| D\frac{\partial n}{\partial x} \right| + \frac{D}{kT}(K_{ew}\Omega J_m + N_1\rho eZ_1^* J_m) \right] \tag{8-23}$$

由式(8-23)可知，脉冲电流的引入，使晶核长大的驱动力下降显著(与没有脉冲电流时相比)，抑制了晶核的长大，导致长大后的晶粒尺寸趋于均匀。

2) 脉冲电流对形核率的影响

对于层错能较低的金属而言，其再结晶形核机制一般为亚晶直接长大形核，在此过程中，一般取向差较大的亚晶界才具有更高的移动性，才更容易吞并相邻的亚晶实现长大，因此要求取向差较小的亚晶界能够在短时间内转变成取向差较大的亚晶界，这是提高其再结晶形核速度的关键。对于取向差较小的亚晶界，其角度由晶内平均位错间距决定，即

$$\theta = \frac{b}{d_r}n_p \tag{8-24}$$

式中 d_r——再结晶核心的直径。

将式(8-24)对时间求导可得到亚晶界取向差角度变化的速度为

$$\frac{d\theta}{dt} = \frac{b}{d_r}\frac{dn_p}{dt} \tag{8-25}$$

将式(8-17)、式(8-22)代入式(8-25)可得

$$\frac{d\theta}{dt} = \frac{\Omega}{d_r}\left[\left| D\frac{\partial n}{\partial x} \right| + \frac{D}{kT}(K_{ew}\Omega J_m + N_1\rho eZ_1^* J_m) \right] \tag{8-26}$$

由式(8-26)可知，脉冲电流的引入提高了亚晶界取向差角度变化的速度，缩短了晶界角度由初始值长大到可迁移临界角度的时间，使得形核率增大。

综上所述，脉冲电流的引入可促进原子的扩散、促进空位的迁移及位错的运动，在成形过程中，这种效应更加有助于再结晶形核率的增加，使得材料的再结晶组织晶粒更加细小。

下面以镁合金、钛合金、铝合金为例对比分析不同材料在电辅助作用下的再结

晶行为特点。

8.2.2 电流作用下细晶/非细晶镁合金的动态再结晶特点

为揭示脉冲电流在材料成形过程中所起的作用,对不同脉冲电流参数条件下自由胀形材料的显微组织进行观察与分析。图 8-11 为普通胀形(没有施加脉冲电流)及脉冲电流辅助超塑成形(施加不同峰值电流密度)条件下,细晶 AZ31 镁合金半球形试件顶部位置的光学金相显微组织。可以看出,两种不同工艺气胀成形后的金相显微组织,其晶粒形状都基本保持等轴状。与原始材料相比较,晶粒长大明显,并且晶界圆弧化趋势显著,这表明晶粒发生了一定程度的转动。随着脉冲电流的引入及其峰值电流密度的逐渐提高,可以看出,变形后的晶粒尺寸有逐渐减小的趋势,且其晶粒大小更趋均匀。

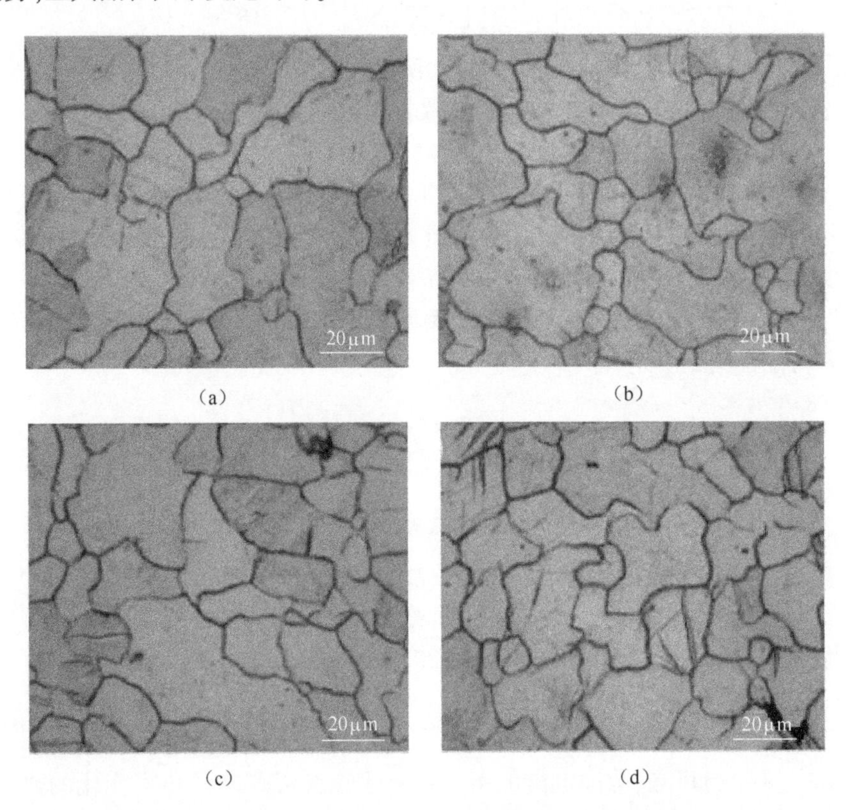

图 8-11 细晶 AZ31 镁合金成形后的光学金相显微组织
(a)普通气胀成形;(b)100%占空比;(c)75%占空比;(d)50%占空比。

材料晶粒长大的基本过程就是晶界在晶粒组织中的迁移过程。众所周知,再结晶中新晶粒的形核与长大也涉及到晶界的迁移过程,但由于晶界迁移驱动力的不同,这二者在基本机制上还存在明显的差异。初次再结晶是无应变核心吞噬形变基体而长大的过程,其驱动力是储存在形变基体中的应变能;而晶粒长大则是在无应变基体中大晶粒向较小晶粒的扩张过程,其驱动力一般来源于界面能。这些差异导致了这两种过程在晶体拓扑特征上也存在差异——晶界迁移的方向不同。初次再结晶过程中晶粒总是向着其晶界曲率中心的相反方向生长,这是由于初次再结晶是一种为消除内部储存能较高的形变基体而以界面能上升为代价的晶粒生长过程。为了获得尽可能高的体积/界面比,新长大的晶粒总是倾向于球形;而晶粒长大过程发生在无应变(小应变)组织中,其晶界始终向着其曲率中心方向移动,这是由于从统计角度考虑,在晶粒组织中小晶粒的邻晶数较少而具有外凸的晶界,而大晶粒的界面数较多而具有内凹晶界,所以在晶粒长大过程中,晶界总是向其曲率中心移动。因此从晶界的移动方向上也可以定性判断材料在变形过程中是否发生再结晶。

图 8-12 为细晶镁合金电辅助超塑成形试件的 TEM 照片,从图中可以看出,在晶界迁移过程中,即无应变(小应变)大晶粒吞并无应变(小应变)小晶粒的过程中,晶界运动的方向与其曲率中心方向相同,由此可以推断,在脉冲电流辅助超塑成形工艺条件下,细晶 AZ31 镁合金板材的晶粒长大不是初次再结晶晶粒长大,即材料在变形过程中没有发生动态再结晶。虽然从理论上说 AZ31 镁合金层错能较低,容易发生动态再结晶,但此处所用轧制 AZ31 板材为退火态,加之在成形过程中的基体储存的畸变能较小,晶粒内部及晶界位置的位错密度相对较低,不能为再结晶提供足够的驱动力。此外动态再结晶与晶界迁移的难易程度有关,晶界迁移越困难,动态再结晶越难发生。在 AZ31 镁合金中,弥散分布着非共格第二相粒子 $Mg_{17}Al_{12}$,其对晶界起到了一定的钉扎作用,阻碍了晶界的移动,如图 8-13 所示,这有可能也在一定程度上抑制了动态再结晶的发生。

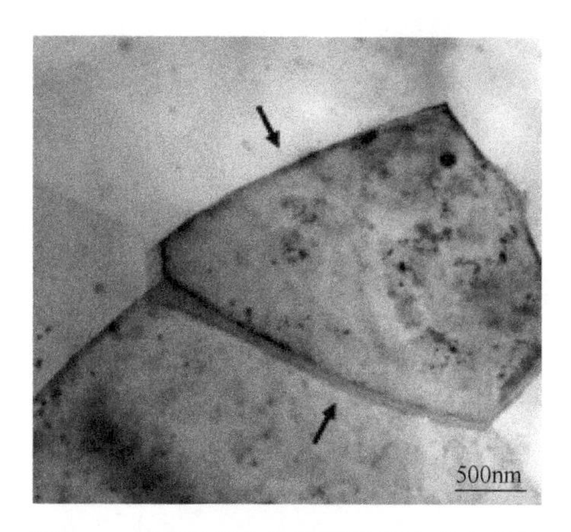

图 8-12　无应变大晶粒吞并无应变小晶粒

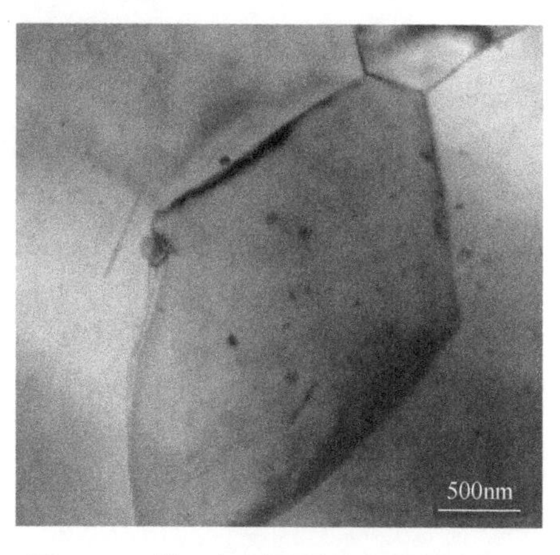

图 8-13　第二相颗粒对晶界的钉扎作用

对于挤压态 AZ31 镁合金板材，由于其原始晶粒尺寸较大（20~30μm），因此在脉冲电流辅助超塑成形过程中，即使成形工艺条件完全一致，其变形行为与变形特点也与细晶 AZ31 镁合金材料的胀形有所区别，这主要是由于二者的变形机理不同，脉冲电流在变形过程中所起的作用也有所差异。为揭示脉冲电流在挤压态非细晶 AZ31 镁合金材料超塑成形过程中所起的作用，对不同脉冲电流参数条件下自由胀形试样的显微组织进行了观察与分析。图 8-14 为脉冲电流辅助超塑成形工艺条件下（占空比为 50%），细晶 AZ31 镁合金半球形试件不同位置处的光学金相显微组织。由图中可以看出，在成形过程中，非细晶的 AZ31 镁合金板材发生了明显的动态再结晶，在基体的大晶粒周围可观察到细小的再结晶小晶粒，并且新的晶粒总是首先出现在晶格位相差最大和变形的畸变部位，即晶界及其交汇处、孪晶处等位置。随着变形程度的增大，再结晶晶粒逐渐长大，直至吞并整个变形基体，形成新的少畸变新基体。在再结晶晶粒长大过程中，晶粒界面各个部分移动的速度和方向具有不均匀的特点，晶界前沿不直，其方向在各部分的变化不均匀，这导致沿“被吞没”晶粒的晶界形成“舌形”突出状（如图 8-14（c）所示），通过原始晶粒的界面舌形部位的迁移而发生的再结晶的驱动力来源于界面两边位错密度的差异。

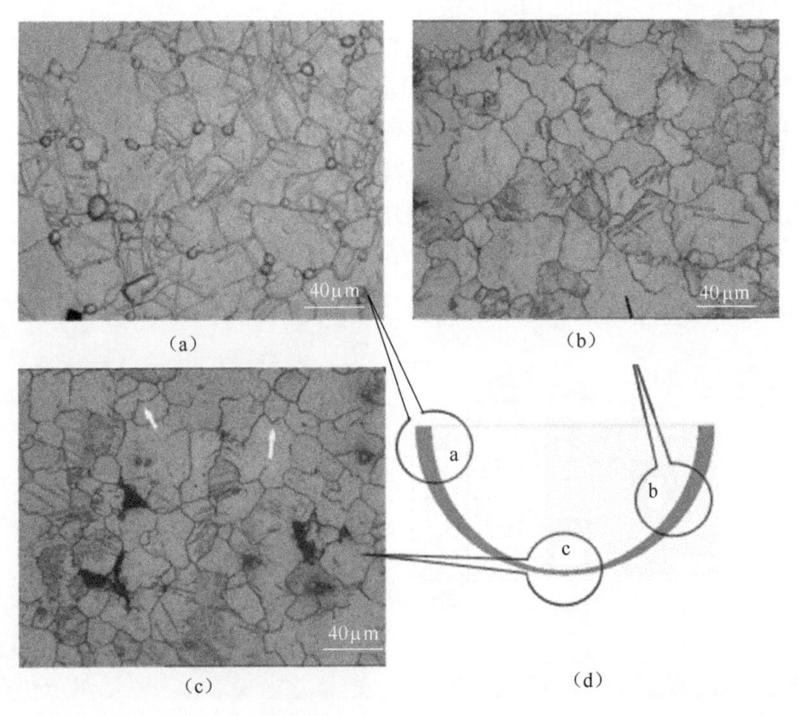

图 8-14　非细晶 AZ31 镁合金 50% 占空比 PCASF 半球形试样不同位置处的组织

图 8-15 为 50%占空比脉冲电流辅助超塑成形工艺条件下,挤压态 AZ31 镁合金成形试件的 TEM 照片。由图中可以看出,在变形开始阶段,由于加工硬化效果较强,位错密度较高,因此在变形金属内存在一些局部区域会积累足够高的位错密度差(畸变能差)。在高温下,位错被激活,运动能力增强,使得同号刃型位错沿垂直于滑移面的方向排成小角度晶界,即“多边化”过程。随着多边化的进行,形变位错胞内位错密度不断下降,胞壁处的位错变长并凝集使胞壁减薄,形成位错网络,构成亚晶界(图 8-15(a)),随着变形的持续,亚晶逐渐长大,与周围亚晶的位相差也逐渐增大,亚晶界变成大角度晶界,并进一步发展成为再结晶核心(图 8-15(b))。此外且由于动态回复的不充分,所形成的胞状亚组织的尺寸较小、边界不规整,胞壁还有较多的位错缠结,这种不完整的亚组织也有利于再结晶形核。

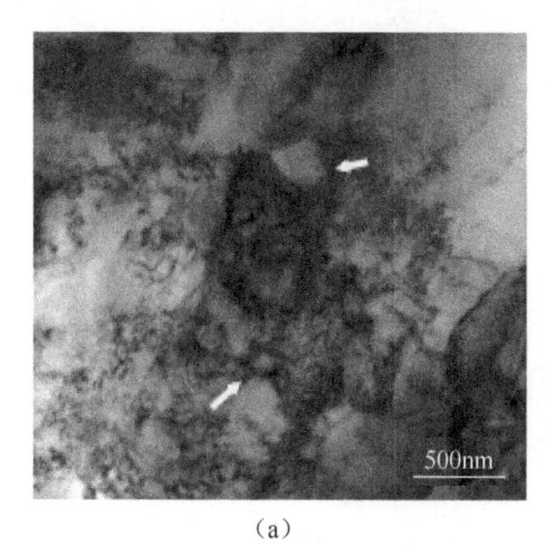

(a)

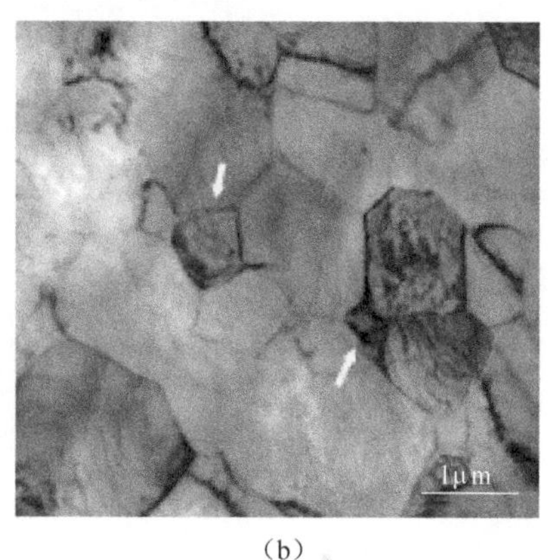

(b)

图 8-15 挤压态 AZ31 镁合金成形试件的 TEM 照片
(a)亚晶界;(b)再结晶晶核。

图 8-16 为挤压态 AZ31 镁合金在脉冲电流辅助超塑成形工艺条件下,再结晶晶粒晶界处 TEM 照片,从图中可以看出,在晶粒长大的晶界迁移过程中(无应变核心吞噬形变基体),晶界的运动方向与其曲率中心方向相反,可以推断,在该工艺条件下,挤压态 AZ31 镁合金板材的晶粒长大为再结晶晶粒长大,从这一点上也再次表明,材料在脉冲电流辅助超塑成形过程中发生了动态再结晶。

在所施加的不同脉冲电流参数条件下(占空比分别为 100%、75%和 50%,有效电流密度均为 22.5A/mm^2),挤压态 AZ31 镁合金板材超塑成形过程中均发生了动态再结晶,如图 8-17 所示。从图中可以看出,随着脉冲电流峰值电流密度的提高,再结晶结束后所形成的晶粒尺寸逐渐减小,晶粒大小逐渐趋于均匀。这表明脉冲电流在一定程度上促进了再结晶的发生,并且这种促进作用与其电流密度直接相关,电流密度越大,促进效果越强。此外,随着峰值电流密度的提高,变形基体上的孪晶组织也越来越多。作为密排六方结构的 AZ31 镁合金,由于滑移系少, 滑移

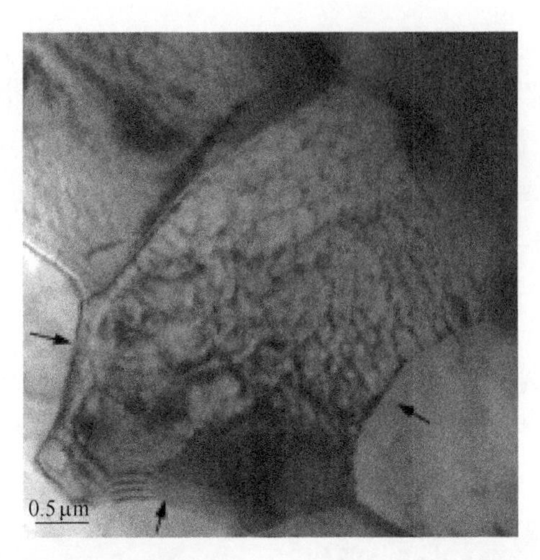

图 8-16　再结晶晶粒晶界运动方向与晶界曲率中心方向相反

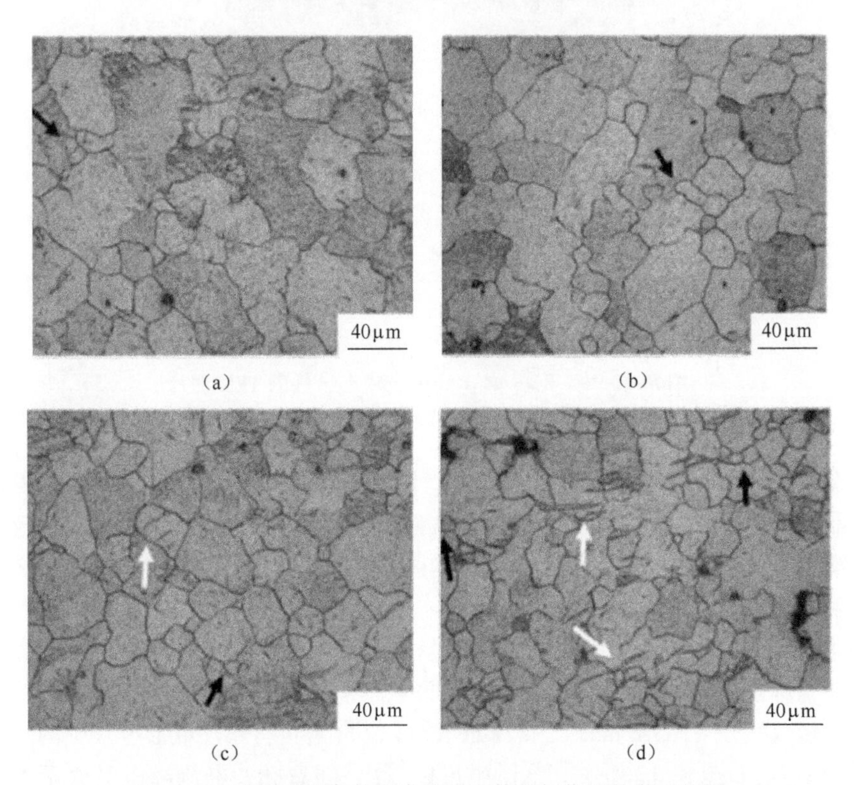

图 8-17　不同成形条件下半球形试件顶部位置的微观组织
(a)普通超塑成形;(b)100%占空比;(c)75%占空比;(d)50%占空比。

变形难以进行,因此孪生在材料变形过程中会起到一定的作用。而孪生也与位错运动有关,产生孪生的位错,其伯氏矢量要小于一个原子间距,自孪生面起向上,每层原子都各需一个部分位错来进行切变,这些部分位错横扫孪生面,不断地产生、组合和运动从而产生孪生变形。可以推断,正是脉冲电流的引入,提升了位错的运动能力,从而促进了孪生变形。正是由于脉冲电流的这种"非热效应",使得挤压态 AZ31 镁合金的超塑成形能力得到了提升,并且随着峰值电流密度的提高,材料成形能力提升得越大。

8.2.3 电流作用下双相钛合金的形变再结晶特点

为进一步揭示脉冲电流对其他轻合金材料超塑成形的影响规律,对脉冲电流作用下细晶 TC4 钛合金超塑成形试样进行了显微组织分析。图 8-18 为脉冲电流辅助超塑成形双半球结构试件顶部位置的两相组织(α+β)。在成形结束后,立即切断脉冲电源,由于环境温度较低(20℃),所以试样冷却速度很快,β 相显现出共析转变后的组织,即马氏体 α′+β 网篮组织。在 α 相与 β 相的相界处,可观察到明显的相界圆弧化现象,如图 8-18(b)所示,这表明在超塑变形过程中发生了相界的滑动。在 α 相(hcp)晶粒内部及 α 相与 α 相晶界附近极少观察到位错,而仅在 α 相与 β 相的相界处观察到位错分布,如图 8-18(c)所示。可以推断,该处位错的产生与运动(滑移和攀移)源于相界滑动受阻所引起的应力集中,其作用是协调相界的滑动。由于 β 相(bcc)较软,因此在成形过程中 β 相也会发生较大程度的变形,由图 8-18 中可以观察到,变形的 β 相挤入 α 相与 α 相晶界之间,并沿着 α 相晶界重新排列。在脉冲电流辅助超塑成形过程中,试样中流过密度较高的脉冲电流,大量定向运动的电子形成电子风,对位错运动起到促进作用,使得 β 相的变形更加容易,甚至当 α 相晶界处存在凹陷缺口时,β 相会沿此缺口挤入到 α 相晶界内部,将其"挤碎",如图 8-18(d)所示,被"挤碎"的 α 相晶粒要承受较大的应变,在挤入的 β 相前缘处出现大量位错以协调这种应变。由此可见,脉冲电流辅助超塑成形工艺条件下,细晶 TC4 钛合金超塑变形的机制主要是位错运动协调的晶/相界滑动以及在此过程中 β 相的大变形,而脉冲电流的引入,无疑进一步增强了这种机制的作用,提升了细晶 TC4 钛合金的超塑变形能力。

8.2.4 电流作用下铝合金的形变再结晶行为特点

无论是固溶淬火态还是经冷轧再结晶晶粒细化处理的 5A90 铝锂合金,在 460℃和 500℃下进行炉热拉伸和电辅助拉伸变形时,都会发生不同程度的动态再结晶,这也是材料高温变形时的主要软化机制。然而 5A90 铝锂合金在两种拉伸条件下以及变形过程中材料的不同部位,其动态再结晶的机制有一定区别。由图 8-19(a)和(b)可知,在炉热拉伸过程中试样的中间纤维状薄晶层区域和部分两侧粗晶区域,有较为明显的晶界弓出形核现象,这是典型不连续动态再结晶的证据。5A90 铝锂合金在较高温度下的炉热拉伸过程中,一部分粒晶之间由于在变形

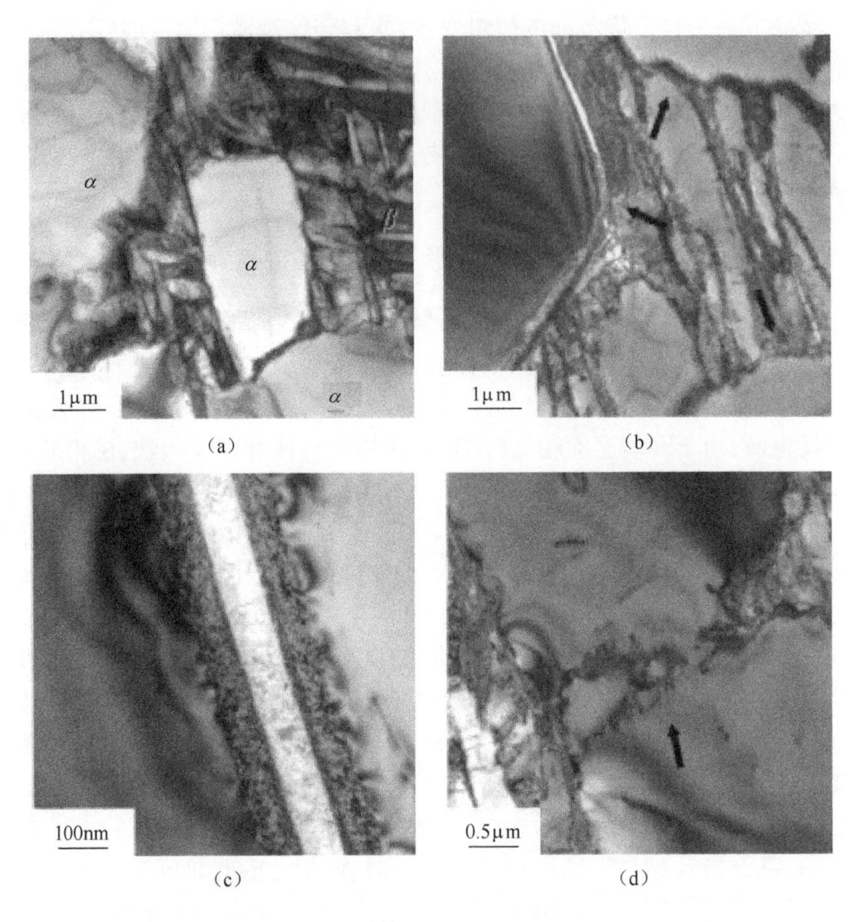

(a)　(b)　(c)　(d)

图 8-18　TC4 合金脉冲电流辅助超塑成形后的 TEM 照片
(a)α+β 相;(b)相界滑动;(c)晶界处的位错;(d)β 相挤入 α 相。

过程中变形量不同,导致晶界由位错密度较小的一侧向位错密度较高的一侧弓出,形成再结晶形核,然后通过晶界迁移进一步长大,在图 8-19(b)中可以观察到很多细小再结晶晶粒在晶界处形成。图 8-19(c)为固溶淬火态 5A90 铝锂合金在500℃电辅助拉伸过程中试样的中间纤维状薄晶层区域的金相组织,可以看出在该区域也出现了晶界弓出的不连续动态再结晶形核特征。但在两侧的粗晶区域出现了另一种动态再结晶演变机制,如图 8-19(d)所示。三条虚线为原始晶界,可以看出在原始粗大的拉长形晶粒内部形成了再结晶晶粒,没有观察到晶界的弓出形核特征,为典型的连续动态再结晶机制。在变形过程中,一边晶粒内部位错不断增殖,另一边在高温环境和高能脉冲电流的作用下位错快速发生滑移和攀移运动,或发生位错的对消,或发生位错的重排在初始晶粒内部形成位错墙(图 8-19(e))。将初始晶粒分割成具有一定微小取向差的小区域,在高温下位错墙进一步演化成亚晶界从而形成亚晶结构,即所谓的多边形化,整个过程属于强烈的动态回复过程。变形继续进行,亚晶界不断吸收位错,使晶界两侧的取向差角不断在增大,最终形成大角晶界,原始的粗大晶粒也被新生成的再结晶晶粒取代如图 8-19(d)和(f)所示。

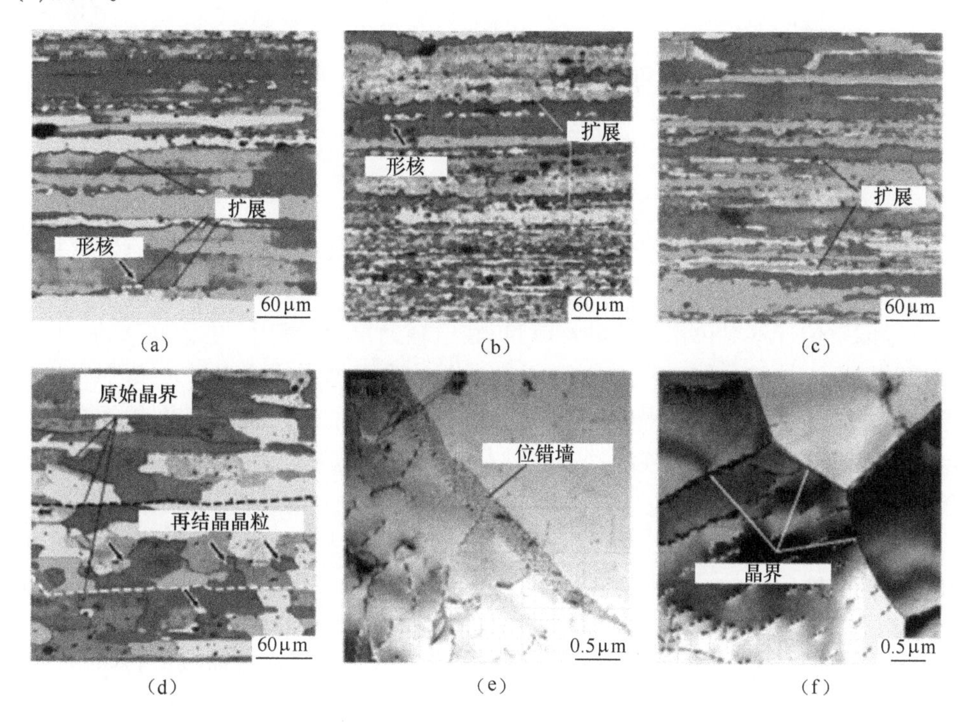

图 8-19　固溶淬火态 5A90 铝锂合金炉热拉伸和电辅助拉伸后的微观组织

(a)、(b)460℃炉热拉伸;(c)~(f)500℃电辅助拉伸。

由上可以看出在电流作用下,位错通过攀移运动进入亚晶界,使亚晶界的取向差角度逐渐增大。这里假设通过位错墙形成的亚晶界为简单对称型倾转晶界,其晶界角度为 θ,晶界高度为 H,如果位错攀移进入亚晶界时间距恒定,那么由位错在 $\mathrm{d}t$ 时间内进入亚晶界导致取向差改变 $\mathrm{d}\theta$ 所做的功为

$$\mathrm{d}W = \frac{2H^3\mathrm{d}\theta}{3b\theta v_{\mathrm{e}}} \cdot \frac{\mathrm{d}\theta}{\mathrm{d}t} \tag{8-27}$$

式中　b——伯氏矢量;

v_{e}——脉冲电流作用下位错的攀移速度。

而由于取向差改变了 $\mathrm{d}\theta$ 所引起的能量改变为

$$\mathrm{d}E = 2H\gamma_{\mathrm{m}}\ln\left(\frac{\theta_{\mathrm{m}}}{\theta}\right)\mathrm{d}\theta \tag{8-28}$$

式中　γ_m——与晶界界面能相关的常数；

　　θ_m——与晶界取向差角相关的常数。

由 $dW = dE$，可以得到

$$\frac{d\theta}{dt} = \frac{3b\gamma_m v_e \theta}{H^2} \cdot \ln\left(\frac{\theta_m}{\theta}\right) \tag{8-29}$$

解微分方程式(8-29)可得

$$\ln\left(\frac{\theta}{\theta_m}\right) = \frac{3b\gamma_m v_e}{H^2} \cdot t + C \tag{8-30}$$

式中　C——积分常数项。

由式(8-30)可知，倾斜晶界的取向差角增大的速率与位错攀移速度密切相关，电流作用下除了高温环境下基本的空位扩散对位错攀移的贡献量外，还有电迁移诱导的空位迁移对位错攀移的贡献量，在电辅助拉伸过程中，位错攀移的速度相比相同温度下炉热拉伸过程更高，因此亚晶界取向差增大的速率更大，即脉冲电流增加了小角晶界向大角晶界的转变。这也解释了在固溶淬火态 5A90 铝锂合金的电辅助拉伸过程中出现了连续动态再结晶，而在常规炉热拉伸中并未观察到此现象的原因。

对于 5083 铝合金在 450~550℃时会发生动态再结晶行为，再结晶是通过形核和长大的方式完成的，原始 5083 铝合金的平均晶粒尺寸为 15μm，从超塑胀形后试件的 SEM 照片(图 8-20)可以看出，成形后材料仍为等轴晶粒组织，但晶粒尺寸也发生改变，常规超塑成形后试件的平均晶体尺寸为 30μm，自阻加热超塑胀形试件的平均晶体尺寸为 20μm，可见电加热方法对材料动态再结晶晶粒长大具有抑制作用，在其晶界处可以看到还没有来得及长大的尺寸较小的新生晶粒。

图 8-20　5083 铝合金试件组织

(a)常规胀形；(b)自阻加热胀形。

自阻加热对成形试件晶粒尺寸的影响包括以下几个方面:材料在变形过程中发生动态再结晶,形核主要发生在晶界处。当应变速率较低时,由于基体内存在相互缠结的位错团,这种大量位错构成的亚晶界会导致局部晶界被钉扎,因此部分原晶界弓出,且两侧应变能存在较大差异,导致形成晶粒形核;在高应变速率情况下,大量的位错缠结在一起,使得材料内产生很多的亚晶粒,晶界被位错缠结钉扎,钉扎点之间距离很短,晶界很难再弓出,于是大量的亚晶界相互合并并不断长大,从而形成新的晶核。材料再结晶形核率可由下式计算:

$$N = N_0 \cdot \exp \frac{-Q_N}{RT} \tag{8-31}$$

式中 N_0——常数;

Q_N——形核激活能;

R——气体常数;

T——热力学温度。

由于电流可以提高原子的扩散能力,促进材料中位错的运动和晶界的迁移,使得材料晶界处能量增加,因此再结晶过程的形核激活能 Q_N 增加,导致大量晶核在晶界处产生。

形核后晶粒的长大速度由下式计算:

$$G = G_0 \cdot \exp \frac{-Q_G}{RT} \tag{8-32}$$

式中 G_0——常数;

Q_G——形核、长大激活能。

晶粒长大的激活能也会随着电流的引入而增加,因此自阻加热胀形晶粒的长大速度要高于常规胀形。成形试件晶粒尺寸的大小同时取决于其形核率及长大速率,大的形核率可以减小试件晶粒度,但晶粒长大速度快也会导致成形零件晶粒尺寸较大。电流在超塑变形再结晶过程中会引起晶界处大量形核,并对晶核的长大具有加速作用。但由于晶核密度提高,当新晶粒长大到一定程度后相互接触,长大过程停止,因此晶粒尺寸有减小趋势。总的来讲,电流可以降低再结晶激活能 Q,使得成形零件的组织细化,即

$$d = a\dot{\varepsilon}m\varepsilon h \cdot \exp \frac{Q}{RT} \tag{8-33}$$

式中 a、m、h——常数;

Q——再结晶激活能;

$\dot{\varepsilon}$——应变速率;

ε——应变。

综上所述,电流降低材料再结晶晶粒尺寸的原因主要有以下三点:①自阻加热

时间短,缩短了再结晶时间,使得晶粒来不及长大;②电流可以降低再结晶激活能,提高再结晶形核率,大量晶核长大到一定程度后相互接触停止生长,使再结晶晶粒尺寸减小;③材料断电后在空气中迅速冷却到室温,避免了常规热成形冷却速度慢晶粒继续长大的情况。通过电流的晶粒细化作用,可以提高材料的综合性能,在成形过程中,晶粒数量的增加可以使变形更加分散,由于晶粒尺寸减小,位错滑移距离缩短,因此当位错受到阻碍时塞积群的长度也会明显下降,一定程度上缓解了晶界处的应力集中,有利于提高材料的塑性。

8.3 电流对材料断裂行为的影响

8.3.1 电流对合金材料断裂行为的影响

电流辅助作用下材料的塑性成形性能得以优化,当材料到达成形极限时将发生断裂,电流对其断裂行为也会产生影响,以铝锂合金为例:由于常规炉热拉伸和电辅助拉伸两种高温变形方式的加热形式不同,其断裂行为也会出现较大差异。图 8-21 显示了常规炉热拉伸和电辅助拉伸在温度为 460℃ 和应变速率为 0.01 下的断口观察,由此可以进一步揭示 5A90 铝锂合金在两种拉伸变形情况下的断裂机制。图 8-21(a)为常规炉热拉伸断口的低倍 SEM 表征图像,在断口上分布着很多大小不一的空洞,图 8-21(b)为局部高倍 SEM 表征图像,可以看出小的空洞互相连接合并,演化成大尺寸空洞,图 8-21(c)为常规炉热拉伸断口的横向截面金相表征,可以看出在断口附近也分布着很多空洞。因此可以推断,5A90 铝锂合金在常规炉热拉伸时,随着拉伸变形进行到较大程度,在材料的某些部位由于变形的不协调产生微小的空洞,随着变形的进行,空洞不断发展逐渐长大,直到和周围的空洞连接合并,形成更大尺寸的空洞,最终空洞连成一片导致材料断裂,在断口上留下空洞特征。图 8-21(d)~(f)给出了 5A90 铝锂合金电辅助拉伸的断口,可以看出与常规炉热拉伸断口形貌具有明显差别。从图 8-21(d)和(e)所示的低倍和高倍 SEM 表征图像可以看出,断口上并无空洞特征,取而代之的是高低起伏剧烈的由裸露晶粒构成的沿晶断裂断面,图 8-21(f)显示了电辅助拉伸的横向断口金相表征,其明显的沿晶裂纹进一步佐证了 5A90 铝锂合金电辅助拉伸过程中的沿晶断裂行为。因此可以推断,随着电辅助拉伸的进行,当 5A90 铝锂合金发生颈缩时,局部电流密度升高,导致局部温度也进一步升高,高温下晶界弱化导致晶界强度下降,裂纹在晶界处形成,随着颈缩的进一步加剧,温度也进一步升高,裂纹进一步扩展,导致材料的迅速断裂。

8.3.2 电流对复合材料断裂行为的影响

电流在材料断裂行为中对晶界的敏感性非常强,对于复合材料,基体与增强相

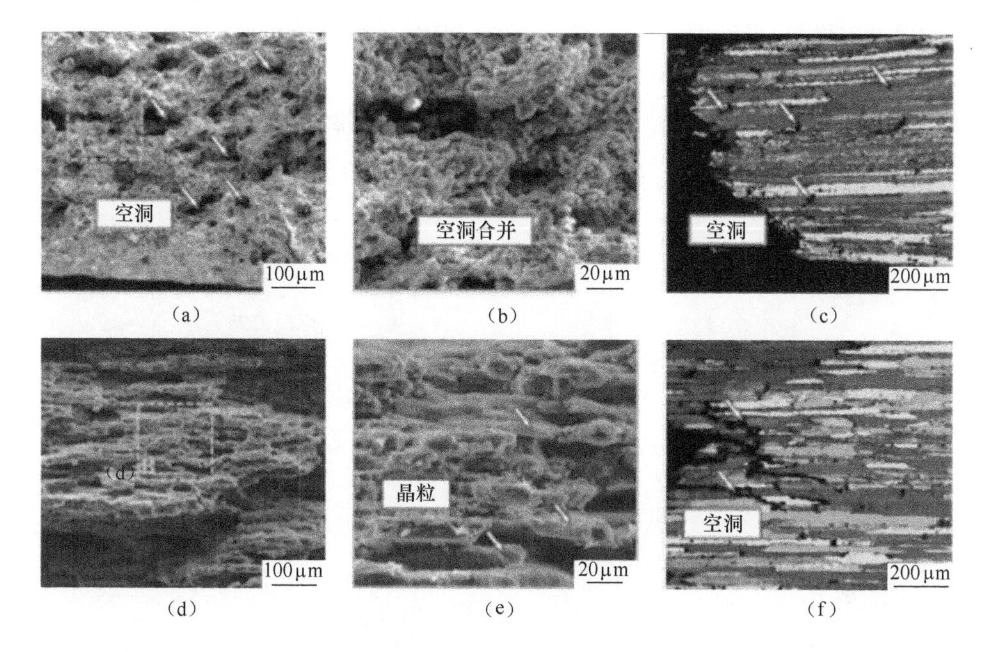

(a) (b) (c)
(d) (e) (f)

图 8-21　5A90 铝锂合金在温度为 460℃，应变速率为 0.01 时的高温拉伸断口
(a)~(c)炉热拉伸；(d)~(f)电辅助拉伸。

之间界面的匹配性更差，电流对其断裂性能的影响也将更为显著，为此，以 SiC_p/Al 作为研究材料进行详细的讨论分析。

SiC 颗粒与 Al 基体界面结合主要有两种方式：一种是机械结合，由于增强体表面存在粗糙度，当与熔融金属基体浸渗而凝固后，出现机械的铆合作用以及基体收缩产生的摩擦力，共同提供结合力；另一种是物理结合，在基体与增强体之间会发生伴有一定程度相互溶解的润湿现象，基体原子与增强体原子中的电子会产生交互作用，在 SiC_P/Al 复合材料中基体与增强相表面之间发生电子转移，形成界面原子键合。其中物理结合起到比较主要的作用，由于 SiC 颗粒为半导体，电子浓度较铝基体相比要低，所以铝基体中的自由电子会有一部分进入到 SiC 颗粒中去，使得 SiC 颗粒靠近表面处电子浓度上升，带有负电荷，同样铝基体靠近 SiC 颗粒附近由于电子浓度下降而带有正电。由于电子的转移在铝基体和 SiC 颗粒交界面会有一个很薄的空间电荷区产生，受到局部电荷集中的影响，界面附近正负电荷相互作用，在空间电荷区就形成了一个内电场，如图 8-22(a)所示。

当材料中有电流通过，电场方向如图 8-22(b)所示，当内电场方向与外加电场方向相同时，一部分 SiC 颗粒内的转移电子会在电场作用下回到铝基体中，使得空间电荷区减薄，界面的结合强度被减弱，易发生分离；当内电场方向与外加电场方向相反时，铝基体中的一部分自由电子会在电场作用下继续进入 SiC 颗粒，使得空间电荷区增厚,界面的结合强度也因此被加强,从电辅助成形后 SiC_p/Al 复合材料的 SEM 照片(图 8-23)可以明显看到,铝基体与 SiC 颗粒方向与电流方向相同一侧的界面发生了分离,而另一侧界面仍然结合在一起。

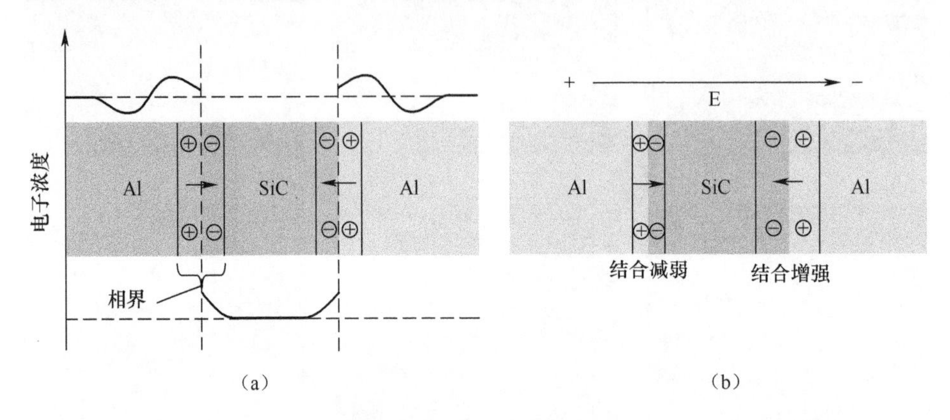

图 8-22 SiC_p/Al 复合材料中铝基体与 SiC 颗粒界面处的电子转移

(a)加载电场;(b)电子重新分布。

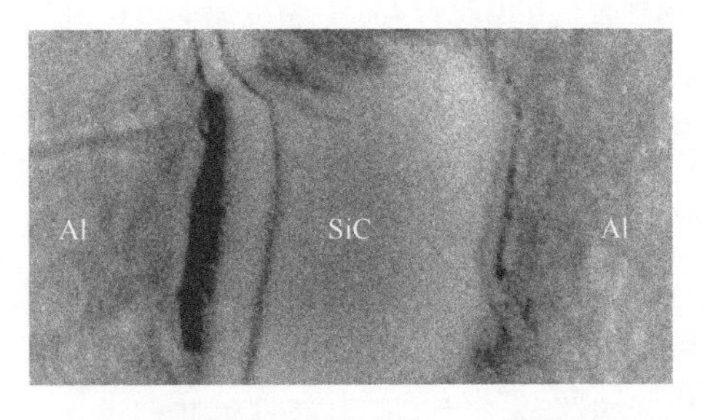

图 8-23 自阻加热变形后铝基体与 SiC 颗粒界面 SEM 照片

金属材料中的自由电具有向拉应力区集中而避开压应力区的特性,因此电子会向材料的晶界以及铝基体与 SiC 颗粒界面处集中,使得界面处电子浓度升高,自阻加热过程中界面处具有较大的电流密度,因此界面处材料的温度较高。同时,如图 8-24 所示,当 SiC 颗粒尖角处于电流方向垂直时,电流会在颗粒尖角处发生绕流现象,绕流会致使尖角处电流密度急剧增加,甚至使该处的铝基体材料熔化。因此,SiC 颗粒周围的铝基体温度升高,当接近材料熔点时,会有液相薄层出现在界面处,界面处的铝基体变成固液共存状态,变形在此情况下发生,晶粒与增强体之间的滑移形式变成了液相薄层的剪切运动。该过程如同在基体晶界与增强颗粒表面之间存在一层润滑剂,使得两者之间的相对运动更加容易,材料的塑性变形性能由此得到显著提升。此时,铝基体与 SiC 颗粒之间的滑移运动变成了非牛顿流体的流动:

$$\eta = k\gamma^{-p} \tag{8-34}$$

滑动的剪切应力可由下式求得

$$\tau = k\gamma^{m} \tag{8-35}$$

式中 η——剪切黏度；

γ——剪切应变速率；

p, k——材料常数；

m——应变速率敏感性指数。

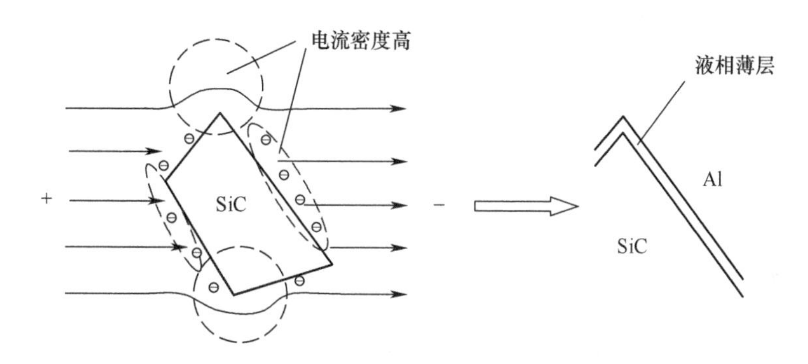

图 8-24 铝基体与 SiC 颗粒界面处电子分布及在电辅助成形过程中对界面变形的影响

非牛顿流体流动所需的剪切力明显小于材料通过位错滑移及晶粒转动产生变形所需的作用力，故电流引入会使得材料的变形抗力降低。

从图 8-25 所示常规胀形与自阻加热胀形半球试件断口的形貌可以看出，普通胀形材料易发生增强 SiC 颗粒与基体之间的分离，从而在材料中产生空洞，随着变形的继续，空洞不断长大，最终空洞相互连接扩展导致材料被破坏，断口有明显包含 SiC 颗粒的空洞；而采用自阻加热胀形的试件其断口是光滑的，没有明显的空

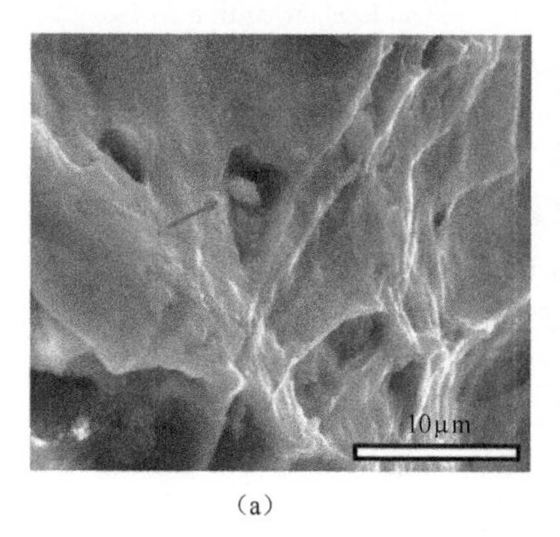

(a)

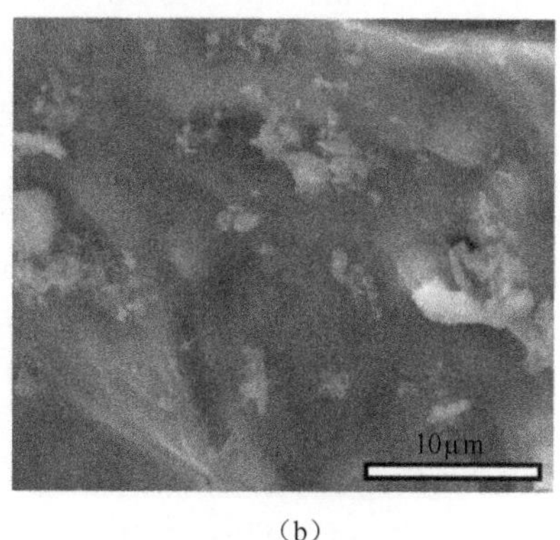

(b)

图 8-25 SiC_p/Al 复合材料自由胀形试件断口形貌

(a)常规胀形；(b)自阻加热胀形。

洞出现,并且在断口上存在絮状的基体组织,光滑的断口面上有铝基体流线被观察到,说明电辅助成的试件界面处材料呈流体状态,流体的流动抑制了界面分离空洞的产生,避免了材料过早的破坏,使得自阻加热自由胀形试件获得了大得多的变形量(常规自由胀形试件的变形量为 16%,自阻加热自由胀形试件的变形量达到 58%)。

参考文献

[1] MAKI S,ISHIGURO M,MORI K. Thermo mechanical treatment using resistance heating for production of fine grained heat-treatable aluminum alloy sheets[J]. Journal of Materials Processing technology,2006,177:444-447.

[2] ZHOU Y Z,ZHANG W,WANG B Q. Grain refinement and formation of ultrafine-grained microstrcture in a low-carbon steel under electropulsing[J]. Journal of Materials Research,2002,17:2105-2111.

[3] ZHOU Y Z,ZHANG W,GUO J D. Ultrafine-grained microstructur in a Cu-Zn alloy produced by electropulsing treatment[J]. Journal of Materials Research,2003,18:1991-1997.

[4] XU Z S,LAI Z H,CHEN Y X. Effect of electric current on recrystallization behavior of cold worked - Ti[J]. Scripta Metall. ,1988,22:187-190.

[5] 王轶农,何长树,赵骧,等. 电场退火对冷轧工业纯铜再结晶及织构的影响[J]. 金属学报,2000,36(2):126-130.

[6] FAN R,MAGARGEE J,HU P,et al. Influence of grain size and grain boundaries on the thermal and mechanical behavior of 70/30 brass under electrically-assisted deformation[J]. Materials Science & Engineering A,2013,574:218-225.

[7] 余永宁,毛卫民. 材料的结构[M]. 北京:冶金工业出版社,2001.

[8] WATANABE H,TSUTSUI H,MUKAI T,et al. Deformation mechanism in a coarse-grained Mg-Al-Zn alloy at elevated temperatures[J]. International Journal of Plasticity,2001,17:387-397.

[9] WU X,LIU Y. Superplasticity of coarse-grained magnesiu alloy[J]. Scripta Materialia,2002,46:269-274.

[10] BARNETT M R,JACOB S,GERARD B F,et al. Necking and failure at low strains in a coarse-grained wrought Mg alloy[J]. Scripta Materialia,2008,59:1035-1038.

[11] SOER W A,CHEZAN A R,De Hosson J T M. Deformation and reconstruction mechanisms in coarse-grained superplastic Al-Mg alloys[J]. Acta Materialia,2006,54:27-33.

[12] LAGOW W B,ROBERTSON I M,JOUIAD M,et al. Observation of dislocation dynamics in the electron microscope[J]. Matertials Science & Engineering A,2001,309-310:445-450.

[13] 刘志义. 铝锂合金电致高速超塑性[D]. 沈阳:东北大学,1993.

[14] LI M Q,CHEN Y Y,CHEN D J. Electric field modification during superplastic deformation of 15vol% SiC_p/LY12 Al composite[J]. Journal of Materials Processing Technology,1998,73:

264-267.
[15] PANICKER R,CHOKSHI A H,MISHRA R K,et al. Microstructural evolution and grain boundary sliding in a superplastic magnesium AZ31 alloy[J]. Acta Materialia,2009,57:3683-3693.
[16] 毛卫民,赵新兵. 金属的再结晶与晶粒长大[M]. 北京:冶金工业出版社,1995.
[17] 赵文娟,丁桦,曹富荣,等. Ti-6Al-4V 合金超塑性变形中的组织演变及变形机制[J]. 中国有色金属学报,2007,17(12):1973-1980.

第9章 电流对板材空洞与损伤的修复作用

空洞是材料超塑性变形过程中普遍存在的组织变化。当超塑性变形进行到一定程度,变形量较大时,材料内部就会出现空洞的形核,随着变形的持续进行,空洞将会长大。如果成形后的制件内部存在大量空洞,特别是较大的形空洞,就会严重地降低材料的断裂韧性等力学性能,这将对成形零件特别是那些承力结构件的使用造成巨大安全隐患。当变形继续进行,将会发生空洞的聚合或连接,最终可能导致材料断裂,材料过早破裂必然会大大增加生产过程中的废品率,造成经济损失。脉冲电流的引入,其所具有的焦耳热效应以及电致塑性效应势必会对空洞的形核与长大带来一定的影响。施加脉冲电流会在空洞附近形成局部高温区与局部压应力区,这些都会对空洞的形成与长大起到一定的抑制作用,因此探讨脉冲电流辅助工艺条件下材料的空洞行为与空洞的修复作用显得尤为必要。

同样对于板材内部的微裂纹等损伤与缺陷,脉冲电流同样对其具有一定的抑制与修复作用。早在20世纪80年代,苏联的 B. M. Финкель 等就采用试验的方法系统研究了脉冲电流对导电薄板内裂纹发展的影响,观察到了通电瞬间裂纹尖端附近的热集中现象,提出了利用电磁热效应抑制裂纹扩展的假设。随后国内外学者针对这个问题从断裂力学、材料学等角度进行了大量的研究。Parton 等的研究结果表明,脉冲电流能够使裂纹在导体内的传播速度降低。当脉冲电流流经含有裂纹的金属薄板时,裂纹尖端的电流密度增加,由此产生的板内电磁热和弹性应力场的变化对裂纹的扩展起到了一定的抑制作用。白象忠、栾金雨等对带有裂纹的低碳钢、模具钢等材料的薄板进行了电脉冲试验,研究结果表明,当通入的电流密度足够大,并且电流的方向与裂纹方向所夹的角度满足一定条件时,在脉冲电流的作用下,裂纹尖端处的温度值会急剧升高,使材料瞬间内被熔化,并形成焊口,如图 9-1所示。

而对于微裂纹的脉冲电流自我修复(裂纹愈合),周亦胄等对带有淬火裂纹的45 钢试样,宋辉等对带有微裂纹的 TC4 合金试样进行了高密度脉冲电流处理,结果发现在保持材料原有硬度的前提下,微裂纹尺寸被极大缩小。值得指出的是,其尖端附近甚至已经基本愈合,如图 9-2、图 9-3 所示,研究还表明该愈合过程时间极短。据此可以预期脉冲电流通入板材坯料能够抑制裂纹的扩展,起到了裂纹修复的作用,从而减少板材坯料中的缺陷数量,提高材料的性能。

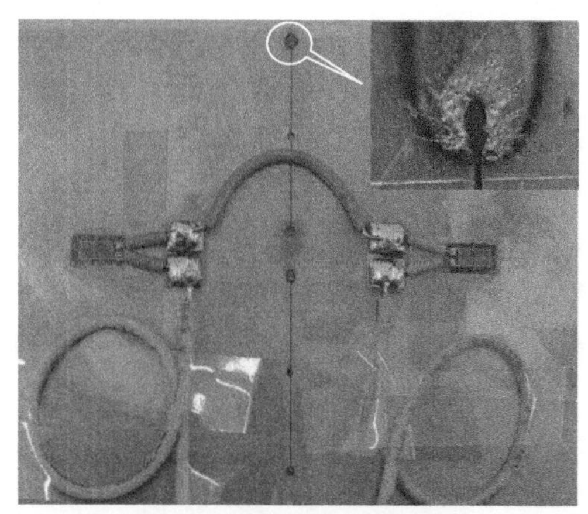

图 9-1　脉冲电流的止裂效应

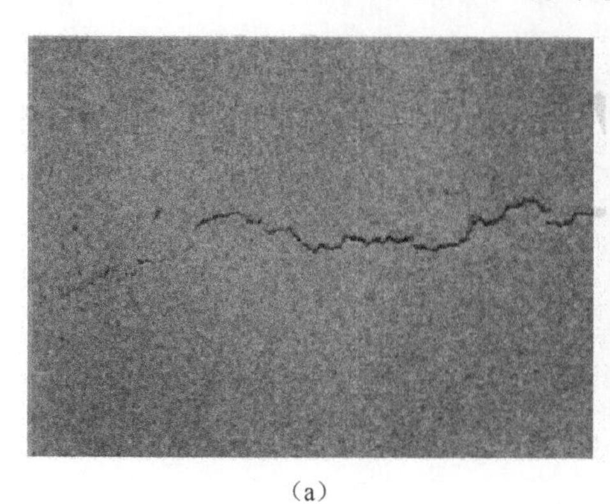

(a)

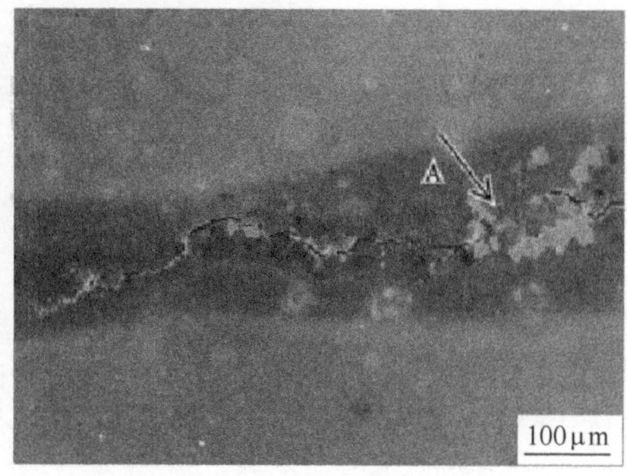

(b)

图 9-2　脉冲电流处理淬火裂纹

(a)处理前;(b) 处理后。

(a)

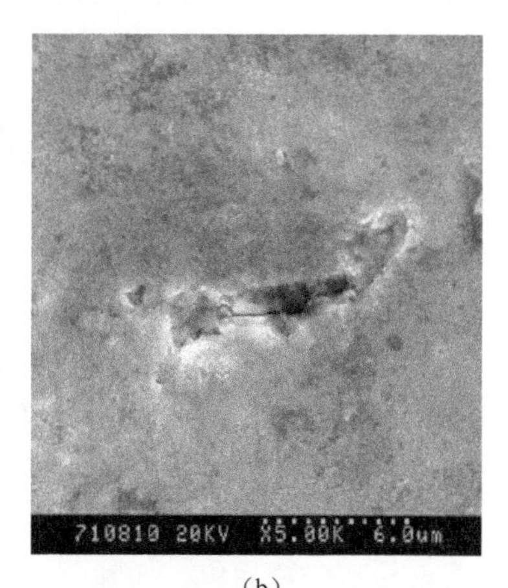

(b)

图 9-3　脉冲电流处理前后 TC4 板材微裂纹形貌

(a) 处理前;(b) 处理后。

9.1 电流作用下金属板材的断裂特点

由于常规炉热拉伸和电辅助拉伸两种高温变形方式的加热形式不同，除了高温力学行为和微观组织演变有所区别，其断裂行为也会出现较大差异。图9-4为5A90铝锂合金常规炉热拉伸和电辅助拉伸在460℃和0.01应变速率下的断口观察，由此可以进一步揭示5A90铝锂合金在电流辅助加热拉伸变形情况下的断裂机制。

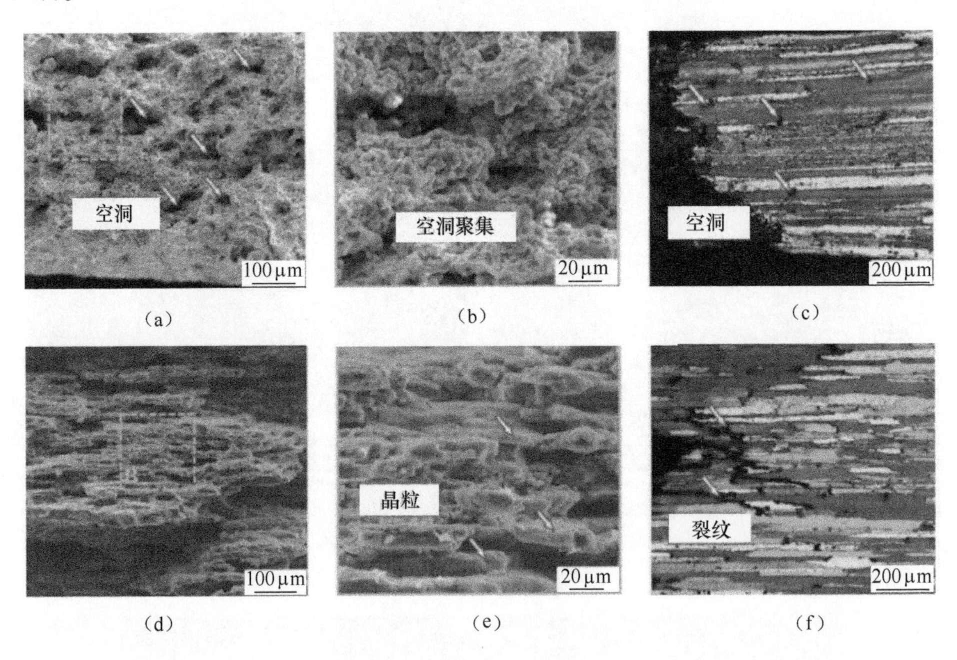

图9-4 5A90铝锂合金在460℃,0.01应变速率时的高温拉伸断口
(a)~(c)常规高温拉伸;(d)~(f) 电辅助拉伸。

图9-4 (a)为常规炉热拉伸断口的低倍SEM表征图像，在断口上分布着很多大小不一的空洞，图9-1 (b)为局部高倍SEM表征图像，小的空洞互相连接合并，演化成大尺寸空洞，图9-4 (c)为常规炉热拉伸断口的横向截面金相表征，可以看出在断口附近也分布着很多空洞。5A90铝锂合金在常规炉热拉伸时，随着拉伸变形进行到较大程度，在材料的某些部位由于变形的不协调产生微小的空洞，随着变形的进行，空洞不断发展逐渐长大，直到和周围的空洞连接合并，形成更大尺寸的空洞，最终空洞连成一片导致材料断裂，在断口上留下空洞特征。图9-4 (d)~(f)给出了5A90铝锂合金电辅助拉伸的断口，与常规炉热拉伸断口形貌具有明显差别。从图9-4(d)和(e)所示的低倍和高倍SEM表征图像可以看出，断口上并无空

洞特征,取而代之的是高低起伏剧烈的由裸露晶粒构成的沿晶断裂断面,图 9-4(f)显示了电辅助拉伸的横向断口金相表征,其明显的沿晶裂纹进一步佐证了5A90 铝锂合金电辅助拉伸过程中的沿晶断裂行为。因此,随着电辅助拉伸的进行,当 5A90 铝锂合金发生颈缩时,局部电流密度升高,导致局部温度也进一步升高,高温下晶界弱化导致晶界强度下降,裂纹在晶界处形成,随着颈缩的进一步加剧,温度也进一步升高,裂纹进一步扩展,导致材料迅速断裂。

9.2 电流在板材空洞处的热效应

9.2.1 理论模型

按照空洞的形状,变形中的空洞可大致分为两类:一类为 O 形空洞,另一类为 V 形空洞。相对而言,V 形空洞对成形及制件性能的影响更大一些,因此主要介绍脉冲电流对 V 形空洞的影响机制。试验数据表明,材料内部的压应力及拉应力都可以产生空洞,但对于 V 形空洞的形成来说,一般认为切应力比拉应力更起作用。图 9-5 为在切应力作用下三晶粒交界处产生空洞的示意图。在超塑变形的晶界滑移过程中,如果没有其他与之相适应的物质流动过程(如扩散蠕变或者位错蠕变)来弥合晶界滑移所造成的空隙,或者这种弥合的速度跟不上空隙发展的速度,就必然会在三角晶界位置处产生空洞。

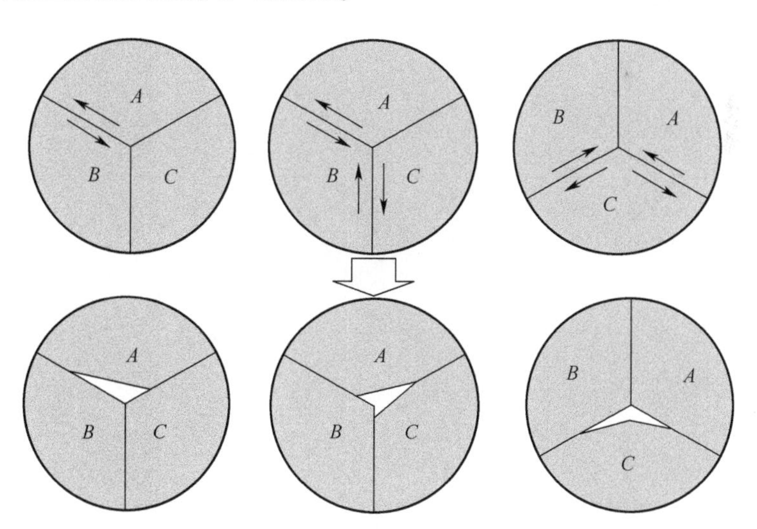

图 9-5 切应力作用下三晶粒交界处产生 V 形空洞

图 9-6 为细晶 AZ31 镁合金板材超塑变形后,三晶粒交界处形成的 V 形空洞的 SEM 照片。图中 A、B 两晶粒的晶界相交处出现明显的圆弧化现象,这是晶界

滑移与晶粒转动的结果。这样形成的空洞一般都带有 V 形尖角，当变形持续进行时，空洞会继续发展，不断长大，在 V 形尖端位置极易出现应力集中，并发展成裂纹源，继而造成材料的断裂。一般而言，V 形空洞对材料性能的影响较 O 形空洞更大一些，因此探索脉冲电流对 V 形空洞的影响更具有现实意义。

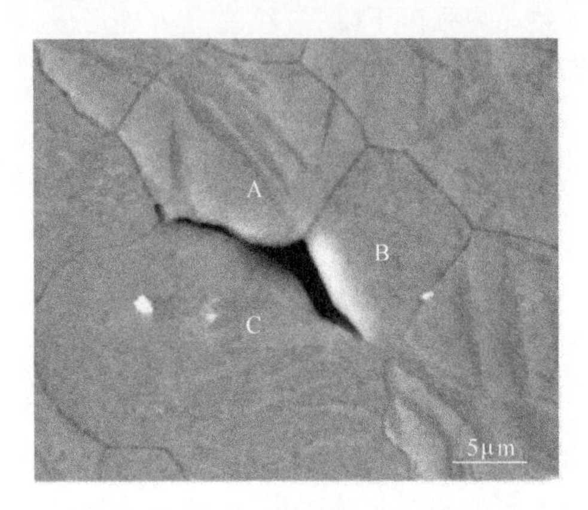

图 9-6　V 形空洞的 SEM 照片

在脉冲电流加热过程中，电流流经 V 形空洞的尖端时，会在其周围出现电流的绕流和集中现象，图 9-7 为采用 FEM 方法计算的有效电流密度为 22.5A/mm^2 时，AZ31 镁合金空洞附近的电流密度分布。

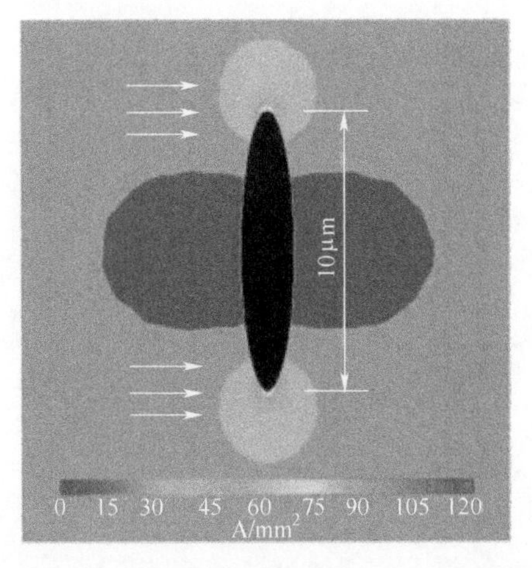

图 9-7　有限元方法计算的空洞附近的电流密度分布

由图 9-7 可以看出，在空洞尖端附近区域，电流的绕流和集中现象明显，电流密度高达 100A/mm^2 以上。如此高的电流密度会在尖端附近产生一个局部高温微区。该区域内的材料甚至会被熔化，使得空洞尖端钝化甚至愈合（图 9-8），可有效避免在该处出现应力集中,从而在一定程度上避免空洞的进一步发展,提高材料的成形性能。

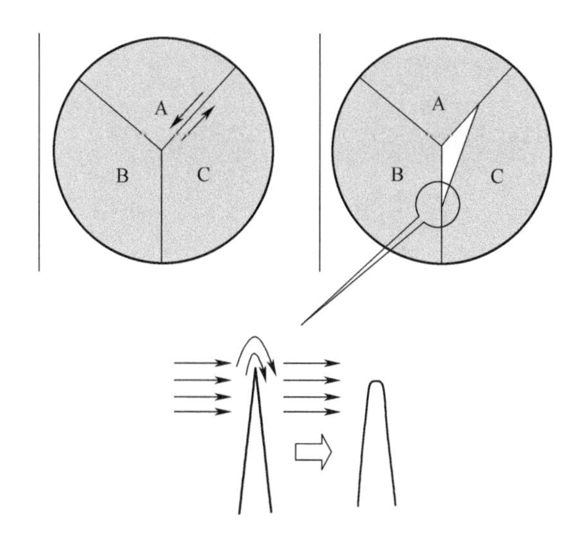

图 9-8　空洞尖角的钝化机制

9.2.2　空洞附近温度场分析

在带有 V 形空洞的轻合金板材中通入有效电流密度为 J 的脉冲电流,则空洞附近的 Joule 热源体密度分布 Q 满足焦耳定律;温度场 T 满足热传导微分方程,如下式所示:

$$Q = J \cdot \boldsymbol{E} = \frac{J^2}{\sigma} \tag{9-1}$$

$$\frac{\partial T}{\partial t} - \frac{\lambda}{c\rho} \nabla^2 T = \frac{Q}{c\rho} \tag{9-2}$$

式中　$\boldsymbol{E}$ ——电场强度矢量;

σ ——电导率;

λ ——热导率;

∇——调和算子, $\nabla^2 = \frac{\partial^2}{\partial x^2} + \frac{\partial^2}{\partial y^2}$。

在图 9-9 所示的极坐标系 (r,θ) 中,依据 Maxwell 方程有

$$\begin{aligned} j_1 &= \sigma \boldsymbol{E}_1 = -\sigma \frac{\partial \varphi}{\partial x} \\ j_2 &= \sigma \boldsymbol{E}_2 = -\sigma \frac{\partial \varphi}{\partial y} \end{aligned} \tag{9-3}$$

$$\frac{\partial^2 \varphi}{\partial x^2} + \frac{\partial^2 \varphi}{\partial y^2} = 0 \tag{9-4}$$

式中　φ——电位势函数；

j_1、j_2——x、y 方向的电流密度；

$\boldsymbol{E}_1$、$\boldsymbol{E}_2$——x、y 方向的电场强度。

分析图 9-9 可知，该问题的边界条件为：当 $y=0$，$|x|>a$ 时（a 为 V 形空洞的半长），有 $j_1=-\sigma\frac{\partial \varphi}{\partial x}=0$；当 $y=0$，$|x|\leqslant a$ 时，有 $j_2=-\sigma\frac{\partial \varphi}{\partial y}=0$；当 $x,y\to\infty$ 时，有 $j_1=-\sigma\frac{\partial \varphi}{\partial x}=0$，$j_2=-\sigma\frac{\partial \varphi}{\partial y}=0$。利用分离变量法及复变函数法求解该微分方程，可得到 V 形空洞尖端附近的温度场分布：

$$T = T_0 + \frac{J^2 a}{2\pi\lambda\sigma r} \tag{9-5}$$

式中　a——V 形空洞的半长；

T_0——初始温度；

r——距离 V 形空洞尖端的距离。

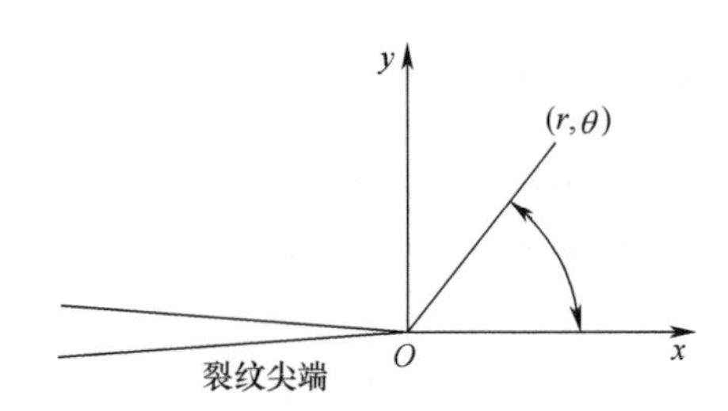

图 9-9　空洞夹角处的局部极坐标系

式(9-5)描述了在理想空洞（空洞尖端曲率半径为 0）尖端处的温度场，当 $r\to 0$ 时，温度可达到无穷大。而在实际工况中（空洞尖端曲率半径不为 0），温度不可能无限大，但是在空洞尖角附近，温度仍能达到很大值。据测算，$10^2\,\mathrm{A/mm^2}$ 量级的峰值电流密度足以使空洞尖端钝化，可阻止其进一步扩展。

依据有关文献，在已知裂纹尖端附近电流密度的情况下，裂纹尖端附近的热源功率为

$$Q = \int_{-h}^{h} \frac{1}{\sigma}(J_x^2 + J_y^2)\,\mathrm{d}z = \frac{2h}{\sigma}\,|J|^2 = \frac{2h}{\sigma}\,(J_y^{\infty})^2 \frac{x^2+y^2}{\sqrt{(x^2-y^2-a^2)^2+4x^2y^2}} \tag{9-6}$$

式中　$2h$——板厚；

σ——电导率。

假设裂纹为一条极细的缝隙，由式(9-6)作出沿裂纹方向热源功率的分布，得到结果如图 9-10 所示，可以看出，裂纹尖端附近具有非常高的热源功率，当能量达到一定程度会引起该处材料温度的剧烈上升造成熔化现象。

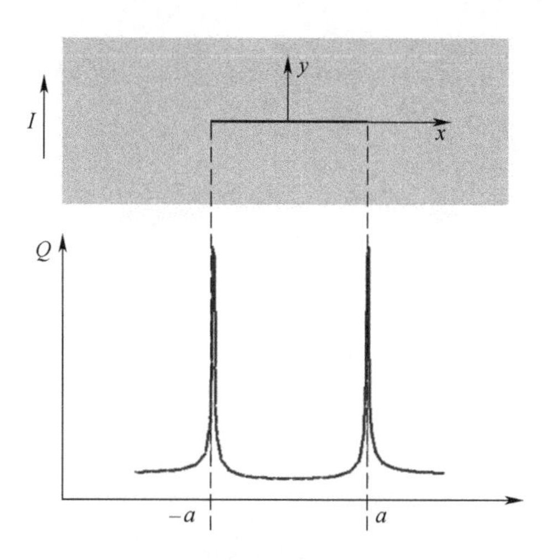

图 9-10　有电流通过时沿裂纹方向热源功率分布

假设板材在超塑变形过程中晶粒之间发生不协调变形，在三叉晶界处产生了一个三角形的空洞，如图 9-11 所示，电流的方向与围绕空洞的其中一条晶界垂直，采用有限元软件对空洞周围的能量及温度进行分析模拟。

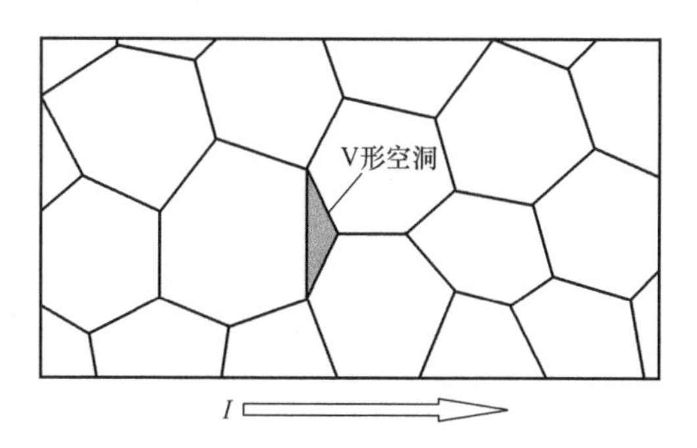

图 9-11　在材料内三叉晶界处产生的 V 形空洞

图 9-12 给出电流作用下板材加热到 200℃时空洞周围反应热通量的分布，由于空洞处界面的分离使得电流被阻挡，漂移电子无法继续沿电场方向前行，因此绕过空洞两端尖角，在 V 形尖角偏向外的区域产生一个高密度电流区，该处的反应热通量明显增大，而与电流方向平行的尖角由于漂移电子被空隙阻碍，电流密度小，热通量低。

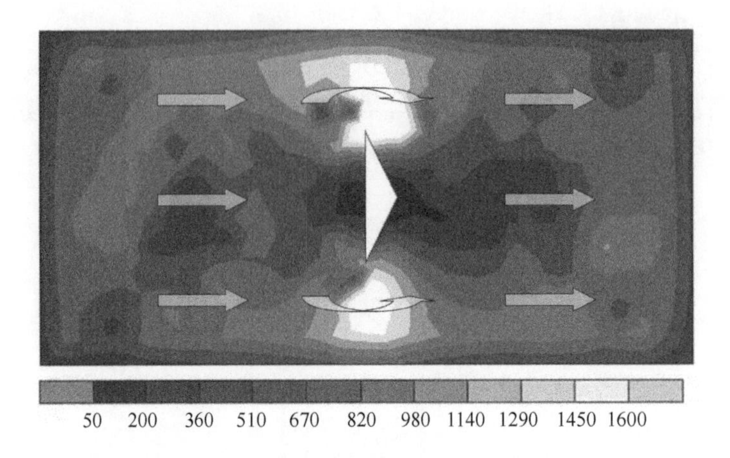

图 9-12　有限元方法计算得到的有电流通过的 V 形空洞附近的反应热通量分布(基体加热温度为 200℃)

图 9-13 给出电加热板材空洞处温度场分布,可以看出由于电流在空洞处的绕流引起电流密度发生改变,在垂直电流方向的尖角处温度较高,当基体加热到 200℃左右时,绕流尖角处温度已达到 600℃,接近铝合金的熔点,因此垂直于电流方向的尖角区域可能在高温下被融化,造成尖角处的钝化;而与电流方向相同的尖角由于电流无法通过而具有比基体还要低的温度。

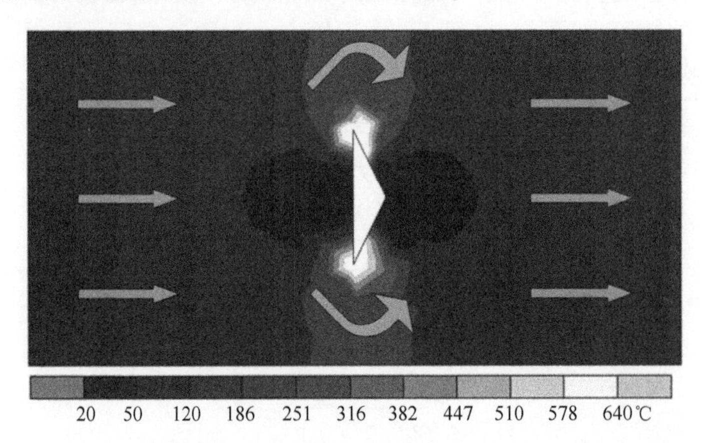

图 9-13　有限元方法计算得到的有电流通过板材时 V 形空洞附近温度分布

图 9-14 为 AZ31 镁合金板材脉冲电流辅助超塑变形后内部两 V 形空洞处的 SEM 照片(图 9-14 箭头所示为电流方向),垂直于电流方向的空洞尖角处有钝化的痕迹,这在一定程度上避免了空洞在该方向上的进一步扩展,而在水平方向(电流方向),部分空洞尖角呈尖锐状,这说明,电流对 V 形空洞的钝化、愈合效应具有方向性,因此在成形过程中,应合理地选择脉冲电流的方向,以便更有效地利用脉

冲电流的这一效应,进一步提高轻合金板材的成形性能。

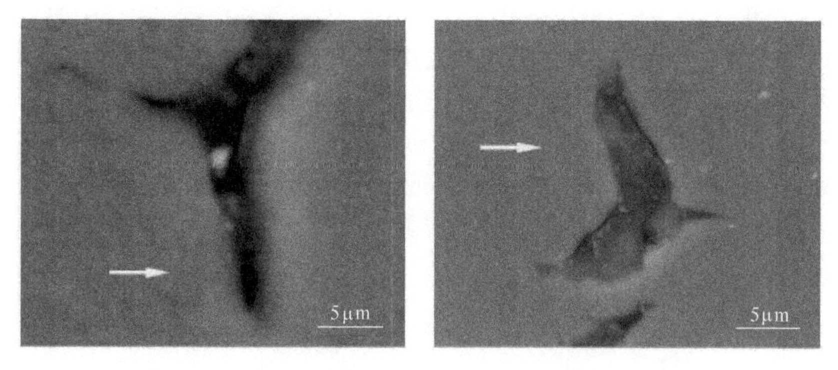

图 9-14　AZ31 镁合金 PCASPF 后 V 形空洞的 SEM 照片

对电流对空洞的抑制作用进行分析,已知电流对空洞扩展的抑制作用是具有方向性的,当空洞扩展方向与电流方向相同时不会对其产生影响,如图 9-15(d)的 b 处;而当空洞的尖角方向与电流方向相垂直时,电流会在尖角处产生绕流, 尖

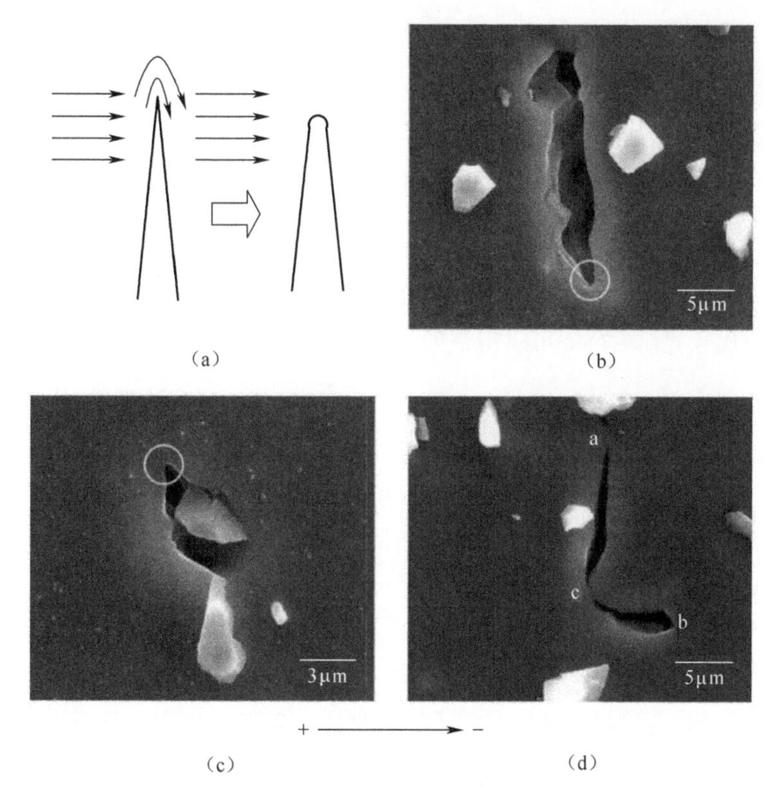

图 9-15　电流对空洞长大的抑制作用

(a)空洞钝化机理;(b)、(c) 空洞尖端钝化;(d) 空洞部分焊合。

角微区的电流密度很高,致使其温度急剧升高,当超过材料的熔点时,就会使得空洞尖角处熔化,熔化的尖角被钝化,难以扩展,从而其长大受到抑制,如图 9-15(d)的 a 点所示,而在离尖角稍微远的位置,温度变化比较平缓,因此高温区集中面积较小,并不会影响整个材料的变形性能。此外,材料界面处电流密度较大,温度较高,当界面处晶界形核时,由于该区域温度较高,材料会膨胀而产生压应力,较小或比较窄的空洞(图 9-15(d))会在压应力作用下缩小甚至焊合,这样不仅抑制了空洞的形核,也在一定程度时控制了空洞的扩展。

9.2.3 空洞附近应力场分析

板材内部施加的脉冲电流会在空洞尖角位置形成高温微区,而电流造成的热影响区域很小,这就导致材料内部空洞附近的温度分布极不均匀,因此会在该处产生热应力,该应力场会对空洞的继续发展产生影响,有必要对此进行分析。

根据热弹性理论,在图 9-9 所示的坐标系下,空洞尖角附近的径向应力 σ_r 及切向应力 σ_θ 可近似由下式计算:

$$\sigma_r(r) = -\frac{E\alpha_1}{r^2}\int_0^r \xi T(\xi)\,\mathrm{d}\xi$$

$$\sigma_\theta(r) = -E\alpha_1\left[T(r) - \frac{1}{r^2}\int_0^r \xi T(\xi)\,\mathrm{d}\xi\right] \tag{9-7}$$

式中 E——弹性模量;

α_1——线膨胀系数;

ξ——积分点距离空洞尖角的距离。

将式(9-6)代入式(9-7)即可求得该处径向与切向应力值,即

$$\sigma_r = -\frac{E\alpha_1}{2}T_0 - \frac{J^2 aE\alpha_1}{2\pi\lambda\sigma r}$$

$$\sigma_\theta = -\frac{E\alpha_1}{2}T_0 \tag{9-8}$$

由热弹性理论可知,该处应力均为压应力。

图 9-16 为依据式(9-8)计算的 AZ31 镁合金板材脉冲电流辅助超塑成形后,材料内部 V 形空洞尖角附近的应力场(等效应力值),加热脉冲电流的有效电流密度为 22.5A/mm^2,空洞几何尺寸如图 9-6 所示(将空洞边界直线化)。图 9-16 中,该压应力在空洞尖角位置达到极大值,最高可达上百兆帕,沿着远离尖角的方向,应力值急剧减小。但正是在尖角位置,较高的压应力可在一定程度上抑制空洞沿尖角方向继续发展扩大。

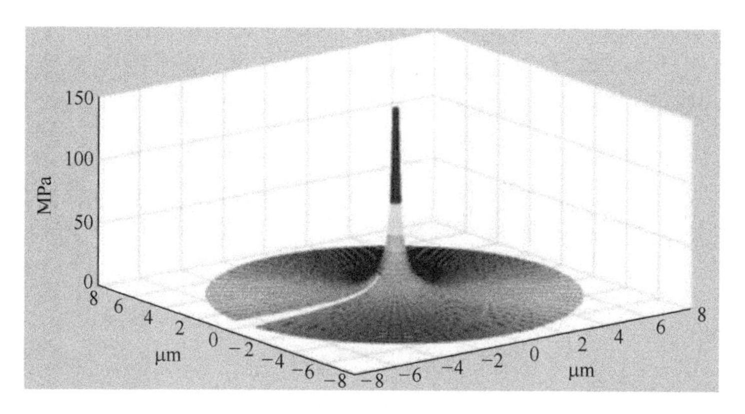

图 9-16　V 形空洞尖角附近的应力场

图 9-17 为 AZ31 镁合金板材脉冲电流辅助超塑成形后,材料内部某空洞聚集区的 SEM 照片,图中箭头所示为脉冲电流方向。

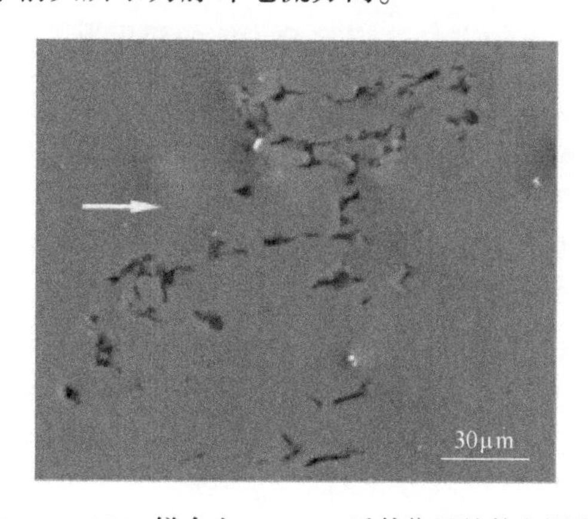

图 9-17　AZ31 镁合金 PCASPF 后某位置处的空洞聚集

图 9-17 中空洞的类型既有 O 形也有 V 形。对于大部分 V 形空洞而言,其轮廓大致呈现与脉冲电流方向相同的长条形,这主要是因为在脉冲电流的作用下,V 形空洞的发展受到了一定的影响,使得其长大具有一定的方向性,即在某一个方向上(垂直于电流方向),脉冲电流在一定程度上抑制了空洞的长大。

9.3　电流对空洞形核及长大的非热影响机制

9.3.1　电流对空洞形核的影响

材料超塑性变形中空洞的形核理论认为,空洞的形成与发展从根本上来说是空位运动的结果。即在晶界位置处,特别是三叉交界处或第二相粒子处,由于晶界滑移,必然会引起局部的应力集中,这虽然可以借助扩散(包括空位扩散)或位错运动来消除,但如果滑移的速度超过了调节的速度,则该处的应力集中将引起空洞形核。在脉冲电流辅助超塑成形工艺中,所施加的电流会对空洞的形核及其长大产生影响,这主要体现在以下两个方面:

(1) 脉冲电流对运动至晶界位置的位错产生推力,从而引起晶粒内各部位原子化学位的差别,导致空位扩散,这一项与外加应力的影响相似,属于应力型驱动力引起的空位扩散;

(2) 脉冲电流对空位扩散的直接作用,该项作用是施加脉冲电流后,电流本身造成了晶粒内的电位梯度,从而形成化学位梯度,最终导致空位扩散,这一项属于电位引起的空位扩散。

现有的超塑性变形理论认为,空洞的形核需要满足一定的条件,如变形速率大于某个临界应变速率,空洞尺寸大于某个临界尺寸,所受应力大于某个临界应力等。

当形成一个半径为 r 的空洞时,体系自由能的变化为

$$\Delta G = - r^3 F_V(\alpha\alpha) + r^2[\gamma\gamma_s(\alpha\alpha) - \gamma_B F_B(\alpha\alpha)] - r^3 F_V'\left(\frac{1}{2}\frac{\sigma_n^2}{E}\right) \tag{9-9}$$

式中 σ——外加应力;

σ_n——在晶界位置位错塞积处形成的应力;

α——应力的作用角度;

E——弹性模量;

γ、γ_B——单位面积上的表面能与界面能;

F_V、F_S、F_B——无量纲的函数。

在晶界位置位错塞积处形成的应力可表示为

$$\sigma_n = \frac{2}{\sqrt{3}}\left(\frac{L}{r}\right)^{\frac{1}{2}}\sigma \tag{9-10}$$

式中 L——晶粒的平均直径。

无量纲的函数 F_V、F_S、F_B 分别乘以 r^3 和 r^2,可得到相应的空洞体积、表面积和晶界面积。而 F_V' 与 r^3 的乘积则反映了形成空洞时,应变能发生变化的体积范围。

由 $\frac{\partial\Delta G}{\partial r} = 0$,代入式(9-9),可得到空洞形核的临界半径为

$$r_c = \frac{2[\gamma F_S(\alpha) - \gamma_B F_B(\alpha)]}{3F_V(\alpha)\sigma} - \frac{4F_V'L}{9EF_V(\alpha)}\sigma \tag{9-11}$$

无量纲的函数 F_V、F_S、F_B 可表示为

$$F_V(\alpha)=\frac{2\pi}{3}(2-3\cos\alpha+\cos^3\alpha)$$

$$F_S(\alpha)=4\pi(1-\cos\alpha)$$

$$F_B(\alpha)=\pi\sin^2\alpha \tag{9-12}$$

$$\gamma_B=2\gamma\cos\alpha$$

将式(9-12)代入式(9-11)可得

$$r_c=\frac{2\gamma}{\sigma}-\frac{2L}{3E}\sigma \tag{9-13}$$

在脉冲电流辅助超塑成形工艺中,外加应力由两部分构成:一是变形力产生的应力;二是电子风所产生的附加应力。因此式(9-13)可表示为

$$r_c=\frac{2\gamma}{\sigma'+\sigma_e}-\frac{2L}{3E}(\sigma'+\sigma_e) \tag{9-14}$$

式中 σ'——变形力对应的应力;

σ_e——脉冲电流对位错的推力所产生的应力。

由式(9-14)可知,外加应力越大,临界半径越小,当外加应力增大到一定程度时,会有 $r_c \to 0$,因此,可得到空洞形核的临界应力为

$$\sigma=\left(\frac{3\gamma E}{L}\right)^{\frac{1}{2}}$$

$$\sigma'=\left(\frac{3\gamma E}{L}\right)^{\frac{1}{2}}-\sigma_e \tag{9-15}$$

由式(9-14)及式(9-15)可知,施加了脉冲电流后,空洞形核的临界半径及临界应力均降低了,由于 σ_e 随着电流密度的提高而增大,随着电流密度的提高,这种效应会更加明显。

Raj 和 Koller 等认为,空洞形成于非均匀处,特别是杂质粒子处,并且存在一个最低的应变速率,当低于这个应变速率时,空洞将不能形核,该空洞形核的临界应变速率为

$$\dot{\varepsilon}_c=\frac{11.5\sigma\Omega}{\beta dD^2}\cdot\frac{D_{gb}\delta_b}{kt} \tag{9-16}$$

式中 Ω——原子体积;

δ_b——晶界宽度;

D_{gb}——晶界扩散系数;

d——晶粒直径;

D——粒子直径;

β——晶粒边界滑移引起的应变占总应变的比例。

此外,基于空洞在晶界的夹杂物上形核的模型,还建立了稳态空洞形核速率的公式:

$$I = \frac{4\pi\nu}{\sigma_n \Omega} \cdot \frac{D_{gb}\delta_b}{\Omega^{\frac{1}{3}}} \cdot N \cdot \exp\left(-\frac{4\nu^3 F}{\sigma_n^2 kT}\right) \tag{9-17}$$

式中 σ_n——垂直于空洞形核界面的拉伸应力;

F——形状因子;

ν——空洞表面自由能;

N——由空洞位置确定的参数。

由式(9-16)、式(9-17)可以看出,脉冲电流的引入,提高了 D_{gb},从而提高了空洞形核的临界应变速率与形核速率,使得空洞形核更加容易,空洞分布更加均匀分散。

所以,脉冲电流降低了空洞形核的临界半径与临界应力,提高了空洞形核的临界应变速率,在一定程度上促进了空洞形核,提高了形核率,使得空洞“洞核”分布更加分散,这样有效地避免了变形过程中在晶界附近出现过大的应力集中,同时可推迟导致材料破裂的大尺寸空洞的出现时间,有利于材料超塑性能的提高。

9.3.2 电流对空洞长大的影响

一般认为,超塑性变形过程中空洞长大的机制有两种:一种是应力促进空洞沿晶界扩散的长大机制;另一种是空洞周围材料的塑性变形引起的空洞长大机制。对于第一种机制,Beere 等的研究得出,空洞长大的速率可由下式表达:

$$\left(\frac{dr}{d\varepsilon}\right)_d = \frac{2\Omega\delta_{gb}D_{gb}}{kT} \cdot \frac{1}{r^2}\left(\frac{\sigma - 2\nu/r}{\dot{\varepsilon}}\right)\alpha \tag{9-18}$$

式中 r——空洞半径;

α——与空洞尺寸及间距有关的系数。

当空洞尺寸较小时(小于 1μm),空洞的长大机制主要是扩散长大机制,而空洞尺寸较大时,则为塑性变形的长大机制。Stowell、Cocks 等的研究表明,如果空洞是由塑性变形机制控制的,则其长大速率应遵循下列方程:

$$\frac{dV}{d\varepsilon} = \eta V \tag{9-19}$$

式中 V——空洞体积;

η——与材料种类、晶粒尺寸、温度和应变速率有关的变量,可表示为

$$\eta = \frac{3}{2}\left(\frac{m+1}{m}\right)\sinh\left[\frac{2(2-m)}{3(2+m)}\right]$$

由式(9-18)、式(9-19)可以看出脉冲电流对空洞长大的影响较复杂,可以认为在空洞形成初期(空洞尺寸较小),脉冲电流可在一定程度上促进空洞的长大(脉冲

电流提高了式(9-18)中的 D_{gb} 值);而当空洞长到一定尺寸后,脉冲电流对空洞的非热效应较小,此时空洞的长大主要由应变、温度、应变速率等变形参数控制。

从脉冲电流辅助超塑成形的结果看,脉冲电流对小尺寸空洞形核与长大的促进作用有助于提高材料的成形性能。由于脉冲电流使得空洞大小及分布更加均匀,避免了空洞的过早聚集与连接,并且使得小尺寸空洞贡献了更多的变形量,在一定程度上推迟了造成材料破裂的大尺寸空洞的出现,从而避免了材料的过早断裂,有助于提高材料的成形极限。

图 9-18 为 5083 铝合金常规超塑胀形试件及自阻加热超塑胀形试件的 SEM 照片,从图 9-18 可以看出成形空洞都产生在晶界处,普通成形试件空洞数量较小、尺寸较大,主要是 V 形空洞;采用电辅助成形的试件空洞数量较多,尺寸较小,以 O 形空洞为主。根据上面的分析可知,两者产生区别的原因有二:首先,由于采用电加热成形的试件其晶粒尺寸较小,故其空洞较小,但其三叉晶界明显较多,空洞易于在该处形核,引起空洞数量的增加;其次,由于电流会在垂直于电场方向的空洞尖端产生绕流现象,使其尖端电流密度增高,温度上升明显,甚至在空洞尖端会发生局部熔化,从而使空洞尖端钝化,V 形空洞变为 O 形空洞,以此削弱空洞对成形及制件性能的不良影响。总体上来说,电流对材料中空洞造成的零件的危害影响具有明显的抑制作用。

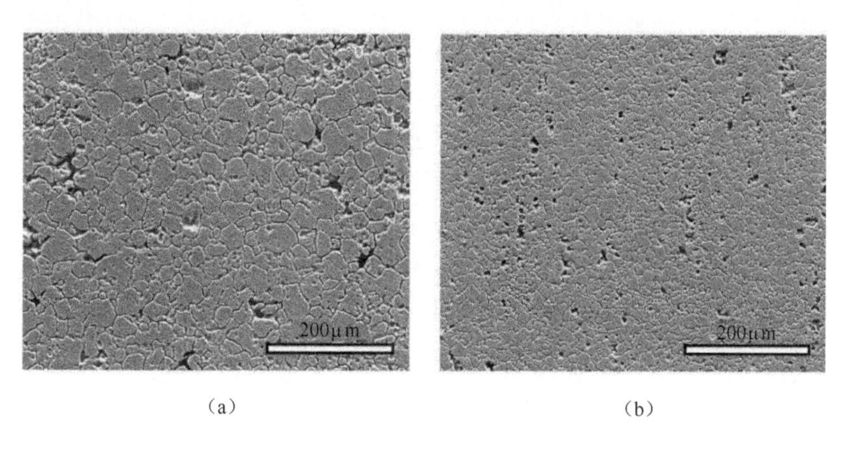

图 9-18　5083 铝合金试件空洞分布
(a) 常规胀形;(b) 自阻加热胀形。

图 9-19 为 SiC_p/Al 复合材料常规自由胀形及自阻加热胀形试件的 SEM 照片,可以看到试件内部有大量的空洞产生,且空洞尺寸较大,在 10μm 左右,因而对零件质量造成影响,而采用电辅助成形的试件,材料内仅有少量尺寸较小的空洞,且空洞呈 O 形,不存在常规胀形试件中的空洞尖角,因此零件中空洞不易扩展从而对零件的危害减小。

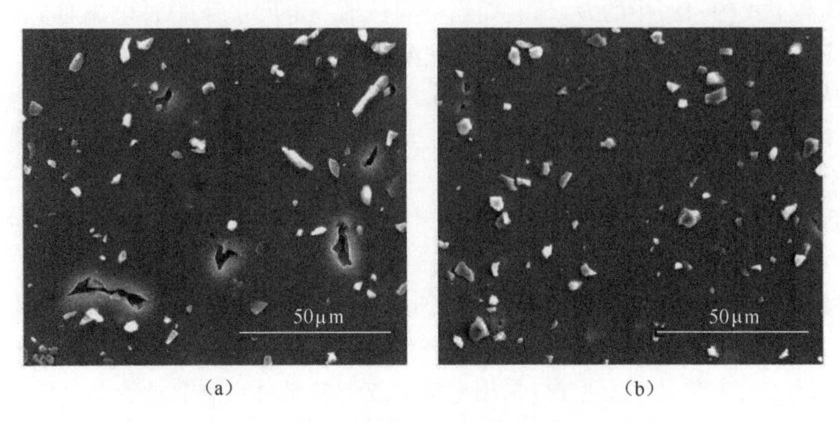

图 9-19　SiC_p/Al 复合材料胀形试件 SEM 照片
(a) 常规胀形;(b) 自阻加热胀形。

9.4　电流对板材微裂纹损伤的修复作用

脉冲电流对 SiC_p/2024Al 板材的微裂纹损伤修复微观形貌如图 9-20 所示。其中,SiC_p/2024Al 复合材料板材试样在单向拉伸载荷作用下,产生塑性变形,碳化硅颗粒与铝合金基体的界面结合处脱粘而产生破坏并迅速扩展,形成微裂纹。图 9-20(a)为脉冲电流处理前 SiC_p/2024A 复合材料板材试样中微裂纹的形貌,图 9-20(b)则为采用脉冲电流处理后,通过扫描电镜观察试样中的相同的一条微裂纹形貌。通过对比脉冲电流处理前后微裂纹的形貌可知,在采用高强脉冲电流处理后的 SiC_p/2024Al 复合材料板材试样中,其由于塑性变形产生的微裂纹的尖端处部位有明显的被修复愈合趋势。尽管微裂纹的中间区域虽没有被脉冲电流完全修复,但是微裂纹的宽度已经有明显的减小趋势。同时,值得指出的是,为了便于观察脉冲电流处理后微裂纹的修复效果,选择的裂纹具有较明显的特点,且尺寸相对较大,根据图 9-20(b)的修复情况可以判断,SiC_p/2024Al 复合材料板材试样中所包含的一些较小尺寸的微裂纹有可能已经被完全修复,提高了 SiC_p/2024Al 板材的微观组织结构和力学性能,同时脉冲电流处理前后 SiC_p/2024Al 板材的微观组织结构也能够较好的与其延伸率增加的变化规律相吻合。

采用脉冲电流处理可以使 SiC_p/2024Al 试样中尺寸较小的微裂纹在极短时间内完全修复,并且其产生的愈合趋势过程是在固态状态下完成的。同时,采用脉冲电流处理微裂纹修复时,被处理材料不含裂纹等缺陷的部分为低温区,其微观结构和性能基本能够保持不变。然而,在含有微裂纹等缺陷的局部区域,材料在局部具

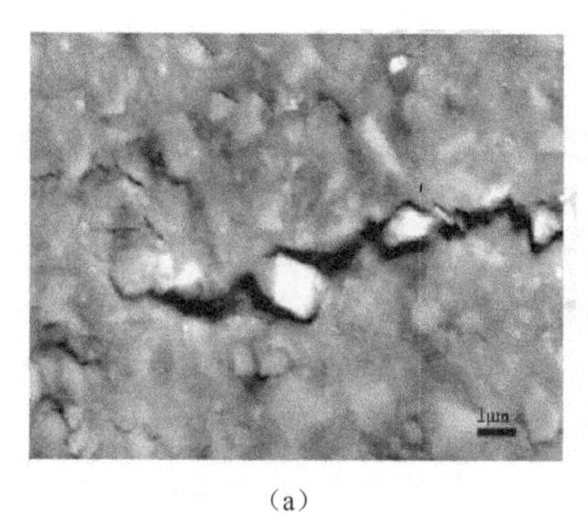

(a)

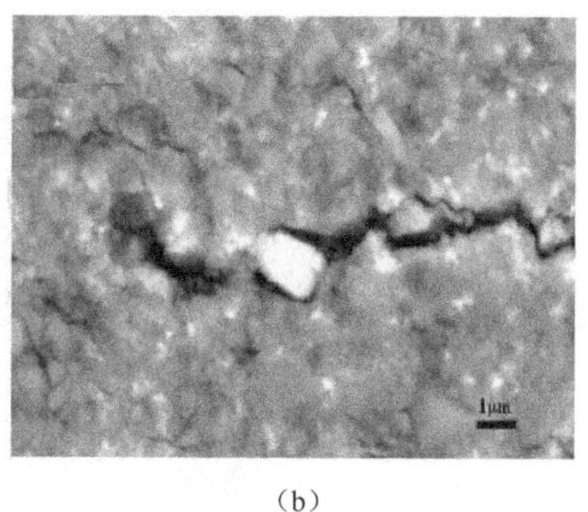

(b)

图 9-20 预变形 SiC_p/2024Al 板材的脉冲电流处理前后微裂纹形貌
(a)脉冲电流处理前;(b) 脉冲电流处理后。

有较大的接触电阻,当高密度脉冲电流通过时,产生电击穿打火使材料缺陷部分局部产生高温区,而且较高温度能够产生比较大的膨胀量,同时,由于材料在无缺陷区域温度较低,膨胀量较小,从而又对微裂纹处的热膨胀形成约束,导致微裂纹处产生压缩作用,随即使得微裂纹宽度减小,甚至完全闭合,当裂纹界面上的原子间距小到一定程度时,在局部高温产生的强烈热扩散作用,能够促使裂纹界面上的原子重新结合,直到微裂纹的完全修复。

脉冲电流对微裂纹损伤修复的过程是一个复杂的过程,其可能是多种机制共同作用的结果。由于高密度脉冲电流通过 SiC_p/2024Al 复合材料板材,产生巨大的焦耳热,使得板材坯料的温度迅速升高,由于在材料内部升温的速度高于其热膨胀的速率,从而造成两个过程不同步,因此在板材中产生瞬时热压应力,促使裂纹附近产生塑性变形,实现微裂纹减小,甚至完全修复愈合。其瞬时热压应力的计算公式可表示为

$$\sigma(t) = E\alpha\Delta T_{max}[\theta(t) - l(t)] \tag{9-20}$$

式中 E——弹性模量;

α——膨胀系数。

$$\theta(t) = \frac{\Delta T(t)}{\Delta T_{max}} \tag{9-21}$$

式中 $\Delta T(t)$ ——瞬时温度变化;

ΔT_{max} ——最大温度变化。

其中,

$$l(t) = \frac{\Delta l(t)}{\Delta l_{max}} \tag{9-22}$$

式中 $\Delta l(t)$ ——瞬时长度变化;

Δl_{max} ——最大长度变化。

图 9-21 所示为脉冲电流在微裂纹尖端产生绕流的损伤修复机制示意图，坯料在预变形过程中产生的诸如微裂纹等缺陷处的电阻值比其他区域高，当脉冲电流通过具有微裂纹缺陷的 SiC_p/2024Al 复合材料板材试样时，将在缺陷处区域周围发生绕流，造成了在微裂纹的中心部分几乎无脉冲电流通过，而在微裂纹尖端处产生巨大的脉冲电流密度，能够局部产生高于周边区域的焦耳热，形成局部高温区。随着脉冲电流强度的增大，可以在微裂纹的中心区域产生电击穿，克服两裂纹面间的较大的接触电阻后通过裂纹流过，并瞬时产生巨大的焦耳热，形成局部高温区，同时在材料的无缺陷区域电阻较小、温度较低，膨胀量也较小。因此，微裂纹处的高温区将导致不均匀的热膨胀的产生，微裂纹处温度高，热膨胀程度大，由于受到周边铝合金基体的限制约束，造成了在微裂纹处局部产生较高的压应力，从而为微裂纹的修复和再结晶提供了温度条件和能量条件，同时，要想使微裂纹修复，必须要有原子进入裂纹，对裂纹进行填充，其机制主要包括：①压合填充，指温度升高所产生的压应力促使裂纹宽度减小甚至完全闭合，在局部高温的影响下产生原子的热扩散及进行再结晶，从而实现微裂纹的修复；②位错填充和扩散填充，是指脉冲电流对位错的运动滑移和原子振动产生一定的推动力，增加位错滑移和提高原子扩散速度，实现脉冲电流对微裂纹损伤的修复。

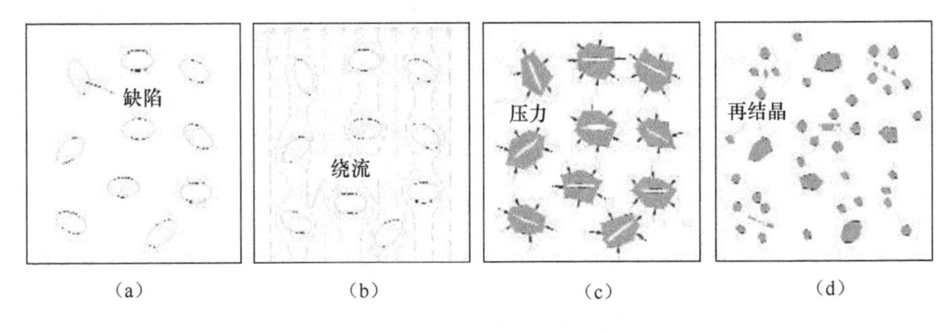

图 9-21　脉冲电流作用下微裂纹损伤愈合机制示意图

(a)微裂纹等缺陷；(b) 产生绕流；(c) 局部高温、高压；(d) 微裂纹愈合与再结晶。

图 9-22 所示为脉冲电流对微裂纹尖端损伤修复的作用机制示意图。如图 9-22 所示，脉冲电流通过试样中微裂纹区域，由于裂纹处断开，所以在微裂纹尖端处产生绕流，使靠近裂纹尖端附近电流密度高于其他区域，其对应的温度瞬间急剧升高，使材料局部被融化。由于在微裂纹中心区域的电流密度较低，温度上升慢，从而使得裂纹尖端周围产生瞬时热压应力。

正是这种瞬时压应力作用于微裂纹尖端被局部融化处，综合作用使得微裂纹尖端处达到被修复的目的。采用脉冲电流对金属材料微裂纹损伤修复具有以下特点：①不需要检测裂纹的部位，可以同时对多个裂纹进行损伤修复；②脉冲电流对金属基体材料进行微裂纹损伤修复时，仅仅对具有微裂纹缺陷的部位产生局部高

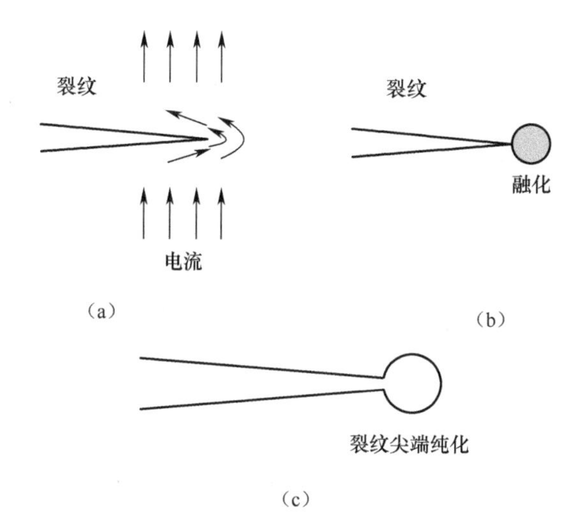

图 9-22　脉冲电流对微裂纹尖端作用机制示意图

(a)裂纹尖端处电流的绕流;(b)裂纹尖端局部融化;(c)裂纹尖端钝化修复。

温区,对金属材料本身的微观结构和力学性能影响较小。因此,脉冲电流对微裂纹的损伤修复技术在实际的工业生产中有着十分广阔的应用前景。总之,随着国内外的研究深入,脉冲电流对微裂纹的损伤修复的理论将更加成熟,该技术将逐步走出科研试验室,并应用到实践生产中。

参 考 文 献

[1] ZHOU Y Z, QIN R S, XIAO S H, et al. Reversing efect of electropulsing on damage of 1045 steel [J]. J Mater. Res, 2000, 15(5):1056-1061.

[2] LIU T J C. Thermo-electro-structural coupled analyses of crack arrest[J]. Theoretical and Applied Fracture Mechanics, 2008, 49(2):171-184.

[3] LIU T J C. Fracture mechanics of steel plate under Joule heating analyzed by energy density criterion[J]. Theoretical and Applied Fracture Mechanics, 2011, 56(3):154-161.

[4] 白象忠, 田振国, 郑坚. 断裂力学中的电热效应[M]. 北京: 国防工业出版社, 2009.

[5] 吴诗惇. 金属超塑性变形理论[M]. 北京:国防工业出版社,1997.

[6] 范华林,陈平. 电磁热效应理论在薄板止裂技术上的应用[J]. 兵工学报,2005, 26(6): 791-794.

第10章　电辅助成形的极性效应

由于直流电流(电场)中电子(离子)做定向运动,因此和电流有关的加工过程也会表现出一定的方向性。极性效应多出现在电火花加工过程中,正负电极在加工过程中受到的腐蚀量不同。由于电子和正离子质量不同,加速度不同,因此放电时电子可以获得更高的速度。在电子封装过程中,互连焊点承受的电流密度急剧增加,导致焊点内部产生电迁移效应,引起凸起、空洞、界面化合物的生长和溶解以及晶粒粗化等缺陷,导致焊点结构完整性损伤和力学性能退化。SF6棒-板间隙在特快速暂态过电压(VFTO)和雷电冲击(LI)作用下的绝缘特性研究中发现,稍不均匀和极不均匀电场下,SF6间隙放电均存在极性效应,稍不均匀电场下,正极性VFTO与雷电冲击50%放电电压均高于负极性;而在极不均匀电场中,随着气压增加雷电冲击SF6放电出现了极性反转现象,这与不同极性电压下间隙中空间电荷迁移和扩散有关。在自阻加热塑性成形过程中,极性效应也偶尔表现出拉拔过程中电流方向影响拉拔力的大小,当拔丝方向与电流方向相同时,电致塑性效应明显,拉拔力下降幅度较大;当拔丝方向与电流方向相反时,电致塑性效应明显减弱,拉拔力的下降幅度较小。Boiko等在通电状态下进行了金属球压缩试验:将金属球置于连通电源正负极的两块平行板之间,通过金属板施加压力使金属球上下接触区域发生变形,压缩变形过程对应不同电极其变形量也不相同,且不同金属所表现出的极性不同:对于Au和Cu,正极的接触面积要大于负极,而对于W,电流使得其负极的接触面积更大。

普遍认为电辅助成形中的极性效应与电子风力引起的原子迁移有关:漂移电子对位错的撞击是具有方向性的,对与漂移电子运动方向相同的滑移位错,电子风力可以推动其滑移,对与漂移电子运动方向相反的滑移位错,电子风力则会对其运动产生阻碍作用。因此极性效应的出现与电流的电致塑性效有着密切的关系。此外,不同金属所表现出的极性不同,推测极性效应不仅取决于晶体结构,更与金属的费米面与布里渊区有关。材料塑性变形过程中部分极性效应的产生原理目前仍无统一定论,需要更为深入而具体的研究与分析。

10.1　温度的极性效应

在脉冲电流辅助成形过程中,成形坯料的温度场分布作为成形过程中的决定性因素之一,极大地影响着工件的成形质量和效率。脉冲电源通过电极向坯料输入低压高强脉冲电流,产生焦耳效应使坯料温度迅速升高。但是,由于脉冲电流加热是个快速升温的过程,其温度场分布受到多种因素的影响,如电极与板材的温度传导、被加热板材与周围空气环境的热辐射和热对流、电极夹持板材产生的接触电阻,以及由于板材坯料内部缺陷产生不均匀的焦耳热等,造成了板材坯料产生不均匀的温度场分布。

以 SiC_p/2024Al 复合材料板材自阻加热为例,分析脉冲电流作用下坯料的温度场分布规律的影响因素:当电流密度为 21.7A/mm^2,电压为 1.2V 时,脉冲电流加热使 SiC_p/2024Al 复合材料板材坯料温度迅速升高到所需要的成形温度 400℃,并达到动态热平衡状态(综合温度场多种影响因素下的稳定状态)下的温度场分布,由于脉冲电流加热速度快,被加热坯料的温度是一个急速升高的过程,因此能够使坯料产生不协调的温度分布,如图 10-1(a)所示。沿着垂直电流方向产生了较小的温度梯度,其原因主要为中间区域的温度散失较板材边缘处少,以及坯料不同区域由于材料内部缺陷造成电阻不同等因素,在脉冲电流急速的加热下产生不同的焦耳热,造成了坯料沿着垂直电流方向产生了温度梯度。但由于其造成的坯料温差不大,因此对后续板材的拉深成形质量影响较小。脉冲电流加热坯料沿着电流方向则产生了较大的温度梯度,使得坯料温度场整体呈倒 U 形分布。其原因除了板材温度急速升高所产生的升温不协调的因素外,其更主要的原因是紫铜电极导热率高、电阻率低,且其横截面积远远大于坯料横截面积,故紫铜电极自身散热快、温度较低,因此造成了低温的紫铜电极与高温的坯料之间存在巨大的热传导,结果势必导致沿脉冲电流方向坯料中间区域温度高,电极夹持的区域温度则较低。

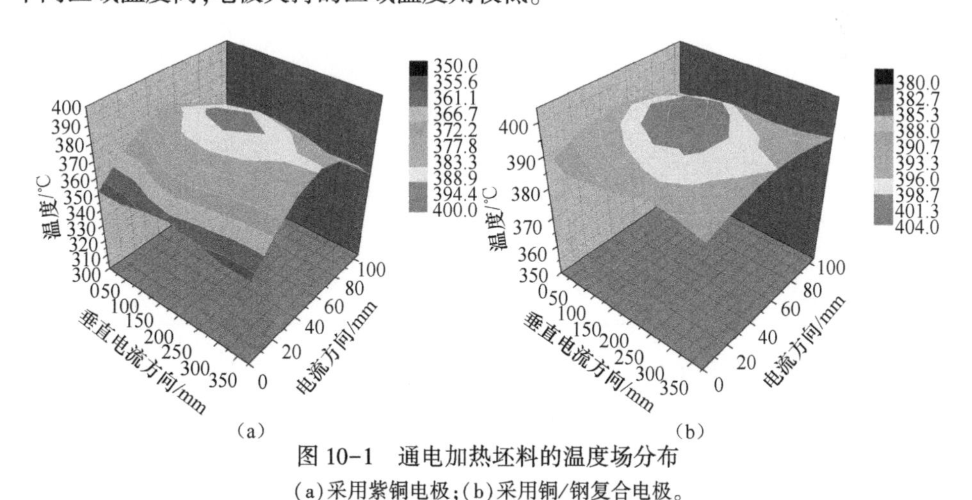

图 10-1　通电加热坯料的温度场分布

(a)采用紫铜电极;(b)采用铜/钢复合电极。

为了获得均匀稳定的温度场分布,可以采用铜/钢复合电极,即在紫铜电极和坯料板材之间安装高电阻、低热传导率的SUS304不锈钢保温片。由于其自身具有较高的电阻能够产生一定量的焦耳热，弥补紫铜电极热量的散失，而且能够极大的降低紫铜电极和坯料板材之间温度梯度，减少热传导，从而提高坯料温度场的均匀性，实现对脉冲电流加热产生的温度场分布控制。其结果如图10-1(b)所示，坯料的温度场分布明显更加均匀，能够为拉深成形的质量和效率提供有效保障。

同时，为了更好的量化分析脉冲电流加热对板材温度场分布的影响规律，图10-2展示了脉冲电流加热板材的最大温差截面的温度场分布。首先，对脉冲电流加热板材温度场分布的最大温差进行量化测量。如表10-1所列，使用纯紫铜电极时，其温度场最大温差为45℃；当加入不锈钢保温片后，其温差减小为12℃。因此，不锈钢保温片对脉冲电流加热板材的温度场分布的修正百分比达到了73.3%，完全达到了零件成形的要求。

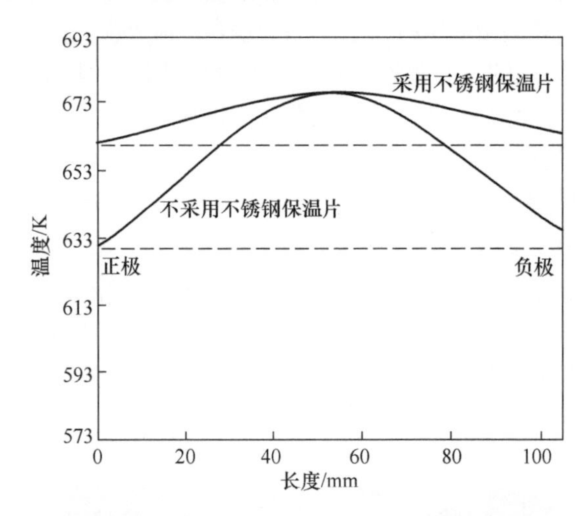

图10-2　脉冲电流加热板材最大温差截面的温度场分布

表10-1　脉冲电流加热板材温度场的最大温差

温　差	纯紫铜电极	铜/钢复合电极	修正百分比/%
温度场最大温差/℃	45	12	73.3
正负极温差	5	3	40

此外还发现一个现象：当高密度脉冲电流先后流经具有不同导电能力的紫铜和铝基复合材料时，使处于铝基复合材料板材坯料负极一侧的温度高于正极一侧。对使用或者没有使用不锈钢保温片下，正负极温差分别为3℃和5℃，此即为电辅助成形过程中的热极性效应。这个现象的产生与帕尔帖效应相关，帕尔帖效应的物理解释为由于电荷载体在不同的材料中处于不同的能级，当它从高能级向低能级运动时，便释放出多余的能量；相反，从低能级向高能级运动时，从外界吸收能

量，并且单位时间内，两种不同材料的接头界面处，吸收的热量与通过界面处的电流密度成正比，电流密度越大，其温差越高。俄国物理学家愣次(Lenz)发现了电流的方向决定了材料接触界面处吸收还是产生热量，并且其吸收或者产生热量的多少与脉冲电流强度的大小成正比，比例系数称为"帕尔帖系数"。其相应的计算公式为：

$$Q = \Pi \cdot I \tag{10-1}$$

式中 Q——放热或吸热功率；

Π——帕尔帖系数；

I——电流强度。

帕尔帖系数的大小决定了帕尔帖效应的强弱，即脉冲电流流过两种材料接触界面处产生的温差大小，其计算公式为：

$$\Pi = a \cdot T \tag{10-2}$$

式中 a——温差电动势；

T——两种材料接触界面温度。

当高密度脉冲电流输入材料加热系统回路中，大量电子从电源负极流出，通过紫铜电极和铝合金基体接触面时，系统放出热量，使得靠近负极一侧的接触面温度升高；相反，当电子流经铝合金基体和紫铜电极的接触面时，系统吸收热量，使得靠近正极一侧的接触面温度降低，造成铝基复合材料板材负极一侧温度总是高于正极，能量在两种材料的交界面以热的形式吸收或放出，整个系统保持能量守恒(图 10-3)。

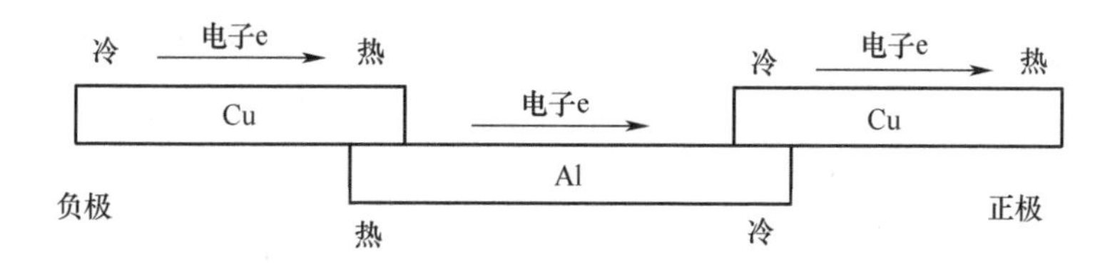

图 10-3 帕尔帖效应作用示意图

正负极之间吸热/放热以及温差的大小取决于加热材料与电极材料之间的自由电子能级差，帕尔帖效应引起的温差通常较小，但当电流密度较高、不同材料间自由电子能级差较大时，温度极性也会对材料形变产生影响，成形过程中需要给予考虑。

10.2 力的极性效应

电流辅助成形之前用通常需要进行拉伸试验来探索电流辅助热变形行为。电拉伸试验通常与传统热拉伸试验对比完成。电流辅助热拉伸试验(electropulsing assisted tensile,EAT)装置的设计如图 10-4 所示,其中夹具采用 314L 不锈钢加工而成,通过螺栓固定并夹紧拉伸试样保证通电良好,同时采用云母或陶瓷镶块与载荷平台绝缘。全过程采用热电偶校正后的红外热像仪对温度进行监测。

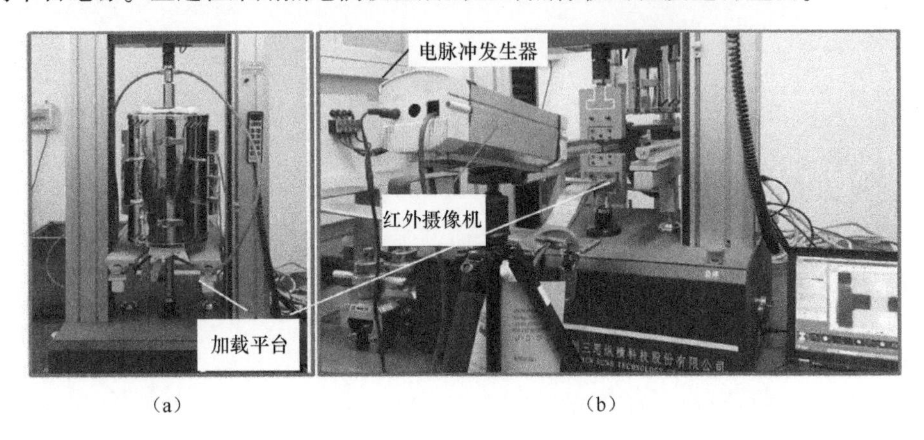

(a)　　　　　　　　　　　　(b)

图 10-4　热拉伸试验装置

(a)电阻炉加热拉伸装置;(b)电流辅助热拉伸装置。

对 AZ31 镁合金进行自阻加热拉伸试验,拉伸温度选择 250℃、300℃、350℃和 400℃,由于拉伸过程中会发生电流集中现象而对材料的变形产生影响,拉伸过程需微调电流来确保变形温度的稳定,由此会造成材料变形过程中电参数变化,为避免拉伸过程局部温度过高熔断并保证拉伸在电流值始终保持恒定的情况下完成,对镁合金采用较大的拉伸速度:24mm/min,对应材料的初始应变速率为 $10^{-2}s^{-1}$。由于 AZ31 镁合金塑性较差,拉伸时间短,因此在拉伸过程中试件并未发生明显颈缩,最终以脆断方式破坏。得到的拉伸应力-应变曲线如图 10-5 所示。可以看出,250℃时材料的屈服强度为 20MPa,随着拉伸温度的升高,材料的流动应力逐渐降低,400℃时其屈服强度下降到 12MPa。此外,随着温度升高,材料的延伸率也在不断下降,这是由于试件温度越高,所需的加热电流密度越大,温度分布不均越明显,当材料中间区域变形量较大将要发生颈缩时,电流密度越大会使其温度上升越快,因此使得试件迅速断裂。

为讨论电流方向对材料流动应力的影响,在拉伸过程中通过改变电源的连接方式来调节电流与拉伸方向之间的关系。由于拉伸是通过下卡具的匀速下移来实现的,首先将电源的正极接到试件上端,负极接到试件下端,通电后电流从试样内部由上至下通过,拉伸过程上卡具固定不动,下卡具向下移动使得材料向下拉伸变形,此时板料的变形方向与电流方向相同。相反,将电源负极连接到试件上端,卡具下移时,材料变形方向与电流方向相反。选择 250℃、300℃、350℃做不同电流

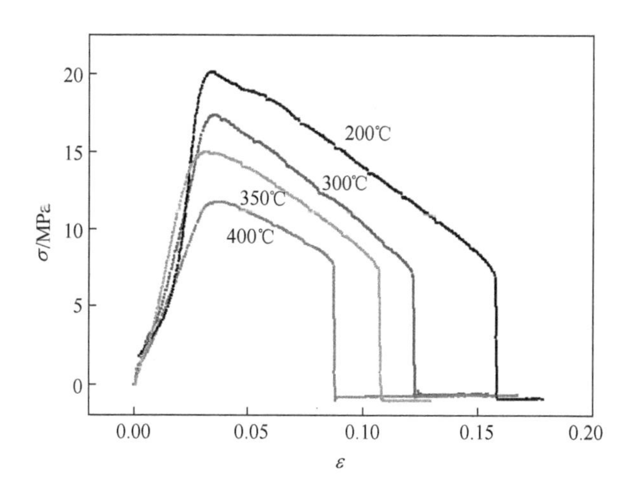

图 10-5 AZ31 镁合金不同温度下自阻加热拉伸应力-应变曲线

方向的拉伸试验,试验结果表明,电流方向的改变并未影响材料拉伸变形的延伸率,但其流动应力却显现出不同。从图 10-6 可以看出,当负极向下移动,即电流方向与材料的变形方向相同时材料的屈服强度要明显高于电流方向与材料的变形方向相反的情况。

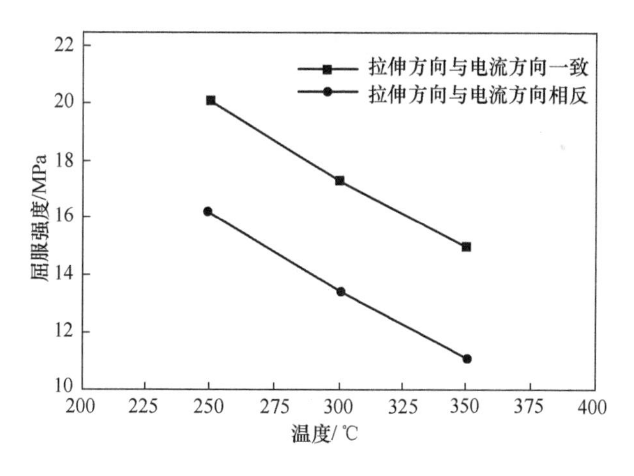

图 10-6 自阻加热拉伸过程中电流方向对材料屈服强度影响

为验证该现象的普适性,同样进行 5A90 铝锂合金电辅助拉伸试验时,通过调换电极的方向,来探究电流方向对 5A90 铝锂合金拉伸力学性能的影响。固溶淬火态 5A90 铝锂合金电极正负极调换的电辅助拉伸试验在 420℃、460℃和 500℃三个温度下以 0.01 的应变速率进行,拉伸试样下端固定,上端运动,其拉伸应力-应变曲线如图 10-7(a)所示。图中展示了三种温度两种电流方向的拉伸曲线,当正极在上方时,电流由上至下,与拉伸方向相反;当正极在下方时,电流由下至上,与拉伸方向相同。可以看出,在三种温度下进行电辅助拉伸试验时,电流方向对材料的延伸率也几乎没有影响,但是当正极在上方,即电流与拉伸方向相反时,试样的峰值强度要高于正极在下方,即电流与拉伸方向相同时的情况,图 10-7(b)更加直观地给出了这个区别。

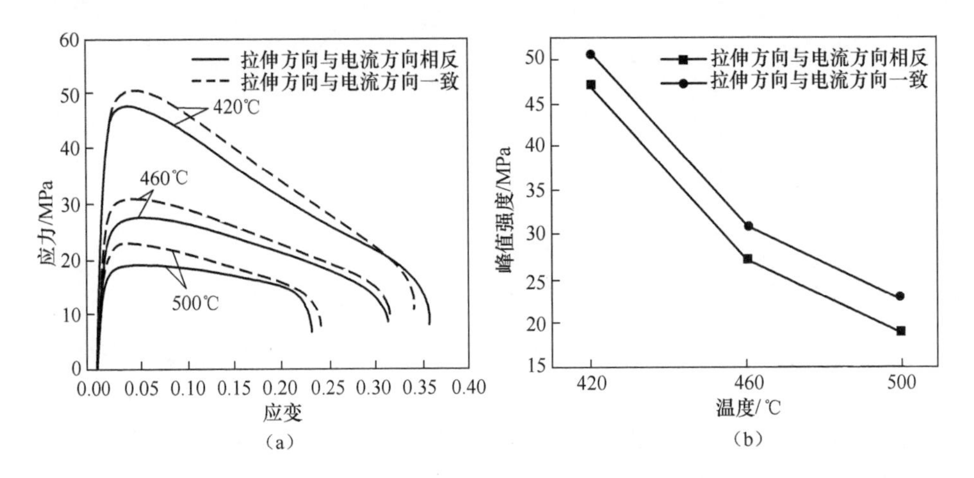

图 10-7　正负极方向调换前后的固溶淬火态 5A90 铝锂合金电辅助拉伸
(a)应力应变曲线;(b)峰值强度。

当电流与应力场耦合时,由于电流的极性特征,可能会导致变形过程中力的极性效应,目前比较合理的解释是基于电迁移效应的“电子风”理论。即在通电时,试样中的漂移电子由负极向正极运动,在形成电流的同时,也与金属试样中大量微观缺陷相互作用,除了基本的焦耳热效应外,还应有漂移电子与微观缺陷之间的动量交换,以及漂移电子会对金属中微观缺陷(例如位错)施加一个与之方向相同的力的作用,即“电子风力”,图 10-8 给出了漂移电子与位错发生交互作用时电子风力的方向。

当电流方向与材料拉伸变形的方向相反时,电流方向由上至下,拉伸方向向上,由于材料中电子的运动方向与电场方向相反,因此材料内的自由电子由试件下端向上端进行漂移运动,电子在漂移过程中会与材料中的缺陷发生相互作用,其中起主要作用的是自由电子撞击位错,由此产生方向向上的电子风力,该力作为推动力附加在拉伸力上,则材料在拉伸过程中受到的实际变形力为

$$F_{反} = F_{拉伸} + F_{ew} \tag{10-3}$$

当电流方向由下至上,材料中自由电子由试件上端向下端进行漂移运动,由此产生方向向下的电子风力,该力作为阻碍力附加在拉伸力上,这种情况下材料在拉伸过程中受到的实际变形力为

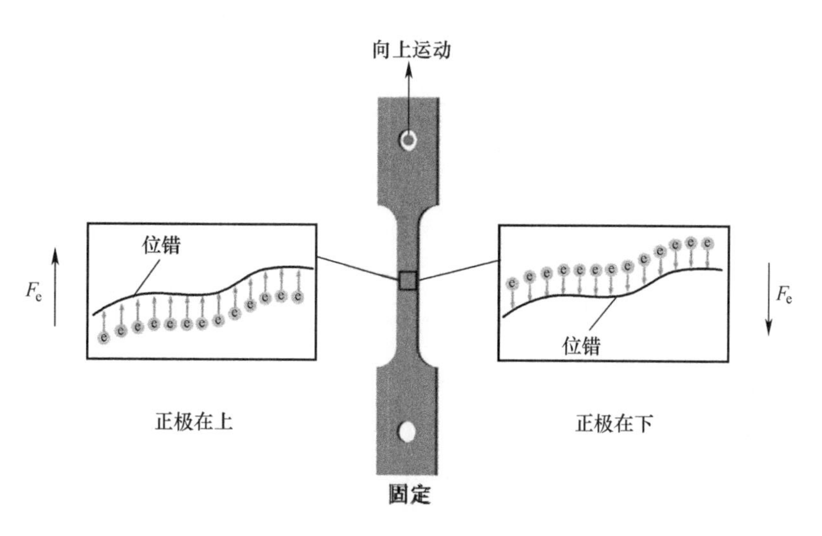

图 10-8 电流对材料拉伸力影响示意图

$$F_{同} = F_{拉伸} - F_{ew} \tag{10-4}$$

因此,电流方向与拉伸方向相反时材料的变形力同电流方向与拉伸方向相同时材料的变形力之差为

$$\Delta F = F_{反} - F_{同} = 2F_{ew} \tag{10-5}$$

由公式(8-6)可知电子风力与电流密度成正比,因此不同电流方向拉伸材料的变形力之差与自阻加热电流大小相关,电流密度越大,流动应力差越大,试验中随着变形温度的不断增大,试件加热所使用的电流密度也在不断增加,因此 ΔF 随着拉伸温度的增加也有所增加,但由于不同温度试验所使用的电流密度增加并不很大,拉力差值的增长幅度也较小。

10.3 变形的极性效应

自由胀形试验作为测试材料超塑成形性能的基础性试验,可以较好的进行材料形变行为的分析,这里以镁合金自由胀形为例来探索电流作用下材料的塑性流动特点:采用非细晶 AZ31 镁合金板材在脉冲电流辅助超塑成形工艺条件下(占空比 50%,有效电流密度 22.5A/mm^2)自由胀形得到的试件如图 10-9 所示,可以看出,试件接近半球形,高径比达到 0.96。这表明在脉冲电流的作用下,非细晶 AZ31 镁合金同样展现出良好的超塑成形性能。此外试样最显著的特点是,在脉冲电流的作用下,自由胀形的试样表现出了与电流方向相关的方向性:半球形试样轮廓偏向电极的正极一侧,图 10-9(b)中的虚线为理想的半球形轮廓,实线为实际的胀形件轮廓,可以看出实际的轮廓顶端位置向电源正极方向偏移了 D_{offset} 的距离。

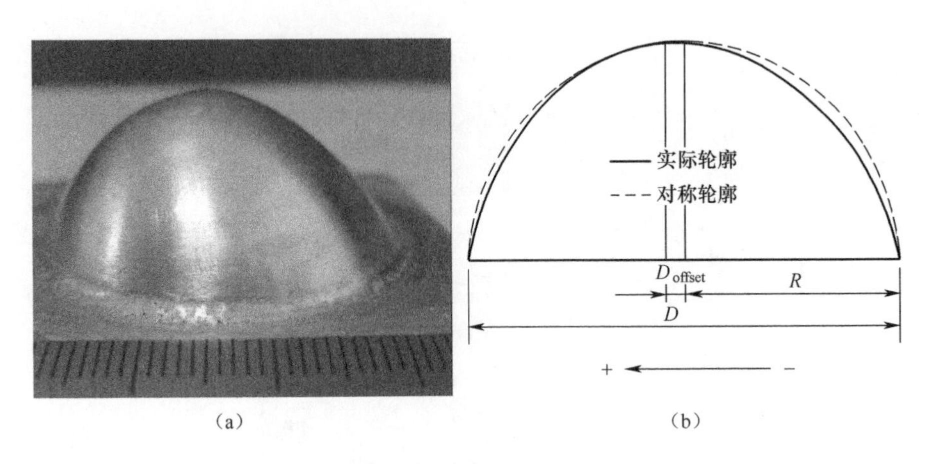

图 10-9　非细晶 AZ31 镁合金半球形试件

(a)胀形件照片;(b)实际轮廓与对称轮廓的比较。

为进一步分析该现象,采用常规超塑气胀成形方法及不同占空比(峰值电流密度)的脉冲电流辅助超塑成形方法进行镁合金(非细晶 AZ31)自由胀形试验,从图 10-10 和表 10-2 中可以看出,对于非细晶 AZ31 镁合金板材,所有的脉冲电流辅助超塑成形试件均出现了轮廓的偏移现象(图 10-10(b)、(c)、(d)),而采用常规超塑成形方法成形的试件没有出现轮廓偏移(图 10-10(a))。且随着脉冲电流

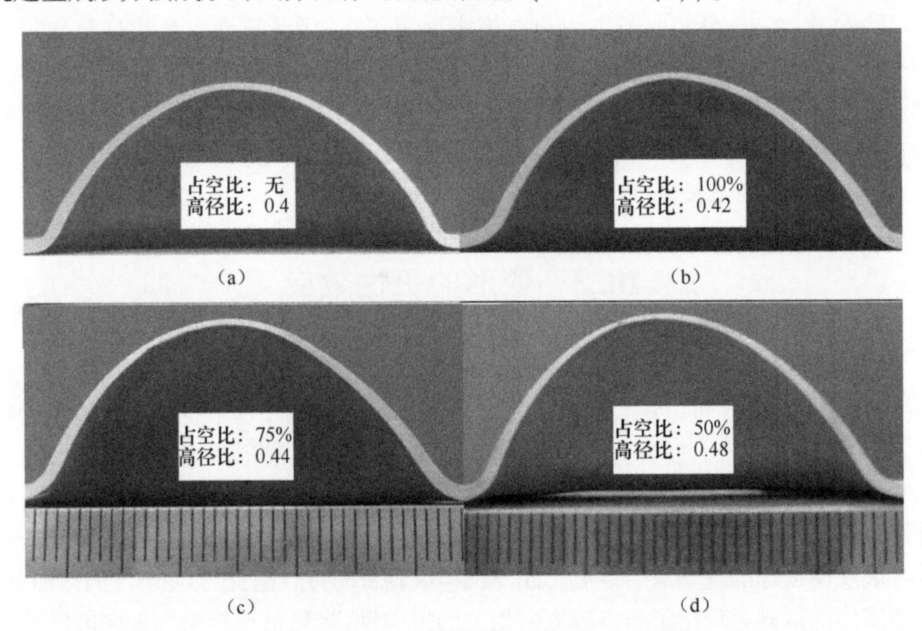

图 10-10　不同占空比的非细晶 AZ31 镁合金 PCASF 半球形试件

(a) 普通方法;(b) 100%占空比;(c) 75%占空比;(d) 50%占空比。

峰值密度的提高,试件的高径比逐渐增加,轮廓的偏移率也逐渐增大。据此可以推断,对于非细晶 AZ31 镁合金,在脉冲电流辅助超塑成形过程中,脉冲电流的作用不仅体现在了焦耳热效应上,还体现在了电致(超)塑性效应上。并且该效应在变形的不同方向上所体现出的效果有所不同。

表 10-2 PCASF 的工艺参数及试验结果

试样	有效电流密度/(A/mm^2)	峰值电流密度/(A/mm^2)	高径比	最大减薄率/%	偏移率/%
普通胀形	0	0	0.40	54.10	0
100%占空比	22.5	22.5	0.42	60.48	4.76
75%占空比	22.5	30	0.44	63.90	6.10
50%占空比	22.5	45	0.48	66.58	9.48

对此现象进行分析,机制示意图由图 10-11 给出:板料在变形过程中半球试件两侧材料都向球顶方向发生变形,在靠近正极一侧,电流方向由底端指向球顶,自由电子的运动方向与之相反,由球顶向侧壁底端漂移,因此在材料中产生由顶端指向底端的电子风力,该电子风力方向与试件材料变形方向相反,所以在正极一侧电子风力作为一种阻碍力抑制材料的变形;相对应地,在靠近负极一侧,电流方向由球顶指向底端,自由电子从侧壁底端向球顶漂移运动,因此在材料中产生由侧壁底端指向顶端的电子风力,该电子风力方向与试件材料变形方向相同,所以在负极一侧电子风力作为一种推进力促进材料的变形。两种情况都使得胀形得到的半球试件有向电源正极偏移的趋势。

根据电子风力理论,电子风力的产生与漂移电子及位错间的相互作用有关,因此当材料中的位错密度发生改变时,通入电流后产生的电子风力也会发生改变。为了验证极性效应与电子风力之间的关系,通过一定方法来改变材料中位错的密度。已知原始的 AZ31 镁合金板材为轧制态,金属晶体在冷塑性变形过程中,位错源在应力作用下开启,晶体中位错密度随着材料变形量的增加不断提高,位错持续增殖并开始运动,因此在原始镁合金板材中有大量的位错存在,位错与漂移电子交互作用会产生较大的电子风力从而对材料变形具有较大的影响作用。要改变材料的位错密度可以通过去应力退火的办法,首先选择较低的温度对工件进行加热,保温足够长时间后工件随炉冷却,材料在此过程中材料内位错运动,异号位错相遇抵

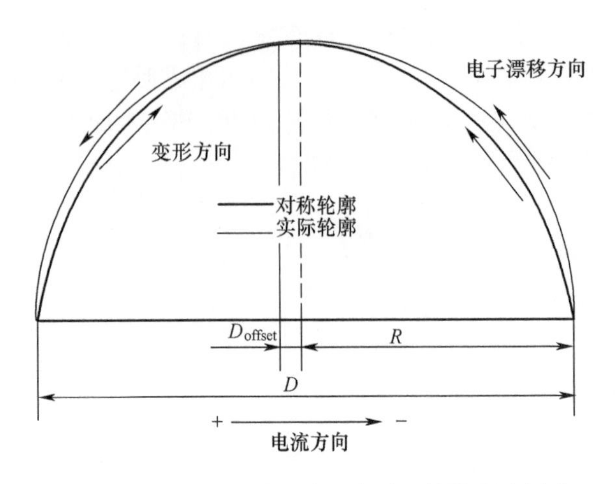

图 10-11　电子风力对自由胀形试件影响示意图

消,一部分位错沿晶界运动而消失,从而使得材料中位错数量大幅度减小。去应力退火应是将工件加热到 Ac1 以下的适当温度,保温一定时间后逐渐缓慢冷却。对于 AZ31 镁合金薄板,最佳去应力退火工艺为 345℃保温 120min 后在炉中冷却到室温。对退火后的 AZ31 板材进行自阻加热自由胀形试验,得到的试件如图 10-12(b)所示,可以看出,退火后胀形的半球试件为对称结构,极性偏移现象几乎完全消失,由此可以证明,胀形时材料表现出的极性现象与电子风力有关,加热电流密度越大,材料中位错密度越高,则电子风力对材料变形影响越明显。

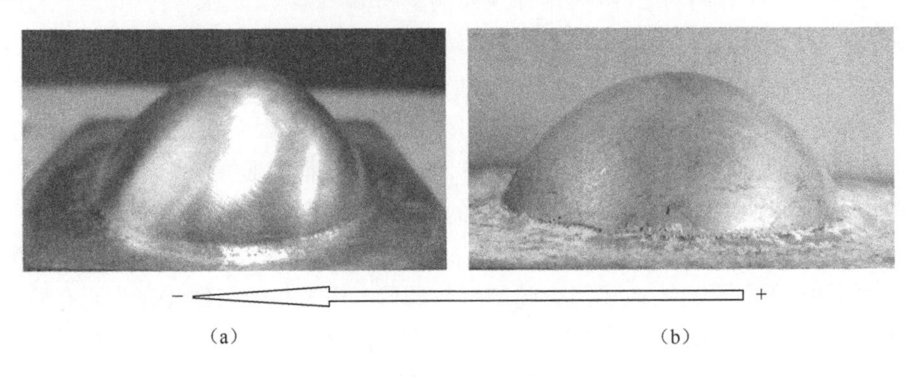

图 10-12　AZ31 镁合金自阻加热自由胀形试件
(a)轧制板料;(b)退火板料。

相同的现象在 5A90 铝锂合金进行电流辅助自由胀形也有发现。通过观测,可以看出胀形半球的中心线有少量偏差,且胀形半球中心线的偏移方向均与电流方向相反,显示出与电辅助拉伸试验过程中一致的电流的极性效应,具体情况如图 10-13(a)所示。与电辅助拉伸时产生的极性效应机制类似,如图 10-13(b)和

(c)所示,金属板材在通电时,基体内有大量自由电子由电源负极向电源正极漂移,基体内部存在大量缺陷,例如图 10-13(c)所示的位错,具有方向性的漂移电子作用于大量位错上,产生所谓的由电源负极偏向电源正极的电子风力,高温时材料的流动应力很低,胀形半球在电子风力的作用下发生由电源负极向电源正极的微小偏移,导致胀形半球的不对称现象。

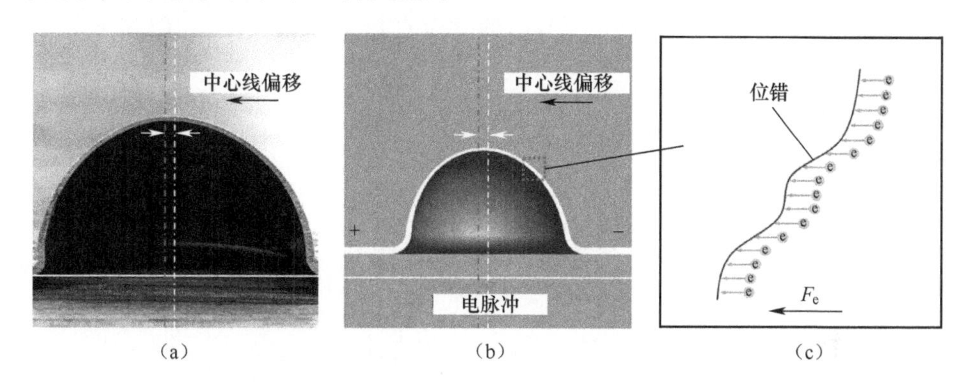

图 10-13　5A90 铝锂合金电流辅助自由胀形中的极性效应及机理示意图
(a)胀形件中心偏移;(b)偏移示意图;(c)电子风力。

然而电子风力通常很微观也很小,在材料成形过程中对其形变的影响作用存在争议。为将其进行量化,确认其在材料超塑变形中的影响作用能否引起材料宏观形变发生变化,通过理论计算+模拟的方式进行验证:即通过统计学计算给出电辅助加热材料内整体电子风力的大小,引入到超塑成形有限元模拟当中,以实现自由胀形过程中电子风力作为一种体积力对材料形变影响的分析。

材料中位错的运动方向、运动速度都会影响电子风力作用的大小,由于材料中位错的运动复杂多样,难以确定其状态而进行计算,因此对电子风力计算公式进行另外一种推导来消除位错运动不确定性的影响。

已知位错作为材料晶格缺陷,其存在会对材料中自由电子有散射作用,从而使得材料的电阻率增加,因此定向漂移的电子遇到位错时,其能量会发生损失,即形成所谓的功率消耗:

$$U_v = \left(\frac{\rho_D}{N_D}\right) N_D \cdot j^2 \tag{10-6}$$

该能量用于对位错做功,则有

$$U_v = F_{ew} N_D V_e \tag{10-7}$$

两式相等,由此得到:

$$\left(\frac{\rho_D}{N_D}\right) N_D j^2 = F_{ew} N_D V_e \tag{10-8}$$

式中 ρ_D ——位错的电阻率；

N_D ——位错密度；

V_e ——电子运动速度；

j——电流密度；

F_{ew} ——单位长度位错上所受的电子风力。

已知电流强度为单位时间通过导体横截面的电量，电流密度可由下式计算：

$$j = -en_eV_e \tag{10-9}$$

式中 e——电荷；

n_e ——电子浓度。

将其代入上式可得

$$F_{ew} = \left(\frac{\rho_D}{N_D}\right)en_ej \tag{10-10}$$

其中位错比阻 $\frac{\rho_D}{N_D} = \frac{4h}{n_e e^2}$，代入得到电子风力计算公式：

$$F_{ew} = \frac{4hj}{e} \tag{10-11}$$

由式(10-11)可以看出，自阻加热变形过程中产生的电子风力与材料本身性能无关，取决于所施加电流的大小。在400℃成形时AZ31镁合金板料加热电流密度为22.5A/mm^2，代入j和e值，计算的得到电子风力$F_{ew}=3.7\times10^{-7}$N/m，也就是材料中单位长度的位错会受到3.7×10^{-7}N额外的作用力。位错密度为单位体积晶体中所含的位错线的总长度，位错密度ρ可由下式计算：

$$\rho = \frac{l}{V} \tag{10-12}$$

式中 l——材料中位错线长度；

V——材料体积。

对于充分退火多晶体金属其位错密度为$10^{10}\sim10^{12}$m^{-2}，材料经剧烈冷变形后位错密度升高到$10^{15}\sim10^{16}$m^{-2}，对AZ31镁合金透射结果进行统计分析，得到本试验所使用的轧制态镁合金的位错密度约为10^{15}m^{-2}。由此计算可得在电流作用下单位体积材料产生电子风力大小为0.37N/mm^3，也就是说有0.37N的体积附加力沿电流相反方向作用在成形板料上。

已知材料所受电子风力的大小，将该力加入到AZ31镁合金自由胀形的模拟过程中来验证电子风力的作用。由于成形试件比较简单，采用MSC.MARC有限元模拟软件直接建立如图10-14所示的模型。由于超塑变形材料流动应力很低，将板料定义为可变形体，网格划分选择三维单元网格，而模具在材料变形过程中尺寸形状几乎不发生变化，因而将其定义为刚性体。板料与模具法兰接触处部分通过

设定边界条件 $x=0$、$y=0$，$z=0$ 将其固定。

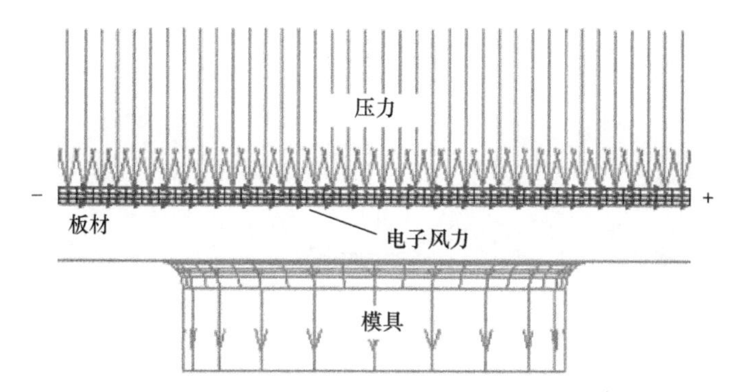

图 10-14　包含电子风力影响的 AZ31 镁合金自阻加热自由胀形有限元模拟模型

在板料成形过程中受到两种力的作用，即加载气压及电子风力。模拟选择加载方式中的“SUPERPLASTICITY CONTROL”对气压进行自动控制，为使成形过程中气压加载方向始终垂直于板面，调用作业菜单分析中的“FOLLOWER FORCE”选项。电子风力方向与电流流动方向相反，但都沿着变形板料的切向，为了保证电子风力的方向性，模拟中将电子风力以切力的方式输入到模型中，并由负极方向指向正极方向。

已知在轧制态 AZ31 镁合金中有大量位错存在，因此在材料变形过程中会发生晶粒的滑移及位错的运动，出现位错的缠结塞积等，使得金属内部产生残余应力而发生硬化。因此在模拟过程中还必须考虑材料硬化对变形的影响，同样，由于是超塑变形，应变速率对材料的流动应力影响也很大，其同时也受到材料特性、变形温度、变形速度以及应变速率敏感性指数等因素的影响。由此，在 MSC. MARC 中遵循 RATE POWER LAW 准则来建立刚塑性模型的本构方程：

$$\sigma = \max((A\bar{\varepsilon}^{n}\ \bar{\dot{\varepsilon}}^{m} + B),\sigma_0) \tag{10-13}$$

式中　$B=0$，由已知的 AZ31 镁合金拉伸结果可知，在 400℃ 时 $A=204$，$n=0.2$，$m=0.38$。

当电子风力为 0 时，模拟为常规镁合金超塑胀形，结果如图 10-15(a)所示，变形主要发生在半球试件的顶端，获得的试件为对称结构。将计算得到的电子风力值 0.37N/mm^3 输入到模拟过程中，得到受电子风力影响的试件，如图 10-15(b)所示。由图可以看出，半球的形状发生了偏移，球顶转向正极方向，试件靠近正极一侧变形量较小，而靠近负极一侧变形量较大，变形最大区域并不在球顶，而是在试件顶部偏向负极的一侧。模拟的试件的偏移率(最高点偏移中心距离与直径之比)为 4.45%，测量镁合金自阻加热自由胀形试验中试件的偏移率为 4.76%。两者结果相近，可见模拟结果与试验结果相符合，证明板料在变形过程中产生的极性效应与电子风力的产生机制及作用有关。在微观领域电子与位错之间的相互作用会通过大量位错的扩展最终影响到材料的宏观变形特点,因此极性效应是电流对材料宏微观变形机理影响的一个连接点。

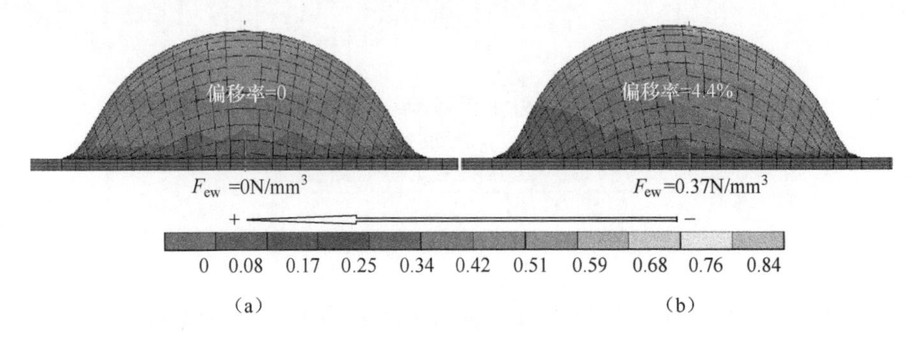

图 10-15 AZ31 镁合金自阻加热自由胀形模拟结果

(a) $J=0$;(b) $J=22.5\mathrm{A/mm}^2$。

参 考 文 献

[1]寇元哲. 影响电火花成形加工工艺指标的因素分析研究[J]. 模具技术,2008,3:59-62.

[2]赵伟,任中根,迟恩田. 电火花加工中极性效应的研究[J]. 宇航材料工艺,2001,2:59-61.

[3]褚旭阳,狄世春,王振龙. 机型效应在微细电火花反拷加工中的应用[J]. 电加工与模具,2010,5:24-30.

[4] TU K N. Recent advances on electromigration in very-large-scale-integration of interconnects [J]. Journal of Applied Physics,2003,94:5451-5473.

[5] LU Y D,HE X Q,EN Y F,et al. Polarity effect of electromigration on intermetallic compound formation in SnPb solder joints[J]. Acta Materialia,2009,57(8):2560-2566.

[6] CHAN Y C,YANG D. Failure mechanisms of solder interconnects under current stressing in advanced electronic packages[J]. Progress in Materials Science,2010,55(5):428-475.

[7] CHEN C,LIANG S W. Electromigration issues in lead-free solder joints[J]. Journal of Materials Science: Materials in Electronics,2007,18(1/3):259-268.

[8]文韬,张乔根,郭璨,等. 冲击电压下 SF6 棒-板间隙放电极性效应的反转现象[J]. 高电压技术,2015,41(1):275-281.

[9] TROITSKII O A,SPITSYN V I,Sokolov N V. Application of high-density current in plastic working of metals[J]. Physica Status Solidi (a),1979,52:85-93.

[10] ANTOLOVICH S D,CONRAD H. The effects of electric currents and fields on deformation in metals, ceramics, and ionic materials: An interpretive survey[J]. Materials and Manufacturing Processes,2004,19(4):587-610.

[11] 侯德鹏,冯云松,路远,等. 动态红外景像仿真技术综述及帕尔帖效应的应用[J]. 光电技

术应用,2007,5(22):75-80.
[12] KLIMOV K M,SHNREV G O,NOVKOV I I. The electroplastic rolling of wire into strips of micron section form tungsten and its alloy with rhenium[J]. Soviet Physics Doklady, 1975, 19:787.
[13] ROSHCHUPKIN A M,MILOSHENKO V E,KALININ V E. Electron deceleration of dislocations in metals[J]. Soviet physics solid st. ,1979,21(3):909-910.
[14] SPRECHER A F,MANNAN S L,CONRAD H. On the Mechanisms for the electroplastic effect in metals[J]. Acta Metallurgica,1986,34(7):1145-1162.